U0272502

·《勘探监督手册（第二版）》·
编委会

主　　任：徐长贵

副 主 任：刘振江

委　　员：周家雄　高阳东　邓　勇　吴克强　张迎朝

朱光辉　黄志洁　王　昕　林鹤鸣　范彩伟

张　辉　蒋一鸣　米洪刚

·《勘探监督手册·地质分册（第二版）》· 编写组

组　　长：尚锁贵　黄志洁

副 组 长：马金鑫　郭明宇　鲁法伟　王　雷　蒋钱涛
　　　　　陈　沛　彭志春

成　　员：王建立　苑仁国　谭伟雄　曹孟贤　钟　鹏
　　　　　熊　亭　倪朋勃　朱士波　陈　平　曹鹏飞
　　　　　罗　鹏　崔国宏　杨　露　夏良冰　张建斌
　　　　　李鹏飞　赵彦泽　陈　靖　符　强　李战奎
　　　　　张学斌　马福罡　宋昀轩　陶良清　李　慧
　　　　　张兴华　魏雪莲

审稿专家组

（按姓氏笔画排序）

王守君　王建平　毛　敏　代一丁　刘　坤　刘振江
关利军　孙金山　孙建平　杨计海　杨红君　吴正韩
吴立伟　吴昊晟　吴建华　赵启彬　胡　云　郭书生
黄小刚　谭忠健

勘探监督手册
地质分册
（第二版）

尚锁贵　黄志洁　马金鑫　郭明宇　鲁法伟　王　雷◎等编著

石油工业出版社

内 容 提 要

本分册是中国海洋石油勘探作业管理和技术操作规范的法规性文件，是地质监督进行现场作业管理和质量控制的技术指南。分册提出了地质监督应该具备的职业、技术素质，应尽的岗位职责，以及执业资格的要求；对地质监督的日常工作提出了详细要求；概况介绍了探井地质录取资料内容。详细介绍了现今井场录井所使用的各项录井技术及方法，对录井技术的基本原理、作业要点、注意事项、资料解释及成果应用等都做了比较详细、具体的阐述。

本分册可供石油勘探科研人员、钻井工程技术人员，以及大专院校相关专业师生参考。

图书在版编目（CIP）数据

勘探监督手册. 地质分册 / 尚锁贵等编著 . —2 版
. —北京：石油工业出版社，2025.1
ISBN 978-7-5183-6239-4

Ⅰ . ① 勘… Ⅱ . ① 尚… Ⅲ . ① 油气勘探 – 地质勘探 –
技术监督 – 手册 Ⅳ . ① TE-62

中国国家版本馆 CIP 数据核字（2023）第 161912 号

出版发行：石油工业出版社
　　　　　（北京安定门外安华里 2 区 1 号　　100011）
　　　　　网　　址：www.petropub.com
　　　　　编辑部：（010）64222261　　图书营销中心：（010）64523633
经　　销：全国新华书店
印　　刷：北京中石油彩色印刷有限责任公司

2025 年 1 月第 2 版　　2025 年 1 月第 1 次印刷
787×1092 毫米　　开本：1/16　印张：32
字数：1000 千字

定价：240.00 元
（如出现印装质量问题，我社图书营销中心负责调换）

序

　　《勘探监督手册》是中国海洋石油勘探作业管理和技术操作规范的法规性文件，是勘探监督现场作业的工作手册，体现了中国海油勘探作业管理水平和技术能力，集合了中国海洋石油集团有限公司多年自营勘探的先进技术和管理方法，汇聚了众多勘探技术专家的工作成果，是几代勘探人智慧的结晶。《勘探监督手册》自1997年试用本推出以来，历经2002年和2012年两次修订，对规范勘探作业管理、提升作业效率、提高作业质量发挥了非常重要的作用。

　　"十二五"至"十三五"期间，中国海油油气勘探取得了重大突破，勘探逐渐向超深水深层、超高温高压、"双古"和"非常规"等领域转变与拓展，油气藏类型更为复杂，也推动了勘探作业在项目管理、作业技术提升上有更大的创新和突破。中国海油勘探作业团队以"精细管理、创新增效、成本管控"为宗旨，通过技术创新、管理提升，持续构建更为完善的海洋特色勘探作业技术体系。在此背景下2021年启动《勘探监督手册》第三次修订。

　　本次修订完善了技术标准和管理规范，新增了勘探作业新技术、新工艺方面的操作规范，新增了勘探作业有关的石油地质、地球物理、钻井工程、储层改造等相关基础知识，在继承原有成果的基础上进行了结构优化调整和内容完善，使得手册更具科学性、系统性、规范性和先进性。

　　《勘探监督手册（第二版）》包括物探、测井、测试和地质四个分册，各分册自成体系，是勘探作业管理人员、勘探监督现场管理的工作手册，也为科研技术人员及非勘探作业人员了解勘探作业提供了参考。希望通过本手册的指导和实施可以更好的实现勘探研究目标，促进勘探技术的发展与完善，为中国海油加快创建世界一流示范企业作出更大的贡献。

前言

《勘探监督手册》是中国海洋石油集团有限公司（以下简称中国海油）勘探作业的专用工具书和工作指导手册，规范了中国海洋石油勘探作业者的油气勘探现场专业技术标准和管理要求。在总结提升几十年自营勘探实践经验的基础上，充分汲取国际、国内先进石油公司管理方式和技术规程，先后历经初次编写和两次修订。《勘探监督手册》最早于1997年初次编写成册并试用；随着公司改组上市和勘探技术的快速进步发展，为了适应新形势下勘探管理工作的需要，及时补充新装备、新工艺、新技术等方面的内容，于2002年组织进行了首次修订；面对海洋石油近海油气勘探形势变化及深水、海外等勘探业务的拓展，为了适应勘探新技术的不断发展和需要，于2012年对手册进行了再次修订。经过二十多年的贯彻执行，历次的《勘探监督手册》在提高海上勘探现场作业效率、保障勘探现场作业质量、规范现场作业管理及提升资料录取质量等方面起到了重要作用。

"十二五"至"十三五"期间，中国海油油气勘探形势发生新的重大变化，勘探方向逐渐向超深水深层、超高温高压、"双古"及非常规等领域转变与拓展，油气藏类型也趋于向岩性、隐蔽型及复合型等转变。同时，勘探作业技术也获得了长足发展，仪器设备集成化、智能化，采集评价技术精细化、定量化，技术体系与作业规程得到进一步完善。2012年出版的《勘探监督手册》已经不能完全适应当前的勘探作业需求，中国海油决定对《勘探监督手册》进行修订。

2021年2月，中国海油成立了《勘探监督手册（第二版）》编委会，《勘探监督手册（第二版）》按专业分为物探分册、测井分册、测试分册和地质分册。手册修订原则为：一是健全、完善海洋特色勘探作业技术体系，补充新设备、新技术等方面内容；二是剔除已经不适用的技术内容，完善技术标准和管理规范；三是进一步增强作为工具书和指导手册的作用。

2021 年 4 月 8 日，编写组在天津召开了《勘探监督手册·地质分册（第二版）》（以下简称分册）修订工作启动会，制订了分册的框架结构和修订计划，确定了分册编写组人员及分工等，明确了在继承 2012 年出版的《勘探监督手册》成果的基础上进行合理的结构优化调整和内容增补完善的修订要求。确定了分册修订的主要内容：（1）将分册整体架构分为三大部分，包括监督职责与现场管理（1—3 章）、地质录井技术与方法（4—17 章）、其他录井及相关方法（18—23 章）；（2）以现场作业各阶段的地质监督工作程序为主线，系统梳理作业管理与技术规范要求，补充、完善地质监督工作细则内容；（3）修改、调整老版分册若干章节的结构及内容，将原第 7 章与第 8 章合并为"岩屑岩心录井"并修改相关内容，将原第 6 章归进"气测录井"并修改相关内容，将原第 15 章的第 2、第 3、第 4、第 5 节调整为"章"并修改相关内容，将原第 9 章"荧光扫描技术"调整到"岩样图像采集录井"并修改相关内容，将原第 15 章第 1 节调整到"异常地层压力录井"并修改相关内容；（4）新增红外光谱气测录井、岩样图像采集录井、工程录井、井场信息技术、录井综合解释、X 射线衍射录井和控压钻井录井，以及近年发展的新设备、新工艺等相关技术内容，删除"充气钻井液钻井录井"的内容；（5）根据现行的勘探技术标准和规范完善附录。

在分册修订过程中，编写组克服了新冠肺炎疫情的严重影响，组织了多轮次的函审、视频审查和四次线下专家审查会，圆满完成了本次修订任务。

分册全文共分为二十三章，第 1 章由尚锁贵、黄志洁、王建立编写；第 2 章由郭明宇、尚锁贵、夏良冰编写；第 3 章由尚锁贵、黄志洁、杨露编写；第 4 章由鲁法伟、倪朋勃、崔国宏编写；第 5 章由蒋钱涛、曹孟贤编写；第 6 章由蒋钱涛、熊亭编写；第 7 章由王雷、陶良清编写；第 8 章由王雷、宋昀轩编写；第 9 章由曹孟贤、曹鹏飞编写；第 10 章由陈沛、陈平编写；第 11 章由苑仁国、谭伟雄编写；第 12 章由马金鑫、赵彦泽编写；第 13 章由鲁法伟、李战奎编写；第 14 章由马金鑫、张建斌、魏雪莲编写；第 15 章由蒋钱涛、曹鹏飞编写；第 16 章由倪朋勃、马福罡编写；第 17 章由彭志春、钟鹏编写；第 18 章由倪朋勃、符强编写；第 19 章由王雷、陈靖编写；第 20 章由朱士波、罗鹏编写；第 21 章由倪朋勃、张学斌、李慧编写；第 22 章由马金鑫、张建斌编写；第 23 章由王建立、李鹏飞编写；附录由马金鑫、张兴华、符强编写。

在分册的编写修订过程中，中国海油勘探开发部和天津、上海、深圳、湛江、海南各分公司勘探（开发）部，以及中联煤层气有限责任公司勘探开发部、中海油能源发展股份有限公司工程技术分公司、中法渤海地质服务有限公司有关专家参加了编写、修订和审查，王守君、谭忠健、代一丁、杨计海、王建平、杨红君、孙金山、吴正韩、吴立伟、吴建华、毛敏、黄小刚等专家为分册提出了大量宝贵意见，在此致以衷心的感谢和诚挚的敬意。

目 录

1 地质监督职责 ·· 1

   1.1 岗位职责内容 ·· 1

   1.2 素质能力要求 ·· 1

   1.3 执业资格要求 ·· 2

2 地质监督工作细则 ·· 3

   2.1 钻前准备 ··· 3

   2.2 钻进阶段 ··· 5

   2.3 完井阶段 ··· 12

   2.4 资料验收、整理及归档 ··· 13

3 探井地质录取资料 ·· 15

   3.1 基础资料收集 ·· 15

   3.2 地质录井资料 ·· 16

   3.3 化验分析资料 ·· 18

   3.4 测井资料 ··· 19

   3.5 测试资料 ··· 19

   3.6 集束勘探预探井（评价井）取资料要求 ······································· 20

4 综合录井仪 ·· 22

   4.1 录井系统 ··· 22

   4.2 传感器及技术要求 ··· 28

　　4.3　气体分析设备 ··· 32

　　4.4　录井装备的安全与防护 ································· 35

5　岩屑岩心录井 ··· 37

　　5.1　岩屑录井 ·· 37

　　5.2　岩心录井 ·· 42

　　5.3　井壁取心 ·· 68

6　气测录井 ·· 70

　　6.1　常规气测录井 ·· 70

　　6.2　实时流体录井 ·· 84

　　6.3　红外光谱气测录井 ······································· 90

7　钻井液录井 ·· 95

　　7.1　钻井液的类型及性能要求 ······························ 95

　　7.2　钻井液性能及槽面油、气、水显示监测 ·············· 96

　　7.3　钻井液氯离子含量及电阻率的测定方法 ·············· 97

　　7.4　油、气、水样的取样方法 ······························ 98

8　荧光录井 ·· 99

　　8.1　常规荧光录井 ·· 99

　　8.2　定量荧光录井 ··· 102

9　岩样图像采集录井 ··· 113

　　9.1　岩屑图像采集录井 ······································ 113

　　9.2　岩心、壁心图像采集录井 ····························· 114

　　9.3　录井注意事项 ··· 117

10　异常地层压力录井 ·· 118

　　10.1　异常地层压力定义、成因分类及判别 ·············· 118

　　10.2　异常地层压力的预测、监测方法 ··················· 120

10.3 异常地层压力井的录井要求 ……………………………………… 131

10.4 随钻地层压力监测录井介绍 ……………………………………… 135

10.5 压力监测技术成果及应用实例 …………………………………… 138

11 地球化学录井 …………………………………………………………… 145

11.1 岩石热解分析 ……………………………………………………… 145

11.2 热蒸发烃气相色谱分析 …………………………………………… 163

11.3 轻烃气相色谱分析 ………………………………………………… 174

11.4 录井影响因素与应对措施 ………………………………………… 188

12 X 射线荧光元素录井 …………………………………………………… 194

12.1 技术原理 …………………………………………………………… 194

12.2 资料录取及影响因素 ……………………………………………… 195

12.3 资料解释应用 ……………………………………………………… 197

13 X 射线衍射矿物录井 …………………………………………………… 208

13.1 技术原理 …………………………………………………………… 208

13.2 资料录取要求 ……………………………………………………… 210

13.3 资料解释应用 ……………………………………………………… 211

14 井场薄片鉴定 …………………………………………………………… 218

14.1 技术原理 …………………………………………………………… 218

14.2 资料录取要求 ……………………………………………………… 221

14.3 常见矿物鉴定特征 ………………………………………………… 228

14.4 资料解释应用 ……………………………………………………… 231

15 碳酸盐岩含量测定 ……………………………………………………… 235

15.1 技术原理 …………………………………………………………… 235

15.2 资料录取要求 ……………………………………………………… 236

15.3 资料解释应用 ……………………………………………………… 237

16　核磁录井 ……………………………………………………… 239

16.1　技术原理 …………………………………………………… 239
16.2　分析方法及影响因素 ……………………………………… 241
16.3　资料录取要求 ……………………………………………… 243
16.4　成果资料 …………………………………………………… 246
16.5　资料解释应用 ……………………………………………… 248

17　实时碳同位素录井 …………………………………………… 250

17.1　技术原理 …………………………………………………… 250
17.2　资料录取要求 ……………………………………………… 251
17.3　资料解释应用 ……………………………………………… 251

18　工程录井 ……………………………………………………… 254

18.1　主要录取参数 ……………………………………………… 254
18.2　工程录井应用 ……………………………………………… 255
18.3　钻井实时监测及预警 ……………………………………… 256
18.4　早期井涌井漏监测 ………………………………………… 286
18.5　Optiwell 钻井工艺优化 …………………………………… 287

19　特殊工艺井录井 ……………………………………………… 292

19.1　深水钻井的录井影响及技术对策 ………………………… 292
19.2　油基钻井液的录井影响及技术对策 ……………………… 295
19.3　控压钻井的录井影响及技术对策 ………………………… 298
19.4　空气钻井的录井影响及技术对策 ………………………… 298
19.5　泡沫钻井的录井影响及技术对策 ………………………… 299

20　非常规油气录井技术要求 …………………………………… 300

20.1　非常规油气录井的技术要求制定 ………………………… 300
20.2　非常规油气井岩心录井 …………………………………… 300
20.3　非常规油气井岩屑录井 …………………………………… 303

20.4 非常规油气井气测录井 305

20.5 非常规油气井钻井循环介质录井 306

20.6 非常规油气井特殊作业时的资料收集 306

20.7 非常规油气井完井地质工作要求 307

21 其他录井新技术 309

21.1 井场矿物实时分析 309

21.2 伽马能谱分析 312

21.3 数字岩心 318

22 录井综合解释 324

22.1 资料处理 324

22.2 综合解释 328

23 井场信息技术 345

23.1 井场数据采集与存储 345

23.2 远程传输与远程支持 345

23.3 终端信息发布 346

附录 347

附录 A 录井作业相关附表 347

附录 B 录取资料相关附表 356

附录 C 解释及完井地质总结报告相关附表 372

附录 D 常用单位换算及数据查询表 381

附录 E 油藏及作业相关图例与图版 394

附录 F 地质图例与符号 407

附录 G 中国各海域地震反射界面及地层层位简表 418

附录 H 中国海域沉积盆地地层综合柱状图 427

附录 I 地质、工程专业英文词汇 438

附录 J 地质作业相关术语 495

1
地质监督职责

　　地质监督是作业者派驻钻井现场的地质代表和地质技术负责人，全权负责井场地质录井工作，受派出部门管理并对其负责，依据有关的法律法规和公司管理规定、合同、标准、设计等，对录井队伍资质、设备完整性、地质作业过程和原始资料质量等进行监督管理，保障地质作业的顺利开展和勘探开发地质目的的实现。

1.1　岗位职责内容

　　（1）代表作业者执行相关管理规定和地质设计，对现场地质资料质量全面负责。

　　（2）负责地质作业相关业务组织管理和与其他监督及管理人员沟通协调。

　　（3）地质作业过程中监督承包商按地质设计要求实施作业，确保地质油藏任务完成。

　　（4）检查服务商人员资质和设备，要求服务商更换不称职人员或不合格设备。

　　（5）对现场录井人员、设备等技术服务内容和质量进行确认、评价，验收相关资料。

　　（6）若需变更设计，必须征得主管部门同意，紧急情况下可以先处理，再报告主管部门。

　　（7）及时处理地质作业中出现的复杂情况，并对下步工作提出合理化意见。

　　（8）执行地质作业过程中例行汇报制度，收集整理和综合分析各项钻后资料，并编写完井地质总结报告和相应的图表。

　　（9）按相关规定及时完成图、表等电子资料和岩屑、壁心、岩心等实物资料及其他地质资料的上交入库；并执行公司保密规定，不得向第三方提供、不得对外披露或发表钻井现场取得的各项地质资料。

1.2　素质能力要求

　　（1）品行端正、身心健康，具有高度责任心，能够适应井场工作环境。

　　（2）具备组织协调井场相关人员顺利开展地质作业的管理能力。

　　（3）具备良好的英语听、说、读、写能力。

　　（4）熟知石油地质和油藏基础知识，掌握地质设计内容和要求。

　　（5）熟知录井技术原理和相关标准，掌握录井新工艺和新设备情况。

（6）了解与地质作业相关的其他专业知识的技术原理、工具特点和工艺流程等。

（7）熟悉工区及邻区地质情况，具备岩性、地层和流体性质识别，关键层位卡取，水平井导向等能力。

（8）熟悉录井和测井评价方法，具备利用录井和测井资料解释油层、气层、水层和复杂岩性的能力。

（9）熟悉地质风险提示流程，具备浅层气、异常压力、井漏及特殊岩性等潜在地质风险的随钻识别能力。

1.3 执业资格要求

具体执业资格要求如下，包括但不限于：

（1）具有石油地质及相关专业大专及以上学历；

（2）具有 2 年以上现场地质作业工作经验；

（3）接受中国海油地质监督相关业务培训，持有相应的岗位资格证书和安全技术证书。

2
地质监督工作细则

2.1 钻前准备

2.1.1 资料收集分析

2.1.1.1 资料收集

（1）井场井位资料：地质监督应了解井场调查结果及浅层潜在地质灾害风险等。

（2）区域地质资料：设计井位所在区域的构造背景、地层层序、岩性组合、温压系统、成藏模式及油气类型等（附录 E.1—E.4）。

（3）邻井钻探资料：邻井录井、测井、测试及分析化验等资料，必要时观察邻井岩心、岩屑及野外露头剖面，邻井发生井涌、井喷、井漏、坍塌、钻具阻卡等复杂情况的层位、井段、岩性、工程参数、处理过程、处理结果及认识等。

2.1.1.2 资料分析

地质监督应对收集到的各项资料进行以下分析。

（1）区域分层特征：通过邻井对比，根据区域内各层位岩性组合、标志层、电性及古生物等特征掌握分层原则。

（2）油气层特征：根据区域成藏条件、邻井油气水层分布及录井和测井响应特征，结合设计井目的层埋深、岩性、储集空间类型及温压条件等，对设计井目的层物性条件、油气性质及油气层识别特征进行预判，重点关注邻井低对比度、低气油比、弱荧光、低孔低渗及缝洞型等疑难油气层的录井和测井响应特征。

（3）地层温压特征：根据地层温压预测及邻井实钻情况，分析区域地温特征，重点关注地层温度对资料录取的影响；了解掌握异常压力成因及分布情况，重点关注异常压力井段响应特征，主要包括钻井参数、钻井液性能变化、录井及测井响应特征等。

（4）邻井复杂情况：掌握邻井发生井涌、井喷、井漏、坍塌、钻具阻卡等复杂情况产生的层位、井段、岩性及录井和测井响应特征，重点关注浅层气、断层、火山通道、特殊岩性、构造应力和异常压力等。

2.1.2　地质设计

（1）地质设计编写应按照中国海洋石油集团有限公司相关企业标准执行。

（2）地质监督人员在施工前必须熟悉地质设计的相关内容，并和地质主管、井位提出人进行充分交流，深刻领会设计精神；对地质设计书中有疑问或现场不易操作的问题提出意见和建议。

（3）开钻前如遇特殊原因需变更设计的，应有补充设计或其他书面材料作为依据书，按照地质设计审批程序进行设计变更。

2.1.3　地质作业服务合同

了解合同模式，熟悉合同的相关内容，尤其是合同中有关技术、设备、人员、服务的条款。

2.1.4　作业前准备

2.1.4.1　准备录井设备、地质耗材

根据地质作业服务合同及地质设计要求，列出录井设备、地质耗材清单，与服务商沟通确认，必要时可填写《录井设备委托书》（附录 A.1）、《地质耗材委托书》（附录 A.2）交有关单位执行。

2.1.4.2　提出录井人员需求

对录井服务商人员队伍配置、资质及工作能力等方面提出合理要求。

2.1.5　作业条件检查及要求

施工前地质监督人员应对作业条件进行检查，对存在问题提出整改意见，并填写《录井作业条件检查确认书》（附录 A.3），作业条件检查内容如下。

2.1.5.1　人员资质

录井服务商人员资质，包括队伍配置是否符合合同要求、各岗位人员是否持有相应证件，以及工作经验及能力是否满足作业要求等。

2.1.5.2　设备及耗材

录井设备及耗材，包括录井设备是否齐全，型号、配置、性能及数量等是否满足合同及作业要求，录井设备是否具有合格证、操作说明等，还包括各项录井耗材是否齐全，数量、质量等是否满足合同及作业要求。

2.1.5.3　通信网络条件

通信条件、网络条件应满足作业需求。

2.1.5.4　设备安装、调试

对录井设备的安装、调试及校验进行检查，确保各项设备正常运转，满足作业要求。

2.1.5.5　录井安全要求

录井服务商设备及人员符合公司 QHSE 管理规定。

2.1.6　确认井位数据

收集钻井平台就位数据、实际井位坐标，确认设计轨迹、靶点等数据。

2.1.7　地质交底

施工前向录井、测井和钻井等作业人员进行地质交底，交底内容包括设计井基本数据、钻探目的、钻探依据、层位预测及油气层位置、地层温度及压力预测、资料录取要求及地质风险、工程风险提示等。

2.2　钻进阶段

2.2.1　地质作业指令

在地质作业各个关键环节，地质监督对录井人员的各项工作要求应以书面作业指令（附录 A.4）的方式下达。作业指令应及时发出，内容齐全、简洁、准确，指令内容应突出取准取全资料的措施要求、各岗位之间的协调配合等。

2.2.2　录井设备例行检查

地质监督应对各类录井设备的例行检查与调校工作进行监督，并对存在问题提出整改要求。

2.2.3　地质剖面建立

（1）要求录井人员根据实际情况合理设置各类工程参数报警值，随钻监测发现异常信息时应及时报告相关人员。

（2）监督检查井深的跟踪与校正。实测井深与钻具井深单根误差不超过 0.2m，若误差连续超标，应检查、调校深度传感器。每次下钻至井底开始钻进之前和钻井取心前应校正井深。

（3）监督检查迟到时间调校。应关注不同钻井液体系、井眼垮塌、缩径和起下钻等因素对井眼容积的影响，通过岩性异常、气测异常与钻井参数的深度对应关系对迟到时间进行校正，必要时应通过实物测定法校正。

（4）监督检查岩屑采集条件，包括筛布目数、挡板位置等，若不满足条件，及时整改。按照地质设计要求进行岩屑采集，在钻井参数突变时应要求加密采集，因发生井下漏

失导致岩屑无法正常采集时，应做好记录。

（5）监督检查录井人员的岩屑捞取、清洗、晾晒、烘烤、整理及包装等工作。

（6）钻进过程中应密切关注工程参数变化，综合考虑钻头直径、钻头类型、钻头新旧程度、钻井液柱压力及钻具组合等条件，利用工程参数表征预判井底岩性。

（7）肉眼和镜下观察岩屑，并进行定名。对于不易定名的岩屑应参考代表性岩屑的元素、矿物含量和井场薄片鉴定结论，结合区域沉积、构造背景进行定名。

（8）依据岩屑含量、工程参数和气测异常变化，以及元素录井、X射线衍射矿物录井和薄片鉴定等结果，确定岩性顶底深度。

（9）依据岩性组合特征结合地质设计划分地层层位。

（10）当实钻地层层位、岩性等与地质设计不一致时，应落实地质风险和工程风险，及时向主管部门汇报，同时通知钻井监督及其他相关人员，采取相应措施。

2.2.4　油气显示评价

（1）钻遇目的层前应加强分析、对比，做好地质预告。

（2）向录井人员下达作业指令，重申目的层段的样品采集规定，收集油、气、水等资料的各项要求及其他注意事项。督促录井人员加强仪器的校验，特别是脱气器、色谱仪、H_2S 传感器、井深和泵压传感器、钻井液密度及体积传感器等。

（3）提示钻井监督做好防喷、防漏和钻井取心等准备工作，同时对钻遇目的层的钻井液密度、循环排气及地质循环等作业方案达成一致意见，钻遇目的层后及时通知钻井监督控制钻速，以确保钻井安全和有利于及时发现油气层。

（4）加强地层压力监测，密切关注油气显示和钻井液性能变化，判断是否发生油侵、气侵及水侵。

（5）要求录井人员在发现气测值急剧增加时，分析原因并及时报告地质监督和钻井监督。

（6）了解钻井液体系及主要添加剂。主要钻井液添加剂应取样进行荧光直照、滴照，有条件时应进行三维定量荧光录井和地球化学录井分析，了解其是否具有荧光性及三维定量荧光、热蒸发烃气相色谱、轻烃谱图特征，对于可能会影响到油气显示发现的问题应及时协调解决。

（7）密切观察钻井液槽面油气水显示，及时取样。记录见槽面显示的起止时间、井深、油花、气泡的大小、产状、占槽面百分比及进出口钻井液性能变化等。

（8）逐包对岩屑进行荧光直照、滴照，落实油气显示。钻井液槽面、气测录井及随钻测井曲线出现油气显示表征时，应进行加密取样分析，落实油气显示层内及层间差异。

（9）各单项录井资料之间或录井和测井资料存在矛盾，应复查资料，分析原因，有条件应重新取样分析。

（10）根据储层油气显示各项录井参数表征对储层流体性质进行综合解释。解释结论应综合考虑各项录井解释结论、油气水分布特征、油气性质、储层物性、储集空间类型、钻井液性能及层内、层间和井间对比关系。

（11）设计目的层缺失、提前、加深及非目的层发现油气显示时，应及时记录，向主管部门汇报，并根据实际情况提出变更地质设计的建议，同时通知钻井监督及其他相关人员，采取相应措施。

2.2.5　关键界面卡取

2.2.5.1　取心层位卡取

（1）落实取心层位：根据实钻对比情况对目的层是否按设计钻达、提前、推迟或缺失做出判断，潜山非均质性强，取心深度的确定应综合考虑储层缝洞纵向分布规律和含油气性。

（2）确定地质循环深度：根据工程参数、录井及随钻测井资料变化判断是否钻达目的层，在综合考虑目的层厚度、油气显示情况的基础上确定是否进行地质循环；对于工程参数变化特征不明显的，可在预测深度误差范围内采取定深循环。

（3）确定取心深度：地质监督将地质循环结果汇报上级主管部门，确定是否满足取心条件，待批准后下达钻井取心作业指令；若实钻与设计存在较大差异，应汇报主管部门并提出下步建议。

2.2.5.2　潜山界面卡取

（1）做好随钻地层对比。勘探程度高的成熟区井，地层落实程度高，利用岩性组合特征、元素剖面特征等手段进行地层对比，在地层单元对比控制下，逐级进行次一级地层单元对比，在综合考虑设计井所处构造位置的基础上对潜山界面深度进行动态预测；勘探程度低的新区井，地层落实程度低，应密切关注并分析潜山上覆地层、各地层单元厚度及岩性组合实钻情况，对潜山界面深度做出提前或加深的判断。

（2）利用钻井工程参数、随钻测井等手段判断是否钻达潜山界面，综合考虑钻井工程风险确定地质循环深度。

（3）通过地质循环，分析岩性特征、元素组合特征、油气显示变化及随钻测井资料等，确定潜山界面深度，汇报主管部门确认后方可实施下步作业。

2.2.5.3　盐膏层识别

（1）熟悉钻遇盐膏层时各项参数特征，如钻井液密度、黏度、电阻率、进出口温度、钻时、扭矩和岩屑物理特征等。一般情况下，硬石膏层致密，可钻性差，钻遇硬石膏层钻井液黏度增加；盐岩性脆，可钻性好，钻遇盐岩钻井液氯离子值快速升高。

（2）硬石膏层电性特征表现为低自然伽马值、高电阻率值、高密度值，盐岩层电性特征表现为低自然伽马值、高电阻率值、低密度值，如果盐岩矿物氯化钾含量高，其自然伽马数值可能较高。

（3）当发现有盐膏层征兆时，应及时通知钻井监督，提出停钻循环的建议，落实地层岩性，并做好记录。

2.2.5.4　异常压力地层卡取

（1）熟悉钻遇异常压力地层时录井显示的各项表征，如气测值、钻井液体积、密度、黏度、电阻率、进出口温度、钻时、扭矩和岩屑物理特征等。

（2）进行地层对比判断是否进入高压地层。

（3）综合利用各项资料，如 d_c 指数、泥岩密度及测井和录井响应特征等，及时分析是否钻遇异常压力层，并判断其层位及流体性质。

（4）当发现有异常压力征兆时，及时通知值班司钻、钻井监督，提出停钻循环的建议，并做好记录。

2.2.5.5 水平井着陆

（1）进行随钻地层对比，对钻头位置及目的层深度进行判断，提出井轨迹调整建议。

（2）根据工程及录测参数变化判断是否钻达目的层，必要时进行地质循环。

（3）综合各项录井、测井资料判断储层物性及流体性质，为水平井着陆决策提供依据。

2.2.5.6 中完及完钻井深确定

根据地质设计各开次中完原则及完钻原则，结合实钻情况及时跟踪并卡准中完或完钻层位及深度，汇报主管部门并提出中完或完钻建议。

2.2.6 作业过程控制要求

2.2.6.1 录井作业

（1）组织录井人员按照企业或行业标准、地质设计、作业指令在规定时间内取准、取全各项原始录井资料。

（2）组织录井人员按照地质设计取准、取全岩屑实物资料，负责岩屑、井壁岩心和钻井岩心等实物资料的整理，组织协调包装、吊装及运输，跟踪物流动态。

（3）负责井场井壁岩心、钻井岩心观察描述和取样，分析样品除按设计规定选样外，可针对特殊岩性、化石和地质疑难问题增选样品，并及时将岩心和样品送回基地。

（4）地质监督负责对录井资料时效性、准确性和完整性进行检查，对不符合要求的资料提出整改要求。地质监督负责各项录井资料的提交。

2.2.6.2 钻井液使用情况

（1）应了解钻井液体系、性能及添加剂使用情况，若与地质设计要求不一致，影响资料录取、油气发现和储层保护，应在工程安全前提下，提出调整建议。

（2）钻进阶段应观察钻井液性能的变化，并及时通知有关人员。要求录井人员将所记录的钻井液密度、体积等性能参数与钻井液工程师测得的性能参数进行核对，记录准确。

2.2.6.3 井身质量要求

应密切跟踪井身质量完成情况，包括井眼、井身轨迹情况，如不满足地质设计要求，影响资料录取和钻探目的实现，应及时汇报主管部门，具体要求如下。

（1）井眼。

有无明显的缩径（井径、井段）和因垮塌、溶解形成的扩径（井径、井段），以及键槽、井底落物等；目的层段井眼保持规则，满足测井取资料及评价需求；井径扩大率在目的层段和水泥封固段（盐层除外）一般不得超过20%。

（2）井身轨迹。

直井段井斜角、水平位移应不大于表2.1中的规定数值，有特殊要求的井按照地质设计执行。水平靶靶区半径应不大于表2.2的规定数值。水平井靶区偏移应不大于表2.3中的规定数值。

表 2.1　直井段井斜角、水平位移控制要求

测量井深 /m	井斜角 / (°)	水平位移 /m
（0～1000］	2	25
（1000～2000］	3	45
（2000～3000］	5	65
（3000～4000］	7	85
（4000～5000］	8	105
＞5000	11	125

表 2.2　水平靶靶区半径控制要求

测量井深 /m	靶区半径 /m	
	探井	开发井
（0～1000］	30	20
（1000～2000］	30	30
（2000～3000］	50	40
（3000～4000］	75	50
（4000～5000］	100	60
＞5000	120	80

表 2.3　水平井靶区偏移限定值

水平段长 /m	纵偏移 /m	横偏移 /m
（0～500］	2	10
（500～1000］	2	15
（1000～1500］	2	20
（1500～2000］	2	25
＞2000	2	30

注：表2.1—表2.3摘自中国海洋石油集团有限公司企业标准 Q/HS 14010—2017《海上钻完井工程质量控制指标》，若标准修订则按最新标准执行。

2.2.7 重大事件的地质工作

2.2.7.1 加深钻进

了解井场井控设备、物料储备情况及加深钻进潜在地质工程风险，并与钻井人员做好沟通，如不具备加深条件应及时汇报主管部门。

2.2.7.2 井身结构变化

了解井身结构变化能否满足资料录取需求，分析由于井身结构变化可能导致的地质工程风险，及时提出建议并汇报主管部门。

2.2.7.3 侧钻

了解侧钻原因、方式、井段及层位，并负责确认侧钻定向井设计轨迹能否满足勘探开发需求。收集侧钻造斜点，造斜终了斜深、垂深、方位、位移，最大井斜井深、斜度及狗腿度等。

2.2.7.4 井漏

应收集发生井漏的时间、井深、层位、岩性、钻头位置、工作状态（循环钻井液、钻进、起下钻）、钻井参数、钻井液体系及性能、漏失量、漏失速度、堵漏材料及配方、处理过程及效果，并保存好实时数据和曲线。与钻井人员共同对井漏原因进行分析，提出合理的井漏处理建议并汇报主管部门。

2.2.7.5 井涌、井喷

（1）井涌是井喷的前兆，发现钻井液体积增加，发生油侵、气侵甚至井涌，录井人员应立即通知值班司钻—钻井监督—地质监督。

（2）发生井涌、井喷，地质监督和录井人员必须执行平台应急计划。

（3）录井人员应收集并记录发生井涌、井喷的起止时间、井段、层位、岩性、涌（喷）高度、喷势、涌（喷）出物、间歇情况、放喷及点火情况、喷出物量及折算产量、压井液性质、性能、关井压力及处理结果，在安全条件允许情况下录取相关实物样品，并根据关井压力资料，分析井涌、井喷的原因，推算地层压力和压井液密度。

（4）在发生井涌、井喷需要调整钻井液性能时，应尽可能使性能的调整不致影响录井资料的真实性，详细记录压井措施及其效果。

（5）地质监督应收集好地质资料并及时汇报主管部门。

2.2.7.6 断、卡钻具

应记录发生时间、钻头位置、地层、岩性、发生原因、处理方法、断点、卡点、鱼顶井深和落鱼长等。

2.2.7.7 钻遇有毒有害气体

一旦发现有毒有害气体，录井人员应立即通知值班司钻—钻井监督—地质监督，并采取相应的安全措施。地质监督应及时向主管部门汇报。

2.2.7.8 钻遇异常压力

（1）钻遇异常压力前，地质监督应广泛收集区域地质资料，了解所钻井异常地层压力的成因，以及对地质录井工作可能带来的影响。录井人员应确保设备调校准确，工作状态良好，相关工程参数报警值设置合理，并利用各种方法加强监测。

（2）地质监督应向录井人员提出在相应井段取准、取全各项资料的具体要求，包括d_c指数、地层压力系数、气体上窜速度、钻井液出口温度和电导率等。

（3）要求现场钻井液工程师等相关人员及时将配制新钻井液、排放或增加钻井液、倒钻井液池及池内液面的变化及时通知录井人员。

（4）钻遇高压油气层段，应停止使用烘箱，检查工作间增压设备，保证增压空间的增压效果。

（5）地质监督应根据实钻地层异常压力情况，对起始深度、层位、岩性、油气水显示等进行分析，对是否按预测钻遇做出判断，并及时通报钻井监督和录井人员，对下步作业提出合理建议。

2.2.7.9 弃船

地质监督、录井人员应严格执行弃船应急预案，服从指挥。

2.2.8 汇报制度

2.2.8.1 日常汇报

地质监督负责每日定时向主管部门汇报当前生产情况，内容包括井深、进尺、钻井液性能、工程简况、岩性、油气显示和地质分层等，以及下步作业计划和需要协调解决的问题等。

2.2.8.2 特殊情况汇报

当出现以下情况，包括但不限于实钻与地质设计不一致；发生工程复杂情况影响资料录取；中完或完钻井深确定等，地质监督应及时向主管部门汇报并对下步作业提出合理建议。紧急情况下，可先处理后汇报。

2.2.8.3 每日资料提交

地质监督负责地质日报及相关录井数据整理、审核、上传，综合录井图参见附录 E.5，结构化数据表见附录 B 的相关内容。

2.2.9 交接班制度

（1）地质监督要清楚录井倒班人员和倒班时间，并提供便利条件。对新倒班上来的录井人员要重申录取、整理资料的要求及注意事项，并做好检查。

（2）地质监督之间交接班需填写交接班记录（附录 A.5），交接内容包括工程作业进度、资料录取情况、邻区邻井资料、与邻区邻井油气显示及地层对比、录井设备及人员状况、存在的问题及下一步工作建议等。

（3）地质监督返回基地后应及时向主管人员报到并汇报井场工作情况。

2.3 完井阶段

2.3.1 录井和测井资料现场地质分析

（1）地质监督应全程跟踪测井作业并提供合理化建议。

（2）地质监督应及时对比测井资料与录井资料，落实地层层序、岩性组合、油气显示，核对与测井前认识是否一致，并对录测矛盾井段岩性及油气显示进行复查。

（3）地质监督负责计算剖面符合率、油气显示发现率、层位卡准率。综合解释岩性剖面时应以测井深度为准，如深度误差超过上述范围时，应查明原因并及时修正。

（4）对于录测矛盾或可疑井段，地质监督应对测压、取样、井壁取心的位置和数量提出建议。

（5）地质监督负责收集测压、取样数据，对井壁岩心进行观察、描述、取样分析，必要时可取油样、气样和水样进行分析。

（6）地质监督应提出测试层段建议。

2.3.2 下套管、固井

2.3.2.1 下套管

（1）决定下套管的井，应立即检查测试层底界以下是否留足"口袋"。若"口袋"长度不足，必须加深钻进。加深钻进时，必须按设计要求收集全部资料，如新发现油气层则必须继续钻进，并重新电测，直至油气层底界以下留足"口袋"为止。

（2）地质监督应向钻井监督提供可能测试层或生产层的深度段，套管下深、短套管及放射性标记的下入深度具体要求如下：

① 套管下深需满足测试要求；

② 短套管位于测试层或生产层顶深以上 10～30m；放射性标记应位于测试层顶深以上 70～100m。

2.3.2.2 固井

（1）地质监督应向钻井监督提供本井地层、岩性和油气层顶底界深度等资料，并提出水泥返深等要求。

① 技术套管：无油气层和特殊要求时，按钻井工程要求执行；有油气层时，按油层套管要求执行。

② 油层套管：水泥返至油层顶界以上 150m，气层顶界以上 200m；对于高压和含硫

化氢的油气层，要求水泥返至油气层顶界以上300m。

③尾管：水泥浆必须返至尾管顶部以上。

（2）地质监督应收集固井设计和施工报告。

（3）地质监督应了解固井质量情况，并分析对测试及生产可能造成的影响。

2.4　资料验收、整理及归档

2.4.1　录井资料验收

2.4.1.1　原始资料

在作业现场按照录井合同要求及相关企业标准对原始资料进行验收，具体验收内容和验收要求如下：

（1）各录井设备、迟到时间调校记录完整；

（2）实际录取各类资料项数符合地质设计要求；

（3）各类原始数据录取间距和井段符合地质设计要求，数据项、数据要求、数据类型、修约和单位符合相关标准要求，无错取、漏取；

（4）对各类录井资料的异常部分进行合理标注，并说明原因；

（5）各类图表数据齐全、清晰、规范。

2.4.1.2　实物资料

（1）在作业现场对实物资料包括岩屑、井壁岩心、钻井岩心等进行验收，具体验收要求如下：

①岩屑资料种类、井段、间距、数量、重量等符合地质设计要求，包装完好，标注准确、清晰，由于工程原因漏取的岩屑资料，包装袋上应标注井段、原因等基本信息；

②井壁岩心资料应按要求进行油、气、水和岩性描述，并记录成册，井壁岩心应放置在专用瓶中，瓶体标明井名、井深和显示等基本信息（注意井壁岩心与深度的对应不得混乱）；

③钻井岩心资料应按要求进行油、气、水及岩性描述，并存放在专用包装箱中，岩心的顶、底深度不得颠倒，箱体表面按要求标注基本信息。

（2）地质监督应组织录井服务商运输实物资料，并附清单（附录A.6），如有剩余地质用料，同实物资料一并返回，填写作业材料返库清单，同时联络指定的接收单位。

2.4.1.3　成果资料

协助主管部门对成果资料进行验收。

2.4.1.4　工作量确认

依据原始和实物资料验收情况确认录井服务商工作量，并对服务质量进行评价。

2.4.2　完井地质资料整理

（1）地质监督应按照企业标准 Q/HS 1059《探井完井地质总结报告编写规范》编写完井地质综合图及完井地质总结报告，具体编写要求如下。

① 完井地质综合图中的资料齐全（附录 E.6），描述简洁准确；图名、表格、图例及文字描述的疏密布局应合理、清晰、美观；图面资料与原始记录、文字报告、附表相吻合；图面的图例符合规范（附录 F），岩性剖面解释正确，与测井曲线相吻合。

② 完井地质总结报告中资料齐全、数据准确，与附图、附表及原始记录相吻合；地质分层依据充分，油、气显示描述准确；材料运用充分，文、图、表吻合，综合评价的论证依据充分，结论建议可行（附录 C）。报告中的附表资料齐全、准确，与报告及附图相一致，执行法定计量单位。

（2）地质监督应在完井后 30 天之内完成完井地质综合图及完井地质总结报告编写，并提交至主管部门审核。

（3）地质监督应对全井地质作业存在的问题、作业亮点、经验教训及使用的新技术和新方法等进行总结。

2.4.3　完井地质资料归档

协助主管部门对完井地质资料归档。

3

探井地质录取资料

3.1 基础资料收集

3.1.1 井位资料

（1）浅层地震（浅层气、浅层断裂、滑坡和塌陷等）资料。

（2）海底地质（海底地貌、海底取心及工程地质试验）情况。

（3）海况（海流、气温、冰冻、水文、海浪、潮汐和热带风暴等）资料。

（4）井位（国家、地理位置、海域或区块位置、离岸距离、构造部位和地震测线位置等）。

（5）井别（预探井、评价井）。

（6）井型（直井、定向井等）。

（7）井位坐标（大地坐标、直角坐标系统）。

（8）设计井深。

（9）设计完钻层位。

（10）井位移动原因。

（11）深度数据（深度零点、水深和补心海拔）。

（12）临时导向基盘（基盘艏向、前后倾水平量程和左右倾水平量程）。

3.1.2 钻井工程资料

（1）基本数据：钻井船或钻井平台、拖航（迁装）时间、就位时间、开钻时间、完钻时间、完井时间、弃井时间、完钻井深、完钻层位和完井方式等。

（2）井身结构：钻头程序、套管程序、浮箍位置、短套管和同位素标记位置、固井时间、水泥上返井深、试压情况、固井质量、人工井底和弃井水泥塞位置等（附录 E.11）。

（3）井身质量：井眼情况、井斜情况和最大井斜井深、斜度及狗腿度。

（4）工程大事记：卡钻、泡油、泡酸、井漏、井塌、落物、打捞、侧钻、溢流、井涌和井喷等。

（5）造斜数据：造斜点斜深、垂深、方位、位移，造斜终了点斜深、垂深、方位、位移，以及最大井斜井深、斜度及狗腿度。

（6）靶点数据：靶点斜深、垂深、方位、闭合距和靶心距。

3.1.3　钻井液及压力资料

（1）钻井液类型、钻井液性能（包括密度、黏度、电阻率、温度、失水、含砂、切力、滤饼、酸碱度、氯离子含量、钙离子含量等）和钻井液体积。

（2）钻井液处理（井深、时间和处理剂名称、数量及性能变化）。

（3）钻井液中见油、气、水时槽面显示（起止时间、层位、井深、油花、气泡的大小、产状、占槽面百分比、槽面上涨高度、气样点燃情况和进出口钻井液性能变化等）。

（4）实时地层压力录井（井深、层位、地层压力系数、地层孔隙压力梯度、地层破裂压力、当量钻井液密度、地层压力录井数据表、压力监测日报、解释结论及成果图）。

（5）泥（页）岩密度测定。

3.1.4　复杂井况资料

（1）溢流、井涌及井喷的起止时间、井段、层位、岩性、涌（喷）高度、喷势、涌（喷）出物、间歇情况、放喷及点火情况、喷出物量及折算产量、压井液性质和性能、关井压力及处理结果。

（2）漏失（时间、井深、层位、岩性、钻头位置、漏速、漏失液性质和性能、漏失量，以及堵漏材料名称、用量及效果）。

3.2　地质录井资料

3.2.1　岩屑资料

（1）岩性（颜色、定名、成分、含有物、重要矿物和碳酸钙含量等）。

（2）结构（粒度、磨圆度和分选性）。

（3）胶结（胶结物、基质、胶结类型和胶结程度）。

（4）含油程度（颜色、级别、含油岩性、百分含量、饱满程度和产状）。

（5）荧光（颜色、亮度、产状和级别）。

（6）化石（类别、丰富程度和完整程度等）。

（7）裂缝（次生矿物、晶体形态、大小、充填程度和透明度）。

（8）孔洞（大小、形态、充填物和充填程度等）。

（9）物理及化学性质（硬度、断口、光泽、解理和与化学试剂反应情况等）。

（10）照片（普光照片、荧光照片和薄片鉴定镜下照片等）。

3.2.2　钻井岩心（井壁岩心）资料

（1）取心井段、进尺、心长、收获率、层位、时间、次数、筒数和块数。

（2）壁心设计颗数、实取颗数和收获率。

（3）岩性（颜色、定名、成分、含有物、重要矿物和碳酸钙含量等）。

（4）结构（粒度、磨圆度和分选性）。

（5）胶结（胶结物、基质、胶结类型和胶结程度）。

（6）构造（层理类型、层面构造和非成层构造）。

（7）裂缝（类型、产状、长度、宽度、密度、充填物和裂缝连通关系等）。

（8）孔洞（类型、大小、密度、充填物、充填程度、连通情况和次生矿物等）。

（9）接触关系（渐变接触、突变接触、冲刷面接触和断层接触等）。

（10）化石（类别、丰富程度、产状和保存情况等）。

（11）视地层倾角。

（12）荧光（颜色、亮度、产状和级别）。

（13）含油程度（含油面积、颜色、饱满程度、级别、产状和滴水试验等）。

（14）含气情况（气泡大小、密度、连续性和持续时间等）。

（15）破碎、磨损情况。

（16）照片（普光照片、荧光照片和薄片鉴定镜下照片等）。

3.2.3　综合录井及气测资料

（1）综合录井参数（井段、钻时、钻压、泵压、扭矩、d_c指数、大钩负荷、转速、立管压力、导管压力、泵冲数和泵速等）。

（2）快速气体检测录井资料（井深、全量、组分、非烃组分、解释参数和解释结论）。

（3）实时地层流体录井资料（井深、单位体积岩石甲烷值、组分、解释参数、解释结论和成果图）。

（4）红外光谱气测录井资料（井深、全量、烃组分、非烃组分、解释结论和成果图）。

（5）同位素录井资料（井深、实时甲烷—丙烷同位素、实时甲烷—丙烷浓度、实时甲烷—丙烷分类、成熟度、气体湿度分析、解释结论和成果图）。

（6）后效气录井资料（测时井深、时间、气测值、气体异常峰值、组分、延续时间、钻井液性能变化、上窜速度和推算的含油气段深度等）。

3.2.4　荧光录井资料

（1）常规荧光录井资料（样品井深、岩性、直照颜色、面积、级别、滴照颜色、扩散特征和扩散速度）。

（2）三维定量荧光录井资料（样品井深、样品类型、岩性、最佳激发波长、最佳发射波长、荧光强度、稀释倍数、相当油含量、对比级、油性指数、立体谱图、等值谱图、原始数据文件、解释结论及成果图、分析人和分析日期）。

（3）荧光扫描录井资料（样品井深、样品类型、采集人、采集日期和扫描图像等）。

3.2.5　地球化学资料

（1）样品井深、层位、岩性、样品类别（岩心、岩屑和壁心）。

（2）烃源岩热解分析数据：烃源岩热解数据（S_0、S_1、S_2、S_4、T_{max}、PG、PC、TOC、HI、D）、烃源岩有机质丰度、有机质类型和成熟度评价。

（3）储集岩分析数据：岩石热解数据（S_0、S_1、S_2、S_4、T_{max}、PG、PS、GPI、OPI、TPI）、热蒸发烃气相色谱数据（主峰碳数、碳优势指数、奇偶优势、轻重比、姥鲛烷与植烷比、Philippi 指数、Pr/nC_{17}、Ph/nC_{18}）、轻烃气相色谱（各碳数范围的轻烃组成参数、依据单体烃峰面积计算轻烃比值参数）、原油性质及解释结论。

（4）储集岩岩石热蒸发烃气相色谱分析图和轻烃气相色谱分析图。

3.2.6　井场岩矿资料

（1）X 射线荧光元素录井或 X 射线衍射矿物录井资料（样品井深、层位、岩性、样品类型、元素或矿物含量值、元素或全岩分析谱图、解释结论及成果图）。

（2）井场薄片鉴定或古生物分析资料（样品井深、层位、样品类型、定名、岩性描述、镜下照片、代码标识、化石名称、类型和数量等）。

（3）碳酸盐岩含量测定（样品井深、层位、岩性、碳酸盐岩含量值、测定曲线图、碳酸盐含量记录图）。

3.2.7　核磁共振录井

核磁共振录井资料（样品井深、层位、岩性、样品类型、孔隙度、渗透率、残余气饱和度、含水饱和度、可动水饱和度、束缚水饱和度和最大含气饱和度）。

3.2.8　工程录井资料

（1）钻井工程参数：地面读取参数，包括钻时、悬重、钻压、转盘转速、泵压、排量、转盘扭矩、立管压力、套管压力、大钩高度、泵冲数、迟到时间、迟到深度、潮汐补偿深度、d_c 指数和钻速等；井下读取参数，包括钻压、扭矩、钻柱内外环空压力、三向振动（纵向、横向、扭转）和井底钻井液温度等。

（2）接立柱（单根）及停泵模拟单根气。

（3）安全监测与异常预报：井眼清洁效率分析与预报、钻具振动分析与钻具工作状态预报、钻井液回流自动监测分析与井涌及井漏预报等。

3.3　化验分析资料

（1）岩矿分析：薄片鉴定、重矿物分析、扫描电镜和 X 射线衍射等。

（2）油层物性：孔隙度、渗透率、残余油（水）饱和度、分选、粒度、碳酸盐含量、泥质含量等。

（3）古生物：介形虫、有孔虫、钙质超微、孢粉、轮藻、沟鞭藻、牙形石及大化石等。

（4）有机地球化学分析：总有机碳含量、氯仿沥青"A"、族组分、饱和烃、芳香烃、气相色谱、质谱、镜煤反射率、孢粉颜色、干酪根类型、元素、碳同位素、岩石热解生油母质类型和成熟度、罐顶气（即轻烃）的气相色谱等。

（5）地面原油性质：颜色、密度、黏度、凝固点、闪点、含蜡量、含硫量、胶质和沥青质含量、馏分、含水、含砂和含盐量等。

（6）天然气性质：密度、组分、压缩系数、临界温度、临界压力和凝析油含量等。

（7）地层水性质：密度、总矿化度、六项离子含量、水型、微量元素、环烷酸含量、酸碱度等。

（8）高压物性：原始饱和压力和气油比、地下原油密度、黏度、体积系数、压缩系数、一次脱气气体密度、一次脱气气油比、多次脱气原油密度等。

（9）绝对年龄：井深、岩类、岩性、分析方法、百万年。

（10）岩心处理：伽马扫描、剖切、自然光与荧光照相等。

3.4　测井资料

3.4.1　电缆测井

电缆测井包括以下内容：

（1）声波—电阻率测井系列；

（2）放射性测井系列；

（3）测压、取样；

（4）核磁共振测井；

（5）成像测井；

（6）井壁取心；

（7）固井质量检查；

（8）垂直地震测井；

（9）元素测井。

选择项目包括地层倾角测井、变密度测井、伽马能谱测井、介电扫描测井、方位电阻率—自然伽马测井、交叉偶极子声波测井、C/O 模块式地层动态测试和产液剖面测井等。

3.4.2　随钻测井

（1）自然伽马测井、电阻率测井、密度测井、中子测井。

（2）随钻测压、随钻取样、随钻地震、随钻元素俘获、成像测井、核磁共振测井、随钻声波测井等。

3.5　测试资料

（1）完井方法（裸眼、套管、筛管、衬管完井）、压井液性质、裸眼井段，以及套管、筛管情况。

（2）射孔资料：射孔层位、井段、孔密、孔数、发射率和射孔枪类型。

（3）洗井：洗井管柱结构、下入深度、洗井方法、洗井液性质及用量和漏失量等。

（4）测试：测试管柱结构及封隔器位置、液垫性质、液垫高度和诱喷压差等。

（5）求产：求产时间、求产方式、工作制度、抽汲提捞、气举制度、动液面、排出量、累计排出量、油气水日产量、气油比、阶段产量和累计产量。

（6）压力：油压、套压、地层压力和流动压力。

（7）温度：静温、流温和井口温度。

（8）原油含水、含砂。

（9）特殊增产方式。

（10）测试结论。

3.6 集束勘探预探井（评价井）取资料要求

2001 年的中国海洋石油有限公司勘探工作年会上提出了集束勘探理念，根据不同的勘探对象，在勘探作业模式上改变传统做法，只录取那些最有价值、最有代表性、最能说明问题的勘探资料，简化作业程序，以达到降低勘探成本的目的。

3.6.1 集束勘探的内涵

集束勘探包括以下三层含义。

（1）集束部署：着眼于一个勘探领域或区带，选择具有代表性的不同局部构造集中部署，以求解剖这一领域或区带，达到某一确定的地质目的。

（2）集束预探：基于不漏掉任何一个有经济性商业油气藏发现为出发点，简化预探井取资料作业程序，加强随钻测井作业，以期提高预探井作业效率、降低预探井费用。

（3）集束评价：根据地质情况，优选最有意义的预探井油气发现，迅速形成一个完整的评价方案，一次组织实施，缩短评价周期和勘探周期；如有商业性，可使开发项目尽快实施。这其中包括两种不同的情况，一类是取全、取准资料的井，不能只求速度，要充分考虑开发、工程、油藏等方面的需要，取好资料；另一类井要简化其中一些作业环节，作为集束井评价。

3.6.2 集束勘探预探井取资料要求

在确保不漏掉经济性油气层的前提下，有效简化钻井、测试取资料作业，加强测井作业，从而达到提高勘探效率、降低勘探成本的目的，对集束勘探预探井的取资料要求做如下规定。

（1）不进行钻井取心。

（2）不下油层套管，不进行地层测试。

（3）表层套管及以上井段不录井、不测井。

（4）如果录井中无油气显示，完钻后只做常规测井项目。测井后如有疑问，可补充井壁取心加以验证。

（5）如果录井中有油气显示，完钻后先做常规测井项目。常规测井资料能准确判断整个井段无油气层，则结束测井作业；如果常规测井资料有可能解释出油气层，则按下列要求继续进行测井作业：

① 对可能解释的油气层进行电缆压力测量；

② 如测井和压力资料反映该发现可能有经济性，则选择合适层位进行电缆泵抽流体取样和旋转井壁取心，疏松地层采取火药式井壁取心；

③ 如根据以上资料初步判断，该油气发现可能需要进行进一步评价钻探，则加测垂直地震测井；

④ 对具有商业性，但因油藏规模较小，没有必要再钻评价井的特殊情况，经中国海洋石油有限公司勘探部同意后，可采用侧钻取心、追加测井项目和地层测试等方式取全必要的资料。

3.6.3 集束勘探评价井取资料要求

评价阶段重在取全、取准资料，以充分降低开发风险。同时也要在此基础上优化方案，科学作业，提高效率，降低费用，具体取资料要求如下：

（1）评价井尽量集中在一口或尽可能少的井中进行钻井取心，也可在适宜地层采取井壁取心作为补充；

（2）评价井一般只进行常规测井和电缆式测压及流体取样工作；

（3）评价井一般情况不再做垂直地震测井；

（4）评价井原则上不做地层倾角测井、核磁共振测井；

（5）评价井中做地层测试的层位一般不做电缆泵抽流体取样；

（6）评价井如确实需要做垂直地震测井、核磁共振及其他测井项目时，应事前取得中国海洋石油有限公司勘探部同意。

4
综合录井仪

综合录井仪是一种集应用电子技术、传感器技术、气相色谱分析、计算机数据采集处理、系统评价软件等技术于一体，进行连续随钻录井和钻井过程监控的石油勘探辅助仪器。其利用传感器和气体分析设备随钻记录工程、地质参数及相关资料信息，并将其物理量转化为电信号，电信号经计算机系统采集、处理后形成各项录井资料，对资料进行解释及应用以实现对地层含油气的评价、地层压力监测和钻井监测等目的。

综合录井仪主要由计算机与数据采集处理系统、传感器和气体分析设备三大部分组成。测量参数主要分为三类：（1）钻井参数部分（大钩高度、悬重、立管压力、泵排量、扭矩、转盘转速等参数）可提供井深、钻速及钻压等信息；（2）钻井液参数部分（钻井液体积、钻井液密度、钻井液流量、钻井液温度、钻井液电阻率等）可提供钻井液性能、流量及体积等信息；（3）气测录井参数部分（全烃、烃组分、非烃气体等）可提供全烃含量、C_1—nC_5 烃组分、二氧化碳含量及硫化氢含量等信息。

4.1　录井系统

国内外综合录井系统的种类多种多样，功能大同小异，国外具有代表性的综合录井系统有法国地质服务公司 ALS、geoNEXT，哈里伯顿 SDL9000，贝克休斯 DRILLBYTE、ADVANGTAGE，美国 DHI 服务公司 DHI 和美国国际录井公司 DLS 等，国内陆上使用的具有代表性的综合录井系统有上海神开石油化工装备股份有限公司 CMS、SK-2000C 系列，上海科油石油仪器制造有限公司 WellStar/Welleap 系列和中国电子科技集团有限公司第二十二研究所 ACE 系列。目前，中国海洋石油勘探主要使用的录井系统为 ALS-3 录井系统和 geoNEXT 录井系统。

4.1.1　ALS-3 综合录井系统

ALS-3 综合录井系统由法国地质服务公司研制，并于 2004 年引进海洋石油钻完井作业现场，该系统包括数据采集系统和计算机系统（图 4.1）。

4.1.1.1　数据采集处理系统

（1）集中器（Concentrator）功能。

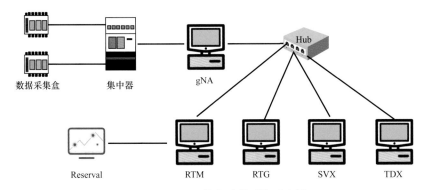

图 4.1 ALS-3 综合录井系统示意图

一个集中器通过数字域总线最多可连接 12 个数据采集盒（Field Box），内部变压器把 220V 电压转换为 24V，为数据采集盒（模块）供电，集中器上可安放 3 个模块。集中器和 gNA 以 RS485（COM）线的方式连接，正常工作温度为 −20～60℃。

（2）数据采集盒（Field Box）功能（连接盒）。

数据采集盒具有给传感器供电、传感器数据处理，以及同时发送数据到集中器等功能。数据采集盒最多可连接 3 个模块，数据采集盒内有一个可擦除可编写的芯片（EPROM），能够完成传感器的模数转换。所有数据采集盒具有防爆认证（EEX ia ⅡC T4），供电模块有过流保险丝（最大电流 1A），正常工作温度为 −40～70℃。

（3）模块功能（Module）。

模块的主要作用是收集传感器发过来的信号和储存调校的数据。每个模块可连接 4 个传感器。内部主要有两块电子板，一个为传感器连接板，一个为数据处理板。在数据处理板上带有一个中央处理器，并有 1MB 内存。

所有模块都采用了即插即用的技术。每一个模块有一个固定编号，所有的模块具有防爆认证（EEX ia ⅡC T4），正常工作温度为 −40～70℃。

4.1.1.2 计算机系统

gNA 工作站功能：调校各传感器并接收集中器（Concentrator）中各传感器的数值（Traces），并以 WITS 形式发送给 RTG。

RTG 工作站功能：接收 gNA 工作站发来的 WITS 数据，同时以内网 IPX 协议发送给 RTM 工作站，接收 RTM 工作站传回的衍生计算后的数据，同时生成时间数据和深度数据发送给 Server 服务器。

RTM 工作站功能：实时显示各种参数，接收 RTG 工作站发来的数据，进行各类运算再发送回 RTG 工作站。

Server 服务器功能：储存由 RTG 工作站生成的时间数据和深度数据。

TDX 工作站功能：输入静态数据并发送指令给 RTM 工作站，处理各类数据、图形。

4.1.2 geoNEXT 录井系统

geoNEXT 录井系统是法国地质服务公司研发的最新一代智能化综合录井系统，该系统能够满足高难度井（深水井、高温高压井和大位移井等）录井作业的要求。geoNEXT 录井系统通过多年升级改进，目前以第四代（GN4）系统为主（图 4.2）。

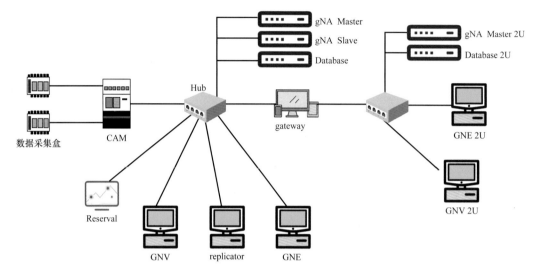

图 4.2　geoNEXT 录井系统示意图

geoNEXT 录井系统强大的软件功能和便捷的界面操控提高了录井日常监测的质量，使作业者获取信息更加便捷。geoNEXT 录井系统引进了一系列新式传感器、新计算方法和新的智能软件，对钻井安全、提高效率起到了重大的作用。

4.1.2.1　硬件特点

采用 CAM（Concentrator Acquisition Module）集线器，最多可以连接 228 个传感器。数据采集盒和模块与 ALS-3 录井系统相同。

使用测量精度高、安装简便的新式钻井液密度、温度传感器 DSM700。

采用了简单、可靠、不受其他电磁信号干扰的数字域总线传输，可以采集最高为 100Hz 频率的信号（即每秒可采集 100 个数据）。

4.1.2.2　计算机系统

（1）gNA Master：调校各传感器并收集由集线器（CAM）发送过来的各传感器的数值，生成并储存对应时间的数据，每 6h 自动备份深度数据，可通过 WITS/WITSML 形式接收或发送第三方数据。

（2）Database：读取 gNA Master 上的数据，生成并储存对应深度的数据；储存岩性、标注、钻具组合、井身结构和钻井液报告等静态数据。

（3）gNA Slave：数据衍生计算，并每隔 24h 自动备份时间和深度数据。

gNA Master、Database 和 gNA Slave 为 geoNEXT 系统的核心服务器，通过 TCP/IP 协议进行连接。现使用的服务器为联想 x3550 M4 或 Dell PowerEdge R620，具备极高的性能和稳定性，使用了备用电源和大容量硬盘，采用双硬盘 RAID1 磁盘阵列技术对数据进行同步记录。

（4）gNE：井场数据配置设置，具有处理各类数据、图形功能的工作站。

（5）gNV：可实时分为四屏显示不同参数、曲线界面的工作站。

（6）Gateway：连接外部网络，实现 geoNEXT 系统数据与外部数据相互传输。

（7）gNA Master 2U：通过 WITS 接收由平台发回的时间数据。

（8）Database 2U：通过镜像软件 Replication 接收并储存岩性、实时标注、钻具组合、井身结构和钻井液报告等静态数据或文件，生成并储存深度数据。

（9）gNE 2U：通过钻井效率监测（Drilling Efficiency）、井眼清洁情况监测（Hole Clean Monitoring）、钻具振动监测（Vibration）、井眼监测（Well Surveillance）等智能化应用程序进行数据分析，为作业者提供合理化建议。

（10）gNV 2U：能够分为四屏显示不同参数、曲线界面的工作站。

（11）Terminal Server：其他用户可以读取数据库中的数据并实时显示出参数和曲线。

4.1.2.3 软件及参数特点

（1）实时控制界面（Real Time Control Panel）。

① 能实时显示或回放各种参数，显示各种模板的曲线。

② 可视化显示实时钻头位置及对应岩性。

③ 能够设置各个参数的警报。

④ 可随时查询、导出对应时间段各参数的 ASC Ⅱ数据，生成 PDF 格式图形文件。

（2）钻井液回流（Flowback）监测。

在停泵时自动运行，能实时监测钻井液回流量，可与多次停泵钻井液回流量进行对比，及时发现井漏、井涌等现象。

（3）事件同步显示（Synchronized Event Display）。

能够选取同一事件不同时间段的任意两个参数进行对比分析，例如每次接立柱后对气全量与出口钻井液密度变化情况进行对比，可以识别单根气的变化趋势，对井况预判具有重要的指示作用。

（4）钻井效率（Drilling Efficiency）监测。

在钻井效率（Drilling Efficiency）分析模块中，引入了机械比能（Mechanical Specific Energy，简写为 MSE）参数，以此作为监测钻头功效、提高钻井效率的参考。在钻井过程中机械比能可以被实时显示出来，在不同的情况下通过优化钻井参数（通常为钻压和转盘转数）来达到提高钻速的目的。

$$MSE=\left[8\times RPS\times \frac{TOB}{Bit\_diameter^2\times ROP}\right]+\left[4\times 9.81\times \frac{WOB}{\pi\times Bit\_diameter^2}\right] \quad (4.1)$$

式中　MSE——机械比能，psi；

　　　RPS——转盘转速，r/min；

　　　TOB——钻头扭矩，N·m；

　　　Bit_diameter——钻头尺寸，mm；

ROP——机械钻速，m/h；

WOB——钻压，kN。

同时把特定参数以散点图（Cross Plot）的形式显示比对，主要包括破岩能量与岩石强度（Energy VS Strength）、钻压与扭矩（WOB VS TOB）、钻压与钻速（WOB VS ROP）、转速与钻速（RPS VS ROP）四个图。

（5）井眼清洁情况监测（Hole Clean Monitoring）。

井眼清洁情况监测（Hole Clean Monitoring）软件通过实时监测数据与钻进、起下钻、下套管等多种情况的数据模型进行对比分析，对发现井眼遇阻、遇卡等异常情况有很大帮助。

在软件中根据不同的情况做出对应深度和地层岩性的趋势线，在 PUSO 图中的各个点都是在接单根的时候得来的，不同的颜色和形状表达了不同的状态，对下一步下套管作业具有参考价值。

（6）钻具振动（Vibration）监测。

钻具振动（Vibration）监测软件是以傅里叶分析（基波和谐波理论）为基础，把一段时间的正常扭矩（频率和振幅）作为基值，设定异常变化值的上、下限，在实时钻进过程中，如出现超出上、下限的异常振动，系统会发出警报，作业者可通过改变钻井参数（通常为钻压和转盘转速）来消除钻具振动现象。

在实时的钻具振动监测图中，振动级别分为三级，分别为橙色、红色及紫色。

（7）井眼监测（Well Surveillance）。

井眼监测（Well Surveillance）软件可以选取不同周期监测的气体，通过对组分的分析，判断是否是同一地层的气体。

在 Gain/Loss 模块中选取需要计算的时间段，得出总的钻井液变化量和钻井液变化速率。

geoNEXT 录井系统和 ALS−3 系统相比，在软件、硬件上都进行了升级更新，各自操作系统及硬件配置情况见表 4.1。

表 4.1 录井仪器对比表

录井系统	操作系统	网络连接协议	标配气体设备	数采系统
ALS−3	Windows2000+DOS	IPX TCP/IP	GFF	Field Box，Concentrator
geoNEXT	Windows2003/XP	TCP/IP	Reserval	Field Box，CAM

4.1.3 其他录井系统

4.1.3.1 CMS 综合录井系统

CMS（Creative Mudlogging System）综合录井仪是上海神开石油化工装备股份有限公司推出的新一代综合录井仪，是在对国内外录井软件进行综合调研的基础上吸取神开石油化工装备股份有限公司第一代软件 SK−DLS 系统的经验，采纳了广大用户的建设性建议，借鉴国外先进软件的设计框架和思想而研制成的综合录井软件系统。

为了提高系统整体运行的稳定性，同时借鉴国外大型软件开发平台的成功经验，CMS系统是以服务器—工作站结构形式进行开发，这种形式具有以下特点（图4.3）：

（1）计算机系统双机热备份，实现零数据丢失，提高了数据采集的可靠性；

（2）全新开发的CMS软件，支持第三方数据进入开发式数据库，满足各种数据的导入和导出，可以集成井场综合信息进行远程传输；

（3）采用逻辑判断法对现场常见工程事故进行自动判断和声光报警，为钻井作业提供事故预警；

（4）采用CAN防爆总线技术，实现了全数字化信息传输。

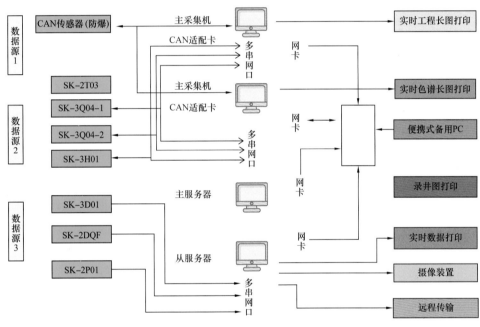

图4.3　CMS系统结构示意图

4.1.3.2　ACE智能录井系统

ACE智能录井系统由中国电子科技集团有限公司第二十二研究所研制。系统由DNV认证防爆的仪器房、智能快速气测仪、CAN总线传感器采集系统、计算机及软件系统、显示输出设备、地质设备及辅助设备等构成。

以嵌入式计算机为核心的智能快速气测仪，应用智能测控技术实时监测气测仪工作状态。可智能控制气路流量、工作温度及点火开关等，具有测量精度高、稳定性好的特点；可智能处理色谱信号，自动判别峰谱；全烃、烃组分最小检测浓度为10mL/m³，分析周期小于30s。传感器信号采集采用CAN现场总线技术，通过简单设置可挂接80个传感器。

录井软件基于Windows XP系统环境，具有稳定的系统性能、丰富的集成功能和良好的可扩充能力。实时采集系统可实时处理工程、气测等300多项参数，具有自动识别钻井作业状态、判断接卸钻具长度，以及提供整间隔信息、录井信息等功能。系统可搭载

MWD 和 LWD 随钻测量系统，支持无线电磁波和钻井液脉冲两种工作模式，能够为水平井、多分支井提供实时井身轨迹信息。

4.1.3.3 DHI 综合录井系统

DHI 综合录井仪由美国 DHI 服务公司制造，取得美国船级社（ABS）认证。DHI 综合录井仪由实时数据采集系统、数据库管理系统、后台应用软件系统和记录、打印、显示系统组成，实时数据采集系统包括传感器、Drillsense 录井系统、Drillsense Box 数据采集系统和气体分析系统（图 4.4），用于地层评估、监控钻井过程和作业安全。

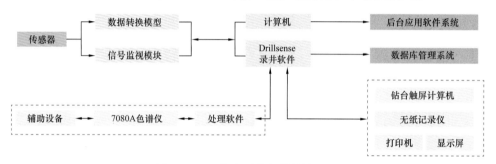

图 4.4　DHI 综合录井仪器结构流程

DHI 综合录井仪数据采集硬件部分的设计理念先进、功能强大、性能稳定且测量精度高；电路设计清晰，便于查询检修；报警系统反应灵敏、安全性高，适用于井场危险区域及危险状态的监测；主录井程序性能稳定、操作方便，可以对工程录井、气测等各项参数进行实时记录，实现数据回放、查询，并对钻井工程事故进行有效的实时监测和及时预报。

4.2　传感器及技术要求

4.2.1　大钩负荷传感器

大钩负荷传感器分为液压式和张力式，可安装在钻机死绳固定器、液压转换器或钻机指重表的压力三通上，通过传感器提供的信号可获得悬重并计算出钻压。

（1）此传感器的安装应在钻井工程坐卡或轻载的状态下进行。

（2）传感器安装完成后，应对油路注油并排气，避免因油路中存在空气而导致测量信号不稳定。

（3）在重载的状态下，检查油路有无渗油现象。

（4）现场可采用多点法来进行标定。

4.2.2　转盘转速传感器

多选用非接触磁性传感器，安装在转盘下面或传动轴附近，以测量每转的脉冲数而获得转速，也可直接从顶驱获得信号。转盘转速传感器的安装应在转盘停止运转状态进行，传感器感应探头应固定牢靠，其感应探头与感应物间距要适当（一般距离以 8～15mm 为宜），防止传感器检测不到信号或感应物打碰探头而损坏传感器。顶部驱动钻机应采集平台信号。

4.2.3　转盘扭矩传感器

机械传动钻机安装在转盘驱动链条上，电动钻机安装在驱动转盘的电动机动力电缆上。此传感器安装前应根据电动钻机驱动电机的电源类型，选择交流电或直流电扭矩传感器。顶部驱动钻机应采集平台信号。现场可采用多点法来进行标定。

4.2.4　深度传感器

4.2.4.1　绞车传感器

大部分安装在钻机绞车轴端，要求满足滚筒参数准确，坐卡瓦时悬重门限合理，钢丝绳排列整齐，安装在浮动式钻井船上时，应考虑船体的移动和上下浮动，和深度补偿装置配合使用。

4.2.4.2　光编码传感器

浮式钻井船上使用光编码传感器，在顶驱上下移动较慢时使用（一般是钻进期间）。光编码传感器固定在司钻房上部。固定定滑轮，当大钩位于钻台最低点时将传感器内的钢丝绳末端与大钩连接，钢丝绳沿大钩运行的方向应与钻台面保持垂直状态。连接平台气源，调整空气压力阀门，将空气压力控制在 0.3～0.35MPa。调校传感器时，确认传感器运动方向与大钩方向一致。使用时要注意气源压力适当，需保持传感器的引绳垂直，防止引绳被拉断。

对于深度传感器，应在大钩最低点进行标定。为保证深度准确应经常与钻具计算的深度进行校核。

4.2.5　潮汐测量传感器

传感器固定在浮式平台补偿器的甲板上。安装前对传感器驱动弹簧进行测试、调整。平台补偿器工作正常后再进行挂钩连接，传感器内钢丝绳挂钩应与补偿器可动端头连接，并保持一致运动状态。

4.2.6　立管、套管压力传感器

压力传感器通过传感器电桥的电阻变化获得压力资料。安装立管、套管压力传感器应在泄压且无钻井液的条件下进行。立管压力传感器应安装在转盘面以上的立管上，套管压力传感器安装在防喷器四通或放喷管汇上，且传感器安装方向应朝向无人区。安装采取密封措施，确保无刺漏现象。安装完成后，必须对油路注油并排气，避免因油路中存有空气而导致测量信号不稳定。现场应采用多点标定。

4.2.7 泵冲传感器

泵冲传感器安装在活塞拉杆上或传动轴端上。每次工作结束后，必须检查有关泵冲计数器运转情况。安装此传感器时传感器的感应探头应固定牢靠，感应探头与感应物间距要适当（根据传感器的感应距离来确定，一般距离以 8～15mm 为宜），防止传感器检测不到信号或感应物碰撞探头而损坏传感器。现场可采用感应物在传感器感应距内切割运行来确定其工作的正常与否。

4.2.8 钻井液流量传感器

钻井液流量传感器可分为传统机械鸭掌式和感应式流量传感器。

感应式流量传感器主要采用电磁流量传感器和质量流量传感器，其中，电磁流量传感器是测量循环流体切割磁力线造成的电动势变化而得，一般不能在油基钻井液中使用；质量流量传感器是测量由科里奥利力引起内部测量管振动时的相位差而得。

4.2.8.1 入口流量计

入口流量计可采用质量流量传感器安装在立管上，若无特殊要求可不安装，入口流量可采用泵冲等参数计算获得。

4.2.8.2 出口流量计

较为常用的出口流量计为鸭掌式流量计，分两芯线和三芯线，目前使用的大多为两芯线，4～20mA 电流信号，无需外部单独供电，直接连接 4～20mA 信号。

（1）鸭掌式返出传感器应安装在靠近井口返出口位置，在条件允许的情况下，选择在密闭返出管线上开口安装。

（2）安装时根据出口管直径不同，上下调节挡板的相对位置，确保挡板的活动方向与钻井液流向一致；安装时根据返出管线的高度选择合适的鸭掌长度，避免鸭掌过长阻挡鸭掌波动，太短探测不到液面波动。

（3）鸭掌式流量传感器内含滑动变阻器，需要使用配重杆将鸭掌平衡在相对 0 值的位置。

（4）调校传感器应注意将配重杆与鸭掌调节好角度后，避免直接压配重杆测试鸭掌，否则容易造成配重杆与鸭掌角度改变或是配重杆松动。

4.2.9 钻井液池体积传感器

测量钻井液体积通常采用超声波、雷达和导波雷达等 3 种传感器，传感器应垂直安放在各种钻井液罐（池）内，位置应远离搅拌器。

目前现场一般导波雷达液位计用于计量罐等无搅拌器的罐（池），通常采用两点法调校，即选用钻井液罐的最大与最小容量进行标定。

4.2.9.1 超声波、雷达传感器

超声波、雷达传感器属于非接触类传感器，安装时应注意控制在量程范围内；超声波

是呈发散状向下扩散，应注意确保下部在发散范围内无遮挡；传感器探头应与液面保持垂直，且定期进行清洁。

4.2.9.2　导波雷达液位计传感器

导波雷达液位计传感器尽量垂直于罐底，倾斜角应小于30°，导缆应固定于罐底且保持拉伸状态。

4.2.10　钻井液密度传感器

目前国内多选用的是压差式钻井液密度传感器。

（1）钻井液入口密度传感器须在钻井液保持均匀的位置进行，目前大多安装在循环池内，且一般不连续测量；当钻井液性能不稳定时，则要求连续测量。

（2）钻井液出口密度传感器须在钻井液循环中有变化和能检测到井涌的地方进行，要求安装在喷出管处或靠近井的出口处，应检查钻井液流量是否均匀，防止产生涡流，否则需调整传感器位置，每班次进行几次清洗、除砂。

（3）利用标准溶液（密度为 $1g/cm^3$ 的水）予以标定。通常情况下，现场可采取两点法即在空气中为 0 值、在清水中为 $1g/cm^3$ 进行标定。

4.2.11　温度传感器

（1）钻井液入口温度传感器若为潜入管式温度计，一般沉放在钻井液池内靠近钻井液泵抽吸接头、钻井液不停搅拌处；若使用热灵敏探头，则需用一个特殊的外绝热环直接将它固定在立管上（无法配备一个钻井液池一个传感器的情况下，可用此法）。

（2）钻井液出口温度传感器（通常指潜入管式温度计），必须置于钻井液快速循环、畅流的地方（避免放在钻井液滞留不动处），浸入钻井液中的深度至少 20cm，但不得将传感器末端沉入有岩屑沉淀的位置。

（3）钻井液温度传感器至少采用两点温度法标定，现场通常可采用温度计测量温度法予以标定。

4.2.12　密度、温度集成式传感器（DSM700）

安装前要先确保脱气器处于关闭状态，密度、温度集成式传感器应尽量贴近脱气器并垂直安装，且必须保证流体流动方向为由下到上，出液口的位置必须高于脱气器钻井液罐的出液口。

密度集成式传感器利用标准溶液（密度为 $1g/cm^3$ 的水）予以标定，通常情况下，现场可采取两点法即在空气中为 0 值、在清水中为 $1g/cm^3$ 进行标定；温度传感器至少采用两点温度法标定，现场通常可采用温度计测量温度法予以标定。

4.2.13　钻井液电阻率传感器

电阻率测定仪有铂或石墨电极传感器和感应电阻率传感器，前者以方波交流电供电，电极与流体接触；后者浸入液流，但不与流体直接接触，其位置应距离金属器件至少15cm，现被广泛应用。

出口电阻率传感器安装在钻井液循环通畅、无岩屑或固体沉淀处，入口电阻率传感器尽可能置于接近钻井液泵吸入处。流动管线关闭时，要求保护罩不触及钻井液槽壁或振动筛前的钻井液池壁。现场可采取两点法标定，即在0值、最大值予以标定。

4.3　气体分析设备

综合录井仪的气体分析相关设备主要包括脱气器、气管线、烃类及非烃类气体分析仪等。

4.3.1　脱气器

利用电动机的高速搅拌和离心作用，使分散或溶解在钻井液中的烃类气体逸出，从而实现收集和分析气体含量的目的。脱气器要垂直固定安装在钻井液流动槽上，并为了降低钻井液的气体自然逸散，应尽可能靠近钻井液返出口，安装位置选择钻井液流量相对平稳处。

4.3.1.1　QGM 脱气器

QGM 脱气器通过电动机带动下部搅拌棒，将钻井液中的气体脱出并送至气体分析设备。

使用 QGM 脱气器应注意以下几个问题：

（1）检查脱气器中的钻井液流量，是否达到稳定；

（2）检查缓冲器（必要时进行清洗），使之处于正常状态；

（3）检查调节装置是否堵塞；

（4）每次起下钻时应对脱气器进行彻底清理和检查；

（5）若孔洞腐蚀或锈死必须彻底清洗、除锈并上防锈漆（海洋船用油漆），严重时必须系统地更换脱气器的钟形罩。

4.3.1.2　GZG 定量脱气器

GZG 定量脱气器由法国地质录井公司开发研制，GZG 定量脱气器采用恒流原理，使采集的钻井液体积保持恒定，从而实现了气体定量脱出。GZG 定量脱气器消除了传统脱气器效率低、性能不稳定及影响脱气效果的诸多不利因素，通过对钻井液样品流量、泵速等参数的定量测量，为地层定量评价创造了条件。

GZG 定量脱气器使用注意事项：

（1）环境温度过低时，注意钻井液吸入管线的保温防冻；

（2）钻井液固相含量高，特别是加入塑料球时容易堵塞钻井液吸入口；

（3）搅拌罐保持密封性；

（4）排出钻井液的管线应保持向下适当倾斜，防止回流堵塞。

4.3.2　气管线

气管线是连接脱气器和气体分析仪之间的管线，使用注意事项：

（1）利用起下钻、接单根等停止循环的机会，经常对气管线空气流量进行测验；

（2）要求装有备用管线，在工作线路不能使用（堵塞、破裂），能迅速接通备用线路，保证连续检测；

（3）应用电子除湿器将气体管线内气体中的水分去除，保证进入气体分析检测仪中的气体是相对干燥的；

（4）每次起下钻时，使用空气压缩机或高压空气对气管线进行反吹，将线路中可能残存的水吹出排净。

4.3.3　全量分析仪

4.3.3.1　分析仪类型

（1）氢火焰离子化检测器（FID）：用于检验氢火焰离子化的仪器，比较灵敏、准确，主要检测可燃气体总量。

（2）红外线检测仪：主要检测易燃气体（主要为甲烷），具有灵敏度高、稳定性好的特征，并能在充气钻井液或泡沫中检测，缺点是仪器易损坏。

4.3.3.2　分析仪调校

（1）正式录井前用 1%、10%、100% 甲烷标准气样进行线性刻度校验，测量值与标准值误差应小于 5%。

（2）每个井段或每隔 7 天至少选择一种浓度的气样校验设备稳定性，重复性误差应小于 5%。

4.3.4　组分分析仪

组分分析仪的鉴定器主要为氢火焰离子化检测器（FID），灵敏度较高，使用较普遍，一般能分析 C_1—C_5 烃组分：

（1）检测器、氢气发生器和压缩机应处于完全正常的工作状态，如要更换或更新，应在钻井液停止循环的间隙进行；

（2）压缩机压力严格保持仪器规定的压力值；

（3）载气、样气、氢气等各种气体的流量一定要保持稳定，并且应严格符合厂商的说明；

（4）气体校验。

人工注入已知成分和含量的气体（标准样），对仪器的出峰时间和峰值进行校准检验，校验时应用不同浓度进行多次试验，最好是在室内相同温度下进行，确保校准良好（考虑到因操作引起的误差）。

正式录井前用 0.01%、0.1%、1%、5% 和 10% 的混合气样进行校验，测量值与标准值误差应小于 5%。

每个井段或每隔 7 天选取两种不同浓度的混合样校验设备稳定性，重复性误差应小于 10%。

在更换气柱的情况下，重新调节，全面校准，重新绘制刻度曲线。

双柱色谱更换一个气柱时，应同时更换另一个气柱。

4.3.5 快速色谱分析仪

快速色谱分析仪是气体分析仪的核心单元，也是组成综合录井仪的主体部分，对于及时发现和评价油气层尤其是薄互层具有重要作用。它是目前最新的一种在线式气相色谱仪，采用两套氢火焰离子化检测系统（FID）和微填充柱技术，可以同时分析检测全烃和 C_1—C_5 等七种烃组分。仪器分析周期为不大于42s，可满足快速录井需求。快速色谱分析仪的检测精度是 1×10^{-6}，与常用色谱分析仪相比灵敏度高出一个数量级。快速色谱分析仪主要由五部分组成。

（1）计算机模块：即一台微型电脑，触摸式显示屏，计算机上装有色谱仪主程序及软件，存储所有调校值及气体数据，并与录井系统实时通信。

（2）电源模块：对各模块提供适应的工作电源。

（3）气泵模块：安装有两个样气泵，分别抽取钻井液进、出口的样气，并控制压力在1bar和流量在450mL/min，与常规氢火焰离子化检测器不同的是，其通过内置Peltier装置去除样气中的水汽及灰尘以获取干燥及清洁样气。

（4）气体分析模块：连续检测分析样气中的全烃及组分含量（C_1—C_5）。

（5）过滤模块：以快速色谱为烃类气分子分离柱，阀件管线以微米（μm）计算尺寸，需要有精良的过滤器才可能在现场条件下稳定工作。过滤器的孔径一般小于分析管路的通径，通常优于1μm级别，从而对色谱仪起到保护作用。

4.3.6 二氧化碳分析仪

其原理是利用二氧化碳对红外光的吸收强度与其体积分数存在数学关联特征，从而建立了两者之间的量化关系模型。

分析步骤为测量样品的红外光谱强度，通过化学计量学软件和所建模型计算得到待测样品的组成和性质。

（1）安装：二氧化碳分析仪是面板结构，固定在设备房内的仪器架上，与烃类气体分析仪共享同一样气气路。

（2）调试：用标准 CO_2 气体注样进行不同浓度的调校，调校好后即可分析。

（3）功能：实时连续监测地层内 CO_2 气体的含量，分析数据储存在深度数据库里，可以人工设定高、低报警门槛值。

4.3.7 硫化氢探测仪

（1）硫化氢（H_2S）探测仪多用化学或半导体探头进行监测，监测最小值为 $1mL/m^3$，并装有浓度超标警报器。

（2）仪器探头安装在气体分析设备的取样管线中或与气体分析设备成一体，并在钻井液罐、振动筛、钻台位置（返出槽口）均安装有探头。

（3）应经常使用标准样气进行刻度。

4.3.8 控制回压循环时的取样装置

一种在流体大量溢出、气柱干扰使钻井液产生断续流或测试终了进行反循环的情况下，不致中断向密度计、脱气器输送钻井液的备用装置，这种装置应满足以下条件：

（1）连接钻井液管汇与膨胀罐管道的规格尺寸，应与钻井液管汇下游的管道相同；

（2）在气涌时，为防止超压，应开启膨胀罐，使钻井液从大口径软管返回钻井液管汇；

（3）在出水或出油情况下，为使钻井液池内的钻井液不受污染，可使用软管循环系统排出液体；

（4）需使用启闭速度快、不易堵塞的阀门；

（5）整个系统应固定在底座上，不能固定在钻井液槽上，以避免受振动。

4.4 录井装备的安全与防护

4.4.1 录井仪器房的安全环保要求

（1）录井仪器房的安装、调校、安全防护应符合中国海洋石油有限公司安全环保规定。

（2）电缆线、气管线架设要牢固、安全、易于检查和维护。

（3）所有室外电缆线均要密封及防水，与防爆盒连结禁止用绝缘材料包扎。

（4）仪器房必须接地良好，外引电缆线不得有短路和漏电现象；仪器房和发电房之间应装有断路开关；仪器房内的附加电器设备应绝缘良好，符合安全规定。

（5）仪器房应完好无损、房内清洁，仪器房就位后，底座应焊接固定。

4.4.2 录井仪器房增压

（1）值班工程师应对仪器房合理增压。

（2）增压时务必关好门窗，保证增压效果。

（3）供给录井房的空气应在危险区范围以外上风方向抽取。

4.4.3 录井装置的配备要求

（1）配备的各种录井设备应与合同要求相符。

（2）每台仪器应按合同备有足够数量的相关备件。

（3）录井作业时应具备通水、通电的基本条件。

（4）所有传感器和记录仪应根据厂商的说明正确安装。

（5）所有仪器应在开钻前完成准确调校。

（6）所有仪器应在作业期间进行必要的维护。

4.4.4 电器设备的安装要求

电器设备均应接地良好，电缆线均要密封及防水，并每周详细检查一次。在防爆区内及钻井液循环系统附近不得安装不防爆的电器。

4.4.5 录井安全应急措施

（1）应有灵敏的报警装置。

（2）应有井涌、井喷的应急措施。

（3）应有消防设备和消防措施。

（4）应有防毒设备和防毒措施。

4.4.6 常见化学品安全措施

海上录井过程中常见的化学物品毒性和易燃性限度见表4.2。

表 4.2 部分物品毒性和易燃性限度

名称	毒性安全浓度（MAC）/ 10^{-6}	危险浓度 / 10^{-6}	致死浓度 / 10^{-6}	爆炸下限 / %	爆炸上限 / %
丙酮（四氯化碳）	1000	8000	17000	2	13
硫化氢	20	200	400～600	4.3	46
二氧化碳	5000	7%	40%		
盐酸	5	50～100	1000～2000		
烧碱（固）	2mg/m³	接触与食入有危险			
甲烷				5	15
酒精				3.3	18

注：以上化学药品按照相关化学品安全使用说明书（MSDS）标准执行。

（1）乙炔、一氧化碳、二氧化碳、煤气、硫化氢、甲烷中毒，应立即更换空气，进行人工呼吸至少1h；打入约含5%二氧化碳的氧气，同时进行氨或亚硝酸戊酯呼吸。

（2）氯仿（三氯甲烷）、氯醛、乙醚中毒，应用凉水浇头部和胸部，并进行人工呼吸。

（3）酚类中毒，应用硫酸锌催吐后服无毒硫酸盐，大量吃生蛋白（蛋清）、石灰乳、蔗糖钙盐、加入氢氧化镁的橄榄油或蓖麻油，用含50%醋的水洗胃，并可适当服用少量白酒。

（4）氢氧化钠和氢氧化钾烧伤，用大量冷水对受伤部位冲洗至少20min以上，然后用1%的醋酸、硼酸或硫酸镁等进行湿敷，可口服稀释的醋、柠檬汁、橘子汁和酸奶或牛奶等。

（5）盐酸烧伤，迅速用打湿的干净毛巾清除掉受伤部位的酸液，使用大量的冷水反复冲洗15min以上，然后用缓和性质的碳酸碱进行湿敷，可口服氢氧化镁、碳酸碱、牛奶、蛋白和冰淇淋等。

（6）硫酸烧伤，采用与盐酸烧伤相同的方法，但在冷水清洗时须加些肥皂。

（7）二氧化硫中毒，用制氧机、氧气瓶给予吸氧，在胸部敷上芥子泥敷剂，服用祛痰剂并进行神经保护药物治疗。

（8）碘（蒸气）中毒，应采用胃管虹吸法，服催吐药及淀粉物和硫代硫酸钠。

5
岩屑岩心录井

岩屑岩心录井是发现油气显示和评价地层最直接的手段，指在钻井过程中，利用专用设备、工具和相应的工作方法，依据技术标准获取直接反映地下地层情况的岩性、粒度、胶结、结构、构造、化石等含有物、含油气性等各项地质资料、数据，从而建立地层岩性剖面及油气显示的录井技术，主要包括岩屑录井、岩心录井及井壁取心录井。

5.1 岩屑录井

地下的岩石被钻头掘挤或切削破碎后，会被高速流动的钻井液携带至井口，这些被带到地面的岩石碎块通常被称为岩屑。在钻井过程中，按照一定的取样间距和迟到时间，连续收集观察和识别鉴定岩屑所属岩石类型及特征，并建立地下地层剖面的过程称为岩屑录井。

5.1.1 深度跟踪

井深是以转盘面为计算零点，至井底的距离。

5.1.1.1 钻具管理

录井人员在作业期间应协助管理好钻具，输入钻具长度后与井队丈量原始数据校对好，保证吻合无误。

每次变更钻具组合时保留好钻具组合记录。

5.1.1.2 井深校正

每次下钻完或接立柱时必须核实钻具长度与井深。

5.1.2 迟到时间及校正

迟到时间指钻井液携带岩屑，从井底沿井壁与钻具形成的环形空隙上返至地面的时间，单位为分钟。

理论迟到时间计算和实测迟到时间的间距及测量要求参照地质设计要求执行。现场作业人员可根据实钻情况，进行适当调整，做到准确且符合实际。

5.1.2.1 计算方法

（1）理论计算法。

$$T=V/Q\ [\ \pi(D^2-d^2)\ /4Q\ ]\times H \tag{5.1}$$

式中　T——钻井液迟到时间，min；

　　　V——井内环形空间的容积，m^3；

　　　Q——循环排量，m^3/min；

　　　D——钻头直径，m；

　　　d——钻杆外径，m；

　　　H——井深，m。

（2）泵冲数法。

$$N=[\ \pi(D^2-d^2)\ /4q\ ]\times H \tag{5.2}$$

式中　N——累计捞砂泵冲数（冲）；

　　　D——钻头直径，m；

　　　d——钻杆外径，m；

　　　H——井深，m；

　　　q——泵每冲的容积，m^3。

（3）实物测定法。

接立柱时，将电石指示剂或实物指示剂从井口投入钻杆内，记下开泵时间（或泵冲数）t_1，记录仪器检测到乙炔气体或实物指示剂的时间为 t_2，则可用式（5.3）—式（5.5）求得迟到时间：

$$t_{周}=t_2-t_1 \tag{5.3}$$

$$t_0=(i+j)/Q \tag{5.4}$$

$$t_{迟}=t_{周}-t_0 \tag{5.5}$$

式中　t_1——开泵时间，min；

　　　t_2——记录仪器检测到乙炔气体或实物指示剂的时间，min；

　　　$t_{迟}$——钻井液迟到时间，min；

　　　$t_{周}$——乙炔气体循环一周的时间，min；

　　　t_0——气体下行时间，min；

　　　i——钻杆内容积，m^3；

　　　j——钻铤内容积，m^3；

　　　Q——钻井液排量，m^3/min。

5.1.2.2 迟到时间校正

井场常用投电石、特殊实物指示剂实测，或大套同类岩性中出现的其他岩性等手段来判断迟到时间的准确性，迟到时间校正要求如下。

（1）钻达目的层前200m，应实测校正迟到时间；正常钻进过程中，每班次需对迟到时间进行相应检查与校正；泵排量变化、钻井液性能变化、换用不同直径的钻头钻进时和起下钻后，应重新实测迟到时间；目的层中每钻进 200m 实测一次迟到时间，同时应结合实际录井情况及时校验，每次校正迟到时间后应记录在迟到时间校验记录表中。

（2）实测迟到时间应使用电石或醒目的指示物。

（3）迟到时间具体调整方法分为两种情况，ALS-3 系统通过增加或减少井眼扩大率相对大小来调整录井迟到时间与实际一致；geoNEXT 系统通过直接增加或减少迟到时间的方法来调整录井迟到时间与实际一致。

5.1.3 岩屑捞取

（1）根据地质设计的间距要求在振动筛前取样，还需根据现场实际情况加密取样间隔；若振动筛前砂样太多，应采用垂直取样法取样，不允许只取上面或下面部分，以及在振动筛前接岩屑（临时观察样除外），取样后应将剩余部分清除干净；当振动筛前砂样很少时，应更换筛布或在架空槽上取样，以不漏取和取准岩屑为原则。

（2）每次起钻前，应充分循环钻井液，以保证取完最后一包岩屑（钻井取心例外）。

（3）下钻后的第一包岩屑应按迟到时间取样，在新钻岩屑返出井口之前必须把振动筛前和筛布上的岩屑清除干净。

（4）一般情况下每次捞取观察样 100g/ 包，烘干样不少于 500g/ 包，自然干样不少于1000g/ 包，分析化验样品根据需要捞取。

（5）每包岩屑都应标注深度，以免弄错样品代表的地层深度。

（6）钻遇油气层时应特别注意观察振动筛、高架槽油花气泡情况。

（7）因地层漏失或复杂情况造成取样困难时，应尽量捞取岩屑样品，如不能捞取，要注明具体原因和井段。

5.1.4 岩屑清洗

（1）岩屑捞出后，采用三级分样筛清洗。分样筛目数分别为顶筛 8 目、中筛 32 目和底筛 110 目；一般取样比例按照顶筛 10%、中筛 70% 和底筛 20% 分配。若用海水洗样，最后须用淡水漂洗，以利于保存。清洗岩屑时，应注意观察油气显示，如油味、沥青等。

（2）软泥岩和疏松砂岩应轻轻漂洗，但必须洗净钻井液；成岩性较好的岩屑，清洗时要洗出岩石本色。

（3）岩屑洗净后，取样置于观察皿中以备观察描述，注意观察皿中的样品能够代表整包岩屑。

（4）油基钻井液岩屑的清洗方法。岩屑样品在白油（柴油）中进行漂洗，漂出岩屑表面钻井液添加剂侵染物，再使用清洁剂洗涤水（浓度约为 10%）进行反复清洗，最后用清水进行漂洗，直到岩屑无油污及清洁剂残留。

5.1.5 岩屑烘晒

自然干样岩屑应采用晾干、晒干的方法，烘干样若不具备晾晒条件时，可以烘干。烘烤岩屑时，温度应控制在 90～110℃，防止烤焦造成岩屑失真。岩屑未干时尽量不要翻动，以免松软岩屑结块变成糊状。目的层井段岩屑宜采用晾干、晒干的方法。

5.1.6 岩屑观察描述

5.1.6.1 岩屑的观察

取样、洗样时应及时观察岩性变化及槽面显示。对非目的层气测异常段和目的层段，每包岩屑均应进行荧光湿照。观察时应认真鉴别显示的真假，查明假显示的性质和原因，确定真实的油气显示和级别。同时应收集钻时、钻井参数、随钻测井曲线以方便分层。

具体观察方法为"大段摊开、宏观细找、远看颜色、近查岩性"，将岩屑大段摊开，甄别真假岩屑，观察岩屑（湿样）的颜色和成分百分含量变化，系统观察分层，找出新成分出现的位置，然后在该位置仔细查找挑选新成分、松散颗粒、含油岩屑和特殊岩性等，并逐包对岩性、含油级别进行落实。

5.1.6.2 分层及描述

（1）根据岩屑新成分的出现和百分含量的变化进行岩性层界的划分。新成分出现标志着钻遇新岩性，百分含量增加表示该岩性的延续；百分含量减少说明该岩性结束，下伏新岩性出现。划分岩性界面时可参考钻时、钻压、扭矩、排量等钻井参数进行判断，还应考虑钻头类型、钻头新旧程度等因素的影响。

（2）岩性相同而颜色不同，或岩性不同且厚度大于或等于 1m 的岩层，应分层描述。

（3）特殊岩性、标志层在岩屑中的含量较少或厚度小于 1m 时，应扩大至 1m 单独分层描述。

（4）含油级别达到荧光及以上的岩屑，应分层描述。

（5）单层厚度划分标准见表 5.1。

表 5.1 单层厚度划分标准

单层厚度 h/m	$h \geq 30$	$10 \leq h < 30$	$2 \leq h < 10$	$h < 2$
层厚描述	巨厚层	厚层	中厚层	薄层

（6）对百分含量较少或呈散粒状的储层，以及用肉眼不易发现、难以区分油气显示的储层，应认真观察，仔细寻找，准确识别真假油气显示，做好含油试验，并详细描述。

（7）岩石定名采用颜色、含油级别和岩石名称三者综合定名原则。

（8）岩屑描述时应逐包观察定名描述，内容主要包括岩石名称、颜色、成分、结构、构造、胶结情况、油气显示、化石及其他含有物等。

（9）岩屑的观察描述要跟上钻井进度，以便及时与设计地层进行对比，做好地层预测。保证及时落实油气显示，卡准地层界面及中完位置等。

（10）对油气显示层、标志层及特殊岩性的岩屑，应挑出样品、标明井深，供分析化验和保存。

5.1.7 岩屑含油级别的划分

岩屑含油级别以含油岩屑占定名岩屑百分含量划分为富含油、油斑、油迹和荧光四个级别，划分标准详见表5.2。

表 5.2　岩屑含油级别划分标准

含油级别	含油岩屑占定名岩屑百分含量 s/%	含油产状	油脂感	油味
富含油	$s>40$	含油较饱满，较均匀，有不含油的斑块、条带	油脂感较强，污手	原油味较浓
油斑	$5 \leq s \leq 40$	含油不饱满，多呈斑块、条带状含油	油脂感较弱，可污手	原油味较淡
油迹	$0<s<5$	含油极不均匀，含油部分呈星点状或线状分布	无油脂感，不污手	能够闻到原油味
荧光	0	肉眼看不见含油，荧光滴照有荧光显示	无油脂感，不污手	一般闻不到原油味

缝洞型储层岩屑含油级则是按照含油岩屑占定名岩屑的百分含量划分为富含油、油斑和荧光三个级别，划分标准详见表5.3。

表 5.3　缝洞型储层岩屑含油级别划分标准

含油级别	含油岩屑占定名岩屑百分含量 s/%
富含油	$s>5$
油斑	$0<s \leq 5$
荧光	肉眼看不到含油，荧光滴照见荧光显示

5.1.8 岩屑复查

录井岩性、油气显示与测井响应特征不符时，应复查岩屑及油气显示，找出不符的原因，并在岩屑描述中进行记录。

5.1.9 岩屑保存

（1）岩屑袋应注明井名、井深。
（2）岩屑装袋时应检查样袋上所标注深度与岩屑深度是否吻合。
（3）岩屑装袋数量应按设计要求执行。
（4）岩屑装袋时应注意岩屑的代表性，不能只装大块或小块的岩屑。
（5）烘干样及自然干样装袋保存，岩屑样袋要用黑色油性马克笔填写井名、岩屑样类型和井深，字迹规整，格式如图 5.1 所示。

```
×× - × - ×井

自然干样/烘干样

深度：×××～×××m
```

图 5.1　岩屑袋填写模板

（6）装袋后的岩屑应妥善保管，防止日晒、雨淋、掺混、倒乱或丢失，并应避免油类及其他脏物污染。岩屑装袋后应按取样深度依次从左向右，从下向上装箱，箱上应贴上标签，格式如图 5.2 所示。

```
×× - × - ×井

箱号：×××箱

井段：×××～×××m
```

图 5.2　岩屑箱标签填写模板

（7）井喷、井漏段岩屑量少或未获取岩屑的，在岩屑样袋编号之后加括号注明"井喷"或"井漏"。

（8）捞取的岩屑应及时送回陆地入库。送样时需附岩屑、岩心、壁心入库清单（附录A.7），内容包括井名、井段、样品类型、样品数量、送样日期、送样单位和送样人等；对同一深度样品应分两个航次送回基地，以减少海损风险。

5.2　岩心录井

钻井取心是提供地层剖面原始岩心标本的重要途径，是获取地层岩性和储层特性的最理想手段。岩心是反映地下地质情况最直接、最可靠的原始资料，在油气田的勘探开发中起着不可替代的作用。

5.2.1　取心目的

（1）预探井：为了解地层岩性、含油气层段的储层物性、含油气情况、生油条件和确定地层层位及完钻层位等。

（2）评价井、开发井：集中在有代表性的一两口井的目的层段进行系统取心或分井分层取心，以获得各油层组的岩性、物性、含油性等资料，为储量计算和油气田开发提供所需的地质资料。

（3）各类井的取心目的、要求、取心层位、取心数量及收获率，应在地质设计书中规定明确，钻井现场如要改变设计取心内容，须请示主管部门同意后方可执行。

5.2.2 取心原则

（1）定层位取心时，根据钻遇的标志层、特殊岩性，结合岩性组合特征、钻井参数变化等，确认取心层位。

（2）取含油气层段岩心时，若在目的层段发现钻时变化，应立即停钻进行地质循环，观察钻井液槽面显示，了解气测录井资料和钻井液性能变化情况，并落实岩屑含油性，发现油气显示应及时取心。

（3）定深度取心时，按设计要求执行。

5.2.3 取心方法

5.2.3.1 常规取心

在钻井取心中使用次数最多、适应范围最广的一种取心方法。工具结构简单，主要由取心钻头、取心筒（包括内筒和外筒）组成，工具中有一节岩心筒，每次取心长度最多9m左右。有时为了提高取心效率、降低取心成本，将2~3节取心筒连在一起使用，这种方式通常用于成岩性与可钻性较好的地层。

5.2.3.2 衬筒取心

（1）铝合金衬筒取心。

铝合金衬筒取心指在常规取心工具的内筒中增加铝合金衬筒（有时衬筒材质为玻璃钢），使用衬筒将钻出的岩心及时保护起来。增加衬筒的目的是为了提高特别松散、易碎地层的岩心收获率。此外，由衬筒保护的岩心在取心过程中遭受机械破损程度较轻，取出的岩心形状规范，保留了更多的原始地层信息。

（2）橡皮筒取心。

橡皮筒取心指取心工具中有特制的橡皮筒，通过橡皮筒与工具的协调作用，能将钻出的岩心及时保护起来。橡皮筒取心的目的是为了提高特别松散、易碎地层的岩心收获率。橡皮筒取心工具结构复杂，耐温性能差，目前只适用井温不超过80℃的松散、易碎地层的取心。

（3）海绵取心。

海绵取心工具对常规取心工具进行了较大改进。采用了减少钻井液侵入的特制取心钻头、内筒里增加了海绵衬管、增加预饱和装置及运输管等综合措施。在取心过程中，最大限度地降低了钻井液对岩心的污染。衬管中的海绵具有油湿性和水湿性，可以吸收岩心中渗出的油水，从而鉴定可动油。在存放、运输环节避免了暴露环境对岩心性质的改变，使取得的原油饱和度及储层资料更加真实。

海绵取心适用于固结较好的渗透性岩层，对于固结极不好的岩层及裂缝型或有断裂破碎带的岩层，以及具多孔、开放性大晶洞的岩层则不适宜。

5.2.3.3 密闭取心

（1）常规密闭取心。

常规密闭取心指采用密闭取心工具与密闭液，在水基钻井液条件下取出几乎不受钻井液自由水污染的岩心，给检查开发过程中油田注水开发效果、了解油层水洗情况及油水动态、制定合理的开发调整方案提供实物资料。它适用于砂岩油田的各种地层，同时也适用于成岩性较好且有一定物性的页岩地层。在密闭取心质量指标有保证的前提下，可近似代替取心成本高、劳动条件差的油基钻井液取心。

（2）保压密闭取心。

保压密闭取心是密闭取心工艺的进一步升级，是在水基钻井液条件下，采用保压密闭取心工具与密闭液，取得不受钻井液自由水污染并保持井底条件下储层压力的岩心。目的是求得井底条件下储层流体饱和度、储层压力、相对湿度及储层物性等资料，为制定合理的油田开发方案提供基础资料。

5.2.3.4 随钻取心

随钻取心是在绳索取心基础上发展起来的一门取心技术。绳索取心技术指在取心钻进过程中，使用专用的打捞工具和钢丝绳将内岩心管从钻杆柱内捞取至地面，以实现连续取心的一种取心方式，广泛适用于煤层取心。随钻取心是通过绳索打捞器、打捞内筒和钻头组件，有选择地进行钻进或取心的一种工艺。设备组成包括特殊取心钻头、取心外筒组件、内筒组件、全面钻进组件、内筒打捞器、绳索和绞车等。接近取心层位时，下入随钻取心工具和全面钻进钻头。需要取心时通过绳索打捞器打捞出钻头组件，下入取心内筒组件进行取心作业。取出一段岩心需要恢复钻进时，再次下入全面钻进钻头组件继续钻进。这样，取心和全面钻进在不起下钻的情况下就可以交替作业，极大提高了工作效率，节约作业成本。

现场岩心出筒后经常采取冰柜冷冻的方式保存，目的是使岩心从井场到实验室的存放、运输过程中能够保留尽可能多的地层原始信息，为研究储层物性、含油气性提供实物资料。

5.2.4 取心前准备

取心前地质监督应做好以下准备工作：收集齐全相关地质资料，包括取心层面构造图、过井地震剖面、邻井完井地质综合图等；在综合分析各项资料后，根据地质设计要求制定取心方案；将取心方案向现场承包人员进行技术交底，介绍取心目的、方法；取心前要准备好各种取心用品、材料，包括岩心盒、样品袋，以及各种原始记录、表格、图纸和文具，如红色和黑色马克笔、岩心描述记录、钻井取心统计表、岩心清单、荧光灯和各种化学试剂、锤子、双目实体显微镜、放大镜、钢卷尺、镊子、试管、电炉、酒精灯、石蜡及熔蜡锅、封蜡用纸和照相机等；根据地质情况对现有取心工具（常规取心、衬筒取心、密闭取心和随钻取心）做出选择等。

取心前应加强岩屑、荧光、气测和工程参数等录井工作，做好随钻对比，预测取心深度。地层情况复杂时，可进行电测对比。

5.2.5 取心层位的对比和确定

地质监督应具备地层学相关基础知识，熟练掌握通常使用的地层对比方法。地层是地壳发展历史过程中形成的成层岩石和堆积物的总称。地层以某些岩石特性或岩石属性为特征，并以此区别相邻的岩层，它们之间往往以明显的层面来分割。为地层描述、对比、制图等工作方便，将组成地壳的岩层划分为不同类型、级别的地层单位。依据岩石体特性（岩性、岩相）划分的地层单位称为了岩石地层单位；依据岩石体形成时间来划分的地层单位称之为年代地层单位。

岩石地层单位一般是根据能观察到的、独特的岩石特性或特征组合、地层关系来划分的。岩石地层单位包括群、组、段、层4级。群是比组高一级的地层单位，为组的联合。联合的原则是岩性的相近、成因的相关、结构类型的相似等。群的顶底界限一般为不整合界限，或为明显的整合界限；组是岩石地层单位系统的基本单位，是具有相对一致的岩性和具有一定结构类型的地层体。所谓岩性相对一致，指组可以由一种单一的岩性组成，也可以由两种岩性的岩层互层或夹层组成，或由岩性相近、成因相关的多种岩性的岩层组合而成。段为组的再分，分段的原则主要包括组内岩性的差别、组内结构的差别、地层成因的不同等。层是最小的岩石地层单位，层分为两种类型：一是岩性相同或相近的岩层组合，或相同结构的基本层序的组合，其可以用于野外剖面研究时的分层；二是岩性特殊、标志明显的岩层或矿层，其可以作为标志层或区域地质填图的特殊层。

年代地层单位自高而低可以分为宇、界、系、统、阶、时代等6个级别，与地质年代单位的宙、代、纪、世、期、时对应。

宇是最大的年代地层单位，它是与地质年代单位的宙对应的年代地层单位，它是根据生物演化最大的阶段性，即生命物质的存在及方式划分的，分为太古宇、元古宇、显生宇，宇是全球性统一的地层单位。界是第二级年代地层单位，它是与地质年代单位的代对应的年代地层单位，是根据生物界发展的总体面貌及地壳演化的阶段性划分的。太古宇分为始太古界、古太古界、中太古界、新太古界，元古宇分为古元古界、中元古界、新元古界。显生宇分为古生界、中生界、新生界，界也是全球性统一的地层单位。系是低于界的次级年代地层单位，它对应地质年代单位的纪。系是年代地层单位最重要的单位，其具有全球可对比性，系也是全球统一的。统是系的次级年代地层单位，与地质年代单位的世对应。一般分为下统、中统、上统，统是全球性统一的。阶是年代地层单位的最基本单位，其对应地质年代单位的期。期的划分主要是根据科、属级的生物演化特征划分的。时代是年代地层单位中最低一级的单位，与地质年代单位的时对应，即时代是一个"时"内所有的地层记录。

实际使用中，这两种地层单位经常一起使用。例如，附录H中地层综合柱状图的地层列内界、系、统为年代地层单位，组、段为岩石地层单位。

此外，还可从不同角度进行地层的划分，如根据地层磁性特征的变化划分成磁性地层单位；根据岩石体所含的生物化石划分成生物地层单位。

油气勘探开发的不同阶段对区域地质资料了解程度差别很大，通常使用以下四种地层对比方法进行卡取心层位的卡取。

5.2.5.1　地震反射波对比法

地震勘探中获得的反射波资料是地层的地震响应。同一反射界面的反射波具有相同或相似的特征，如反射波的振幅、波形、频率及反射波波组的相位个数等。根据这些特征，沿横向对比追踪出反射面的反射波，也就实现了同一地质界面的对比。在没有钻井或钻井资料很少的地区，进行地层对比就是利用反射波组追踪对比这种方法来实现的。地震反射波对比受地震反射波分辨率的限制，对比精度较低。

5.2.5.2　岩性标志层对比法

沉积岩的岩性特征反映了沉积岩形成时的沉积环境，同一沉积环境下形成的沉积物岩性特征相同；不同沉积环境下形成的沉积物岩性特征不同。在钻井过程中用岩性对比地层时，岩性标志层对比法是最有效、最可靠的方法。

用岩性标志层对比法进行地层对比时，要熟悉作业区的代表性地层剖面，弄清岩性特征或岩性组合特征及各种标志层的变化规律；以标志层为依据，在逐层（组）对比的基础上，对下部地层变化趋势和取心层位做出预测。一般来讲，可明确对比的标志层离设计取心层位越近，对比预测就越准确。

5.2.5.3　沉积旋回对比法

沉积旋回指在地层剖面上若干相似的岩性组合在纵向上有规律的重复。在一定范围内，利用沉积旋回的相似性进行地层对比是一种有效的方法。

应用沉积旋回对比法进行地层对比，首先要做好沉积旋回的划分。一般来讲，区域对比和小层对比（油层对比）都习惯将沉积旋回由大到小分为四级。但是，两种对比中，各级旋回与地层单元、油层单元的对应关系是有区别的（表5.4），这主要是考虑对比范围的大小不同。

表 5.4　沉积旋回级次对照表

区域地层对比		油层对比	
沉积旋回级次	地层单元	沉积旋回级次	油层单元
一	系		
二	组	一	含油层系
三	段	二	若干油层组
四	砂层组	三	砂层组
		四	若干单油层

在卡取心层位对比时，除区域探井外，其他井别一般多采用小层对比方法中的旋回级次划分标准。对比方法是在大旋回对比控制下，逐级进行次一级旋回的对比，直至达到砂层的对比。在确定上部地层对比方案后，依据井间地层在纵向、横向上的变化规律对设计井未揭开地层做出预测，并进一步预测取心层位。

5.2.5.4　测井曲线特征对比法

地层的岩性特征及地层内所含流体性质不同，测井曲线的特征也会不同。测井曲线能够反映岩石特征、岩性组合特征、沉积旋回特征、岩相特征和油气水特征，如渗透性砂岩在盐水钻井液条件下的自然电位曲线正异常，泥岩的自然伽马值高，致密砂岩的高电阻率等。测井曲线与岩性具有标志层一样，具有明显特征的电性标志层，也可以用于地层对比。

地层对比常用的测井曲线有电阻率曲线、自然电位曲线、自然伽马曲线、声波时差曲线等，不同类型的曲线从不同侧面反映地层岩性的属性，特征直观，可比性强。对比的关键是熟悉探区标准剖面中不同地层的电性组合特征及其电性标志层。

利用测井曲线特征对比地层，应该用区域性的电性标志层（新近系底界、沙一段底界、古近系底界、潜山顶界等）控制大层；以地区性电性标志层（东二段"凹形电阻泥岩"、沙一段特殊岩性段等）约束小层进行对比。

5.2.6　取心注意事项

保证取心深度准确是做好岩心录井工作的基础，要求准确丈量下井工具，确保取心深度准确无误。计算井深及取心作业时应注意以下几点：

（1）在相同取心钻压下丈量到底方入及割心方入；

（2）连续取心中途需扩眼时，必须严格控制深度，以免磨掉余心或需要取心的地层；

（3）取心进尺应小于内筒有效长度 0.5m 以上，以防沉砂堆积而顶心或钻掉余心；

（4）正确选择割心位置，以保证岩心收获率；

（5）割心后应立即起钻，保证岩心的完整性；

（6）半潜式平台的深度确定应消除潮差影响。

岩心冷冻技术要求：

（1）出筒及时，切割衬筒时间衔接紧凑，尽量减少岩心中流体的逸散；

（2）衬筒切割后两端用橡胶套封好；

（3）在衬筒上标注岩心顶底、井段、取心次数等信息（参照 5.2.7 岩心出筒和整理）；

（4）在平台放置期间，保证冰柜处于制冷状态（可放杯水，经常检查）；

（5）在运输环节书面通知承运船保证冰柜冷冻效果，讲明岩心冷冻的重要性；

（6）承运船返航后及时通知陆地人员接收岩心。

5.2.7　岩心出筒和整理

5.2.7.1　常规取心出筒整理

岩心出筒：岩心筒起出井口后应及时出筒，防止岩心在筒内冻结和泥岩膨胀，一旦冻结，严禁火烤。出筒时有专人把守筒口，确保出筒顺序正确，严防顺序错乱和上下颠倒，并在岩心表面相应位置做好标记。岩心出筒后应立即观察岩心出油、冒气、含水情况并进行荧光直照、滴照和滴水试验及含气试验，做好记录。

岩心清洁：含油岩心禁止用水清洗，可用刀刮或棉纱清除钻井液。做特殊分析化验的岩心应用铝箔包装、蜡封并尽快送化验室分析鉴定。其余岩心应清洗干净，呈现岩石本色。

岩心整理：岩心洗净后，必须按岩性特征、含有物、断面特征、岩心形状和化石、印痕、岩心爪痕迹等对好自然断口，使茬口吻合，恢复岩心原始顺序和位置。磨光面对接处摆放要合理，松散、破碎的岩心用"体积法"（砂泥岩 2/3 岩心直径，碳酸盐岩 1/2 岩心直径）堆放或用布袋装好。

岩心对好茬口，恢复原始顺序，去除假岩心和井壁掉块后开始丈量岩心的长度，丈量时采取整体丈量法，切勿分段丈量再累加。岩心丈量以 m 为单位读数精确到两位小数。岩心磨损时，按实际长度量取。丈量完成后分别计算单筒和累计岩心收获率，收获率计算保留一位小数。

$$岩心收获率 = 本筒岩心实长 / 本筒取心的进尺 \times 100\% \qquad (5.6)$$

$$全井岩心的总收获率 = 全井岩心总长 / 全井累计取心进尺 \times 100\% \qquad (5.7)$$

每个取心段的第一筒岩心收获率不应大于 100%，若其岩心长度大于取心进尺时，可能是岩心破碎、膨胀或取心深度受潮汐影响所致，应查明原因后修正错误数据。

连续进行钻井取心时，若上筒在井底留有余心，则本筒岩心长度（应不超过本筒取心进尺与上筒余心长度之和）大于取心进尺的部分作为套心处理。套心处理时，以本筒取心底深减去本筒岩心长度为本筒岩心顶深，本筒岩心顶深减去本筒取心顶深（上筒取心底深）等于上筒余心长（图 5.3）。

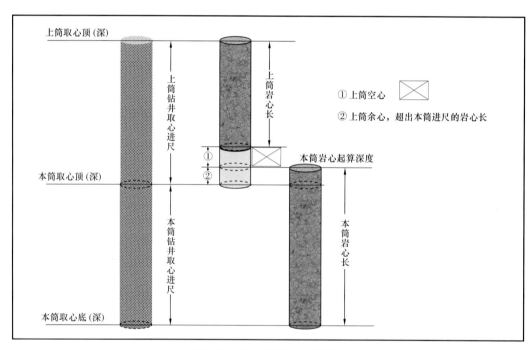

图 5.3　套心处理方法示意图

岩心丈量完后，在岩心表面用油性马克笔标出两条平行的方向线，箭头指向钻头位置，上为红色线，下为黑色线。在方向线的同一侧标出整米、半米记号（图 5.4）。岩心按岩性、破碎情况、自然断块进行编号，用红色油性马克笔在岩心自然分块的右上角标明岩心筒次、块号和本筒岩心总块数（表5.5）。

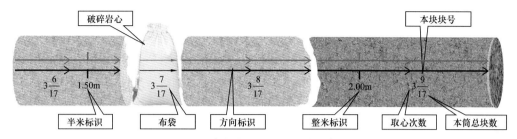

图 5.4　常规岩心段丈量划线示意图

表 5.5　岩心块号标记式样

筒次	本块序号
	本筒岩心总块数

岩心破碎无法标注块号的将破碎岩心装袋，再在袋子上标注块号。

岩心装盒时，应按井深由上至下的顺序自左而右装入岩心盒，在岩心盒两侧写明"顶""底"字样表示岩心顺序（表5.6）。岩心盒顶面及正面均要给出标识（图5.5，表5.7、表5.8）。需要选取分析化验样品的岩心部分，在样品空位上应放置相应长度、大小的木块或泡沫棒作替样。

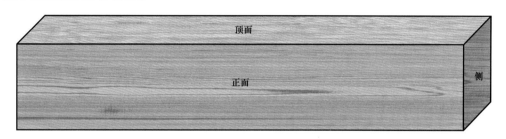

图 5.5　岩心盒示意图

表 5.6　岩心盒两侧标记式样

顶 / 底

表 5.7　岩心盒顶面标记式样

井名：			
第　　次　　取心井段：　　～　　m；　进尺：　　m；　心长：　　m；　收获率：　　%			

表 5.8　岩心盒正面标记式样

井名：		
取心次数	本盒序号	本盒井段：　　～　　m；　本盒心长：　　m
	本次总盒数	

5.2.7.2 铝合金/玻璃钢衬筒取心的出筒整理

衬筒取出后，将衬筒和岩心按 1m 长度切割成若干段；切割时尽量自井深整米处切割，以方便整理和描述。整理方法与常规取心类似，在每段玻璃钢衬筒上标明井号、取心次数、取心井段、进尺、心长、收获率及该段岩心井段；在每段岩心的顶底断面处取少量样品，作为该段岩心描述的实物依据；衬筒两端用橡皮套密封后尽快装入冰柜进行冷冻。

5.2.8 岩心描述

岩心描述总的要求是及时、准确、特征突出。对岩石的结构、构造、含油、含气及油气水界面显示变化等现象重点描述，典型特征应附照片或视频资料。

岩心描述采取"分层定名、分层描述"的原则。按颜色分层，厚度≥10cm 的不同颜色必须分层描述；按含油级别分层，厚度≥5cm 的不同岩心，应分层描述；按岩性分层，厚度≥10cm 的一般岩层和厚达 5cm 的特殊岩层、化石层均要分层描述。对于厚度小于 5cm 的含油岩层、特殊岩层、化石层，以及厚度小于 10cm 的一般岩层均作为薄层、条带进行描述，不再分层。分层描述时应记录层的编号、岩石名称、分层厚度、累计厚度、岩心破碎带及磨损位置等；详细描述该层的颜色、含油情况和岩性特征。

分层定名采用岩石颜色、含油级别和岩石名称三者综合定名原则，岩石名称主要根据岩石的颜色、成分、结构，以及特殊矿物、化石、含有物等基本性质确定；碳酸盐岩类可依据方解石、白云石、黏土矿物的相对百分含量和颗粒类型、含量划分定名。

玻璃钢衬筒取心岩心描述时按常规岩心描述方法进行描述，描述衬筒切割后断面处的岩性及油气显示等情况，每个取样点的岩性，代表上推半个段长、下推半个段长的岩性。

5.2.8.1 沉积岩的定名与描述

5.2.8.1.1 陆源碎屑岩

陆源碎屑岩通常分为砾岩、砂岩和粉砂岩。碎屑岩是根据颜色、粒度、成分和含油气情况定名的。其岩石结构指碎屑颗粒的大小、形状、表面特征和分选情况等；构造指碎屑岩的层理、层面特征、接触关系、颗粒排列、地层倾角、擦痕和裂隙等；胶结情况指碎屑岩的胶结物成分、胶结物含量、胶结类型及胶结程度；充填情况主要对砾岩而言，在描述填充物时，应描述其成分、粒径大小、数量及砾石间的相互接触关系；化石及特殊含有物包括生物化石、矿脉、黄铁矿、海绿石、石膏、盐岩、煤、包裹体、团块和斑晶等。陆源碎屑岩的命名与描述如下所述。

（1）岩石颜色的描述。

描述岩石颗粒、基质胶结物、次生矿物、含有物的颜色及其分布变化状况等。确定岩石的颜色要在明亮的自然光下进行，只能以色描色，不能以物描色。岩石为单一颜色时，直接参加定名，有时与标准色具深浅之别，可在标准色前冠以深、浅等形容词，如深灰色、浅灰色、暗紫红色；同种岩石中出现多种单一颜色，并且有主次之分时，主要颜色参加定名，次要颜色放在描述中加以叙述；同种岩石中出现三种以上单一颜色且比例相近时，定名为杂色；岩石中出现的颜色不是单色，而是复合色时，将次要色作为形容词，放在主色之前。如灰绿色、黄褐色、绿灰色等；当岩石呈散粒状时，参考井壁取心及区域地层颜色特征确定色名。

岩石颜色名称及符号见附录 F.5。两种颜色的复合色以中圆点相连，如灰绿色为"7·5"；颜色深浅用"+"和"−"表示，如深灰色为"+7"，浅灰色为"−7"。

（2）岩石成分描述。

碎屑岩中单矿物成分或岩块（石英、长石、云母、暗色矿物、岩块和砾石等）及其含量，凡肉眼或借助放大镜、双目实体显微镜可见的均要描述；描述时主要矿物以"为主"表示（含量≥40%），其余矿物根据含量多少，用"次之"（20%≤含量<40%）、"少量"（5%≤含量<20%）、"微量"（1%≤含量<5%）、"偶见"（含量<1%）表示，少数不能确定的成分可表述为"见少量 ×× 矿物或 ×× 岩块"。几种常见矿物的现场鉴定方法如下。

① 石膏：白色、无色透明或较少染有不同颜色，具有燕尾双晶，解理发育，常呈板状、纤维状、粒状、柱状，具玻璃、珍珠、丝绢光泽，硬度为 2～3.5，密度为 2.3～2.9g/cm^3。鉴定方法是用热盐酸溶解后，加氯化钡溶液有硫酸钡白色沉淀。

② 盐岩：呈白色、无色透明，极少数染有其他颜色，具立方晶体，吸潮、有咸味、易溶于水。

③ 煤：黑色或褐黑色，染手，条痕为黑色，密度低，可点燃。

④ 碳质沥青：外形似煤，呈黑色，质纯、性脆，表面光滑，具贝壳状断口，可点燃、有臭味。

⑤ 铝土矿：呈灰色、褐灰色和深绿灰色，硬而脆，具贝壳状断口，破碎后呈块状，部分具粒状结构。

⑥ 白垩土：白色，手能捻碎且污手，有滑腻感，加 10% 稀盐酸起泡剧烈，反应后残留物较少或无残留物。

⑦ 方解石：通常呈乳白色，含杂质时为黄色、褐红色和灰黑色，具玻璃光泽，硬度小于 3，三向完全解理，加 10% 稀盐酸起泡剧烈。

⑧ 云母：无色透明或稍具浅色者为白云母，含铁多呈黑色、绿黑色或褐黑色者为黑云母，一向完全解理，易于揭裂呈薄片，具弹性，玻璃—珍珠光泽，硬度小，近于指甲。

⑨ 黄铁矿：常呈完好的立方体或五角十二面体，晶面有条纹，也呈粒状集合体或块状、结核状、粉末状等，强金属光泽，浅铜黄色，条痕为带绿的黑色，硬度小于小刀，性脆、无解理。

⑩ 普通角闪石：细长柱状晶体，绿黑—黑色，二向完全解理，解理交角近 60°或 120°，断面呈菱形，玻璃光泽，硬度大于小刀，多出现在岩浆岩、变质岩和碎屑岩中。

⑪ 普通辉石：晶体为短柱状，横切面为八边形，黑色、带绿或带褐的黑色，具玻璃光泽，两组解理夹角近于 90°。

⑫ 海绿石：通常直径为 1mm 至数毫米的圆粒状浸染体，分布于沉积岩中，暗绿色或黄绿色，性脆，硬度小。

（3）岩石结构的描述。

碎屑岩粒度标准划分见表 5.9，碎屑岩颗粒的大小在现场可对照附录 E.7 确定。

表 5.9　粒度划分标准

颗粒类型	砾				砂					黏土
	巨砾	粗砾	中砾	细砾	极粗砂	粗砂	中砂	细砂	粉砂	
主要颗粒直径/mm	>256	64～256	4～64	2～4	1～2	0.5～1	0.25～0.50	0.10～0.25	0.01～0.10	<0.01

主要粒级颗粒含量大于 50% 时参与定名，次要粒级颗粒含量在 25%～50% 之间时用"质"表示，如泥质粉砂岩。若砾石含量在 25%~50% 之间时，则用"状"表示，如砾状中砂岩。若次要粒级颗粒含量在 10%～25% 之间时，用"含"字加于主要成分之前，如含砾砂岩。次要粒级颗粒含量小于 10% 时，只作描述。

磨圆度按最新行业标准，分为棱角、次棱、次圆、圆、极圆（附录 E.7）。按图版观察评估时，可将磨圆度描述为以下几种情况。

① 棱角：碎屑的原始棱角无磨蚀的痕迹，或只受到轻微磨蚀，其碎屑形状多呈扁球形；

② 次棱角：原始棱角已磨蚀且不尖锐，碎屑外形轮廓多呈次扁球形；

③ 次圆：碎屑的原始棱角已受到较大的磨蚀，碎屑形状多呈柱状；

④ 圆：碎屑的原始棱角已基本磨蚀或完全磨蚀，碎屑形状大多呈球状；

⑤ 极圆：碎屑无棱角，碎屑全部呈球状。

碎屑岩粒度的均匀程度叫作碎屑岩的分选性，描述时分为好中差三级。

① 分选好：粒度基本均匀者，其主要粒级含量大于 75%；

② 分选中等：主要粒级含量为 50%～75%；

③ 分选差：粒度大小混杂，主要粒级含量小于 50%。

（4）岩石构造的描述。

层理：由岩石成分、颜色、结构等沿垂直方向变化而形成的层状构造，层理包括水平层理、波状层理、斜层理和交错层理（图 5.6）。

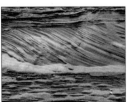

a. 交错层理　　　　　b. 斜层理　　　　　c. 波状层理　　　　　d. 水平层理

图 5.6　层理类型示意图

层面特征：波痕、冲刷面、龟裂和侵蚀下切痕迹、斑点、虫孔及其他印痕等。

接触关系：从上、下岩层的颜色、成分、结构及产状特征，判断属渐变性质还是突变性质，如为后者应结合其他资料进一步判断是否存在角度不整合或平行不整合、断层接触等。若判断为断层，则应描述上、下盘的岩性、破碎带岩性、产状、伴生物（角砾、断层泥）、断面倾角和擦痕等。

生物扰动构造：栖痕、蠕痕、食痕、穴状构造等。

（5）岩石胶结情况的描述。

胶结物成分常见的有泥质、钙质、白云质、硅质、高岭土质、铁质和石膏质等，其含量为25%～50%时，用"××质"为岩性定名；含量为10%～25%时，用"含××"加在岩性前定名；含量小于10%时，可用文字描述，不参加定名。

胶结程度分疏松、中等、致密三级，疏松指岩石颗粒呈散粒状；中等指岩石可用手捻开成散粒；致密指岩石不能用手捻开成颗粒。

胶结类型分基底式、孔隙式、接触式和镶嵌式四种类型（图5.7）。

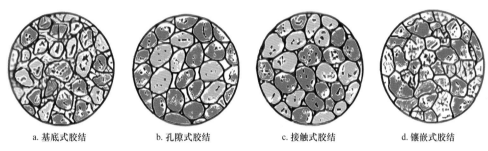

a. 基底式胶结　　b. 孔隙式胶结　　c. 接触式胶结　　d. 镶嵌式胶结

图 5.7　胶结类型示意图

（6）化石及含有物的描述。

化石描述包括化石种类、颜色、成分、大小、纹饰、形态、数量、产状和保存状况。含有物包括动植物化石、结晶矿物、包裹体、团块和斑晶等，应描述其名称、颜色、大小、形状、数量、分布特征及与层理的关系。

（7）含油气情况的描述。

①含油情况描述。

肉眼或借助放大镜、双目显微镜观察，确定岩样孔隙含油饱满程度、含油产状、占岩石总面积的百分比、原油性质、油味，以及滴水和荧光显示情况（表5.10）。

滴水试验指在含油岩样新鲜面上滴一滴水，观察水的渗入速度和停止渗入后水珠所形成的形状，一般分为五级（图5.8）。

荧光分析指确定有无荧光显示，以及显示的强度、级别，荧光显示包括直照颜色、面积百分比、显示级别、滴照反应速度（A/C 反应）和滴照颜色。

②含气情况的描述。

无油气显示的岩心在描述时应进行含气试验，具体操作为将岩心浸入清水下约2cm处，仔细观察岩心柱面和断面冒气泡大小、产状（串珠状、断续状）、声响程度、持续时间、处数，与缝洞关系，有无 H_2S 气味，以及是否冒油花及油花油膜面积等，并用彩笔画出其部位。条件允许，要争取用针管抽吸法及排水取气法，取到气样。

表 5.10   孔隙型储层岩心含油级别划分

含油级别	含油面积占岩石总面积百分比 s/%	含油饱满程度	颜色	油脂感	气味	滴水试验
饱含油	$s>95$	含油饱满、均匀，局部见不含油斑块、条带	呈棕色、黄棕色、深棕色、褐色、深褐色看不到岩石本色	油脂感强，染手	原油味浓	呈圆珠状，不渗入
富含油	$70<s≤95$	含油较饱满、较均匀，含有不含油的斑块、条带	呈棕色、浅棕色、黄棕色、棕黄色，不含油部分见岩石本色	油脂感较强，染手	原油味较浓	呈圆珠状，不渗入
油浸	$40<s≤70$	含油不饱满，含油呈条带状、斑块状不均匀分布	呈浅棕色、黄灰色、棕灰色，含油部分看不见岩石本色	油脂感弱，可染手	原油味较淡	含油部分滴水呈半珠状，不渗—缓渗
油斑	$5≤s≤40$	含油不饱满、不均匀，多呈斑块、条带状含油	多呈岩石本色	油脂感很弱，可染手	原油味很淡	含油部分滴水呈半珠状，缓渗
油迹	$0<s<5$	含油极不均匀，含油部分呈点状或线状分布	为岩石本色	无油脂感，不染手	能够闻到原油味	滴水一般缓渗—速渗
荧光	0	肉眼看不见含油，荧光滴照、直照有显示	为岩石本色或微带黄色	无油脂感，不染手	一般闻不到原油味	滴水一般缓渗—速渗

注：若为沥青或黑油砂，需参加直接定名，如沥青质油斑。

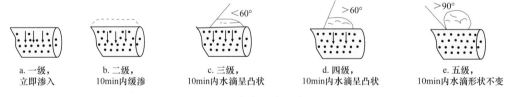

a. 一级，立即渗入　　b. 二级，10min内缓渗　　c. 三级，10min内水滴呈凸状　　d. 四级，10min内水滴呈凸状　　e. 五级，10min内水滴形状不变

图 5.8   滴水试验示意图

含气情况不分级别，用文字描述。

（8）岩石物理性质的描述。

岩石物理性质指岩石的形态、硬度、风化程度、断口特征、水化膨胀情况、可塑性、燃烧程度、透明度、光泽、气味、条痕、解理和溶解性等，其中硬度分坚硬、硬、较硬和软等；断口形态有贝壳状、土状和锯齿状等；岩石光泽有金属、蜡状、油脂和丝绢光泽等。

（9）岩石化学性质的描述。

岩石化学性质指岩石与盐酸反应、茜素红染色、三氯化铁染色、硝酸银与铬酸钾染色等情况。其中与盐酸反应情况，可分为 4 级。

①无反应：与盐酸作用不起泡；

②微弱：反应缓慢，有少量小泡冒出；

③中等：反应较迅速，冒泡中等，有微弱响声；

④剧烈：反应迅速，大量冒泡，并有"咝咝"响声。

（10）描述中几种专用符号。

用"△、△△、△△△"分别表示岩心轻微破碎、中等破碎和严重破碎。整个描述层全破碎时破碎符号画在该层编号的下方，若描述层的某一段破碎，应在破碎符号上方标注距筒顶的距离。

用"～～～"表示磨光面，凡有磨光面的地方，必须标注距筒顶的距离。

用"V"表示侵蚀面，在符号上方标注距筒顶的距离。

应用碳酸盐含量测定仪记录含量百分数，用质量分数 5% 或 10% 的盐酸点滴时，分别用"HCl^-、HCl^+、HCl^{++}、HCl^{+++}"表示加酸不反应、加酸反应微弱、加酸反应中等及加酸反应强烈。

碳酸盐岩分别用冷酸、热酸试验时，加热酸试验用"（）"表示，如（HCl^-）（HCl^+）（HCl^{++}）（HCl^{+++}）。

（11）不整合面的判断。

岩层表面有矿物富集，如磷酸盐、黄铁矿、海绿石、锰结核；有矿物组合突变，如动物群、岩性特征或胶结物；岩层有铁的氧化物污染或锰的涂覆；岩层（一般见于砾岩）表面被侵蚀；砂粒表面呈釉质光泽，卵石表面具抛光面；有底砾岩存在；存在风化的燧石；有沥青的残余；石灰岩中具多孔隙带；存在钙质层和渗流豆粒等，这些地质现象是判断不整合面的标志。

（12）断层的判断。

岩性突变、地层缺失（重复）或在岩屑、岩心上出现擦痕面，以及裂缝中充填大量亮晶方解石、大量的黄铁矿和其他的物质，或发生裂缝性钻井液漏失，都有断层存在的可能。

（13）沉积相和沉积体的判断与分类。

结合邻井和过井地震资料，依据沉积体的几何形态和分布、沉积物的结构和岩性组合及化石组合三个方面的资料进行沉积相与沉积体初步判断。

沉积相可根据沉积环境中所形成的沉积物质的不同进行分类，例如可分为陆源碎屑岩沉积相和碳酸盐岩沉积相，沉积相模式图如图 5.9 所示。

进一步的分类通常以沉积环境中占主导地位的自然地理条件为主要依据，并结合沉积动力、沉积特征和其他沉积条件进行（表 5.11）。

河流相指由河流或其他径流的沉积作用形成的一套沉积物常见内源沉积岩。

冲积扇指发育在干旱地区山谷口处坡度很缓的扇形沉积体，它是由于河流出山谷口后河床摆动或洪水漫流形成，沉积特征是扇形根部沉积物较粗，向外逐渐变细。

三角洲指河流在入海或入湖的河口区，因河床比降减少，导致流速降低、水流分散、动能减弱，夹带的泥沙沉积而成的扇形堆积体。

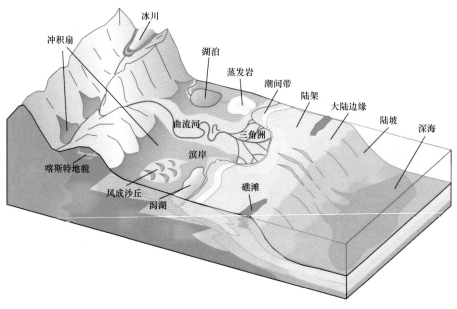

图 5.9　沉积相模式图

表 5.11　沉积相分类表 ❶

相组	陆相组	海陆过渡相组
相	（1）残积相 （2）坡积—坠积相 （3）沙漠（风成）相 （4）冰川相 （5）冲积扇相 （6）河流相 （7）湖泊相 （8）沼泽相	（1）三角洲相 （2）扇三角洲相 （3）辫状河三角洲相 （4）河口湾相

5.2.8.1.2　黏土岩

　　黏土岩定名原则包括颜色、含油级别、特殊含有物、非黏土矿物和黏土矿物。黏土岩描述内容应包括颜色、黏土矿物成分及非黏土矿物的成分含量和变化情况、遇盐酸反应情况、物理性质、化学性质、结构、构造、含油情况、含有物及化石、接触关系等。黏土岩中页状层理发育的称为页岩，不发育的称为泥岩。

　　（1）颜色：按标准色谱确定，同时描述岩石颜色的变化及分布等情况。

　　（2）成分：黏土矿物成分及非黏土矿物的成分、含量和变化等情况，并描述遇盐酸的反应情况。有机质含量较多时，应详细描述。

　　（3）物理性质：包括黏土岩的软硬程度、可塑性、断口、吸水膨胀性、可燃程度、燃烧气味和裂缝等。软硬程度分为软（指甲可刻动）、硬（小刀可刻动）、坚硬（小刀刻不动）三级。二者之间时，可用"较"字形容，如较软、较硬。

――――――――――

❶　分类表摘自姜在兴 2010 年 9 月出版的《沉积学》。

（4）化学性质：同碎屑岩描述一致。

（5）结构：黏土岩结构按颗粒的相对含量可分为黏土结构、含粉砂黏土结构和粉砂质黏土结构；按黏土矿物的结晶程度及晶体形态可分为非晶质结构、隐晶质结构和显晶质结构。

（6）构造：包括层理、干裂、雨痕、晶体、印痕、生物活动痕迹、水底滑动和搅混构造等。

（7）含油情况：黏土岩一般是层面、裂缝含油，或作为烃源岩含油，描述时应注重滴照反应情况，含油级别与碎屑岩一致。

（8）含有物及化石：同碎屑岩描述一致。

（9）接触关系：同碎屑岩描述一致。

5.2.8.1.3 煤

煤定名原则按颜色、岩性的顺序进行岩石定名。

（1）颜色：描述新鲜面的颜色，并注意描述局部颜色变化情况。

（2）成分：描述主要和次要矿物成分，取得薄片鉴定的分析结果后要及时补充、修改。

（3）含有物：化石的类型、大小、丰富程度、完好程度及其分布状况。

（4）物理化学性质：硬度、断口、光泽、气味、可塑性、可燃性情况。

5.2.8.1.4 *碳酸盐岩*

碳酸盐岩的成分主要包括方解石（$CaCO_3$）和白云石［$CaMg(CO_3)_2$］、硅质（SiO_2）、泥质、砂粒、生物碎屑、有机骨架生物。碳酸盐岩的颜色一般为浅灰色、灰白色，如含高价铁则呈红色、褐色、黄色和紫色；含低价铁则呈黑色、灰绿色。碳酸盐岩的颗粒指内碎屑、鲕粒、生物颗粒、球粒和藻粒。

构造特征包括物理、化学、生物、生物化学等成因的构造，如裂缝、溶洞、缝合线、纹理、叠层石及其他生物沉积构造的形态、大小、内部结构等，碳酸盐岩构造还包括鸟眼、斑状、豹皮状、竹叶状、豆状、鲕状、针孔状和蜂窝状等。

采用染色法是区别石灰岩与白云岩的可靠方法之一，此方法需要配制茜素红 S 染色液，其配置方法是量取 2mL 浓盐酸，用 1000mL 蒸馏水稀释，制成体积分数为 0.2% 的稀盐酸后，溶解 0.1g 茜素红于 100mL 的稀盐酸中。

染色鉴定步骤：

（1）在点滴瓷板的两个小圆坑里分别放入体积分数为 10% 的盐酸和蒸馏水；

（2）用镊子将要染色鉴定的碳酸盐岩样品浸一下盐酸液后放入蒸馏水中漂洗；

（3）将漂洗过的样品放入另一个干净的小圆坑里，滴上 2～3 滴茜素红染色液，停留45s 后取出，再用蒸馏水漂洗后晾干；

（4）在显微镜下观察，染成红色者系方解石，白云石和其他矿物不着色。

生物灰岩也是一种重要的碳酸盐岩，以生物礁灰岩为主。生物礁灰岩主要由造礁生物骨架及造礁生物粘结的灰泥沉积物等组成。根据生物礁灰岩中生物骨架及其粘结物的相对含量等，生物礁灰岩可进一步划分为原地沉积的障积岩、骨架岩、粘结岩及与这三类岩石具有成因联系的异地沉积的漂砾岩和砾屑岩。位于珠江口盆地的流花油田就是著名的生物礁灰岩油田。碳酸盐岩按组分结构命名标准见表 5.12。

表 5.12 碳酸盐岩组构命名分类表

颗粒含量/%	泥晶与亮晶相对含量/%	颗粒岩结构类型									晶粒岩结构	原地生长生物岩组构		
		内碎屑	生物	鲕粒	球粒	藻团粒	核形石	变形粒	多种粒屑	礁形角砾				
>50	泥晶含量小于亮晶含量	亮晶颗粒灰（云）岩								漂浮状接触状角砾	晶粒岩	生物粘结障积作用	生物粘结包壳缠绕	生物生长造成格架
	泥晶含量大于亮晶含量	泥晶颗粒灰（云）岩												
25～50		颗粒泥晶灰（云）岩										障积岩	粘结岩	骨架岩
<25	以泥晶为主	泥晶灰（云）岩												

表 5.12 中内碎屑和颗粒灰岩应根据岩石中颗粒粒级（表 5.13）来进行定名，如砂屑灰岩、含灰泥粉屑灰岩、细晶云岩等。

表 5.13 据颗粒粒级划分的碳酸盐岩组构命名分类表

粒级 /mm	碎屑岩中的碎屑		碳酸盐岩中的内碎屑		碳酸盐岩中的晶粒	
>2.0	砾		砾屑		砾晶	
1.0～2.0	极粗砂	砂	极粗砂屑	砂屑	极粗晶	砂晶
0.5～1.0	粗砂		粗砂屑		粗晶	
0.25～0.5	中砂		中砂屑		中晶	
0.1～0.25	细砂		细砂屑		细晶	
0.01～0.1	粉砂		粉屑		粉晶	
<0.01	泥（黏土）		泥屑		泥晶	

碳酸盐岩命名根据灰质、白云质和泥质含量的变化细分为若干岩石亚种，划分标准见表 5.14 和表 5.15。

表 5.14 根据方解石和白云石相对含量划分岩石类型

岩石类型		方解石 /%	白云石 /%
石灰岩类	石灰岩	95～100	0～5
	含白云质灰岩	75～95	5～25
	白云质灰岩	50～75	25～50
白云岩类	灰质白云岩	25～50	50～75
	含灰质白云岩	5～25	75～95
	白云岩	0～5	95～100

表 5.15　根据方解石（白云石）和黏土矿物相对含量划分岩石类型

岩石类型		方解石（白云石）/%	黏土矿物/%
石灰岩类（白云岩类）	石灰岩（白云岩）	95～100	0～5
	含泥灰岩（白云岩）	75～95	5～25
	泥质灰岩（白云岩）	50～75	25～50
黏土岩类	灰质（白云质）黏土岩	25～50	50～75
	含灰（含白云）黏土岩	5～25	75～95
	黏土岩	0～5	95～100

注：黏土岩指泥岩和页岩。

根据方解石、白云石、硅质、泥质和砂粒百分含量的现场鉴定碳酸盐岩简易方法见表 5.16。

表 5.16　常见鉴定碳酸盐岩简易方法

岩石定名	区别方法				
	岩石成分/%	与5%～10%稀盐酸作用	与热盐酸作用	肉眼观察主要特征	染色
石灰岩	方解石>75	立即强烈起泡，作用时间长，可听到响声，岩屑能跳动浮起来	立即强烈起泡且大于前者	岩石越纯与盐酸作用后，其岩石表面和溶液越清洁	遇茜素红呈红色
白云质灰岩	方解石：50～75；白云质：25～50	很快起泡，作用时间较长，有较小响声，岩屑上气泡呈串珠状冒出，只有轻微跳动	立即强烈起泡，泡径稍小	岩石越纯与盐酸作用后，其岩石表面和溶液越清洁	
白云岩	白云质>75	起泡很弱很慢，仅在放大镜下可见表面起小泡，岩屑开始反应弱，后渐快，且有气泡冒出	立即起大量小泡	断面平直，越平直性越脆，硬度为3～4，小刀可刻动	遇茜素红不染色
灰质白云岩	白云质：50～75；方解石：25～50	微弱起泡，靠近耳边可听到声音，反应微弱也无跳动	立即起泡，泡较小	断面平直，越平直性越脆，硬度为3～4，小刀可刻动	
硅质灰岩	方解石：50～75；硅质：25～50	微弱起泡	起泡较大，但不强烈	较白云岩、石灰岩硬，断口较平或似贝壳状	
硅质白云岩	白云质：50～75；硅质：25～50	不起泡	起泡小、弱	较白云岩、石灰岩硬，断口较平或似贝壳状	
硬石膏	硫酸钙>75	不起泡	不起泡	比石灰岩、白云岩软，热盐酸与其粉末反应液遇氯化钡生成硫酸钡白色沉淀	

续表

岩石定名	区别方法				
	岩石成分/%	与5%～10%稀盐酸作用	与热盐酸作用	肉眼观察主要特征	染色
泥质灰岩	灰质：50～75；泥质：25～50	立即强烈起泡，泡径大，但作用时间长	立即强烈起泡，泡径大，表面有泥垢	较软、性脆，断口较平坦或呈贝壳状，与盐酸作用后岩石表面呈糊状	
灰质泥岩	泥质：50～75；灰质：25～50	立即起泡，作用时间短，过量酸泡后呈泥团状	立即强烈起泡，泡径大	较软、性脆，断口较平坦或呈贝壳状，与盐酸作用后岩石表面呈糊状	
白云质泥岩	泥质：50～75；白云质：25～50	不起泡	微弱起小泡，作用时间短	较软、性脆，断口较平坦或呈贝壳状，与盐酸作用后岩石表面呈糊状	
灰质砂岩	砂粒：50～75；灰质：25～50	起泡，作用时间短，过量酸作用后，见残余砂岩	起泡较强烈，作用时间短	较硬，断口粗糙，与盐酸作用后岩石表面及溶液清洁	
白云质砂岩	砂粒：50～75；白云质：25～50	不起泡	微弱起泡，作用时间短	较硬，断口粗糙，与盐酸作用后岩石表面及溶液清洁	

　　碳酸盐岩定名原则包括岩石的颜色、含油级别、主要结构组分、构造和岩石名称。

　　碳酸盐岩描述应特别着重裂缝及溶洞的分布状态、开启程度、连通情况和含油气产状等，描述内容包括颜色、结构组分、化学性质、构造含油情况、化石及含有物和接触关系等内容。

　　（1）颜色：按标准色谱确定，还应描述颜色的变化和分布状况。碳酸盐岩的颜色一般为浅灰色、灰白色，如含高价铁则呈红色、褐色、黄色和紫色；含低价铁则呈黑色、灰绿色。

　　（2）结构组分：碳酸盐岩主要由颗粒、泥、胶结物、晶粒和生物格架五种结构组分组成。碳酸盐岩的成分主要包括方解石（$CaCO_3$）和白云石［$CaMg(CO_3)_2$］、硅质（SiO_2）、泥质、砂粒、生物碎屑和有机骨架生物的含量。碳酸盐岩的颗粒指内碎屑、鲕粒、生物颗粒、球粒和藻粒，一般应描述其颜色、形态、成分、圆度、分选、保存程度、包裹物和分布情况。

　　（3）化学性质：同碎屑岩描述一致。

　　（4）构造：构造特征包括物理、化学、生物及生物化学等成因的构造，如裂缝、溶洞、缝合线、纹理、叠层石及其他生物沉积构造的形态、大小和内部结构等，碳酸盐岩构造还包括鸟眼、斑状、豹皮状、竹叶状、豆状、鲕状、针孔状和蜂窝状等，应描述各构造的形态、分布状况等。

　　缝洞情况描述与统计时（附录B.42），按照孔隙长宽之比在1∶1至10∶1者为孔洞，大于 10∶1 者称为裂缝；孔洞直径小于 2mm 者称为孔，大于 2mm 者称为洞。按裂缝的宽度和洞径分为巨、大、中、小、微五个级别，划分标准见表 5.17、表 5.18；按裂缝与岩层面的夹角分为平缝（＜15°）、斜缝（15°～75°）和立缝（＞75°）；按裂缝的充填程度分为无充填缝（张开缝）、半充填缝（半张开缝）、全充填缝（闭合缝）；另外还有一种裂缝裂开面不平、破裂面新鲜，且无充填物和擦痕，这是机械或人为造成的假缝，在统计描述时要注意甄别。

表 5.17　缝的宽度和洞径分类

名称	缝宽 /mm	名称	洞径 /mm
巨缝	＞10	巨洞	＞100
大缝	5～10	大洞	10～100
中缝	1～5	中洞	5～10
小缝	0.1～1	小洞	2～5
微缝	≤0.1	孔，针孔	≤2，≤1

（5）含油情况：包括岩心含油的颜色、产状和原油性质等，碳酸盐岩多为缝洞型储层含油，缝洞型储层含油是以岩石的裂缝、溶洞和孔洞作为原油储集场所，岩心含油级别划分为富含油、油斑和荧光三个级别（表 5.18）。

表 5.18　缝洞型储层岩心含油级别的划分

含油级别	缝洞见原油情况
富含油	50% 以上的缝洞壁上见原油
油斑	50%（含）以下的缝洞壁上见原油
荧光	肉眼不见含油，荧光滴照、直照有显示

（6）化石及含有物：同碎屑岩描述一致。

（7）接触关系：同碎屑岩描述一致。

5.2.8.2　岩浆岩、火山碎屑岩定名与描述

5.2.8.2.1　岩浆岩

岩浆岩又称火成岩，是由岩浆喷出地表或侵入地壳冷却凝固所形成的岩石。根据侵入深度可划分为深成岩、浅成岩和喷出岩三大类。深成（侵入）岩指岩浆侵入到地壳较深处冷凝形成，多形成沉积盆地的基底或大面积分布的岩株、岩基；浅成（侵入）岩是岩浆侵入到地壳较浅处冷凝形成，多呈岩墙、岩脉和岩床，厚度一般不大；喷出岩为岩浆喷出地面后迅速冷凝所形成，呈火山堆或岩被。

按照成岩相又大体可分为侵入岩相和火山岩相两大类。侵入岩相按其形成的深度不同，可分为深成相和浅成相，各相的主要特征见表 5.19。

表 5.19   侵入岩相特征

岩相		形成深度 /km	温度、压力和冷却速度	矿物成分特征	结构构造特征	围岩接触变质作用	岩体产状	其他特征及有关矿产
侵入岩相	浅成相	0.5～3	岩浆温度较高，压力较小，冷却速度较快，挥发分易于散失	有时含高温矿物，如高温双锥状石英、透长石	细粒—微粒结构，有时为隐晶质、斑状结构和似斑状结构	接触变质作用较弱	多为岩盖、岩盆、岩株、岩脉和岩床	不含火山碎屑物，产金属硫化物矿体
	深成相	>6	岩浆温度低，压力大，冷却速度较慢，挥发分不易散失	无高温矿物，均为低温稳定矿物	中粗粒结构，有时有似斑状结构，常见块状及带状构造	接触变质作用常较显著	多呈岩基、岩株等较大侵入体	高温钨锡钼等矿床，含有稀土元素的伟晶岩矿床

按火山活动产物形成的方式及岩性特征，火山岩相可分为四个主要相组，即喷出相组、火山通道相组、潜（次）火山岩相组和火山沉积相组。其中喷出相组又可分为爆发相、溢流相和侵出相，各相的主要特征见表 5.20。

表 5.20   各种火山岩相的特征

相组		火山活动产物形成方式	相应岩石	产状	备注
喷出相组	溢流相	火山喷溢泛流产物	各种熔岩	岩被、岩流	多见于基性岩浆
	爆发相	火山爆发形成的碎屑物	各种火山碎屑岩	各种火山锥、火山碎屑岩	多见于中酸性黏度大、气体多的岩浆
	侵出相	岩浆由火山通道挤出地表	熔岩、火山碎屑熔岩	岩钟、岩针等	多见于中酸性黏度大的岩浆
火山通道相组		岩浆充填在火山通道中的产物	熔岩、火山碎屑熔岩、火山碎屑岩等	岩颈	
潜（次）火山岩相组		在火山口附近，没有喷出到地表的火山物质	熔岩、火山碎屑熔岩、隐爆火山碎屑岩等	岩枝、岩盆、岩床、岩脉等	
火山沉积相组		火山作用叠加沉积作用产物	各种火山碎屑岩	层状、似层状透镜状	

岩浆岩的主要造岩矿物有长石、石英、黑云母、角闪石、辉石、磷灰石、磁铁矿、黄铁矿、锆英石、石榴子石和橄榄石等。

岩浆岩定名是在产状分类的基础上依据主要造岩矿物种类和含量的多少定名的。定名时依据岩石的结构、构造，确定其岩石的产状、类别，可区分开喷出岩、浅成岩和深成岩，然后再根据岩石的颜色，石英、长石含量及暗色矿物的种类、含量等定出岩石名称。岩浆岩分类具体描述内容见表 5.21。

岩浆岩的描述内容包括颜色、矿物成分、结构、构造和含油情况等内容。

（1）颜色：应描述岩石颜色的变化及所含矿物颜色的变化、分布状况。

表 5.21 岩浆岩分类参照表

描述内容		岩浆岩					
		超基性岩	基性岩	中性岩		酸性岩	碱性岩
		橄榄岩—苦橄玢岩类	辉长岩—玄武岩类	闪长岩—安山岩类	正长岩—粗面岩类	花岗岩—流纹岩类	霞石正长岩—响岩类
颜色		黑色、绿黑色	黑色、黑灰色	黑灰色、灰色	灰色、肉红色	肉红色、浅灰色、灰色	浅灰色、肉红色
SiO$_2$含量 /%		<45	45~52	52~65	52~65	>65	52~65
长石的种类		无	以基性斜长石为主	以中性斜长石为主，含少量钾长石	以钾长石为主，含少量斜长石	钾长石和斜长石含量不等	碱性长石和似长石
铁、镁暗色矿物的种类及含量 /%		橄榄石含量>95；橄榄石含量为75~95，辉石含量为5~25；辉石含量>95	辉石、橄榄石和角闪石等总含量为55~60	以角闪石为主，黑云母、辉石次之，总含量为20~40		以黑云母为主，角闪石和辉石次之，总含量小于20	碱性角闪石和辉石、黑云母，总含量小于20
岩石的产状及结构构造	深成岩 岩基、岩株、岩盆（粗粒、中粒和细粒结晶结构、块状构造条带状构造）	纯橄榄岩 橄榄岩 辉石岩	辉长岩	闪长岩	正长岩	花岗岩（钾长石含量大于斜长石）、花岗闪长岩（钾长石含量小于斜长石）	碱性正长岩
	浅成岩 岩墙、岩床、岩盖（中粒、细粒隐晶结构）	金伯利岩	微晶辉长岩、辉绿岩	微晶闪长岩	微晶正长岩	微晶花岗岩	霞石正长岩
	浅成岩 （斑状结构）		辉绿玢岩	闪长玢岩	正长斑岩	花岗斑岩、花岗闪长斑岩	霞石正长斑岩
	岩脉（斑状、微晶、细晶、煌斑和伟晶结构）		煌斑岩			细晶岩、伟晶岩	

续表

岩石的产物及结构构造	描述内容		超基性岩 橄榄岩—苦橄岩类	基性岩 辉长岩—玄武岩类	中性岩 闪长岩—安山岩类	酸性岩 正长岩—粗面岩类	酸性岩 花岗岩—流纹岩类	碱性岩 霞石正长岩—响岩类
超浅成岩	产状同侵入岩	结构特征在喷出岩和浅成岩之间		次辉绿岩、次玄武岩	次闪长玢岩、次安山岩	次正长斑岩、次粗面岩	次花岗闪长岩、次花岗斑岩、次流纹岩、次英安岩	次响岩
喷出岩 熔岩流、熔岩被、熔岩锥	斑状结构（隐晶质或玻璃质）气孔状、杏仁状和流纹状构造		苦橄玢岩	玄武岩、辉绿岩	安山岩	粗面岩	流纹岩、英安岩	响岩
玻璃质—隐晶质	火山玻璃岩（黑曜岩、松脂岩、珍珠岩和浮岩）							

（2）矿物成分：描述用肉眼或借助放大镜观察到的各种矿物及含量变化。

（3）结构：包括全晶质结构、半晶质结构、玻璃质结构、等粒结构、不等粒结构、文象结构和蠕虫结构等，应描述结构名称、组成某些结构的矿物成分等内容。

（4）构造：包括块状构造、带状构造、斑杂构造、晶洞构造、气孔和杏仁构造、流纹构造和原生片麻构造等，应描述组成某些构造的成分、颜色及溶洞、气孔的形状、直径和充填物成分等。

（5）含油情况：描述含油颜色、产状等情况，含油级别的划分与碳酸盐岩相同。

5.2.8.2.2 火山碎屑岩

火山碎屑岩的物质组成可分为火山物质和陆源碎屑两部分，成因上受火山活动和沉积作用的双重控制。形成岩性大体分为火山角砾岩和凝灰岩两大类。

火山角砾岩指火山碎屑直径在 2～100mm 之间，多数为大小不等的熔岩角砾，分选差，棱角明显，不具层理，多为火山灰胶结。

凝灰岩指的是火山碎屑直径小于 2mm，多与砂泥岩碎屑混杂沉积的岩石类型。火山碎屑多为棱角状，其中火山碎屑含量大于 75% 者称凝灰岩；火山碎屑含量为 50%～75% 者称 "×× 质凝灰岩"；火山碎屑含量为 25%～50% 且砂泥含量大于 50% 者称 "凝灰质×× 岩"。凝灰岩描述内容包括颜色、火山碎屑形状、大小、磨圆度、含量、胶结物情况、结构、构造和含油情况等。

火山碎屑岩的描述内容包括颜色、成分、结构、构造、化石及含有物和含油情况等。

（1）颜色：火山碎屑岩颜色主要取决于物质成分和次生变化，常见的颜色有浅红色、紫红色、绿色、浅黄色、灰绿色、灰色和深灰色等。

（2）成分：火成碎屑物质按组成及结晶状况分为岩屑、晶屑和玻屑。

（3）结构：包括集块结构（集块含量＞50%）、火山角砾结构（火山角砾含量＞75%）、凝灰结构（火山灰含量＞75%）和沉凝灰结构等，当凝灰质含量小于 50% 时，参与定名，称为 "凝灰质×× 岩"，如凝灰质砂岩、凝灰质泥岩等；当凝灰质含量小于 10% 时，不参加定名。另外还需描述磨圆度、分选情况等，同碎屑岩描述一致。

（4）构造：包括层理、斑杂、平行、假流纹、气孔和杏仁等构造，同碎屑岩描述一致。

（5）含油情况：同碎屑岩描述一致。

（6）化石及含有物：同碎屑岩描述一致。

5.2.8.3 变质岩定名与描述

变质岩是固态岩石受到地球内部力量（温度、压力、应力的变化和化学成分等）改造而成的新矿物组合及岩石类型。目前广泛采用的是以变质作用产物的特征（变质岩的矿物组成、含量和结构、构造）对变质岩进行分类。

变质岩按变质作用类型和成因分为动力变质岩类、接触变质岩类、区域变质岩类及由蚀变作用产生的蚀变岩类。常见的主要有片麻岩、片岩、千枚岩和大理岩等类型，具体划分内容见表 5.22。

表 5.22 变质岩分类表

变质作用		岩石名称	原岩	矿物组合		结构	构造
				主要矿物	次要矿物		
动力变质作用		构造角砾岩	任何岩类	未变形岩屑		角砾状	无定向构造
		碎裂岩、碎斑岩		变形岩屑	糜棱物质	碎裂、碎斑、碎粒	块状
		眼球状片麻岩	粗粒火成岩	长石"眼球"	糜棱物质、稳定矿物	变晶	眼球状
		糜棱岩	任何岩类	粉碎岩石		糜棱	平行定向
		千糜岩		粉碎岩石	云母	千枚糜棱	千糜
接触变质作用		角岩	泥岩及泥质砂岩	不同矿物		角岩	斑点、条带状
		矽卡岩	石灰岩、白云岩	石榴石或绿帘石	方解石、石英等	斑状变晶	
		大理岩		方解石或白云石	透闪石、透辉石	等粒变晶	
		蛇纹石大理岩	白云岩	蛇纹石、方解石	钙、镁硅酸盐		
		石英岩	纯石英砂岩	石英	多变	变余、变晶	块状
蚀变作用		青磐岩	中基性火山岩、岩浆岩	绿泥石、绿帘石、钠长石	黄铁矿、碳酸盐类矿物	不同程度保留原始结构	块状
		云英岩	花岗岩类	石英、浅色云母	长石、碳酸盐矿物	不同程度保留原始结构	块状
区域变质作用	低级区域变质作用	板岩	泥岩、页岩、泥质粉砂岩	微晶绿泥石、云母	石英、钠长石	变余	变余微层理，板状、千枚状
		千枚岩				千枚状	
	中级区域变质作用	云母片岩	泥质岩、页岩、基性火成岩	云母、绿泥石、石英	长石、绿帘石	均粒鳞片变晶、斑状变晶	片状
		石墨片岩	钙质页岩	石墨	绿泥石		
		钙质片岩	泥质灰岩、白云岩	方解石	石墨，钙、镁硅酸盐		
		绿片岩	基性火成岩、铁质泥岩	绿帘石	磁铁矿		
		石榴石片岩	任何岩类	石榴石	角闪石		

变质作用		岩石名称	原岩	矿物组合		结构	构造
				主要矿物	次要矿物		
区域变质作用	中级区域变质作用	十字石片岩	页岩、泥岩	十字石、云母、石英	蓝晶石、石榴石	鳞片变晶	片状
		矽线石片岩	不纯细砂岩	矽线石	石英、云母、石榴石	斑状变晶	
		角闪石片岩	铁镁质火成岩	角闪石、长石	石榴石、石英		
	高级区域变质作用	片麻岩	纯砂岩、页岩、酸性火成岩	角闪石、长石	云母、角闪石、电气石	中—粗粒鳞片变晶	片麻状、条带状
		角闪岩	纯砂岩、基性火成岩	角闪石、长石、石英、斜长石	石榴石、绿帘石、云母	粒状变晶	片状、片麻状、条带状
		麻粒岩	任何岩类	长石、石英、辉石	石榴石、蓝晶石、电气石	粒状变晶	块状
混合岩化作用		混合岩		石英、长石	云母、角闪石	交代、变晶	眼球状、肠状、脉状

变质岩定名是根据原岩、主要变质矿物、结构和构造的特征进行分类定名，包括颜色、含油级别、变质矿物、构造和岩石基本类型，变质岩应选样进行镜下鉴定。

变质岩的描述内容包括颜色、矿物成分、结构、构造、含油情况和含有物等。

（1）颜色：应描述颜色的变化和分布情况。

（2）矿物成分：变质岩的矿物成分十分复杂，既有岩浆岩、沉积岩的矿物类型，又有自身独具的一些变质矿物，变质岩中不含副长石（霞石、石榴子石）、鳞石英和透长石等矿物。

（3）结构：主要有变余结构、变晶结构、交代结构、碎裂及变形结构。

（4）构造：主要有变余构造（包括变余流纹构造、变余气孔—杏仁构造、变余枕状构造和变余条带构造）、变成构造（包括斑点构造、板状构造、千枚状构造、片状构造和片麻状构造）和混合构造（网脉状构造、角砾状构造、眼球状构造、条带状构造、肠状构造和阴影状构造）。

（5）含油情况：同碳酸盐岩描述一致。

（6）含有物：同碎屑岩描述一致。

5.2.9 岩心入库

常规岩心在封箱后应放入集装箱内按顺序摆放整齐（冷冻岩心放入冰库内冷冻结实），同时应尽快将岩心描述数据表、岩心原始记录表及岩心清单（附录 B.4—附录 B.6）和岩心入库清单（附录 A.7）发送至地质主管处。岩心上船后，电话通知陆地管理人员，告知其船名、返航时间、预计到码头时间和数量等。岩心应尽早运回陆地，运送过程中应委派专人跟踪，准确通知陆地管理人员，确保岩心安全顺利入库。

5.3　井壁取心

5.3.1　井壁取心方法

5.3.1.1　火药式井壁取心

火药式井壁取心也称为爆炸式、撞击式井壁取心，是将装有炸药的井壁取心枪下放到预定位置，由地面控制进行电点火发射中空的圆柱形弹体进入地层，弹体射入地层后由连在枪体上的钢丝绳回收，从而采集到地层样品。取心时，按顺序每次发射一颗取心弹，点火由枪的底部自下而上进行，可以 2～3 支枪连接在一起同时下井。

火药式井壁取心获取的岩样经受了很强的外力撞击，破坏了岩石原有结构，无法研究岩石的孔隙度、渗透率和含油饱和度等物性指标。此外，这种取心方式在致密、坚硬岩层收获率不高。

5.3.1.2　旋转式井壁取心

采用液压传动技术，使用空心钻头垂直钻进井壁获取岩石样品。仪器下井 1 次最多可取 50 颗岩心。旋转式取心适用于各种地层，特别适合硬地层。

取出样品规则呈圆柱状，可直观反映岩石岩性和含油性；也可部分替代钻井取心用于岩性、物性和含油性分析研究。

火药式井壁取心和旋转式井壁取心都是由自然电位或自然伽马深度定位的。

5.3.2　井壁取心目的、原则

井壁取心目的是为了证实地层的岩性、物性、含油性，以及岩性和电性的关系，或者为满足地质方面的一些特殊要求，一般情况下应在下列层段进行井壁取心：

（1）了解生油层特性；

（2）证实油气层段及可疑油气层段；

（3）岩性与电性关系有矛盾的井段；

（4）钻井取心收获率低需要进一步落实岩性和油气显示的井段；

（5）相邻井有油气显示的井段；

（6）地层分界、风化壳上下或特殊岩性段。

5.3.3　井壁岩心的整理和描述

壁心应装入专用瓶内，并在瓶盖和瓶身标签上标明井号、井深、层位、岩性及含油气性。壁心描述后连同描述记录装入盒内，盒上标注井号、取心次数（第几次取心／总取心次数）、取心井段、设计颗数、实取颗数和收获率等。

井壁取心描述内容与钻井取心相同，但井壁取心受钻井液的浸泡时间较长，尤其是发生过钻井液混油或泡油的情况下，在描述壁心含油性时应考虑这些影响因素。

另外描述时还需注意：

（1）一颗岩心有两种岩性时都应进行描述，定名可以参考该层测井曲线反映的岩电关系；

（2）如果一颗岩心有三种以上岩性，则应描述主要的一种，其他作为夹层或条带处理；

（3）壁心含油时，应主要考虑含油部分岩性参与定名。

5.3.4　井壁取心录取资料要求

（1）根据井壁取心原则确定取心井深、颗数，并填写取心通知单。

（2）井壁取心上提至井口时要有专人出心，保证出心顺序无误。

（3）去掉假心，如滤饼、岩屑掉块等，假心不描述，不计入颗数。

（4）若岩性与电性不符或收获率太低应根据设计要求考虑补取。

（5）壁心取出后应及时描述和进行荧光检验。

（6）荧光检查不要在整个壁心上滴有机溶剂。

（7）滴照过荧光的滤纸不要放进瓶内。

（8）尽量保持壁心的完整，以利于实验室的分析研究。

5.3.5　发射率和收获率计算

$$发射率 = 发射颗数 / 下井颗数 \times 100\% \qquad （5.8）$$

$$收获率 = 收获颗数 / 发射颗数 \times 100\% \qquad （5.9）$$

$$旋转取心收获率 = 收获颗数 / 钻进次数 \times 100\% \qquad （5.10）$$

计算收获率时，长度超过 5mm 井壁心计入有效收获颗数，应在（附录 B.2）井壁取心描述表备注栏说明是否补取。

5.3.6　井壁岩心的保管与运输

现场取得的井壁取心在描述完成后应放入壁心盒（图 5.10）中妥善保管并及时送回陆地入库，送样时需附井壁取心描述表（附录 B.2）。

```
            ×× - ×× - × 井

        取心井段：××× ～ ×××m

        盒号：×/×

        本盒壁心颗数：

        设计取心颗数：

        收获壁心颗数：

        壁心收获率：
```

图 5.10　壁心盒标注

6
气测录井

6.1 常规气测录井

钻井过程中，破碎岩石中及井壁周围地层中的流体会进入井筒，伴随钻井液上返至地面。而气测录井就是利用气体检测系统检测分析通过脱气器从钻井液中脱离出的各类气体含量的一种录井方法，检测的气体包含烃类（全烃、组分）与非烃类气体（H_2S、CO_2）含量。常规气测录井在及时发现油气显示，识别储层流体性质及发现有毒有害气体，预报井涌、井喷、气侵，综合评价储层等方面发挥了重要的作用。

6.1.1 原理及气体的含义

钻井液中的油气烃类来源有两种，一种是破碎岩石时进入的油气，另一种是从已钻开的油气层中逸散的油气。当钻开油气层时，气态和液态的烃类就会同时进入钻井液中。

井筒中的油气除与储层的含油气饱和度有关外，还与钻井条件有关。单位时间破碎的岩石体积越大，则进入钻井液的油气越多，用公式表示为

$$Q_{dg} = \frac{\pi d^2 v}{4} \times \frac{C_{dg}}{Q} \tag{6.1}$$

式中　Q_{dg}——钻井液含气饱和度，%；

　　　　v——钻井速度，m/min；

　　　　d——钻头直径，m；

　　　　Q——钻井液排量，m³/min；

　　　　C_{dg}——地层含气量，%。

从式（6.1）中可以看出 $\frac{\pi d^2 v}{4}$ 为每分钟钻碎的岩石柱状体积。$\frac{\pi d^2 v}{4Q}$ 为单位钻井液排量的钻井液中所含有的每分钟钻碎的岩石柱状体积。

（1）在钻进的过程中，钻头破碎岩石而释放到钻井液中的气体称为破碎气。破碎岩石的含气量的大小与许多因素有关，一般情况下，含油气多的地层往往有较多的气显示，这是现场录井人员及时发现油气层的基础，有时在欠压实泥岩盖层的钻进中可能有较好的气

显示。如果当钻井液液柱压力明显大于地层孔隙压力时，就可能会明显抑制地层真实的气显示。

（2）地层中的油气进入井筒有渗透和扩散两种方式，它是气测的基础。渗透能力与压差有关，当油气层压力大于钻井液液柱压力时，地层中的油气在压差的作用下，向压力低的钻井液中持续渗透，压差越大，渗透速度越快，钻井液中会发生严重的油气侵，这是井涌、井喷的预兆。当油气层压力与钻井液液柱压力基本平衡时，钻进过程中钻头旋转，造成钻头周围压力降低，油气层中的油气仍然可以向钻井液渗透。

扩散比渗透所进入钻井液的油气数量要少得多，以渗透方式进入钻井液的油气是主要的，以扩散方式进入钻井液的油气是次要的。

（3）渗透、扩散和破碎岩石进入钻井液中的油气，随着钻井液的上返和钻井的继续进行，就会形成钻井液中的含油气段。这就是通过测定钻井液中的油气能够发现油气层的基础。

由于钻井液中可能混有各种气体，且在泵抽空、起下钻、接立柱和循环钻井液等工况时都有可能引起地层油气的侵入，从而造成各种气测异常。因此正确识别各种气测异常是发现和评价油气层的关键。

单根气：接单根时，由于停泵，钻井液静止，井底压力相对减小，导致已钻穿的地层中油气侵入钻井液，再次开泵循环，一个迟到时间后在录井气测曲线上出现的气体值。

起下钻气：起钻过程中，由于停泵、上提钻柱，必然会有钻井液静止或抽汲效应，使井筒中钻井液压力下降，因而有利于压差气的产生。正常的起钻过程中，没有钻井液流出，因而无从检测钻井液中的气体，停留井筒内的气体要等下钻后再次循环被检测到，这就是起下钻气。

背景气：一般来说，在钻井液中含有一定量的天然气，通常称其为钻井液背景气。背景气主要来源于泥页岩中分散的残留气进入钻井液，但它数量有限不能使气测曲线形态突变，只能形成具有一定幅度的连续变化的基线。当然，如果钻井液材料（混油）或钻井液脱气未尽，负压钻进导致已钻过油气层的气体逸散，则会使背景值升高，即基值升高。

6.1.2　资料录取内容

6.1.2.1　深度

应与钻具计算的深度进行校核（每1~2柱钻杆校核一次）。

6.1.2.2　录井间距、井段

自地质设计规定的深度开始连续测量，每米记录一组数据，必要时（钻时、气测值变化大时）可加密。

6.1.2.3　检测内容

检测内容包括全烃、烃组分（C_1—nC_5）和非烃值（CO_2、H_2S 等），单位为百分含量或 mL/m^3。

6.1.2.4　后效监测

后效监测就是测量起下钻、接立柱时因抽汲或扩散进入井筒的气体。记录内容包括见后效气的时间、气测全量值、气体组分值、油花气泡的起止时间和变化等情况。后效监测目的是根据显示井段推算油气上窜速度，大体判断油气层能量。油、气上窜速度计算方法如下。

迟到时间法计算式：

$$v=[H-(h/t)/(t_1-t_2)]/t_0 \tag{6.2}$$

容积法计算式：

$$v=[H-(Q/V_c)/(t_1-t_2)]/t_0 \tag{6.3}$$

泵冲数计算法：

$$v=[H-(h/S_1)/S_2]/t_0 \tag{6.4}$$

式中　v——油气上窜速度，m/h；

　　　H——油、气层深度，m；

　　　h——循环钻井液时钻头所在井深，m；

　　　t——钻头所在井深的迟到时间，min；

　　　t_1——见到油气显示的时间，min；

　　　t_2——下钻至井深 h 的开泵时间，min；

　　　t_0——井内钻井液静止时间，h；

　　　Q——钻井液泵量，L/min；

　　　V_c——井眼环形空间每米理论容积，L；

　　　S_1——循环钻井液时，钻头所在深度的迟到泵冲数；

　　　S_2——见油气显示的实际泵冲数。

6.1.2.5　地质循环监测

为实现查清岩性、层位变化、油气显示或决定套管下入深度等地质目标，由地质监督要求中断钻进作业而使钻井液循环时的监测。

地质循环时根据迟到时间和气体含量变化情况，应该增加 20%～50% 的循环时间；地质循环时避免中途停泵、频繁改变排量及处理钻井液等，应尽量保证监测到地层真实信息，以及地层信息的连续性。

6.1.3　影响气测的因素

6.1.3.1　地质因素

6.1.3.1.1　天然气性质及成分

油气密度越小，轻烃成分越多，气测显示越好，反之则越差。对于热导池鉴定器，天然气中若含有二氧化碳、氮气、硫化氢和一氧化碳等气体时，由于其热导率低于空气，仪器读数为负值，会使气体全量减小；若有大量氢气存在，由于氢气的热导率约是甲烷的五倍，会引起全量曲线大幅度增加。对于氢火焰离子化鉴定器，当地层气成分与标定仪器时的气体组成相差太大时，会产生较大的显示误差。

6.1.3.1.2 油层的气油比

气油比越高，含气浓度就越高，气测异常越明显，全烃显示高，轻烃（C_1）的相对含量高。而对气油比低的储层，气测异常不明显。通常全烃显示较低，轻烃（C_1）的相对含量也较低。气油比的大小，取决于石油成分、地层压力、油藏的形成及保存条件，所以，油气储层特性及油气性质，在一般情况下，是决定气测烃类组分的主要因素。

6.1.3.1.3 储层性质

储层厚度、孔隙度、渗透率和含气饱和度越大，钻穿单位体积岩层进入钻井液的油气越多，气测显示越好；反之，气测显示越差。渗透性好的地层，当地层压力低于钻井液柱的压力，大量钻井液侵入地层，气测显示绝对含量偏低；而当地层压力高于钻井液柱的压力时，地层中油气进入钻井液的量较多，使气测显示绝对含量升高，甚至造成后效假气测异常。而对渗透性差的地层，其显示受地层影响较小，能较真实地反映岩屑中的油气量；正因如此，生油岩和油页岩在气测录井资料上有时也有较高显示。

6.1.3.1.4 地层压力

井底为正压差，即钻井液柱压力大于地层压力时，进入钻井液的油气仅是破碎岩层产生的，因此气测显示较低。正压差越大，地层渗透性越好，气测显示越低。若井底为负压差，即钻井液柱压力小于地层压力，进入钻井液的油气除破碎岩层产生的以外，还包括井筒周围地层中的油气，在地层压力的推动下，侵入钻井液，从而形成较高的油气显示，且单根气、起下钻气显示明显。钻过油气层后，气测曲线不能恢复到原基值，而是保持一定的气测显示，从而使气测基值升高。负压差越大，地层渗透性越好，气测显示越高，严重时会导致井涌、井喷。

6.1.3.2 钻井条件

6.1.3.2.1 钻头直径

当其他钻井条件不变时，钻头直径越大，单位时间内破碎的岩石体积越大，气测显示越高。

6.1.3.2.2 机械钻速

当其他钻井条件不变时，机械钻速越大，单位时间内破碎的岩石体积越大，气测显示越高；反之，气测显示越低。钻井取心时，由于机械钻速小，单位时间内破碎岩石少，因此，气测显示低。

6.1.3.3 钻井液性质

6.1.3.3.1 钻井液性能

钻井过程中，只有当井内钻井液柱压力与地层压力处于一种近似动态平衡时才是较理想的钻进状态，因而钻井液对正常钻进是重要的，钻井液性能也会影响气测录井显示。

（1）钻井液密度：钻井液密度越大，液柱压力越大。液柱压力高于地层压力时，地层油气侵入钻井液的量较小，因而气测值较低；相反，液柱压力略低于地层的压力时，地层中大量的油气不断渗入钻井液，气测值较高。

（2）钻井液黏度：黏度大的钻井液对天然气的吸附作用加强，故脱气困难，气测值低。

（3）钻井液排量：钻井液排量增加，单位体积钻井液中的含气量减少，气测值降低。

6.1.3.3.2　钻井液类型

按照不同的介质对钻井液类型进行划分，钻井液体系主要包括油基钻井液、水基钻井液、合成钻井液和空气钻井液等类型。以上各钻井液类型采用不同的配方，也必会对各烃类组分的脱气器效率产生不同影响。

6.1.3.3.3　钻井液混入物的影响

（1）化学添加剂的影响：钻井液中加入化学处理剂，在一定条件下可能生成烃类气体而溶解于钻井液中，从而使气测基值提高，有时会产生假气测异常，如钻井液中加入铁铬盐、磺化沥青，通常会产生类似于水中溶解气的假气测异常。

（2）混油影响：色谱分析组分齐全且各组分显示升高，全烃绝对含量显示较高。

6.1.3.3.4　钻井液温度的影响

烃类气体在不同温度的钻井液中溶解度不同，钻井液温度越高，烃类气体溶解度越小。若钻井液温度低于烷烃沸点，则相应烷烃为液体状态，更不易从钻井液中分离出来。

6.1.3.4　脱气设备

（1）脱气器类型、安装条件及脱气效率的影响。不同类型的脱气器脱气原理和效率不同。相同条件下，脱气效率越高气测显示越高。脱气器的安装位置及安装条件也直接影响气测显示的高低。

（2）气测仪性能和工作状况的影响。气测仪的灵敏度、管路密封性好坏及标定是否准确，都会对气测显示产生较大影响，因此必须保证仪器性能良好、工作正常。

（3）脱气系统和分析气路温度现场录井因各烷烃的沸点不同，受温度影响也各不相同，沸点越高，受温度影响越大。正常录井条件下，甲烷、乙烷和丙烷基本不受脱气系统和分析气路温度的影响，而丁烷与戊烷则受较大影响。因此，在温度较低的环境施工时，应对脱气系统和分析气路采取适当保温措施，以降低对油气显示录取的影响。

6.1.4　常见解释方法

目前，气测录井资料的解释在理论上或实践上都还不十分完善，尚不能作为地层定量评价的可靠依据。不过，人们通过长期实践摸索出一些气体资料的解释方法，对判断油气层仍有一定的参考作用，下面列举几种常用的方法。

6.1.4.1　全烃曲线形态法

对于有些地层录井含油级别偏低、气测绝对值偏低（低孔低渗地层）且气测组分不全

（气层、气水层等），使用图版法往往无法进行解释。在这样的情况下可以使用全烃曲线的形态和特征来识别储层的流体性质。全烃曲线特征包括全烃曲线形态特征和相态特征。

在钻开地层时，储层中的油气一般是以游离、溶解和吸附三种状态存在于钻井液中。如果储层物性好，含油饱和度高，储层中的油气与钻井液混合返至井口时，气测录井就会呈现出较好的油气显示异常；所以，建立全烃曲线形态特征与油气水的关系，其意义重大。对于储层而言，其孔隙间被流体所充填，在同一储层中，可以认为孔隙间非油即水。由于全烃曲线的连续性，当地层被钻开后，流体的特性通过全烃曲线的形态特征表现出来。所以，全烃曲线形态特征可以反映地层流体信息。

6.1.4.1.1 "箱状"相

"箱状"相全烃曲线的异常显示厚度基本上与储层厚度相等，全烃曲线的异常显示幅度高，烃组分齐全，钻速快，储层物性较好，这种相态的储层可划分为油层。进入储层后，全烃曲线呈上升速度快，上升幅度较大，到达最大值后出现一段较平直段，后下降到某一值，峰形跨度较大，形如一箱体。"箱状"相在曲线的形态上又称为饱满形，即全烃显示厚度比储层厚度大或基本相等，说明油气充满了整个储层（图6.1）。

气测值的高低不能反映储层的流体性质，也不能反映天然气层的产能，高产气层和低产气层与气测值的高低没有直接的关系。因为油气层在

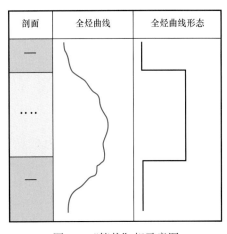

剖面	全烃曲线	全烃曲线形态
—		
....		
—		

图6.1　"箱状"相示意图

实时录井过程中均有异常，但异常值的大小与地层的岩性、物性和钻井液密度等密切相关，目前普遍采用过压钻进，所以气测录井所测到的气体主要是地层的破碎气，气量较为有限，而地层中的气体，由于钻井液压力大于地层压力加上钻头水眼的高压喷射作用而很难进入井眼。

油层特征一般为组分齐全、全烃峰值高、峰型饱满、呈宽顶梯形或箱状，以及自上而下重组分相对含量逐渐增加。

6.1.4.1.2 "指状"相

"指状"相全烃曲线异常幅度大，曲线形如"指状"，钻速快，轻烃组分含量高，储层岩性不均。"指状"相指示的储层多和泥岩裂缝、砾岩体气藏等有关。进入储层后，全烃曲线呈忽高忽低的变化趋势，但低部位未能低过原基值，同一层段内出现若干尖峰形，形成一组指尖状峰形。"指状"相在曲线的形态上又称为尖峰形，即曲线快起快落，多出现在碳酸盐岩、致密砂岩和砾岩等非均质储层，为裂缝显示特征（图6.2）。

6.1.4.1.3 "单尖峰"相

"单尖峰"相全烃曲线是在进入储层一段时间后，才急速上升到最大值，后又急剧下降到某一幅值上（或回到基值），其形态呈单尖峰状，"单尖峰"相的地层一般较薄，钻速

较快，全烃曲线峰形窄或重组分含量较高，"单尖峰"相指示的储层一般为差气层或烃组分以 C_1 为主的干层（图 6.3）。

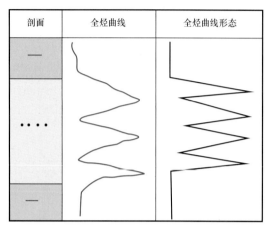

图 6.2 "指状"相示意图

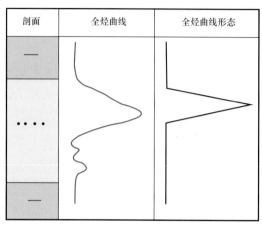

图 6.3 "单尖峰"相示意图

6.1.4.1.4 "正三角形状"相

进入储层后，全烃曲线上升的趋势较为缓慢，接近储层的中部、底部时达到最大值，后急速下降到某一值，形如一直角三角形（图 6.4a）。

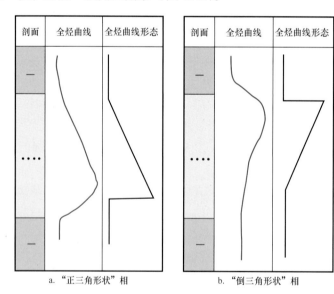

a. "正三角形状"相

b. "倒三角形状"相

图 6.4 "正三角形状"与"倒三角形状"相示意图

6.1.4.1.5 "倒三角形状"相

进入储层后，全烃曲线上升速度较快，在较短的时间内达到最大值，后缓慢下降到某一个值上，曲线形如一倒三角（图 6.4b）。

全烃曲线无论是"正三角形状"或"倒三角形状"相态，都具有钻速快、物性好、烃组分以 C_1 为主的特征。在全烃曲线低值区时，重组分含量低或没有。气测全烃曲线不饱满，全烃值高低与钻速不匹配或者呈三角形，是地层含水的信号。

水层特征：组分不全，全烃曲线峰幅中平且较窄，峰型为尖锐三角形或直线，自上而下重组分相对含量逐渐减少。

气层特征：组分不全，甲烷含量高，全烃峰值高，峰型为尖形或指形，各种组分相对含量比较均一。

通过以上分析，根据油气水密度差异和油气水自然分异原理，对于孔隙型地层可得到如图 6.5 所示的几种全烃曲线形态与钻时及储层之间的关系。

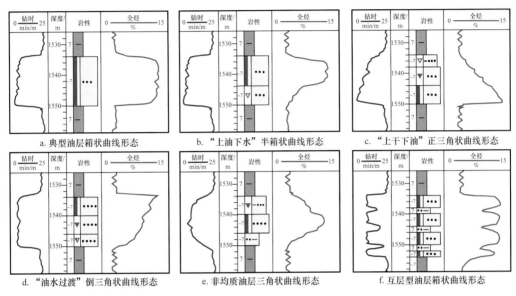

图 6.5　孔隙型地层全烃曲线形态特征图

对于裂缝型地层同样可以得到如图 6.6 所示的全烃曲线形态特征图。图 6.6a 中，地层非均质性强，裂缝延续厚度小，只有在有效裂缝段气测全烃才会升高，全烃对应裂缝处呈"尖峰"状。图 6.6b 中，在裂缝发育带，由连续的气测全烃尖峰组成形似梳齿的高低起伏。图 6.6c 中，在微细裂缝、小孔洞发育段，由于导流能力差，气测全烃呈低值，但高于基值，气测全烃对应裂缝处呈"低幅箱形"。

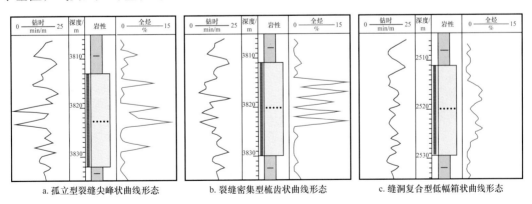

图 6.6　裂缝型地层全烃曲线形态特征图

6.1.4.2 烃比值图版法

烃比值图版法也被称为气体组分曲线法，或气体组分比值法。此种方法是根据气体组分分析资料做成图版。

烃比值图版的做法是根据气体组分分析资料，先求出甲烷（C_1）与各重烃（C_2、C_3、C_4）的比值，标在单对数纸上（横坐标为等距，代表各组分比值的名称；纵坐标为对数坐标，表示气体组分的比值），将同一测点各组分比值连起来，就是烃比值曲线。在有条件的地区，可以利用测试资料建立本区划分油层、气层和水层（或非生产性）的标准图版（图 6.7）。在勘探程度较高的地区可用本区的标准图版划分油层、气层和水层。

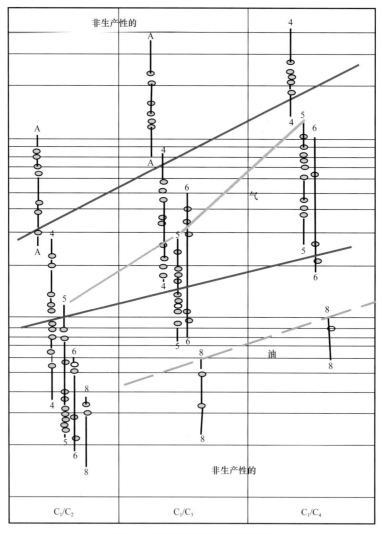

图 6.7　气相色谱烃组分比值图

A—气体储层；4—原油储层的气顶；5—中等密度原油储层；6—低密度原油储层；8—含残余油的水层

还可以利用图版对生产能力作出判断，若 $C_1/C_2 < C_1/C_3 < C_1/C_4$，曲线为正斜率，表示具有生产能力；若 $C_1/C_4 < C_1/C_3 < C_1/C_2$ 或是 $C_1/C_4 < C_1/C_3$，曲线为负斜率，则表示不具生

产能力，或为水层；低渗透率层斜率往往不反映产层性质，而当斜率很陡时，多为致密层。

图 6.7 给出的是实际气测录井所取得的各种类型的油气样品，经过气相色谱分析所标出的烃比值点。

这些实例表示了事实存在但不确切的关系，在全面评价实践中仍是一种有用的展示。

此外，根据一些经验，生产性的干气层主要产生（或仅产生）C_1，但是异常高的比值可能表示为水层中呈溶解状态的气。如果 C_1/C_2 降到油区，C_1/C_4 在气区为高值，则该层可能是非生产性层。

在新区可参考以下一般解释标准划分（表 6.1）。

表 6.1　新区解释参考标准

气体比	油层	天然气层	非生产性层
C_1/C_2	2～10	10～35	<2 和>35
C_1/C_3	2～14	14～82	<2 和>82
C_1/C_4	2～21	21～200	<2 和>200

6.1.4.3　3H 比值法

色谱组分值比值计算方法如下。

烃湿度比：

$$W_h = \sum 重烃 / 全烃 \times 100\%\qquad(6.5)$$

烃平衡比：

$$B_h = (C_1 + C_2) / (C_3 + C_4 + C_5) \times 100\%\qquad(6.6)$$

烃特征比：

$$C_h = (C_4 + C_5) / C_3 \times 100\%\qquad(6.7)$$

烃湿度比法一般解释标准（表 6.2）以烃湿度比（W_h）作为解释参数点：W_h 小于 0.5 为纯干气；介于 0.5～17.5 为湿气；介于 17.5～40 为油；大于 40 为残余油，密度随烃湿度比增加而增加。

表 6.2　烃组分比值法解释参考标准表

油气类别	W_h	B_h	C_h
非可采干气	<0.5	>100	
可采天然气		$W_h < B_h < 100$	
可采湿气	0.5～17.5		<0.5
可采轻质油		$W_h > B_h$	>0.5
可采石油	17.5～40		
非可采稠油或残余油	>40	$W_h \gg B_h$	

将 W_h 和 B_h 两曲线绘制在一起时（图 6.8），基于大量的实验观测可对流体特征作出解释：

（1）当 B_h 高于 100 时，这一层段含有纯干气；

（2）当 W_h 指示气相且 B_h 高于 W_h 时，说明含气，且气体浓度随两曲线的相互接近而增加；

（3）当 W_h 指示气相且 B_h 高于 W_h 时，说明含气伴随含油或凝析油；

（4）当 W_h 指示油相且 B_h 低于 W_h 时，说明含油，浓度随两曲线分离而增加；

（5）当 W_h 大于 40，B_h 远低于 W_h 时，说明含残余油；

（6）当 W_h 和 B_h 指示气体时，烃特征比 C_h 低于 0.5，W_h 和 B_h 指示气体，解释正确，当 C_h 高于 0.5，W_h 和 B_h 解释的气体特性与油有关。

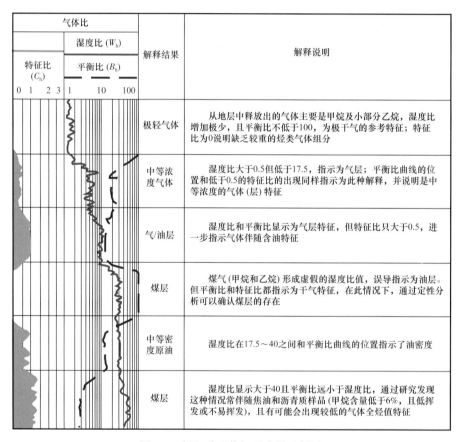

图 6.8　烃组分比值解释成果示例图

6.1.4.4　三角形气体组分解释法

三角形气体组分解释法也称三角形气体组分图版法，此种方法首先是建立三角形坐标系。三角形坐标系是由 $C_2/\sum C$，$C_3/\sum C$，$C_4/\sum C$（$\sum C$ 为 $C_1 + C_2 + C_3 + C_4$ 之和）三个参数构成。把三个参数的零值作为一个正三角形的三个顶点（A、B、C），然后，做夹角为 60° 的三组线，分别代表三个参数的不同比值，即建立了三角形坐标系（图 6.9）。

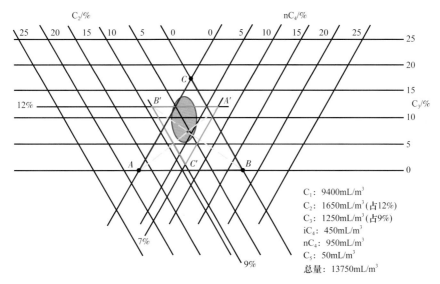

图 6.9　三角形气体组分图版法

三角形气体组分解释法解释步骤：

（1）对所测得的各烃类组分进行校正；

（2）计算出各烃类组分的和（$\sum C = C_1 + C_2 + C_3 + C_4$）；

（3）分别求得各参数的百分比值（$C_2/\sum C$，$C_3/\sum C$，$C_4/\sum C$）；

（4）根据三个参数比值的大小，分别点在相应的比例线上，然后通过三点位置分别做出相应参数值的平行线，便可以得到 $\triangle A'B'C'$；

（5）根据所得出的三角形的大小、倒正，按下列原则区分。

$\triangle A'B'C'$ 的大小，以占 $\triangle ABC$ 的边长的百分数区分，占比大于 75% 为大三角形，占比介于 25%～75% 为中三角形，占比小于 25% 的为小三角形；三角形的倒正以外三角形为准，与外三角形同向者的正，反向者为倒三角形。

生产能力区域的圈定是根据大量已被证实的具有生产能力的油气层的气体色谱分析资料，圈出生产能力区（图 6.9 中实线圈定的椭圆部分）。

多数解释实践表明正三角形解释为气层，倒三角形解释为油气层；大三角形表示气体来自干气层或低油气比油层；小三角形表示气体来自湿气层或高油气比油层；连接内外三角形相应的顶点，交点在生产能力区内，即认为有生产能力，否则无生产能力。

6.1.4.5　烃组分的初步校正

上述几种方法如用现场录井的气相色谱资料进行解释，没有消除钻头直径、钻速及钻井液流量的影响，只能相对地表示气显示指数的相对值。若要较准确地反映真实情况，需对各类烃组分进行校正。

（1）气指数校正。

IGC（Index Gas Correct）公式为

$$IGC = (I \times Q) / (V \times H) \tag{6.8}$$

式中　I——气体（总量或色谱单一气体）的近似百分比，%；

　　　Q——钻井液流量，L/h；

　　　V——钻进 1m 的岩石体积，L/m；

　　　H——钻进速度，m/h。

（2）气指数计算图表校正。

利用气指数校正图版（附录 E.8）可直接读出所求值。气指数校正图版使用公制单位时，应将结果乘以 0.6。

6.1.4.6　Reserval 气体比率法

Reserval 气体比率曲线也叫 Gadkari 气体比率法，主要由三条曲线组成。

轻—重烃比率（Light to Heavy）：

$$LH = 100 (C_1 + C_2) / (C_4 + C_5)^3 \qquad (6.9)$$

轻—中烃比率（Light to Medium）：

$$LM = 10C_1 / (C_2 + C_3)^2 \qquad (6.10)$$

重—中烃比率（Heavy to Medium）：

$$HM = (C_4 + C_5)^2 / C_3 \qquad (6.11)$$

LH 曲线和 LM 曲线在公式的分子上有轻烃组分，因此随着烃类密度的增加，LH 值和 LM 值相应减少，表现为曲线向左倾斜。在 HM 曲线中重烃组分在公式的分子上，因此随着烃类密度的增加，HM 值相应增加，表现为曲线向右倾斜（图 6.10）。

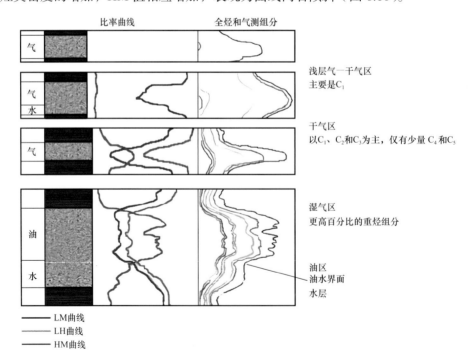

图 6.10　Reserval 气体比率标准图版

这些方程式的基础是储层烃类组分不同，脱出的气体成分也不同。干气如果有重烃组分的话，例如 C_4 或 C_5，也会显示出非常低的重烃含量，而油层不仅重烃组分全，而且含量较高。烃类密度的增加将会导致重烃组分的比例增加，在储层中烃类气体的密度会反映到在地面上捕获的气体成分，因而从干气到重质油，重烃的比例是逐渐增加的。

使用 Reserval 气体比率曲线时，曲线的变化和烃类的类型有较好的相关性，但在相邻井区并不一定具有代表性，也就是说每口井的剖面都应该被独立地看待。曲线变化幅度随着钻井液类型、石油物理属性，例如孔隙度、含水饱和度等的变化而变化。三条曲线的变化不仅与井眼状况和油藏属性有关，而且还与流体性质、温度和压力等有关。因此，对地层流体类型来说，直接对比变化数量（通过给出的绝对值）或幅度大小是不合适的。

6.1.5　解释流程

6.1.5.1　现场气测资料解释步骤

（1）分层：选定解释井段。
（2）选值：解释成果表所用气体含量数据。
（3）排除影响因素的干扰。
（4）分析计算：烃类组成、烃类含量和各图版的数值区间等。
（5）结合随钻和循环资料进行分析。
（6）结合构造和地层分析。
（7）给出解释结论：根据气测资料给出流体类型结论。

6.1.5.2　油层、气层和水层一般特征比较

6.1.5.2.1　气层

气层的气测显示一般具有如下特征：
（1）全烃显示异常明显；
（2）干气层色谱分析组分不全，主要成分是甲烷，含量达95%以上，其次是乙烷、丙烷，乙烷系数（C_2/C_3）一般大于5，无其余重组分，特殊情况下可能含有非烃；
（3）三角形气体组分图版为"大正三角形"。

6.1.5.2.2　油层

油层的气测显示一般具有如下特征：
（1）全烃有明显异常，色谱分析组分齐全，三角形气体组分图版油质越重越倾向于"大倒三角形"的方向；
（2）一般情况下，油层将产生较明显的后效异常；
（3）三角形气体组分图版的顶点的位置越靠上，说明油质越轻；
（4）一般情况下，烃湿度比越大则油质越重。

6.1.5.2.3　水层

纯水层没有气测异常，但是地层水中溶解了烃类后能产生异常，其特征如下：

（1）一般全烃和色谱分析绝对含量均较低，色谱分析相对含量类似于气层的相对含量和三角形气体组分图版大小，含有大量溶解气的水层也可能产生异常高的气测显示；

（2）通常情况下无后效气和单根气。

6.2 实时流体录井

6.2.1 实时流体录井相关设备

实时流体录井是一种能实时检测钻井液中 C_1—C_8 烃类组分，以及 CO_2 和 H_2S 等非烃类组分含量的录井技术，主要由 FLEX 流体萃取装置，气体传送装置，气体检测装置，数据采集、处理装置及相关软件四部分组成。其中，FLEX 流体萃取装置包括引流设备、电动脱气机、定量泵、加热器及相关配套组件；气体传送装置包括气体干燥设备、压力控制设备、无吸附气管线及相关配套组件；气体检测装置包括一台色谱仪和一台质谱仪；数据采集、处理装置及相关软件包括计算机，数据采集、处理软件及资料综合解释软件。

6.2.1.1 FLEX 流体萃取装置

（1）安装要求：① 出口处 FLEX 流体萃取装置安装在钻井液返出槽内或返出管线上，尽可能靠近井口，尽量将引流探头靠近钻井液槽底部，以便录井期间探头始终浸没在钻井液中；② 入口处 FLEX 流体萃取装置安装在钻井液循环池上，在不影响安全的前提下，尽量靠近钻井液循环池中部，引流探头置于钻井液循环池 1/2 深度位置为宜。

（2）流体萃取要求：定量抽取钻井液，高效恒温萃取钻井液中流体组分，油基钻井液加热到 90℃，水基钻井液加热到 70℃。

（3）流体传送要求：对从钻井液中萃取出的流体组分先干燥，然后通过特制气管线（内壁涂有特氟龙材料），采用负压方式传送到检测设备。

（4）质量控制：严格按照作业程序执行，作业前，完成漏失试验，设备整体检查试验和钻井液背景值检测试验；作业期间，定期检查萃取器钻井液返出量、样气流量、气管线压力和萃取室钻井液温度。

6.2.1.2 检测仪

（1）色谱仪：对从钻井液中萃取的流体进行组分分离，并将分离后的流体组分传送到质谱仪，内有载气增压装置，可进一步缩短分析周期。

（2）质谱仪：采用不同的离子道对不同流体组分进行检测，大大提高了分辨率、灵敏度和精度。

（3）质量控制：质谱仪和色谱仪预热不少于 12h，开始录井前，按操作程序从低浓度开始，依次用 $100mL/m^3$、$1000mL/m^3$、$10000mL/m^3$ 和 $50000mL/m^3$ 的 C_1—C_5 混合样，低浓度（$5mL/m^3$）、中浓度（$100mL/m^3$）和高浓度（$1000mL/m^3$）苯及 C_{5+} 混合样，以及低浓度、中浓度和高浓度甲基环己烷标准气样对设备进行线性刻度；作业期间，每次起下钻，必须用至少两种浓度标准气样对设备的稳定性进行检查，如发现标准偏差大于设备允许范围（±5%），必须重新调校。

6.2.1.3 检测原理

实时流体录井采用的是色谱质谱检测技术，设备由一台色谱仪和一台质谱仪组成。检测原理是色谱仪通过内部的样气泵模块将 FLEX 流体萃取装置脱出的气体传送到色谱仪的分析模块，分析模块中的色谱柱对样气中的烃类组分进行分离，并将其依次传送到质谱仪；到达质谱仪分析室的不同组分在高压电子流的作用下被电离成对应的离子，质谱仪根据预先设置的离子道参数，根据离子的质量依次检测对应目标离子信号强度，然后参考对应组分调校文件，由计算机自动计算样气中相应组分的含量。

6.2.1.4 仪器特点

（1）定量、恒温脱气：保证脱气条件一致性。

（2）专用气管线：保证不受吸附作用影响。

（3）负压传送：保证 C_5—C_8 组分顺利传送到检测系统。

（4）双气路：可同时检测出口、入口两路气体。

（5）色谱、质谱检测：可根据客户需要，选择性地检测烃类和非烃类物质，高分辨率。

（6）C_1/C_2 高达 8000。

（7）严格的质量控制，确保数据质量。

6.2.2 资料录取内容

6.2.2.1 深度

直接或通过 WITS 数据传输方式从综合录井获取深度数据。

6.2.2.2 录井间距

自地质设计规定深度开始连续测量，每米记录一组数据，必要时（钻时、气测值变化大时）可加密。

6.2.2.3 检测参数

（1）FLEX 脱气参数包括加热板温度、萃取室温度、气管线压力和钻井液液位参数。

（2）组分检测参数包括甲烷、乙烷、丙烷、正丁烷、异丁烷、正戊烷、异戊烷、正己烷、正庚烷、正辛烷、苯、甲苯和甲基环己烷（此为标准选择，也可根据作业者需要重新配置）。

6.2.3 资料解释应用

实时流体录井解释分为三个部分，分别是流体相分析、烃类流体类型识别和油气水评价。

6.2.3.1 流体相分析

流体相分析是在 InFact 解释平台上，利用十字交会图和星型图（图 6.11）等模板对钻遇显示层的实时流体资料进行分析，将组分特征和流体性质相似的显示层归为同一流体相，在流体相解释成果图上用相同的颜色充填；组分特征和流体性质不同的显示层归为不同的流体相，在流体相图上分别用不同的颜色充填。

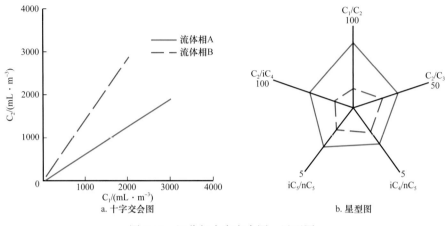

图 6.11　组分相十字交会图—星型图

6.2.3.2　烃类流体类型识别

地层孔隙中烃类流体类型的识别，是利用已建好的不同地区烃类流体类型识别模型，对同一区块或相邻区块钻遇显示层实时流体资料进行解释，达到识别地层孔隙烃类流体类型的目的。常用的模型有组分相对含量趋势线模型、重烃组分—甲基环己烷模型、皮克斯勒—三角形图板模型和 Gadkari 气体比率模型等。

6.2.3.2.1　组分相对含量趋势线模型

组分相对含量趋势线模型是先绘制出已知油层、气层的实时流体测量数据的 C_1—C_8 各组分相对百分含量标准折线图（图 6.12），然后将揭开显示层实测实时流体数据的 C_1—C_8 各组分相对百分含量绘制成折线与之对比，与油相接近说明孔隙中烃类流体类型为油，与气相接近则说明孔隙中烃类流体类型为气。

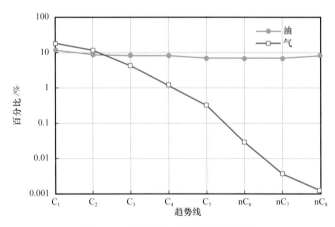

图 6.12　组分相对含量趋势线模型

组分相对含量趋势线模型最突出的特点是能够很直观地分辨烃类流体的类型。如图 6.12 所示，红色趋势线显示 C_1—C_8 随着碳数的增加，组分相对含量呈明显递减特征，此种趋势特征对应烃类流体类型为气体；绿色趋势线显示 C_1—C_8 随着碳数的增加，组分相对含量虽有变小，但幅度不大，个别重烃组分相对含量甚至有增加的趋势，此种趋势特征对应烃类流体类型为油。由于组分相对含量趋势模型要求 C_1—C_8 组分齐全，因此不适合组分不全显示层流体类型的解释。

6.2.3.2.2　重烃组分—甲基环己烷模型

地层孔隙中烃类流体是油时，在 FLAIR 组分特征上表现为 C_{5+} 重烃组分相对含量较高，特别是甲基环己烷特点尤为突出；相反，地层孔隙中烃类流体是气时，在 FLAIR 组分特征上表现为 C_{5+} 重烃组分相对含量较低，甲基环己烷的含量往往为 0 或没有异常。重烃组分—甲基环己烷模型就是根据实测 FLAIR 数据中 C_{5+} 重烃组分和甲基环己烷相对含量的高低来识别地层孔隙中烃类流体的类型。

6.2.3.2.3　皮克斯勒—三角形图版模型

皮克斯勒线的原理是不同类型流体具有不同特征的 C_1/C_2、C_1/C_3、C_1/C_4 和 C_1/C_5 比值，根据这些比值特征，可反推地层孔隙流体类型和性质。

三角形图版（图 6.13）是利用 $C_2/\sum C$、$C_3/\sum C$ 和 $nC_4/\sum C$ 三个比值形成一个三角形，将这个三角形的三个顶点与图版三角形的对应顶点分别连线得到一交点 M。不同类型流体三角形大小、形状及 M 点在图版三角形中的位置不同。三角形顶点朝上为正三角形，朝下为倒三角形。正三角形为气层，倒三角形为油层。

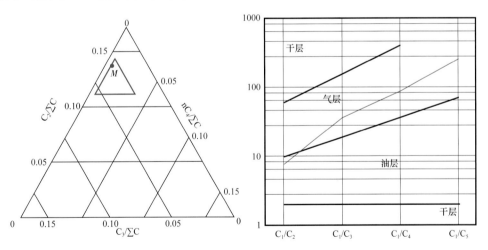

图 6.13　皮克斯勒—三角形图版模型

皮克斯勒—三角形图版模型就是根据实测 FLAIR 资料三角形图版特征，同时结合皮克斯勒线特点进行综合分析，进而达到识别地层孔隙中烃类流体类型的目的。

皮克斯勒—三角形图版模型只能单点分析，不能连续成图，只适合于组分出至 nC_4 以后的数据。对深层油气藏或原生油气藏解释效果较好；对次生改造后油气藏，特别是浅层严重生物降解油气藏，解释吻合率较差。

6.2.3.2.4　Gadkari 气体比率模型

Gadkari 气体比率模型也称 Reserval 气体比率法，在前文中做了详细介绍。

6.2.3.2.5　轻烃组分—荧光模型

微生物降解作用普遍发生在浅层低温的地层。当原油进入到浅层储层后通常会遭受微生物次生改造作用，生成的产物主要是甲烷，含量一般超过 95% 以上。甲烷值异常是油藏遭受生物改造的标志之一，且储层岩性多为碎屑岩，岩屑荧光较好。主要表现在较浅地层，C_1 异常幅度较大，岩屑荧光好。

6.2.3.3　油气水层评价

不同地区，由于油气成藏条件不同，对钻遇显示层油气水的评价模型也不尽相同。常见的油气水评价模型主要有组分异常幅度参数模型、全烃—流体类型指数模型、组合组分比值模型、单位岩石甲烷气体体积模型和特征组分峰型模型等。

6.2.3.3.1　组分异常幅度参数模型

组分异常幅度参数模型是根据不同组分与对应组分背景值相对变化幅度进行油气水层评价的。组分异常幅度参数计算方法为组分异常幅度 =（组分峰值 − 组分背景值）/组分背景值。

组分异常幅度参数模型的解释原则是先根据不同地区实时流体资料特点，选择合适的组分作为评价参数，然后利用已有的录井资料、测井资料和试油资料等与选定的参数进行相关性分析，获取对应组分油气水层评价标准，最后用此标准指导该地区的解释和应用。

组分异常幅度参数模型是一个很实用的油气水层评价模型，具体参数的选择比较灵活，可以是单一组分，也可以是多组分的组合，但必须因地制宜。

6.2.3.3.2　全烃—流体类型指数模型

全烃—流体类型指数模型是先根据实时流体组分数据计算对应储层全烃含量和流体类型指数，以全烃值为纵坐标，流体类型指数为横坐标绘制对数图（图 6.14），然后结合测井解释和地层测试资料，确立油、气、水区域（即建立模板），最后根据钻遇显示层数据点所在区域进行油气水层评价。

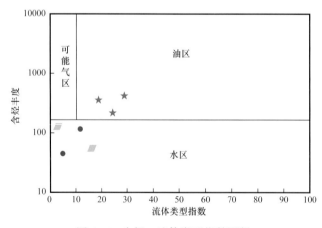

图 6.14　全烃—流体类型指数图版

全烃—流体类型指数模型对油层、气层和水层的识别比较有效，但对含油水层和水层的区分敏感度不高，解释时建议采用其他模型识别含油水层和水层。

6.2.3.3.3 组合组分比值模型

组合组分比值模型是利用多个组分比值对比研究，达到评价油气水层目的的模型。组合组分比值模型的最大优点是比较灵活，可以根据实际需要选择组分比值。

组分比值的选择原则是以水敏性比较强的组分，如甲烷、苯和甲苯等与对应碳数水敏性比较差的组分，如乙烷、正己烷和正庚烷等分别组建比值，如甲烷／乙烷、苯／正己烷及甲苯／正庚烷等。

理论上来讲，在同一口井或同一地区，油源相同的储层，地层孔隙中的烃类流体类型和性质应该相同或相近（不考虑油气运移的影响），当地层孔隙中含水饱和度发生变化时，由于溶解度的差异，甲烷／乙烷、苯／正己烷及甲苯／正庚烷等比值在某种程度上会出现异常。反之，当检测到以上比值出现异常时，可推测地层孔隙中含水饱和度可能发生改变，这正是组合组分比值模型的解释原理。

组合组分比值模型比较适合有一定厚度的显示层，特别是含底水的油气层的评价，对薄层的评价效果较差。

6.2.3.3.4 单位岩石甲烷气体体积模型

平常所用的气体数据，不管是常规气测录井还是实时流体录井数据，反映的实际上都是与单位时间相关的一组数据，受很多因素的影响，如钻速、钻井液排量、钻头尺寸和脱气效率等；因而利用这些数据直接进行油气水层评价，可比性较差，效果也不好。

单位岩石甲烷气体体积模型是利用单位体积岩石中甲烷含量来评价钻遇储层的含烃饱和度，由于它消除了钻速、钻井液排量、钻头尺寸和脱气效率等因素对数据的影响，直接反映地层孔隙中的含烃情况，因而具有更好的可比性，更有利于油气水层的评价。

单位岩石甲烷气体体积计算可用式（6.12）表示：

$$VOL_{C_1} = (k_1 \times k_2 \times ROP \times Q \times V_{C_1})/D^2 \tag{6.12}$$

式中　VOL_{C_1}——单位体积岩石甲烷含量，L/L；

　　　k_1——与脱气器单位时间所脱钻井液量、单位时间样气流量及单位换算相关的常量；

　　　k_2——不同钻井液体系中甲烷脱气效率的倒数；

　　　ROP——钻时，min/m；

　　　Q——钻井液排量，L/min；

　　　V_{C_1}——地面实测甲烷值，mL/m³；

　　　D——井眼尺寸或钻头尺寸，mm。

事实上，对 C_2、C_3 及更多重烃组分都可以套用式（6.12），只不过 k_2 采用不同的常量值。

单位岩石甲烷气体体积模型解释原则是利用已有气体组分数据，结合地质录井资料、荧光录井资料，以及邻井电测、试油资料建立作业区域油气水评价标准，然后根据此标准指导该地区气测资料解释。

6.2.3.3.5 特征组分峰型模型

特征组分峰型模型是利用某些特殊组分峰型异常特征来识别油气水层的一种油气水评价模型。

对厚度较大的储层，如果孔隙中存在两种或两种以上流体（油、气、水等），那么在重力长时间的作用下，彼此之间会出现分异，即"轻"的在上，"重"的在下。当地层孔隙中同时含有烃类流体和水（不只是束缚水）时，表现在气体录井图上，某些组分峰型会出现突变现象，如轻烃组分中的甲烷，重烃组分中的正戊烷、正庚烷和甲基环己烷等。突变点往往是流体界面位置，如气油界面、油水界面和气水界面等；反之，如果录井过程中，在较厚储层里发现某些特征烃类组分峰型异常，则可反推储层中可能含可动水，这正是特征组分峰型模型评价油、气、水层的原理。

另外，对水淹储层，由于油气曾经驻留其中，或多或少会在围岩中留下某些痕迹，如围岩中含油或气。当储层遭受外力破坏出现水淹时，由于物性较好，储层中的烃类先被水替代，而围岩中的烃类流体却因为物性差得以保存下来。表现在气体录井图上，储层中烃类组分，特别是重烃组分含量低，而在储层上下的围岩中，对应烃类组分含量较高。同样，在录井期间如果发现类似现象，则可反推储层可能是水淹层。

6.2.4 录井作业中注意事项

（1）钻井液返出流量突变，引流探头探不到钻井液，导致过加热。

（2）定量泵胶棒老化，吸力不够，导致所需脱气钻井液量不符合要求。

（3）由于泵入稠浆或钻井液固相过高，加热器流道砂堵导致脱气室钻井液温度波动较大。

（4）长时间作业，气体传送管路出现堵塞或漏气。

6.2.5 资料解释注意事项

（1）加深对区域地质资料的认识。

（2）根据不同地区地质特点，优选相应的解释模型组合。

（3）针对新区或具有特殊地质特征的作业区域，注重解释模型的完善和修订或建立新的解释模型。

（4）充分利用已有录井资料，进行综合解释，不断完善已有解释模型。

6.3 红外光谱气测录井

6.3.1 技术原理

一定波长的光被吸收的介质量正比于光程中产生光吸收的介质分子数目，即朗伯—比尔定律。当一束平行单色光垂直通过某一均匀非散射的吸光物质时，其吸光度 A 与吸光物

质浓度 C 及吸收层厚度 L 呈正比，而与透光度 T 负相关：

$$C = \frac{A}{\sigma L} = \frac{\lg\left(\dfrac{1}{T}\right)}{\sigma L} = \frac{\lg\left(\dfrac{I_0}{I_t}\right)}{\sigma L}\qquad(6.13)$$

式中　C——气体浓度，mg/L；

　　　T——透光度，%；

　　　A——吸光度；

　　　I_0——发射光强度，cd；

　　　I_t——透射光强度，cd；

　　　L——气室长度，cm；

　　　σ——气体分子吸收系数。

从式（6.13）可知，如果 L 与 σ 已知，那么通过检测 I_t 和 I_0 就可得到气体浓度 C，利用上述原理就可以开发光谱气测录井设备实现现场随钻气体光谱录井。

目前，国内有多家依据遥感傅里叶变换红外光谱技术（FTIR）、差分吸收光谱技术（DOAS）、非分散红外吸收光谱法（NDIR）等生产红外光谱录井设备，实现在钻井现场对钻井液中的储层混合气体的连续测量。红外光谱录井设备多采用傅里叶变换红外光谱分析技术，其技术指标可满足现场气测录井需要，并在现场实际应用中得到了验证，基本的检测单元原理如图 6.15 所示。

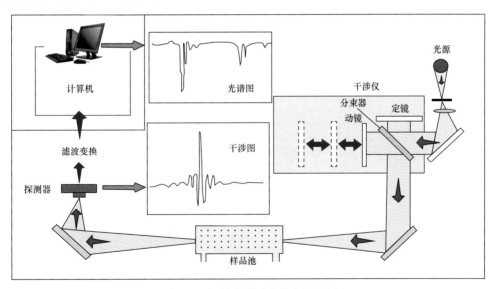

图 6.15　红外光谱录井技术原理图

待测气体经过处理后进入样品池，经红外光照射和检测器检测，在光谱分析工作站内计算得到样品的红外光谱及各组分的含量。红外光谱录井技术不单是检测单种组分，而是要检测混合样品中的多种组分。不同类气体分子，结构不同，因此具有唯一的吸收光谱图；相同类气体分子，结构接近，吸收光谱谱线位置接近，光谱图形状接近，但总是存在差别。天然气中各个组分气体的红外吸收谱线特征及吸收峰图谱如图 6.16 和图 6.17 所示，可以看出不同物质具有各自不同的特征吸收峰。

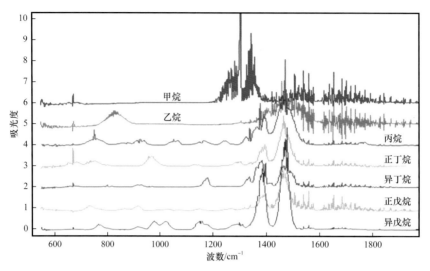

图 6.16　天然气组分的吸收光谱

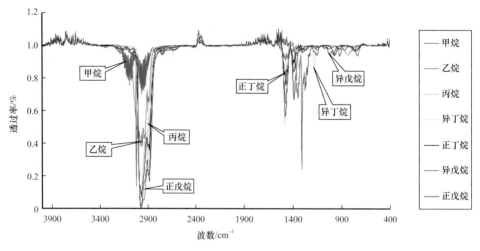

图 6.17　各纯组分的吸收光谱

　　红外光谱数据处理与分析系统是该仪器的重要组成部分，在组分定性、定量模式识别中起到了关键性作用。通过建立标定模型、采用支持向量机和神经网络等数据挖掘技术，完成特征变量提取、光谱畸变修正和吸光度计算等，实现了快速、高效地对天然气组分进行在线分析。

6.3.2　仪器组成及操作流程

6.3.2.1　仪器组成

　　仪器主要由四个部分组成，分别是脱气器装置、气体传送装置、气体检测装置，以及数据采集、处理装置及相关软件。

6.3.2.2 操作流程

（1）气路连接：

① 样品气入口：接脱气器出来经无水氯化钙过滤后的待测气体；

② 空气入口：接室外、新鲜、经硅胶过滤干燥的气体，防止潮湿的气体进入仪器内部损坏元件，样品气出口和空气出口管线务必排放到室外。

（2）电路连接：连接光谱主机与电脑串口线及网线，连接参数仪与电脑的串口线。

（3）仪器设置及操作：

① 启动光谱机箱开始预热，10min后启动红外光谱气测仪；

② 控制页签下"流量控制器"可设置流量，默认值为600mL/min，最大值为900mL/min，建议设置800mL/min，压力报警默认值为50kPa，最高值为80kPa，建议设置为80kPa，现场样品气入口管线长度为100～200m。

（4）温度压力补偿：标定时记录下气体池的温度和压力，待标定结束后开始分析井口气时将之前记录下的温度和压力填好。

（5）启用通信：选择正确的连接端口接收井深与中法地质信息通信。

6.3.2.3 注意事项

（1）开机后软件温度显示达到36℃以上方可进行分析，保证仪器元件达到最佳工作状态。

（2）为减小气阻，保证气体流速，脱气器出口到光谱之间应接$\phi6$管线，在样品气入口前经变径转换为$\phi4$管线接入。

（3）如样品气放空管线超过5m，应将$\phi4$的管线转换成$\phi6$的管线排到室外，防止排空管线过长、过细影响分析数据准确性。

（4）仪器内部干燥硅胶建议每月更换一次。

6.3.3 优缺点

6.3.3.1 优点

（1）录井仪器体积小、功耗低且无辅助设备。

（2）分析周期短，对于薄层、裂缝型油气资源的勘探开发具有独到优势。

（3）组分检测参数多，包括C_1、C_2、C_3、iC_4、nC_4、iC_5、nC_5、C_{5+}（环戊烷、甲基环戊烷、正己烷、环己烷和甲基环己烷），以及CO、CO_2等非烃气体的含量。

（4）稳定性好，受外界因素影响小。

（5）抗污染能力强。红外光谱由于气路非常简单，无需附属设备，具有非接触式测量、非破坏性的特点，并且分析过程不需要色谱分离，不容易受污染，同时也减少了日常维护工作。

（6）可进行无人值守和远程控制。具有环境温度压力自动校正功能，可以自动分析、计算和保存结果；完全自动运行，全程无需人工干预，满足在线分析要求；仪器连接网络后可进行远程控制和数据处理，真正实现无人值守。

6.3.3.2　缺点

（1）无法直接进行全烃检测。红外光谱分析仅提供组分分析，全烃值是由各烃类组分值的求和计算所得，并非是真实测量值。

（2）配套的脱气器类型不合理。红外光谱分析仪配套的脱气器型号是老式的非定量 QGM，而 Reserval 色谱分析仪配套的脱气器是最先进的定量 GZG，由于使用的脱气器类型不一样，钻井液脱气量、脱气效率等对比基础条件存在差异，导致绝对数值对比失去意义，仅气测曲线的变化趋势具有参考价值。

（3）由于使用的脱气器不能实现气体管线负压传送的功能，导致 C_{5+} 的烃类组分无法被检测到，大大影响了该技术优势的充分发挥。

6.3.4　资料录取内容

6.3.4.1　深度

直接或通过 WITS 数据传输方式从综合录井获取深度数据。

6.3.4.2　录井间距

自地质设计规定的深度开始连续测量，每米记录一组数据，必要时可加密。

6.3.4.3　检测参数

可在 12s 内同时检测 C_1、C_2、C_3、iC_4、nC_4、iC_5、nC_5、C_{5+}（环戊烷、甲基环戊烷、正己烷、环己烷和甲基环己烷），以及非烃 CO、CO_2 等 14 种气体。

7
钻井液录井

钻井液被称为钻井的"血液"，是钻井过程中满足钻井工作需要的各种循环流体的总称。钻井液具有传递水动力、冷却和润滑钻头钻具、携带和悬浮岩屑、稳定井壁和平衡地层压力等作用。在钻遇油、气、水层时，钻井液性能将发生各种不同的变化，根据钻井液性能的变化及槽面显示，推断井下是否钻遇油、气、水层和特殊岩性地层的录井方法称为钻井液录井。

7.1 钻井液的类型及性能要求

7.1.1 钻井液的类型

随着钻井液工艺的不断发展，钻井液的种类越来越多，较为简单的分类方法有以下几种：按其密度大小可分为非加重钻井液和加重钻井液；按其与黏土水化作用的强弱可分为非抑制性钻井液和抑制性钻井液；按其固相含量的不同可分为低固相钻井液（固相含量较低）和无固相钻井液（基本不含固相）。

一般所指的分类方法是按钻井液中流体介质和体系的组成特点来进行分类的。根据流体介质的不同，总体上分为水基钻井液、油基钻井液和气体钻井液三种类型。由于水基钻井液在实际应用中一直占据着主导地位，根据组成上的不同又将水基钻井液分为若干种类型。

7.1.2 钻井液的性能要求

使用钻井液的性能应遵循如下原则：

（1）有利于取全、取准地质资料；

（2）有利于发现和保护油气层，减少对油气层的伤害；

（3）有利于油气从地层中溢出并保证地质录井、测井和钻杆测试工作的顺利进行。

使用的钻井液要求具有低固相、低失水、低摩阻、携砂能力强和稳定性好等特性。

根据地层压力监测或监测提供的地层压力系数，应尽量采用低密度附加值的钻井液，以确保在近平衡压井条件下钻井。一般油层段的密度附加值为 $0.05\sim0.10\text{g/cm}^3$，气层段为 $0.07\sim0.15\text{g/cm}^3$。若工程需要钻井液必须混油时，须经公司主管部门地质负责人批准。如果情况紧急，可先执行，后报告。若处理事故需要钻井液混油，处理事故后必须调整钻井液性能（含油量<2%），确认对岩屑及荧光录井质量无影响后方可继续钻进。

7.2 钻井液性能及槽面油、气、水显示监测

7.2.1 钻井液性监测

正常钻进时，要求钻井液工程师每隔1h测量一次钻井液的进、出口密度和黏度，每班次做一次全套性能测量，测量内容包括钻井液的密度、黏度、电阻率、温度、失水量、含砂量、切力、滤饼、酸碱度和氯离子含量等；此外还要监测钻井液总量及各个钻井液池体积、罐体内钻井液量的变化。处理、调整钻井液时应做好井深、时间、处理剂名称、处理剂数量，以及处理前后液量和性能变化的详细记录。

依据钻井液性能的变化，判断钻遇地层的流体性质（表7.1）。

表 7.1　钻遇不同地层时钻井液性能变化表

性能变化	钻遇地层				
	淡水层	盐水层	油层	气层	石膏层
密度	下降	下降	下降	下降	不变或稍上升
黏度	下降	先上升后下降	上升	上升	上升
含盐量	不变或下降	上升	不变	不变	不变
失水量	上升	上升	不变	不变	上升

7.2.2 槽面油、气、水显示监测

当钻井液槽面见到显示时，应连续监测钻井液性能及气测值的变化，记录显示时间及相应井深，观察记录显示的产状及随时间的变化情况，需要观察记录的内容还包括油花或原油的颜色、产状（片状、条带状、星点状或不规状等）；气泡的大小及分布特点；显示占槽面面积的百分比；油气味或硫化氢气味的大小；槽面上涨情况、外溢情况及外溢量；钻井液性能的相应变化等。条件允许的情况下可拍摄照片或录制视频资料，详细记录槽面显示出现的全过程；同时根据录井资料推算油气显示深度和层位，槽面见油、气、水显示时，必须取样进行分析。通常槽面显示划分为以下四种类别。

（1）油花、气泡：钻井液中小气泡或油花的面积占槽面面积少于30%，全烃及色谱组分值上升，岩屑有荧光显示，钻井液性能变化不明显；

（2）油气浸：油花、气泡的面积占槽面面积的30%～50%，全烃及色谱组分值高，钻井液出口密度下降，黏度上升，有油气味，钻井液池内总体积增加；

（3）油气涌出：油花、气泡的面积占槽面面积50%以上，油气味浓，出口钻井液流量时大时小，混入钻开液中的油气间歇涌出或涌出转盘面1m以内；

（4）油气喷出：钻井液涌出转盘面1m以上称为油气喷出，超过二层平台称为油气强烈喷出。

7.3 钻井液氯离子含量及电阻率的测定方法

7.3.1 钻井液中氯离子含量的测定

钻井液氯离子录井主要是通过检测钻井液中的氯离子含量来监测钻井液性能变化。若钻遇盐膏层或地层出水的地层，钻井液中氯离子含量就会增加或减少，控制钻井液氯离子含量可以稳定钻井液的性能。氯离子含量测定是发现油水层、解释评价油水层的一个重要的途径。目前，现场氯离子检测主要方法是化学滴定分析法（普遍采用）和人工采样法。

7.3.1.1 氯离子含量测定原理

根据莫尔法原理，在 pH 值为 6.5～8.0 的介质中，以铬酸钾（K_2CrO_4）为指示剂，用硝酸银（$AgNO_3$）测定氯离子（Cl^-），当氯离子和银离子（Ag^+）全部化合后，过量的银离子与铬酸根离子（CrO_4^{2-}）反应，生成 Ag_2CrO_4 微红色沉淀，即指示滴定终点。

化学反应式为

$$Cl^- + Ag^+ \longrightarrow AgCl \downarrow（乳白色沉淀） \tag{7.1}$$

$$2Ag^+ + CrO_4^{2-} \longrightarrow Ag_2CrO_4 \downarrow（微红色沉淀） \tag{7.2}$$

7.3.1.2 试剂准备

准备稀硝酸（HNO_3）溶液或碳酸氢钠（$NaHCO_3$）溶液、0.02mol/L 和 0.1mol/L 硝酸银溶液 pH 值试纸。配制质量分数为 5% 的铬酸钾溶液（取 5g 铬酸钾溶于 95mL 蒸馏水中）。

7.3.1.3 测定步骤

（1）在钻井液出口外取钻井液样，压出钻井液滤液。

（2）取钻井液滤液 1mL 放入锥形瓶，加蒸馏水 20mL 稀释。

（3）用稀硝酸或碳酸氢钠溶液调整滤液的 pH 值到 7 左右后，滴入质量分数为 5% 的铬酸钾（K_2CrO_4）溶液指示剂。

（4）再滴入浓度为 0.02mol/L 或 0.1mol/L 的硝酸银溶液至溶液呈现微红色（指示滴定终点）为止，记下硝酸银溶液用量（mL）。

（5）计算氯离子含量：

$$\rho = 35.5 \times 10cV \tag{7.3}$$

式中 ρ——氯离子含量以质量浓度 ρ 计，mg/L；

c——$AgNO_3$ 溶液浓度，35.5 为氯的相对原子质量，mol/L；

V——$AgNO_3$ 溶液的用量，mL。

7.3.1.4 测定注意事项

（1）滴定滤液须保持中性。

（2）不要在强光下操作，强光会使硝酸银分解，造成滴定终点不准。

（3）滤液若有单宁酸钠氧化后的颜色干扰，影响滴定终点的辨认，可用单宁酸钠溶于水中作为空白试验，对比确定。

7.3.2　钻井液电阻率测定方法

传统的钻井液电阻率是用手提式钻井液电阻率测定仪测得的，其操作程序如下：

（1）在钻井液出口处取一小杯钻井液样品；

（2）用仪器中的吸管吸满钻井液，放回测量位置；

（3）按测量按钮，读取电阻率（$\Omega \cdot m$）和吸管刻度上的温度；

（4）在电阻率—温度图版上校正到标准温度23.89℃（75°F）的电阻率，需要时也可查出矿化度（mg/L）。

7.4　油、气、水样的取样方法

7.4.1　气样的排水取气法

将500mL或1000mL的磨口瓶灌满饱和食盐水，紧紧堵住瓶口，倒立放在水面或钻井液面以下才可松开（此时倒立的玻璃瓶内应全是饱和食盐水，无任何气泡）；再将瓶口移至出气处，气泡进入瓶内排出盐水，待瓶内只余1/4至1/5的盐水时，在液面下将瓶塞堵紧，保证不漏气、不漏水，一直保持瓶口朝下，保持盐水在下、气样在上的状态，直到送至实验室。有条件时也可以用装橡皮管的漏斗收集气泡，同样用排水取气法收集气样。

7.4.2　气样的排气取气法

在气量大、压力大只出纯气的情况下，在玻璃瓶的橡皮塞上插两根玻璃管，上端各接一段橡皮管，每段橡皮管上有一个活动管夹，一根橡皮管接气源（闸门等），以大排量向瓶内充气，而从另一根橡皮管排气；待冲净瓶内空气（约需10min以上）后用活动夹卡死橡皮管，再用线扎紧即可。

7.4.3　原油样的取样方法

用清洁的取样桶或大磨口瓶，放掉或刮去死油后，装取有代表性的油样1000mL以上；要确保样品不受污染，避免某些组分的损失，必须将容器盖紧堵严。

7.4.4　水样的取样方法

用500mL或1000mL玻璃瓶，洗净后再用要取的水样冲洗3~4次，然后接取水样，将瓶塞堵紧即可。

7.4.5　样品的标识

取样容器应贴有标签，标明井号、井深、层位、日期、时间、取样单位取样人、分析项目及其他需注明的事项。

8
荧光录井

石油的主要成分是碳氢化合物，包括烷烃、芳香烃化合物及其衍生物等。在紫外光的激发下，芳香烃化合物及其衍生物分子将吸收一些能量，暂时达到一个高能量且不稳定的状态，而当这些分子由不稳定状态回到原始状态时，将以光波的形式释放过剩的能量，石油的这种特性即称为荧光性。石油的荧光性非常灵敏，只要在溶剂中含有十万分之一的石油就可发出荧光。根据发光的亮度可以粗略判定石油的含量，根据发光的颜色可粗略判断石油组分，这就是荧光录井的原理。

20世纪30年代常规荧光录井在现场普遍推广应用，20世纪80年代时定量荧光录井技术逐渐发展起来，人们研发出二维定量荧光录井仪（QFT），能区分矿物荧光和螺纹脂荧光，并能克服在普通荧光灯下肉眼无法观测到的凝析油、轻质油的荧光。但由于QFT设备的激发波长为254nm，它不能激发出荧光物质的最大强度，在识别钻井液添加剂污染和判别真假油气显示等方面存在不足。针对二维定量荧光录井仪器的不足，在二维定量荧光录井技术基础上逐渐开发出三维定量荧光录井技术，将荧光波长扩展到200~800nm，通过立体图和指纹图形式，可以直观地反映出荧光物质的全貌，排除矿物发光和钻井液添加剂污染，有效判断真假油气显示，使荧光录井质量更高、更科学，提供的数据更有价值。

8.1 常规荧光录井

常规荧光录井通过肉眼借助地质荧光灯观察岩样荧光颜色、强度和分布情况来定性确定岩样荧光显示级别，有助于了解油层纵向的变化，对判断油、气、水层有一定辅助作用；系统分析荧光录井资料，结合沥青质含量、沥青性质在区域上的变化情况，有助于研究油气生成及油气运移方向。

8.1.1 录井要求

荧光录井间距按地质设计要求执行，必要时进行加密或做其他试验（荧光毛细分析、荧光系列对比等）；要求岩屑必须用淡水清洗，代表性好；钻井液无荧光污染物，使用的钻井液材料无荧光，试验用滤纸和试剂清洁无荧光；推荐使用的荧光灯波长范围为250~330nm，总功率不低于16W。

荧光录井记录应包括以下内容：

（1）样品井深；

（2）岩性定名；

（3）肉眼鉴定含油级别；

（4）直照荧光的颜色、强度和面积（用百分比表示），如荧光岩屑量极少，则计其颗数；

（5）肉眼观察滴照的扩散反应速度、荧光颜色及产状；

（6）岩心和壁心的荧光面积百分比。

8.1.2 录井方法

8.1.2.1 荧光直照法

荧光直照是现场使用最广泛的一种录井方法，它的优点是简单易行，对样品无特殊要求，是发现油气显示的重要手段之一。为了有效地发现油气显示，现场通常会采用湿照和干照相结合的方法，对样品进行系统照射，以免漏掉任何低、弱荧光显示。

含油岩屑、岩心和壁心在紫外光下呈浅黄、黄、亮黄、金黄、黄褐、棕和棕褐等色。油质好，则发光颜色强、亮；油质差，则发光颜色较暗。

石英、蛋白石在紫外光下呈白—灰色，方解石呈黄色到亮黄色，石膏呈亮天蓝色、乳白色。

某些生物的碳酸钙质壳体照射紫外光时能发出荧光，如贝壳的荧光呈黄色到亮黄色。

8.1.2.1.1 湿照方法

（1）将洗净的岩屑控干水分，装入砂样盘，置于荧光灯暗箱中进行观察；岩心、壁心样品擦拭干净表面，选择新鲜面置于荧光灯暗箱中进行观察。

（2）观察荧光的颜色、强度和产状（斑点状、斑块状、不均匀状、均匀状和放射状等），排除成品油及有机溶剂发光造成的假显示（表8.1）。

表 8.1　原油、成品油荧光判别表

油品名称	原油	成品油及有机溶剂						
		柴油	机油	黄油	螺纹脂	白油、煤油	磺化沥青	铅油
荧光颜色	黄、棕褐等色	亮紫—乳紫蓝色	天蓝色、乳紫蓝色	亮乳紫蓝色	白带蓝—暗乳蓝色	乳白带蓝色	黄色、浅黄色	红色

（3）用镊子挑出有荧光显示的颗粒或用红笔标出岩心有显示的部位，估算荧光岩屑占同类岩性、荧光岩心占同类岩性的面积百分比。

（4）按要求逐项填写荧光记录。

8.1.2.1.2 干照方法

（1）将晾晒好的样品装入砂样盘，置于荧光灯暗箱中进行观察。

（2）观察荧光的颜色、强度和产状等。

（3）用镊子挑出有荧光显示的颗粒或用红笔标出岩心有显示的部位，估算荧光岩屑占同类岩性、荧光岩心占同类岩性的面积百分比。

（4）按要求逐项填写荧光记录。

荧光直照过程中还应注意区分钻井液污染造成的假显示，假显示主要呈现在污染岩样的表面，可破开岩屑、岩心和壁心观察新鲜面进行甄别。对于岩屑样，假显示呈现由表及里的污染特征，岩样内部不具有荧光；对于有裂缝的岩样，假显示由边缘向内部污染，荧光主要集中在裂缝边缘处，裂缝内部中心不具有荧光。

8.1.2.2　荧光滴照法

荧光滴照是在直照基础上，挑出有荧光显示的岩样，利用有机溶剂萃取的方法进一步落实其含油情况的一种录井分析方法。根据发光的颜色可确定石油沥青的性质，根据发光的产状、亮度和均匀性，可确定石油沥青的含量。

（1）取定性滤纸一张，在荧光灯下检查，要求无荧光显示；然后在滤纸上滴有机溶剂并在荧光灯下观察，要求无荧光显示，方可使用。

（2）挑选有荧光显示的几颗岩样放置在洁净的滤纸上，用干净的镊子柄摊开或碾碎。

（3）在荧光灯下，悬空滤纸，在摊开或碾碎的岩样上滴几滴有机溶剂（氯仿或丙酮），观察滤纸上岩样周围荧光的颜色、亮度、扩散速度和产状（晕状、环状、星点状、放射状和均匀状）。荧光扩散斑痕的颜色，轻质油为天蓝色、微紫—天蓝色；胶质呈黄色或黄褐色；沥青质呈黑色、褐色；成品油荧光颜色较浅，呈乳紫—天蓝色，一般只污染岩屑表面。

（4）若滤纸上无荧光显示，则为矿物发光。

（5）排除成品油污染和发光矿物荧光后，记录描述岩屑、岩心和壁心的荧光颜色、亮度、强度及滴照扩散反应速度（A/C 反应速度），并估计占整包岩屑的百分比（附录 E.9）。

荧光显示级别、沥青类型划分标准见表 8.2 和表 8.3。

表 8.2　荧光显示级别划分标准

荧光显示级别	荧光面积 /%	A/C 反应速度
A	≥90	一般分为慢、中等、快三个等级； 反应速度受油质轻重影响，油质越重反应速度越慢，油质越轻反应速度越快
B	［70，90）	
C	［30，70）	
D	<30	

注：例如潜山裂缝型储层，若荧光显示较微弱或荧光面积小于 5%，应在岩性综述中加以描述。

表 8.3　沥青类型划分标准

斑痕发光颜色	沥青类型	
淡蓝色、带白色的蓝色、蓝绿色	油质沥青	
黄色、浅黄色、橙黄色、黄褐色	胶质沥青	
浅褐色、橙褐色、褐色	平均组成沥青	
绿褐色、深褐色	一类	胶质沥青质沥青
黑绿色、褐黑色、暗褐色	二类	

8.1.2.3 荧光系列对比法

岩屑石油沥青（B）的定量分析主要是通过试样与标准系列对比来确定等级并计算其百分含量。因此，必须预先选取本构造、相邻构造或邻区的纯原油配制出荧光标准系列。标准系列共分 15 级，每级 1mL 标准溶液中原油含量见表 8.4。

表 8.4　原油标准系列对比表

级别	百分含量 / %	相当油含量 / mg/L	级别	百分含量 / %	相当油含量 / mg/L
1	0.000310	0.6	9	0.0780	156.3
2	0.000630	1.2	10	0.1560	312.5
3	0.001250	2.4	11	0.3125	625.0
4	0.002560	4.9	12	0.6250	1250.0
5	0.005000	9.8	13	1.2500	2500.0
6	0.010000	19.5	14	2.5000	5000.0
7	0.020000	39.1	15	5.0000	10000.0
8	0.0400	78.1			

操作方法是将样品粉碎，取 1g 粉碎后的样品放入试管中，加入 5mL 氯仿（三氯甲烷），加盖密封，摇动均匀后静置 8h。在荧光灯下与标准系列溶液对比，定出荧光系列对比级别。

8.1.3　录井注意事项

录井作业中应该注意以下几点：

（1）岩屑应逐包进行荧光湿照，储层的岩屑逐包进行荧光滴照，并逐层进行荧光对比分析；

（2）岩心应全部进行荧光湿照、滴照，储层逐层进行荧光对比分析；

（3）井壁取心样品应逐颗进行荧光湿照、滴照，储层逐层进行荧光对比分析；

（4）当发现槽面有油花、气泡或条带状油流时，用滤纸黏抹取样，在荧光灯下观察；

（5）标准系列溶液必须用本工区同层位的原油配置，使用期为一年；

（6）荧光录井所用溶剂是挥发性化学药品，应避免滴照工作时间过长，荧光录井工作间要安装通风设备。

8.2　定量荧光录井

常规荧光录井仪的荧光灯波长范围窄，不能有效地激发石油荧光，并且凝析油、轻质油及中质油的大部分荧光都不在肉眼可见范围内，常规荧光录井仪不能有效发现这些原油、凝析油的荧光显示。此外，常规荧光录井仪也不易区分成品油和原油荧光，对于荧光描述的准确性还取决于现场人员的经验，很难保持同一工作标准。鉴于这种情况，油气勘探科研人员研发出定量荧光录井仪。

8.2.1 二维定量荧光录井

8.2.1.1 测量原理

二维定量荧光（QFT）分析仪测量过程如图 8.1 所示。汞灯或氙灯发出的光通过狭缝 1 射入激发滤光片，激发滤光片将汞灯发出的光过滤成波长为 254nm 的单波长光，这一单波长光经过狭缝 2 照射到样品室上，样品室内比色皿中的石油组分吸收激发光的能量产生能量跃迁同时发出荧光，发出的荧光经狭缝 3 由发射接收光栅分光色散后经由狭缝 4 照射到光电倍增管上，光电倍增管将光信号转变为电信号，再放大送到计算机处理，最后以数字和谱图的形式提供结果。

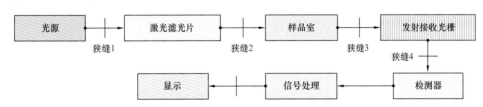

图 8.1 二维定量荧光（QFT）分析仪分析过程

8.2.1.2 技术优势

QFT（Quantity Fluorescence Test）仪器测定操作简单，测定一个样品只需几分钟。采用的溶剂毒性小，对操作人员的身体危害较小。

QFT 设备的测量精度高，能区分矿物荧光和螺纹脂荧光，并能克服在普通荧光灯下肉眼无法观测到的凝析油、轻质油的荧光。

将 QFT 读值绘在深度坐标的综合录井图上，结合气测数据和其他地层资料进行综合分析，对油气层的判别更加直观、方便。

QFT 升级设备 QFT-Ⅱ能够用计算机自动读值，并计算出该样品的原油浓度和 API 重度，能较准确地得出原油性质和来源，可比性较高。

8.2.1.3 存在的问题

（1）这项技术对于气层识别效果较差，除非有凝析油存在。

（2）相同浓度不同种类的原油所测得的 QFT 值不同，重质油的 QFT 值比轻质油要高。

（3）QFT 不适用于油基钻井液。

8.2.2 三维定量荧光录井

随着荧光分析技术的广泛应用，二维定量荧光录井逐渐暴露出一些不足，比如 250～330nm 的激发光波段仅满足了对轻质油的发现识别，对中质油、重质油及钻井液添加剂的识别分析则显示出弱点，它不能激发出荧光物质的最大强度，在识别钻井液添加剂污染，判别真假油气显示等方面存在不足；仪器线性范围太窄，相当油含量过高的样品需要稀释上百倍，极易造成误差等。三维定量荧光录井技术弥补了这些不足，在技术上更先进、数据上更可靠，是对二维定量荧光录井技术的拓展和补充。

8.2.2.1 技术概况

8.2.2.1.1 测量原理

三维定量荧光分析仪灯源（氙灯）发射出的光束照射 Ex 分光器，Ex 分光器每转动一个角度允许一种波长的光通过，连续转动不同波长的光连续通过，照射到样品池上，样品池中的荧光物质吸收激发光后发生能量跃迁而发射荧光。荧光由大孔径非球面镜聚光及 Em 分光散射后，照射到光电倍增管上，把光信号转换成电信号，电信号经过放大送至计算机处理，然后再以数字或谱图的方式提供结果，分析过程如图 8.2 所示。

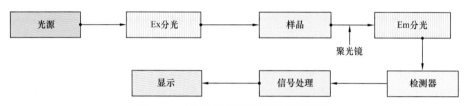

图 8.2　三维定量荧光分析仪分析过程

三维定量荧光录井测量原理遵循朗伯—比尔定律，该定律指出，在低质量浓度时，所测样品的荧光强度和质量浓度呈线性相关并且是正比例关系；当质量浓度过高时呈非线性关系，再高时出现"荧光猝灭"现象（图 8.3）。大量的实践表明质量浓度临界值为 45mg/L，当质量浓度小于 45mg/L 的情况下，所测样品的荧光强度和质量浓度呈很好的线性关系；而当质量浓度大于 45mg/L 时，线性关系较差并会出现"荧光猝灭"现象。

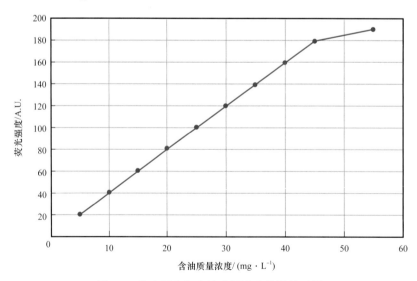

图 8.3　荧光强度与含油质量浓度线性关系图

当被测物质的质量浓度小于 45mg/L 时，其在紫外光的照射下发出的荧光强度与原油的荧光效率、荧光物质质量浓度、激发光强度及检测器的增益值有关，其公式表述为

$$F=kI\theta C \tag{8.1}$$

式中　F——荧光强度，A.U.;

　　　k——增益值;

　　　I——激发光强度，cd/cm^2;

　　　θ——荧光效率，R/s;

　　　C——荧光物质质量浓度，mg/L。

对于一台仪器，其参数选定后，增益值和激发光强度就确定了，被测物质（原油）的介质条件（荧光效率）也是确定的，因而所测得的荧光强度仅与这种物质的质量浓度呈正比的关系，即测量出荧光强度值也可以对应找出荧光物质的质量浓度，石油定量荧光分析仪正是建立在这一原理的基础之上。

8.2.2.1.2　测算参数

（1）激发波长（Ex）指仪器光源所发射出的激发光的波长，单位为 nm。

（2）发射波长（Em）指烃类物质吸收激发光后所发射的荧光波长，单位为 nm。

（3）最佳激发波长（λ_{Ex}）指被测样品荧光强度的峰值对应的激发波长，单位为 nm。

（4）最佳发射波长（λ_{Em}）指被测样品荧光强度的峰值对应的发射波长，单位为 nm。

（5）荧光强度（F）指在紫外光照射下，被测样品中烃类物质所发射光的峰值，反映的是被测样品中荧光物质的多少。

（6）轻质油峰荧光强度（F_1）指在紫外光照射下，被测样品轻质油荧光强度峰值。

（7）中质油峰荧光强度（F_2）指在紫外光照射下，被测样品中质油荧光强度峰值。

（8）油性指数（O_c）。

中质油荧光强度峰值与轻质油荧光强度峰值的比值，反映原油性质的相对轻重：

$$O_c=F_2/F_1 \tag{8.2}$$

式中　O_c——被测样品的油性指数;

　　　F_1——被测样品轻质油荧光强度峰值;

　　　F_2——被测样品中质油荧光强度峰值。

（9）系列对比级（N）。

单位样品中被试剂萃取出烃类物质的荧光系列对比级别，是一种反映岩石样品中含油量多少的传统非法定计量单位，与相当油含量存在一定的数学关系（表 8.4）：

$$N=15-（4-\lg C）/0.301 \tag{8.3}$$

式中　N——被测样品的对比级别;

　　　C——被测样品的相当油含量，mg/L。

（10）相当油含量（C）。

单位样品荧光强度所对应的含油量，也称含油质量浓度，反映的是被测样品中的含油

气丰度，单位为 mg/L，计算公式为

$$C=(K \cdot F + b)n \tag{8.4}$$

式中　　C——被测样品的相当油含量，mg/L；

　　　　F——荧光强度值；

　　　　K——校正系数；

　　　　b——常数；

　　　　n——稀释倍数。

（11）孔渗指数（I_c）。

样品浸泡后，一次分析得到的相当油含量为 C_1，二次分析得到的相当油含量为 C_2，$C_1/(C_1+C_2)$ 为孔渗指数。应用于井壁取心和钻井取心，间接反映地层的孔隙性和渗透性。

8.2.2.2　资料录取要求

8.2.2.2.1　仪器标定

（1）相关准备。

在一口新井进行三维定量荧光录井之前，相关录井人员应该收集区域地质资料和试油资料，重点收集邻井原油性质资料和本井钻井液体系、钻井液添加剂资料，对邻井原油和各种钻井液添加剂进行三维荧光扫描分析，全面掌握它们的荧光特性和谱图特征。

（2）标准油样的选取。

应选取与设计井为同一地区、同一构造、同一层位邻近井的原油样品作为标准油样，区域探井可选取与设计井地质年代相同邻近井的原油样品作为标准油样，所选标准油样应未受到污染，在没有标准油样的情况下建议使用仪器说明书推荐的参数标定仪器。

（3）标准油样的配置。

在标定三维定量荧光分析仪时，一般配制 4 个不同质量浓度的标准油样对仪器进行标定；样品配制是由高质量浓度溶液向低质量浓度溶液配制，注意避免试管、微量取样器和试剂瓶之间的交叉污染；配置好的标准油样要及时分析，防止由于试剂的挥发造成样品质量浓度的变化，导致仪器标定曲线不准。

（4）仪器灵敏度的调试。

仪器灵敏度选用是否合理，直接影响分析结果。一般情况下，以质量浓度 20mg/L 标准油样的荧光强度作为调试标准，进行灵敏度调试，三维定量荧光分析仪的荧光强度达到 200～600A.U.，才符合标准。

（5）主峰波长的选定。

用已知质量浓度的标准油样按规定对仪器进行标定。在标定的过程中，首先要依据标准油样谱图中荧光最高峰位置的波长来确定主峰波长，主峰波长的选定允许有 ±5nm 的误差。主峰波长的位置是读取和计算相当油含量、对比级和荧光强度的依据。

（6）工作曲线的标定。

仪器标定曲线就是利用不同质量浓度标准油样的分析结果制作的一条工作曲线。录井过程中按照这条工作曲线自动计算出本井样品的各项参数，现场标定时应采用不少于3个不同质量浓度的原油样品标定仪器。确定灵敏度、选定好主峰波长以后，通过定量分析仪软件对仪器进行标定（图8.4），然后软件自动计算出校正系数、常数值和相关系数。

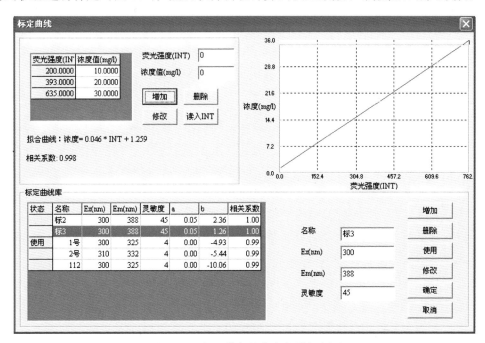

图 8.4　现场三维定量荧光仪器标定图

（7）标定要求。

应采用不少于3个不同质量浓度的原油样品标定仪器，标定用原油样品最高质量浓度不超过 40mg/L，最低质量浓度不低于 5mg/L。

相关系数的大小直接反映了不同质量浓度的标准油样的线性响应关系，标准工作曲线线性响应相关系数应不小于 0.99。

当所钻遇地层原油性质发生重大变化时，需对仪器进行重新标定。

每次开机或连续使用 240h，应用质量浓度为 20mg/L 的原油样品对仪器进行校验并进行重复性试验，所测得的最高荧光强度值重复性误差应不大于 5%。

8.2.2.2.2　样品选取

（1）岩屑样品。

① 根据设计要求确定取样间距。

② 应该结合钻时、气测和岩屑等资料选取有代表性且未经烘烤、晾晒的样品。若岩屑样品代表性差，应选取混合样，钻遇油气显示或在主要目的层段应加密取样。

（2）钻井取心样品。

常规钻井取心逐层取样，单层厚度大于 50cm，每 50cm 取一个样品；密闭取心或铝合金衬筒取心，岩心顶、底和每个切割点各取 1 个样品。

（3）井壁取心样品。

井壁取心应根据需要取样并选取远离井壁一端的样品。

（4）钻井液样品。

① 正常录井过程中，每 100m 间距至少取 1 个钻井液样品；每次调整钻井液循环均匀后，至少取 1 个钻井液样品。

② 正常钻进捞不到岩屑时，气测异常时，钻井过程中发生溢流、井涌等复杂情况时，应对钻井液进行取样分析。

③ 录井期间，对新入井钻井液添加剂根据不同类型、不同批次分别取样。

8.2.2.2.3 样品制备与分析

（1）岩屑、井壁取心、岩心及钻井液固态添加剂样品，用滤纸吸干水分后，分别用研钵研成粉末状，称 1.0g 放入具塞试管中，加入 5.0mL 分析试剂，浸泡时间大于 5min。

（2）钻井液及液态添加剂样品，直接取 1.0mL 放入具塞试管中，加入 5.0mL 分析试剂，浸泡时间大于 5min。

（3）分析样品时，如果样品浸泡液清澈透明且没有颜色，则可以直接进行分析，如果样品浸泡液有颜色，则应该使用可调微量移液器进行稀释，稀释到质量浓度低于 45mg/L，并记录好稀释倍数。

（4）将制备好的样品放入仪器进行分析，分析数据结果见附录 B。

8.2.2.2.4 影响因素

三维定量荧光分析的结果受外界影响因素较多，样品的选取和处理、溶剂的选取，以及稀释倍数的合理性等都会对分析结果产生影响。

（1）岩石样品的影响。

储层岩石样品的代表性直接关系到油气显示发现与分析资料的质量，应尽量避免使用混合样，保证选取岩样的代表性，尤其是低级别显示样品或无显示样品的选取，取样后应及时分析。

（2）分析器皿污染的影响。

测定完一个样品，要用试剂冲洗比色皿，防止比色皿中液体浑浊或出现气泡等现象，保证分析器皿内外表面清洁。

（3）溶剂的影响。

目前现场普遍使用的试剂是正己烷，其自身荧光强度值低、萃取性好，使用过程中应注意试剂生产厂家和批次的不同对分析结果的影响。

（4）样品稀释的影响。

合理的稀释倍数，既要满足稀释后溶液质量浓度不超过仪器线性检测最高范围，不发生"荧光猝灭"，导致测量值不可用，又要保证稀释后质量浓度不过低，保持荧光谱图正常。

（5）现场环境的影响。

在荧光分析中，分析环境的温度影响比较大。荧光强度随样品温度的升高明显降低。

温度上升，物质分子运动速率加快，分子间碰撞增加，无辐射跃迁增加，降低了荧光效率；因此，要求使用环境温度稳定，样品要在恒温箱中保存，以保证测量结果的可靠性。

（6）仪器硬件。

三维定量荧光分析的准确性不仅依赖于规范化的操作，还要依赖于仪器的正常运转，当仪器元件老化或出现故障时，可能会导致分析结果异常和谱图变形。

8.2.2.3 资料应用

8.2.2.3.1 确定显示井段

根据岩样的荧光谱图得到的荧光波长、荧光强度峰值、相当油含量和荧光对比级别等数据，确定荧光显示井段。

（1）与样品的基值相比，将样品对比级上升1级以上的储层作为荧光异常井段。

（2）与钻井液的基值相比（无添加剂影响），将钻井液对比级上升1级以上的储层作为荧光异常井段。

（3）在仪器标定波长范围以外，出现新的荧光强度峰值的储层也应作为荧光异常井段。

8.2.2.3.2 原油性质识别

通常根据荧光谱图形态、主峰波长位置和油性指数大小判断储层原油性质。

根据各油田定量荧光录井技术发展状况，确定原油性质的方法基本相同。目前，各油田主要依赖荧光主峰波长建立划分标准。由于各油田原油性质不同，所以定量荧光原油性质划分标准有些差异。表8.5介绍了某油田储层原油性质的划分标准以供参考（表8.5，图8.5）。

表 8.5 最佳激发波长和最佳发射波长与原油性质关系表

原油性质	最佳激发波长 /nm	最佳发射波长 /nm
凝析油	$\lambda_{Ex}<300$	$\lambda_{Em}<340$
轻质油	$300\leqslant\lambda_{Ex}<340$	$340\leqslant\lambda_{Em}<385$
中质油	$340\leqslant\lambda_{Ex}<350$	$385\leqslant\lambda_{Em}<405$
重质油	$\lambda_{Ex}\geqslant350$	$\lambda_{Em}\geqslant450$

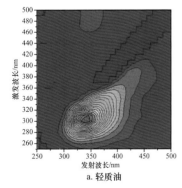

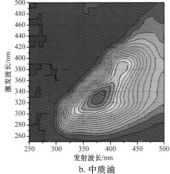

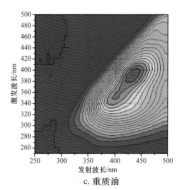

a. 轻质油　　　　　　　　b. 中质油　　　　　　　　c. 重质油

图 8.5 荧光波长与原油性质关系图

8.2.2.3.3 油、气、水层识别

（1）谱图形态对比法。

首先要分析定量荧光各项谱图资料，然后进行岩屑谱图对比，观察谱图形态变化；将岩屑谱图与钻井液谱图对比，分析谱图差异性；岩屑谱图与标准油样谱图对比，寻找谱图相似性。根据对比结果，达到确定显示层的目的。

图8.6是岩屑、岩心、标准油样和钻井液三维定量荧光指纹图谱。从图8.6中可以看出，该层岩屑和岩心的发射波长主峰在350～380nm之间，与标准油样的主峰一致；而钻井液的发射波长主峰在400～430nm之间，与岩心、岩屑的主峰有明显的区别，借此可以准确判断该层为地层真实显示。

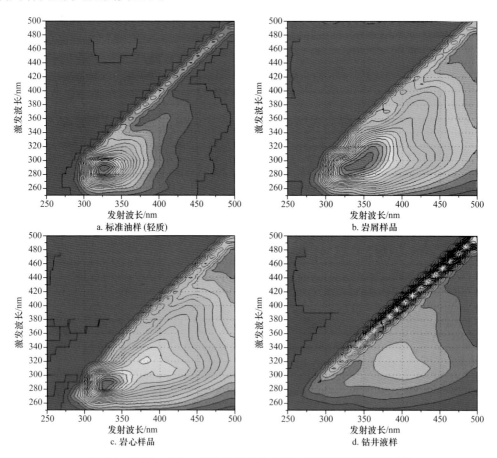

图8.6　岩屑、岩心、标准油样和钻井液三维定量荧光指纹图谱

（2）纵向参数趋势法。

主要是依据相当油含量、对比级参数的纵向变化情况来确定储层流体性质。同一层系内，三维定量荧光参数的纵向变化通常反映层内流体性质的变化。通过分析大量已钻井的数据，总结出依据层内三维定量荧光纵向数据变化规律判断地层流体性质的方法。

①气层：相当油含量、对比级相对较稳定，含油较均匀；油性指数相对稳定，与同区块标准油样的特征参数取值范围相符，一般小于0.5。

② 油层。

具有原油谱图特征，相当油含量、对比级相对较高；相当油含量、对比级整体上有一个增长趋势；油性指数相对稳定与同区块标准油样的特征参数取值范围相符。

③ 油水同层。

具有原油谱图特征，相当油含量、对比级顶部相对较高；同一层中相当油含量、对比级整体上有降低趋势，油性指数底部变大。

④ 含油水层。

具有原油谱图特征，相当油含量、对比级顶部相对较低；同一层中相当油含量、对比级整体较低。

⑤ 水层或干层。

不具有原油谱图特征，相当油含量、对比级相对较低；同一层中相当油含量、对比级整体上分布不均匀，油性指数比同区块标准油样明显偏大或偏小。

图 8.7 是某井利用三维定量荧光参数纵向变化判断储层流体性质的实例，井深 1765～1784m 相当油含量、对比级较高，并且相当油含量呈明显上升趋势，判断为油层；井深 1784m 开始相当油含量呈台阶状降低，说明储层物性发生变化，下部杂质多影响油质，所以 1784m 为油水界面，定为油水同层。测井从 1783.10m 开始解释为水淹层，录井、测井对油水界面的判断一致。

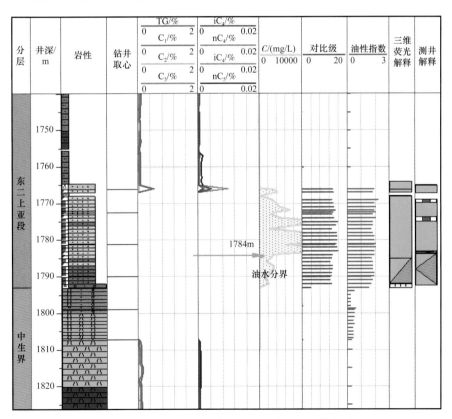

图 8.7　某井三维定量荧光纵向油水层显示特征图

（3）图版法。

谱图形态对比法和纵向参数法，可以利用参数变化特征定性地反映地质规律，而利用规律图版则可以定量地判断地质特征变化的规律。目前各油田分别建立了适用于本地区的解释图版，为油气层的快速识别与准确评价提供了快捷方法。如图 8.8 所示，利用油性指数和对比级交会图版，油气层和水层、干层能够轻易区分，对比级大于 6 时一般为较好的油气储层；油性指数小于 0.85 时可以判定为气层，大于 0.85 时可以判定为油层。

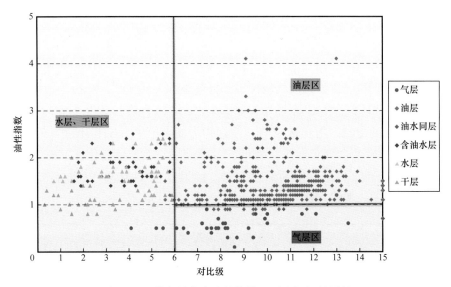

图 8.8　三维定量荧光油性指数—对比级解释图版

9
岩样图像采集录井

对于取到的岩屑、岩心和壁心等岩样，一般经过肉眼观察、描述及实验室分析过程后，最后保存于岩心库房。但是，随着时间推移，岩样会出现矿物变色、流体析出、油气挥发或氧化、室内风化等情况，无法一直保持原始地层状态，不利于后续观察、分析。

随着图像采集技术的发展，利用数据图像技术、图像处理技术等，通过高分辨率图像采集摄像头，采集岩屑、岩心和壁心等样品的图像信号，实现岩样的图形化、数字化，高保真还原岩样原始状态，进一步丰富了地质录井第一手资料。在岩样图像采集过程中，可分为自然光环境下的白光采集和荧光灯环境下的荧光采集两种模式。

9.1 岩屑图像采集录井

岩屑图像采集录井是对岩屑样品进行多焦成像，既可满足对样品的大视域观察和采集，又可进行局部放大细微观察采集，方便录井人员从各种角度对岩屑样品进行成像，保证岩屑采集的代表性、准确性和完整性。白光图像采集过程中，又分为粗选样和精选样图像采集；在荧光图像采集时，为了帮助落实荧光显示情况，必要情况下可以使用有机溶剂氯仿（三氯甲烷）、丙酮（四氯化碳）等对样品进行喷洒。

9.1.1 采集设备要求

基本的采集仪器包括高分辨率采集摄像头、变焦镜头、高显色性无频闪专业白光紫外光灯、图像自动采集控制装置、电脑、暗箱、岩屑托盘和标尺等。

采集的图像质量至少要求 1500 万像素，白光采集分辨率≥350DPI，荧光采集分辨率推荐使用≥250DPI。

9.1.2 岩屑图像采集作业细则

9.1.2.1 岩屑样品的准备

（1）按照地质设计间距连续捞取岩屑，清洗干净外表面，海水清洗后须用淡水漂洗，若为油基钻井液，应先用白油清洗岩屑后，再用洗涤剂漂洗干净。

（2）剔除假岩屑，均匀铺放在岩屑采集专用托盘中，滤掉水分。

（3）做好标签，标明井名、井深。

9.1.2.2 岩屑图像采集仪器的标定

图像采集仪器标定的目的是保证摄像头靶面安装水平，无上下、左右和前后方向的扭曲，并且通过标定调节摄像头与样品的距离，使采集图像中物体的纵横比例适当。标定过程可在白光条件下进行，需保证摄像头离物体高度适宜，并且摄像头、镜头与岩屑样品水平面垂直。

9.1.2.3 岩屑图像采集

（1）将备好的托盘岩屑样放置在相应的仪器采集位置。

（2）调整采集镜头回到岩屑采集范围的起始位置。

（3）调整采集镜头与照明灯或荧光灯之间的相对位置和方向，调节采集镜头的高度、光圈和焦距。

（4）操作系统进行自动岩屑白光、荧光采集，标准图像如图9.1所示。

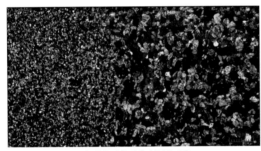

a. 粗选岩屑直照荧光图像采集　　　　　　　b. 精选岩屑白光图像采集

图 9.1　岩屑采集成果图像示例

（5）编辑、存储采集到的岩屑白光、荧光图像，并填写岩屑图像采集录井记录表（附录 B.21）。

9.1.3　岩屑图像采集录井资料的应用

9.1.3.1　白光图像的分析

利用高清图片，结合局部放大功能，分析岩屑中岩石主要颜色和次要颜色的百分比，确定岩屑颗粒的直径，确定粒度级别，观察磨圆度与分选性，分析和观察矿物成分、含量、含有物和岩屑特征，判断岩性。

9.1.3.2　荧光图像的分析

判断荧光的颜色、荧光面积，确定荧光级别等。

9.2　岩心、壁心图像采集录井

岩心、壁心图像采集采用全自动的设备，完成对岩心（包括壁心）的旋转、平移图像采集。移动方向的图像精度取决于步进电动机的运动速度及精度，相对静态方向的图像精度取决于摄像头的采集像素。

岩心、壁心图像采集录井是对岩心或壁心样品的外表面、断面和剖面的图像进行采集，具体包括岩心外表面、纵剖面和横断面图像，以及壁心外表面、横断面图像。

9.2.1　采集设备要求

采集设备由高分辨率采集摄像头、高显色性无频闪专业光源、岩心驱动机械装置、岩心图像采集自动控制装置、采集装置、岩心图像库接口、配套岩心图像处理软件和成果发布系统等构成。

采集图像质量要求至少 1500 万像素，白光采集分辨率≥350DPI，荧光采集分辨率推荐使用≥250DPI。

9.2.2　图像采集作业细则

9.2.2.1　岩心、壁心样品的准备

（1）岩心外表面或剖切面应使用刀片轻轻刮掉表面附着物，再用吸油棉蘸去表面钻井液，进而用软毛刷清理至岩石本色；对于较为疏松的岩心，注意清理过程中要沿径向单向进行。

（2）对于火山岩、变质岩等固结比较坚硬的岩心，清理完毕表面后，可采用工具轻微打磨，直至采集面平整、岩心质感和纹理清晰。

（3）对于较为破碎的岩心，用吸油棉蘸去表面钻井液，软毛刷蘸清水沿着径向轻轻刷至岩石本色，按照断口特征尝试对接、恢复岩心原状；对于非常破碎的岩屑（煤），则按照上述方法清理完毕后，平放于采集托盘。

（4）油基钻井液条件下，取到的岩心，外表面或剖切面应使用刀片轻轻刮掉表面附着物，用吸油棉蘸去表面钻井液，再用软毛刷蘸洗涤剂，清除表面的油基钻井液，进而用软毛刷蘸清水沿着径向轻轻刷至岩石本色。

（5）对于壁心，按照顺序摆放后，逐个进行清理。使用刀片单向清理滤饼、脏物等，再用软毛刷蘸清水沿着径向轻轻刷至岩石本色。

（6）对于含油气，遇水易水化、膨胀且成岩性差的壁心，用刀片单向清理滤饼、脏物等，再用吸油棉轻轻蘸干净表面。

（7）对于碳酸盐岩、火成岩和变质岩等固结比较坚硬的壁心，应用软毛刷蘸清水在外表面进行清洗，直至显示岩石本色及其他特征，同时要确保其孔、缝和洞内的充填物完好。

9.2.2.2　仪器标定

同岩屑图像采集仪器的标定一致。

9.2.2.3　岩心图像采集

（1）将准备好的岩心水平放置在岩心图像采集仪的样品台上，调整岩心表面与采集镜

头垂直。

（2）调整采集镜头回到岩心采集的起始端，图像调整到全画幅。

（3）调整采集镜头与照明灯或荧光灯之间的相对位置和方向，调整采集镜头的高度、光圈和焦距。

（4）选择一段有代表性的岩心或一颗壁心，进行预采集，做到图像清晰、真实。

（5）对岩心、壁心旋转360°进行外表面白光、荧光图像采集；对于松散、破碎的岩屑，可根据情况不进行旋转采集。

（6）对岩心、壁心进行外表面水平的白光、荧光图像采集（图9.2、图9.3）。

（7）对岩心、壁心纵剖面、横断面进行白光、荧光图像采集（图9.2、图9.3）。

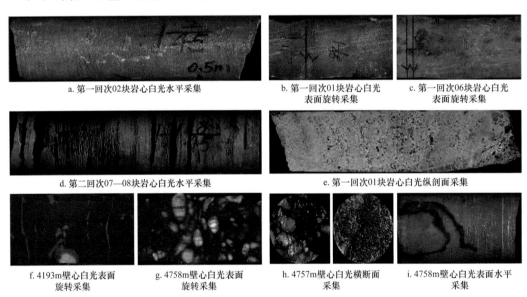

图 9.2　岩心、壁心白光采集成果图像示例

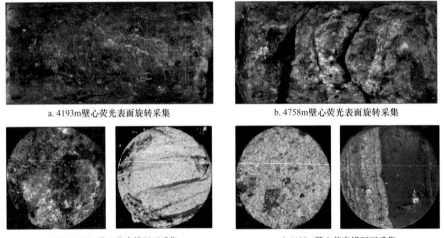

a.4193m壁心荧光表面旋转采集　　　　b.4758m壁心荧光表面旋转采集

c.4758~4760m壁心荧光横断面采集　　　　d.4198m壁心荧光横断面采集

图 9.3　壁心荧光采集成果图像示例

（8）编辑、存储采集到的岩心和壁心白光、荧光图像，并填写壁心图像采集录井记录表（附录 B.22）。

9.3 录井注意事项

（1）图像采集时，仪器放置地点应避免振动，以减小干扰，并且仪器设备要做好接地保护。

（2）图像采集时，确保暗室工作条件，应尽量减小外界光照条件的影响。

（3）紫外光穿透力强，应尽量减小紫外光对人员的直接照射。

（4）需要向岩屑喷洒氯仿（三氯甲烷）、丙酮（四氯化碳）和正己烷等有毒有机溶剂时，录井人员需要尽量避免直接接触，做好防护措施，同时保持工作环境空气流通。

（5）图像采集工作应在获取样品后尽快完成，防止油气水流体的挥发影响采集的效果。特别是岩心、壁心样品，白光图像采集须在岩心剖开后 24h 内完成；荧光图像采集须在壁心样品获取后 6h 内完成，岩心须在剖开后 8h 内完成。

10
异常地层压力录井

基于目前对地层泥岩压实作用的普遍认识，即一般条件下随着深度的增加压实作用呈现有规律地增加，当压实作用没有遵循正常压实趋势时，地层的实际压实程度就与该深度地层的正常压实程度产生偏离，偏离的存在通常表明地层存在异常压力，其偏离程度的大小能在工程参数、岩性、气体和测井数据等方面反映出来。异常地层压力录井即利用实时录井、测井和钻井等数据并结合现场各种地质工程异常现象综合进行实时地层压力分析的录井技术。

目前现场录井的地层压力计算模式可选择性较为丰富，对于正常压实趋势线可选择指数模式、多项式模式和双曲线模式等，计算孔隙压力时可选择的方法包括伊顿法、等效深度法和交会图法，对于地层破裂压力梯度的计算可选择伊顿法、哈伯特与斯蒂芬法、黄樽荣法、丹尼斯法等，也可以使用自定义的计算模型进行实时压力分析计算。

10.1 异常地层压力定义、成因分类及判别

10.1.1 地层压力相关定义

根据中国海洋石油集团有限公司企业标准 Q/HS 1023—2018，地层压力相关术语的定义如下。

地层压力：通常指地层孔隙中流体的压力，常用 p 表示，单位为 MPa，通常分为正常地层压力和异常地层压力，并使用地层压力系数划分地层压力。

地层压力系数：实际地层孔隙压力与静水压力的比值，压力系数是无量纲数，地层压力为静水压力时其值为 1.0。

正常地层压力：地层压力系数在 0.98～1.20 区间。

异常地层压力：地层压力系数不在 0.98～1.20 区间。

异常地层低压：地层压力系数小于 0.98。

异常地层高压：地层压力系数大于 1.20，地层压力系数在 1.20～1.70 区间为低超压或压力过渡带；地层压力系数在 1.70～1.95 区间为超压；地层压力系数大于 1.95 为强超压。

静水压力：良好渗透性地层孔隙流体与地表水系在水动力连通条件下的地层压力。

地层压力梯度：观察点的绝对压力除以从基准面到观察点的垂直距离，其单位为 $Pa \cdot m^{-1}$ 或 $MPa \cdot m^{-1}$。

上覆压力：亦称静岩压力，指覆盖在该地层以上的岩石及其岩石孔隙中流体的总重量造成的压力。

有效应力：作用在地层岩石骨架颗粒之间的接触应力。

破裂压力：在观察点处，井内钻井液柱所产生的压力升高到足以使原有裂缝张开、延伸或形成新的裂缝时的井内流体压力。

10.1.2 异常地层压力成因分类及判别

10.1.2.1 异常地层压力成因及分类

（1）异常地层压力成因。

异常低压的形成主要是油田经过长时间开发，地层能量产生亏空，造成地层压力低于静水压力。地层压力亏空在钻井阶段容易造成井漏事故的发生，因此需要额外注意钻井路过地层是否有开发历史，谨防压力亏空引起井漏的出现。

异常高压的形成有多种原因，常见的有泥岩欠压实作用、构造挤压作用、底辟拱升作用、断层作用、水热增压、生烃作用、矿物转化、渗透作用、流体运移、次生胶结作用、抬升剥蚀和流体密度差异等。

（2）异常高压成因类型。

异常高压成因类型主要根据岩石骨架的力学关系分为加载型、卸载型和复合型。

加载型异常高压：岩石不断地受到上覆地层应力作用，围岩承受的作用力逐渐增加，孔隙度逐渐减小的过程，包括原始沉积加载型和再次加载型。原始沉积加载型就是传统的欠压实过程，再次加载型指成岩作用后期的外应力作用于孔隙流体，包括构造作用、底辟拱升作用和断层作用等。

卸载型异常高压：孔隙流体膨胀而导致流体承担的作用力变大，围岩承担应力减小，孔隙度异常的过程，包括生烃膨胀作用、矿物转化、水热增压、渗透作用、流体运移和次生胶结等。

复合型异常高压：即加载型与卸载型异常高压、共同作用，互相影响。

10.1.2.2 异常地层高压成因类型判别

目前采用声波、地震速度体等声学测井资料，根据不同深度岩的应力与声波速度的对应关系进行地层压力计算，从应力角度判断地层是否存在应力加载和卸载情况，常用的异常地层高压成因机制判别方法主要有以下几种。

（1）定性判断法。

通过 d_c 指数、电阻率、声波时差、孔隙度和密度曲线等参数随深度的变化趋势定性判断压力成因。定性判断法所需数据简单，应用性最强，也是现场应用最多的类型。典型的欠压实特征体现在声波时差、电阻率、密度和 d_c 指数曲线随着深度增加，明显偏离趋势线。

（2）声波—密度交会图法。

通过声波与密度曲线的交会图版，来判断地层压力成因。声波—密度交会图法仅需要声波和密度数据就可以作图对比出结果，数据来源简单可靠，适用性较强，加载型地层压力声波速度与密度交会图版示意图如图 10.1 所示，加载型成压机制声波速度与密度相应增大，卸载型成压机制则是随着声波速度变化，密度基本不变化，卸载型地层压力声波速度与密度交会图版示意图如图 10.2 所示。

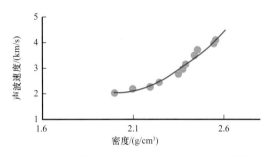

图 10.1　加载型地层压力声波与密度交会图版　　图 10.2　卸载型地层压力声波与密度交会图版

（3）综合分析法。

在以上两种方法的基础上，根据超压形成特点和分布特征，结合地质沉积环境分析等，进行综合分析，判断异常压力成因类型。此种方法需要工程师具备丰富的经验和较强的地质专业能力，工作过程中除了需要收集测井、录井数据外，还需要收集、分析地质沉积特征，以及同位素录井、泥岩盖层气侵和实钻过程中的地层压力表征特征等判断辅助依据。

10.2　异常地层压力的预测、监测方法

10.2.1　异常地层压力预测

10.2.1.1　利用邻井资料进行预测

利用邻井的压力录井、测井和测试等资料进行预测。

10.2.1.2　利用地震资料进行预测

利用过井地震层速度剖面和垂直地震测井（VSP）进行预测。通常地震波传播速度随着地层埋藏深度的增加而增加，但在高压地层中由于其孔隙流体压力增大和岩石密度减小，地震波传播速度相比围岩明显偏低。为此，可利用过井或邻井地震剖面的叠加速度谱资料按式（10.1）逐层计算层速度：

$$v_{\text{interval}} = \sqrt{\left(v_{i+1}^2 \times t_{i+1} - v_i^2 \times t_i\right) / \left(t_{i+1} - t_i\right)} \tag{10.1}$$

式中　v_i，v_{i+1}——速度谱上某一时间点及其下一点的叠加速度，m/s；

　　　t_i，t_{i+1}——对应 v_i 和 v_{i+1} 的时间，s。

作出层速度随时间或深度的变化曲线（图10.3），曲线上d点深度即为异常压力可能开始出现的深度，d到d_i点之间即为压力异常转化段。

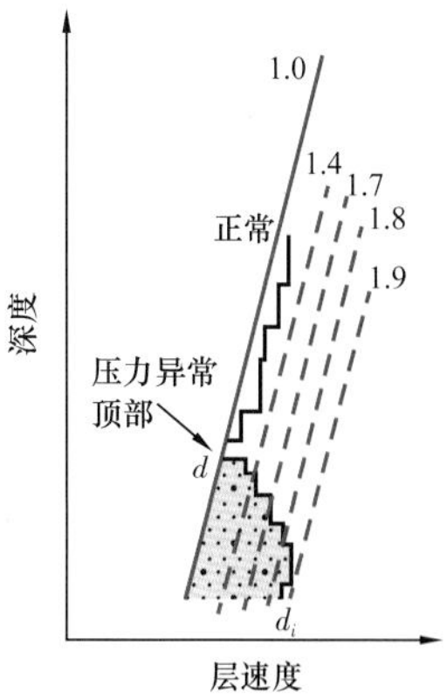

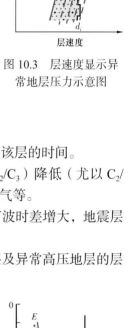

图10.3 层速度显示异常地层压力示意图

10.2.2 异常地层压力的判断及监测方法

10.2.2.1 钻遇异常高压地层的各种表征

（1）钻井液出现明显的增量（>2.0m³），或发生井涌、井喷，或先漏后喷。

（2）钻井液出口温度明显增高。

（3）返出突然增大，或者流量计记录流量增大。

（4）发生油气侵，钻井液密度下降、黏度上升，返出钻井液有明显气泡。

（5）发生水侵，氯离子含量增大或下降，黏度下降，密度下降。

（6）气测值大幅度上升，且高峰显示的延续时间明显地大于钻穿该层的时间。

（7）气测基值升高，气体组分比值（C_1/C_2、C_2/C_3或$C_1/C_2 + C_2/C_3$）降低（尤以C_2/C_3最为明显），当$C_2/C_3 \leqslant 1$时多为欠压实层，同时出现单根气、后效气等。

（8）泥（页）岩体积密度、d_c指数曲线明显偏离正常趋势线，声波时差增大，地震层速度偏低。

出现上述状况应及时进行综合分析，判断是否钻遇异常高压地层及异常高压地层的层位、类型和流体性质等。

10.2.2.2 异常地层压力的监测方法与模型

10.2.2.2.1 泥（页）岩体积密度监测法

利用泥（页）岩密度求取地层异常压力，把每20m一点的泥（页）岩密度资料标在1∶10000比例的深度—密度交会图版上（图10.4），作出一条泥（页）岩密度随深度增大的趋势线EF；由异常点A作平行纵坐标的直线AB交EF于B点，读出B点的深度H_B，则B点深度的正常压力p_B为

$$p_B = H_B/10 \qquad (10.2)$$

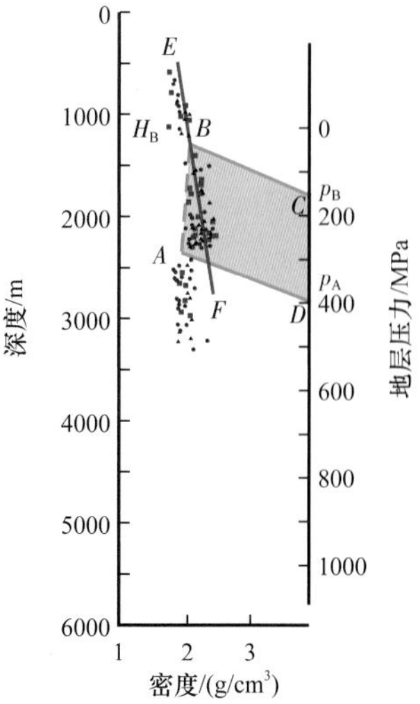

在压力轴上找出等于p_B值的C点，连接BC，并过A作BC的平行线交地层压力轴于D点，D点的压力数值即为异常点A的异常压力值，即p_A。

压力轴的比例是一个经验数，可通过实测压力来校正，使之成为某地区（某层）的解释图版。

图10.4 泥岩密度与地层压力关系图

10.2.2.2.2 经验系数法

所谓经验系数法即通过实测地层压力与$\Delta t/\Delta t_n$（同理可换成电阻率、密度和d_c指数），

回归经验系数公式计算地层压力如图10.5所示。经验系数法需要大量的实测压力数据，以及确定趋势线，在实际应用中，新区块钻井数量少，实测数据少，可能会造成回归方程拟合系数低；同样，趋势线的确定受限于工程师的经验水平，多重误差因素叠加，其适用性也较低。

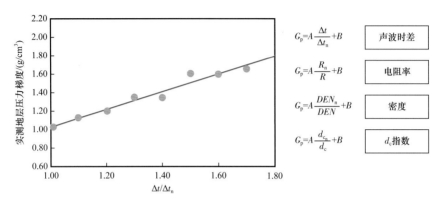

图 10.5　回归经验系数法计算地层压力

其中，G_p 为实测地层压力系数，$\dfrac{\Delta t}{\Delta t_n}$ 为实测声波时差与同等深度下正常趋势线声波时差比值，A 和 B 为常数。

10.2.2.2.3　鲍尔斯法

鲍尔斯法由埃克森美孚公司的 Bowers 提出，鲍尔斯法的核心是由泥岩欠压实形成的异常高压应通过沉积压实加载曲线确定垂直有效应力，而由孔隙流体膨胀引起的异常高压应通过卸载曲线确定垂直有效应力。后利用有效应力定理计算地层孔隙压力，即由上覆压力和垂直有效应力最终确定地层孔隙压力（鲍尔斯法不需要建立正常压实趋势线）。鲍尔斯法用式（10.3）和式（10.4）来描述加载和卸载曲线。

加载方程：
$$v = v_0 + A\sigma_{ev}^{B} \qquad\qquad (10.3)$$

卸载方程：
$$v = v_0 + A\left[\sigma_{max}\left(\sigma / \sigma_{max}\right)^{1/U}\right]^{B} \qquad\qquad (10.4)$$

式中　v——声波速度，km/s；

　　　v_0——泥面处声波速度，km/s，上述声波速度参数也可换成密度参数计算；

　　　A，B——常数；

　　　σ_{ev}——垂直有效应力，psi；

　　　σ_{max}——卸载开始时最大垂直有效应力，psi；

　　　U——泥岩弹塑性系数。

$$\sigma_{max} = \left(\frac{v_{max} - v_0}{A}\right)^{1/B} \qquad\qquad (10.5)$$

式中　v_{max}——卸载开始时最大垂直有效应力对应的声波速度，km/s。

通过式（10.6）计算地层孔隙压力：

$$p=p_1-\sigma_{\text{ev}} \tag{10.6}$$

式中　p_1——静岩压力，psi。

应用鲍尔斯法的局限性非常大，由图 10.6 中卸载曲线可以看出，密度变化很小，无法真实反映地层压力变化，因此鲍尔斯法更适合采用声波时差数据计算地层压力。除外，还需要给出较多的经验参数并知道区块的压力卸载位置。式（10.4）中泥面处的声波速度值 v_0 只能使用推荐值，因为几乎没有井是从泥面开始声波测井；A 值和 B 值需要经过区块大量的数据反算，缺乏数据的区块只能使用推荐值；U 值同样需要给出。在给出多个参数后，还需知道卸载开始的位置，然而对于未知区块，该位置的确定较为粗糙。综上所述，鲍尔斯法参数的获得较为困难，现场应用较少。

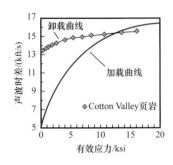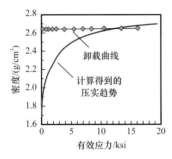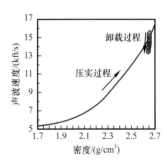

图 10.6　鲍尔斯法加载和卸载方程

10.2.2.2.4　伊顿法

伊顿法是目前国内外油田公司普遍采用的地层孔隙压力计算方法，计算精度高，使用范围广，其理论基础为地层欠压实理论。伊顿法只需要确定正常压实趋势线方程及伊顿指数即可，参数容易获取，应用广泛。可转换成对数坐标，如图 10.7 所示。计算方法见式（10.7），其中下标 n 皆指正常趋势线的读数，i 皆指曲线上异常点的实际读数：

$$p_i = S - \left(S - p_n\right) \times \begin{bmatrix} \left(R_i / R_n\right)^b \\ \left(d_{c_i} / d_{c_n}\right)^b \\ \left(\Delta t_n / \Delta t_i\right)^b \\ \left(DEN_i / DEN_n\right)^b \end{bmatrix} \tag{10.7}$$

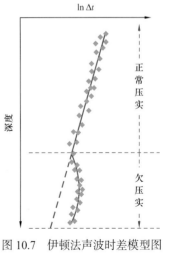

图 10.7　伊顿法声波时差模型图

式中　R——真电阻率；

d_c——可钻指数；

Δt——声波时差；

DEN——密度；

b——伊顿法经验值，一般在 1.2～3 之间，某些区块可超出该范围；

S——上覆地层压力，kgf/cm^2；

p_n——正常地层孔隙压力，kgf/cm^2；

p_i——异常的孔隙压力，kgf/cm^2。

可钻性指数（d）是利用钻井参数、钻井液参数来反映地层可钻性的指数，可用以计算地层孔隙压力和破裂压力。

1965 年，Bingham 提出的表达式为

$$R/N = a \times (W/B)^d \qquad (10.8)$$

式中　d——可钻性指数；

$\quad\quad N$——转速，r/min；

$\quad\quad B$——钻头直径，in；

$\quad\quad R$——钻速，ft/min；

$\quad\quad W$——钻压，tf；

$\quad\quad a$——骨架强度常数。

1966 年，Jorden 和 Shirley 改变计量单位，并假定 $a=1$，得

$$d = \log(R/60N)/\log(12W/10^6 B) \qquad (10.9)$$

式中　R——钻速，ft/h；

$\quad\quad W$——钻压，tf；

$\quad\quad N$——转速，r/min；

$\quad\quad B$　钻头直径，in。

在钻遇高压层时，因压差变小或为负压差，d 会变小。实际上，井底压差取决于地层孔隙压力和钻井液相对密度。为了消除钻井液相对密度变化所造成的干扰，Rehm 和 McClendon 给 d 乘上一个修正值，得修正后的 d 指数，用 d_c 指数表示：

$$d_c = d \times (NHG/ECD) \qquad (10.10)$$

式中　ECD——钻井液当量循环密度，lb/gal；

$\quad\quad$NHG——正常井段地层孔隙压力梯度，psi/ft。

使用国家规定的计量单位时用式（10.11）计算：

$$d_c = \left[\lg(3.282/T \times N)/\lg(0.671W/10^6 B) \times NHG/ECD \right] \qquad (10.11)$$

式中　T——钻时，min/m；

$\quad\quad N$——转速，r/min；

$\quad\quad W$——钻压，tf；

$\quad\quad B$——钻头直径，mm；

$\quad\quad$ECD——钻井液当量循环密度，g/cm^3；

$\quad\quad$NHG——正常井段地层孔隙压力梯度（当量密度为 $0.97 \sim 1.03 g/cm^3$，与地层水密度相同）。

并可以应用式（10.11）制成的计算图版（附录 E.10），求取 d_c。

10.2.2.2.5   趋势线

（1）趋势线选点原则。

① 应在钻入成岩后的砂泥岩层开始监测。

② 应选取较纯的泥岩点数据，泥岩段做到应选尽选，以提高趋势线准确度，最好的点距是 1 点 /m。

③ 如果数据波动较大，要分析原因，尽可能剔除系统影响因素，保证取点有较好的代表性（纠斜吊打、取心钻进、钻头磨合及磨损后期、井底不清洁等非正常钻进导致 dc 指数点不参与正常趋势线定位）。

④ 在可能存在超压的井深以上至少 300~500m 确定正常压实趋势线。

（2）确定趋势线方法。

在现场取钻遇泥岩段时的上述各参数，计算出各个深度的 d_c 值，然后联机工程师根据各个深度的 d_c 值便可在联机上确定出一条正常 d_c 趋势线（图 10.8）。在老探区，有经验的联机工程师很快就能确定合适的趋势线；但是在新探区，开始钻进的 300m 井段中，要想确定合适的趋势线是非常困难的，其原因是开始的一段无法确定 d_c 指数的变化趋势。严格来说，真正确定合适的趋势线是联机工程师在 d_c 指数资料回放时完成的。

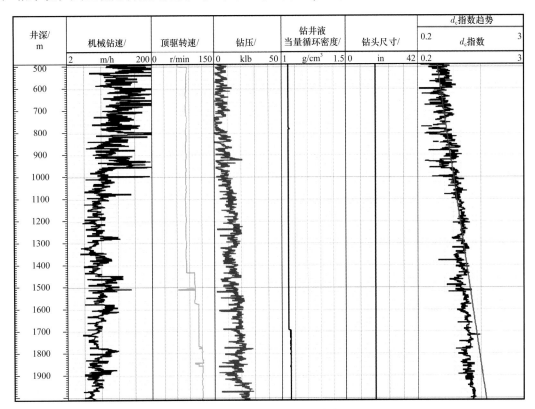

图 10.8   可钻性指数录井曲线图

趋势线的斜度受 A 和 B 两个参数的制约，A 和 B 与 d_{c_n} 的关系为

$$\log d_{c_n} = A \times 深度 + B \tag{10.12}$$

式中　d_{c_n}——正常趋势线及其延伸线上 d_c 指数值；

　　　A——半对数坐标图上 d_c 指数与深度关系正常趋势线的斜率；

　　　B——半对数坐标图上 d_c 指数与深度关系正常趋势线的截距。

对正常孔隙压力井段求得 d_c 指数后根据式（10.12）回归确定 A 值和 B 值。

新探区宜采用正常孔隙压力段所取得的资料回归确定 A 值和 B 值，老探区等资料充足的区块按照式（10.12）回归确定各井的 A 值和 B 值，取平均值作为区块的正常趋势线斜率和截距，只有当实测孔隙压力值与计算得到的孔隙压力值误差较小时才能作为区块性方程使用。

由于换钻头或井眼直径变化可能会引起 d_c 指数的突变，这时，应当根据 d_c 指数的变化幅度，平移趋势线（图 10.9），否则所计算的地层压力梯度误差较大。地层压力栏刻度代表折算的钻井液当量循环密度。

10.2.2.3　等效循环钻井液密度和井底循环压力计算

钻井液在循环时，由于与井壁及钻杆外壁的摩擦阻力而产生对地层的回压。根据 Bingham 的流层公式可计算出环形空间中的泵压损失：

$$P_1 = \left\{ (P_v \times v \times L) / \left[60000 (d_k - d_p)^2 \right] \right\} + \left\{ (Y_p \times L) / \left[200 (d_k - d_p) \right] \right\} \tag{10.13}$$

式中　P_1——泵压损失，$\mathrm{lbf/in^2}$；

　　　P_v——钻井液的塑性黏度，$\mathrm{mPa \cdot s}$；

　　　v——环形空间层流速度，$\mathrm{ft/s}$；

　　　L——井段长度，按套管内径不同分段，ft；

　　　Y_p——钻井液屈服值，$\mathrm{lbf/100ft^2}$；

　　　d_k——井径，in；

　　　d_p——钻杆外径，in。

在已知平衡地层压力梯度所使用的钻井液当量密度为 W_{te} 的情况下，钻井液当量循环密度（ECD）为

$$\mathrm{ECD} = W_{te} + P_1 / (0.052 \times D) \tag{10.14}$$

式中　ECD——钻井液当量循环密度，$\mathrm{lb/gal}$；

　　　W_{te}——平衡地层压力钻井液当量密度，$\mathrm{lb/gal}$；

　　　D——钻头深度，m。

起钻时，压力损失的方向相反；因此，为了安全钻井的需要，钻井液密度（W_{tm}）应是

$$W_{tm} = W_{te} + 2 \times P_1 / (0.052 \times D) \tag{10.15}$$

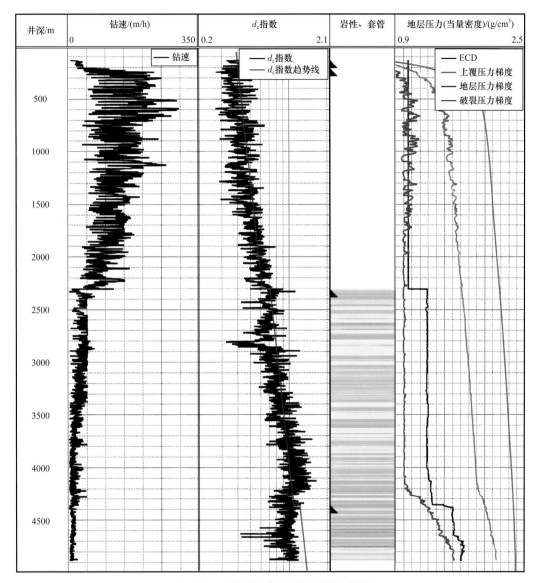

图 10.9　d_c 指数正常趋势线平移示例图

井底的钻井液循环压力（BHCP）则为

$$\text{BHCP} = W_{tm} \times 0.052 \times D + 2P_1 \tag{10.16}$$

式中　BHCP——井底的钻井液循环压力，psi。

10.2.2.4　地层破裂压力及其梯度的计算

破裂压力梯度的计算和测定，对安全使用钻井液密度很重要，压力平衡钻进要求 $S > p_{frac} > \text{ECD} > p_p$；如果 $\text{ECD} > p_{frac}$，会出现地层压漏，可能造成钻井液全部漏失。破裂压力梯度与深度及区域构造环境有关。

（1）伊顿法。

在主应力为铅锤方向时，可用式（10.17）计算破裂压力：

$$p_{frac} = \left(S - p_p\right) \times \left[\mu / \left(1 - \mu\right)\right] + p_p \tag{10.17}$$

$$G_{frac} = 10 \times p_{frac} / D \tag{10.18}$$

式中　G_{frac}——当量密度的破裂压力梯度，psi/ft；

　　　p_{frac}——地层破裂压力，lbf/in^2；

　　　S——大地静载荷，lbf/in^2；

　　　μ——岩石的泊松比；

　　　p_p——地层孔隙压力，lbf/in^2。

伊顿法中的泊松比是包含了泊松比本身在内的多个因素的影响系数，例如构造应力影响。为了能应用该模式预测地层破裂压力，首先应收集多层的实测破裂压力和相应的孔隙压力、上覆压力数据代入反算出泊松比，然后建立起区域性的泊松比和深度间的相关关系。有了这样一种关系，对以后在该区域内井的破裂压力预测就可直接用来确定岩层泊松比，将泊松比代入模式计算破裂压力。

（2）哈伯特和威利斯法（经验公式法）。

地层的主应力为地层压力与有效应力的和，而最小主压力轴水平。当地层压力增加使得最小主压力为 0 时地层破裂发生。因而地层破裂压力可以用式（10.19）—式（10.21）计算：

$$p_{frac} = p_p + \sigma_H \tag{10.19}$$

$$\sigma_H = \left(\frac{1}{2} \to \frac{1}{3}\right)\sigma_V \tag{10.20}$$

$$p_{frac} = p_p + \left(1/2 \to 1/3\right)\left(S - p_p\right) \tag{10.21}$$

式中　p_{frac}——地层破裂压力，lbf/in^2；

　　　S——大地静载荷，lbf/in^2；

　　　p_p——地层孔隙压力，lbf/in^2；

　　　σ_H——水平（最小）有效应力，psi；

　　　σ_V——垂直有效应力，psi。

（3）斯蒂芬法。

当地层受到地质构造运动影响时，最小主应力仍为水平方向，应力表达式为

$$\sigma_H = \left(\frac{\mu}{1 - \mu} + \zeta\right)\sigma_V \tag{10.22}$$

式（10.22）中 ζ 为构造应力系数。于是，计算破裂压力的公式为

$$p_{\text{frac}} = p_{\text{p}} + \left(\frac{\mu}{1-\mu} + \zeta \right) (S - p_{\text{p}}) \qquad （10.23）$$

斯蒂芬法与伊顿法的不同之处在于，伊顿法中的 μ 是受围岩及构造作用下（即地层条件下）的泊松比，而斯蒂芬法中 μ 的是实验室内岩层泊松比的实测值，其构造应力的影响用 ζ 参数来表示，它可通过实测破裂压力数据反演获得。

（4）黄荣樽法。

黄荣樽提出了一种新的破裂压力预测方法，这个方法与上述两种方法不同。黄荣樽法主张地层的破裂是由井壁上的应力状态决定的，而且考虑了地下实际存在的非均质的地应力场的作用，其计算模型为

$$p_{\text{frac}} = p_{\text{p}} + S_{\text{t}} + \left(\frac{2\mu}{1-\mu} - K \right) (S - p_{\text{p}}) \qquad （10.24）$$

$$K = \omega_1 - 3\omega_2 \qquad （10.25）$$

$$\begin{aligned} \omega_1 &= \sigma_{\text{H}} / p_0 \\ \omega_2 &= \sigma_{\text{h}} / p_0 \end{aligned} \qquad （10.26）$$

式中　K——地质构造应力系数；

ω_1，ω_2——两个水平方向的地应力构造系数；

S_{t}——地层抗拉强度，MPa；

σ_{H}，σ_{h}——水平最大和最小地应力，MPa；

p_0——正应力，MPa。

由于破裂主要发生在疏松砂岩层及裂缝型储层，在井内钻井液压力远大于孔隙压力时，井壁轴向应力要较大地受到钻井液向地层渗透产生的渗透压力的影响，造成地层承压能力降低，破裂压力下降可高达 30% 以上。在黄荣樽法的基础上考虑钻井液渗流的影响，确定疏松砂岩地层破裂压力计算模型为

$$p_{\text{frac}} = \frac{3\sigma_{\text{h}} - \sigma_{\text{H}} \left(\alpha \dfrac{2-3\mu}{1-\mu} - \phi \right) p_{\text{p}} + S_{\text{t}}}{1 - \alpha \dfrac{1-2\mu}{1-\mu} + \phi} \qquad （10.27）$$

式中　σ_{H}，σ_{h}——水平最大和最小地应力，MPa；

ϕ——地层的孔隙度。

对于定向井地层破裂压力的预测方法，黄荣樽的研究结果表明受井斜角、方位角及水平地应力方位的影响，定向井地层破裂压力随井斜方位变化。上覆岩层压力为最大主应力的条件下，向水平最大地应力方位钻进定向井，地层破裂压力随井斜角的增加而降低；向水平最小地应力方位钻进定向井，地层破裂压力随井斜角的增加而增大。另外，上述地层

破裂压力计算方法都是建立在地层为均质、连续且各向同性线弹性的多孔材料的基础上的，没有考虑裂缝的影响。由于裂缝型地层往往是易漏失地层，裂缝型地层的破裂压力一般以最小地应力来替代。

10.2.3 地层孔隙压力、破裂压力的测定

10.2.3.1 地层孔隙压力测定

地层测压取样仪器入井一次可以测得多个点的地层孔隙压力，可在测压曲线上直接读取。

钻杆测试（DST）时可直接读取压力资料。但由于比较费事且费用较高，一般不单独用来测压。

用井涌时关井记录的井口套压和立管压力进行计算。井涌后立即关井，这时存在四种静态压力，分别是地层孔隙压力（p_p）、立管压力（SIDP）、关井时套管头压力（SICP）和钻井液柱压力（包括钻杆中的钻井液柱静压力 p_{md}、环形空间残留钻井液柱静压力 p_{ma} 和环形空间井涌流体静压力 p_{fa}），它们之间关系为

$$p_p = p_{md} + \text{SIDP} = p_{ma} + p_{fa} + \text{SICP} \tag{10.28}$$

正常压力梯度下地层孔隙压力或钻井液柱静压力的计算公式为

$$p_p = 0.098 \times W_1 \times D \tag{10.29}$$

式中　p_p——地层孔隙压力，kgf/cm^2；

　　　W_1——液体密度，g/cm^3；

　　　D——深度，m。

海上钻井深度从转盘面起算，地层孔隙压力梯度从海平面起算，则地层孔隙压力梯度 p_f 为

$$G_p = p_p / D_1 = 0.098W_1 \tag{10.30}$$

式中　G_p——地层孔隙压力梯度，atm/m；

　　　p_p——地层孔隙压力，kgf/cm^2；

　　　D_1——地层深度，m。

正常情况下，静液柱压力与液体的密度、液体的含盐度有关。标准淡水的密度为 $1g/cm^3$，压力梯度为 0.098atm/m；标准海水密度为 $1.03g/cm^3$，压力梯度为 0.101atm/m。用当量密度或 10m 压力梯度表示时，淡水为 1，海水为 1.03。

10.2.3.2 地层破裂压力测定

根据应力集中原理，井孔中紧挨套管鞋之下的井段是抗破裂最弱之点。因此，一般都在新一开钻井时，揭开新地层 3～5m 进行地层破裂试验，直接求取破裂压力值。利用预测模型及邻井资料估算地层的破裂压力，根据估算结果及钻井液密度选用合适的泵型和试

压流程。试验压力应低于井口设备最小额定工作压力，应同时低于套管中承受的最小抗内压强度的 80%；或当试验井底压力当量密度达到下步钻井施工的钻井液密度要求时，可以终止试验。

试验数据记录井号、试验日期、井深、地层岩性、钻井液密度、泵型号、套管直径、套管钢级、套管壁厚、套管下深及防喷器额定工作压力等基础数据。

试验过程中记录泵入速度、泵入量、立管压力或套管压力等试验数据，并绘制泵入量—压力关系图（图 10.10）。

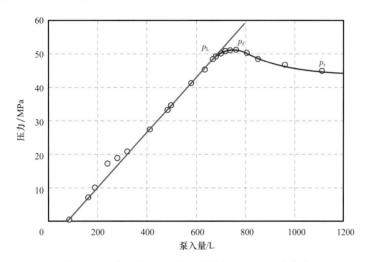

图 10.10　典型的地层破裂（漏失）压力试验曲线

图 10.10 中 p_L 为漏失压力，单位为 MPa，指试验曲线开始偏离直线的点的压力值，此点之后的压力仍有上升，但有偏离直线的趋势。

p_f 为地层破裂压力，单位为 MPa，指试验曲线上最大压力值点的压力，此点之后的压力随泵入量增加而下降；

p_r 为传播压力，单位为 MPa，指试验曲线上压力随泵入量增加逐渐趋于平缓时的压力。

地层破裂压力梯度 G_{frac} 公式为

$$G_{frac} = \left(W_{tm} \times D + p_{tm} \right) / D \tag{10.31}$$

式中　W_{tm}——破裂时用的钻井液密度，g/cm^3；

　　　p_{tm}——固井泵对井口施加的压力，kgf/cm^2；

　　　D——套管鞋垂深，m。

10.3　异常地层压力井的录井要求

对于异常地层压力井的录井，现场地质工作人员应严格执行异常压力井的录井规范与管理要求，做好随钻地层压力、工程安全等监测工作，并确保取全、取准各项资料。

10.3.1　异常压力的录井要求

10.3.1.1　现场录井工作

（1）开始录井前应将井架放空管线上的旁通与录井房的通气管接通，以备在使用阻流管汇循环时进行气测监测。

（2）从预计的超高压层之上 500m 开始，应增派 1～2 名录井人员加强钻井液变化等的观测。

（3）从预计的超高压层以上 500m 开始，录井日报应增加钻井参数、岩性、气测异常及组分值、钻井液性能、d_c 指数和孔隙压力预测等内容，每日早晨报送钻井及地质监督。

（4）从预计的超高压层以上 500m 开始，要求钻井液工程人员将钻井液性能变化，配制新液所用水的性质及水量，排放或增加钻井液的性质和数量，使用或改用钻井液池号和池内液面的变化及时通知录井房，并做好记录。

（5）录井人员应将录井仪器所监测的与超高压相关的各种参数及时编绘成深度关系曲线图（比例尺 1 : 2000）。

（6）录井人员应做好可能遇到的复杂情况（强烈气侵、井涌和井喷）的一切准备，并加强对钻井液进、出口性能的监测，建立氯离子含量与电阻率的相关曲线图。

（7）在预计的超高压井段二次开钻后，仍应按超高压井段录井要求录井，以获得准确的正常压力趋势线。

（8）当发现有井涌、井喷和超高压征兆时，要求录井人员立即向司钻、地质监督和钻井监督报告，并提出停钻循环的建议。

10.3.1.2　地质监督工作

（1）应 24h 在现场值班，直接参与、检查录井工作，了解仪器工作状况，发现问题并及时解决。

（2）随时向录井人员了解地层压力及油气显示监测结果，时刻关注单根气、后效气和 ECD 参数等情况，加强特殊情况下的录井。

（3）必须加强现场随钻分析，发现异常情况，及时通报钻井监督和录井人员（重要通报采取书面形式），必要时提出停钻循环观察和关井测压等建议。

（4）及时跟踪研究部门利用实钻资料对下部待钻地层的压力预测更新动态，并结合现场实钻情况向陆地主管领导反馈情况，出现复杂情况应随时汇报。

（5）倒班时，应以文字形式向接班者交清钻井工程和地质录井情况，并提示即将钻达的层位和应注意的问题等。

10.3.2　井漏井涌（喷）的监测及录井要求

异常地层高压井在钻进过程中，如果使用的钻井液密度不合理，则容易产生井涌、井漏等复杂情况。为了保证钻探安全，使用的钻井液密度要既能压住地层流体不侵入井筒，又不会压漏地层。而合理的钻井液密度则需要参考地层压力监测结果，为配制钻井液提供理论依据，从而防止井涌井喷等复杂情况的发生。

10.3.2.1 井漏的表征及作业要求

（1）活动池体积下降趋势偏离正常钻井液消耗量趋势，即钻井液消耗量增大，应要求停止循环钻井液，检查原因，判断是否有井漏的风险。

（2）注意返出是否变小或井口失返，出现该情况后及时停钻降低排量循环，排除各项可能后，仍然没有恢复正常，则按照井漏处理。

（3）静止观察时井筒液面是否有下降。

（4）正常钻进或循环时，泵压突然下降，并伴有返出变小，判断是否井漏。

（5）返出、钻井液消耗量下降到某个值后稳定，可能发生高渗透性岩层漏失或人工缝漏失，降低排量后返出恢复到正常水平。

（6）起钻前倒计量罐观察，计量罐钻井液体积是否下降。

（7）在下钻时，因激动压力，更容易发生井漏，如果下钻时，计量罐钻井液体积没增加或减少，说明有井漏可能。

（8）钻进时，出现放空现象，必须停钻循环观察，此时极易发生井漏或井涌。

10.3.2.2 井漏情况下注意事项及资料收集

（1）注意事项。

① 测定漏失量和漏失速度，记录漏失前后钻井液排量、泵压变化，填写井漏统计表。

② 检测钻井液进、出口性能变化和有无油、气、水显示。

③ 记录堵漏时间、堵漏时钻井液性能、泵入量及返出情况。

④ 堵漏后下钻循环过程中，应检测分段循环返出的钻井液性能及气测值的变化，有异常时要求录井人员取样分析。

（2）资料收集。

① 井漏时应收集发生井漏的井深、层位、岩性、钻头位置和工作状态（循环钻井液、钻进）。

② 观察记录漏失时间、漏失量及漏失前后的泵压、排量和钻井液性能变化，填写钻井液漏失数据表（附录 B.43）。

③ 井口返出情况应记录钻井液进出口性能变化、返出量，以及有无油、气、水显示。

④ 井漏处理情况应记录启动泵压、稳定泵压、排量、返出关系，以及堵漏的时间、堵漏时钻井液的性能、泵入量及返出情况。

⑤ 堵漏后下钻循环过程中，应检测分段循环返出的钻井液性能及气测值的变化，有异常时要求录井人员取样分析。

10.3.2.3 井涌（喷）的表征及作业要求

（1）钻进时，如出现气含量剧烈增大，应要求停钻循环钻井液，观察井下压力平衡状态，判断是否有潜在的井涌、井喷危险。

（2）起钻（包括短程起钻和全程起钻）及接单根时，监测气全量和钻井液量的变化。

起钻时，如气测全量升高很大，应采取短程起钻循环钻井液的办法（至少一天进行1～2次），观察记录钻井液量和气测全量的变化；如短程起钻循环钻井液时气测全量突增，则全程起钻必须谨慎，或加重钻井液密度后再起钻，或间隔循环钻井液，以防止钻井液严重气侵，发生井喷。

（3）综合钻井液池面变化、钻井液密度、钻井液黏度、泵压等监测资料和钻井过程中有无扭矩增大、遇阻现象，以及坍塌岩屑的岩性、形状，分析预测井涌、井漏的可能性。

（4）钻进时持续出现单根气、抽吸气则谨慎起钻，必要时先加重钻井液，静止试验无模拟单根气后方可起钻。

（5）正常循环时，规测钻井液当量循环密度是否有突变，如突然变小，要注意是否发生井涌。

（6）观察井筒液面，是否有"开锅"现象；倒计量罐观察时，计量罐钻井液体积是否有明显增量现象，以判断是否有井涌、井喷。

（7）钻进时，出现放空现象，必须停钻循环钻井液观察，否则极易发生井漏或井涌。

10.3.2.4　井涌（喷）情况下注意事项及资料收集

（1）注意事项。

① 连续监测钻井液量、钻井液性能的变化和油、气、水显示情况。

② 填写井涌记录表中有关资料（钻井液进、出口性能中的温度、密度、黏度、电阻率和氯离子含量），并进行分析。

③ 认真记录钻井液循环时，钻头上提下放的位置和时间、钻井液循环方式、关井时钻杆及套管的压力及随时间的变化情况。

④ 按工程参数及井涌量估算地下侵入物到达地面时间。

⑤ 在地下侵入物到达地面前后应加密观察，并要求录井人员及时取样（包括气侵钻井液、水、油、气或其他涌出物）。

⑥ 改由阻流管汇循环时，要求录井人员及时捞取振动筛上的岩屑并推算其代表深度。

⑦ 井压稳之后，要求录井人员检测并记录钻井液总量和进、出口性能，测定含气背景值。

（2）资料收集。

① 井涌（喷）时的井深、层位、岩性、气测全量、钻井液性能变化（钻井液进、出口性能包括温度、密度、黏度、电阻率和氯离子含量）、钻头位置和工作状态（循环钻井液、钻进）。

② 发生井涌、井喷时应收集大钩负荷、泵压变化情况。

③ 井涌（喷）前及井涌（喷）过程中含油、气、水情况和气体组分的变化情况。

④ 循环加重压井时收集钻井液量、钻井液性能变化和气测全量变化等数据，初步判断地层压力。

⑤ 关井时，记录立压、套压的变化，并计算井底压力。

⑥ 节流管放喷时，应收集放喷管尺寸、压力变化、射程、喷出物（油、气、水）及

放喷起止时间，并根据放喷时间及喷出总量计算日产量。

⑦ 记录井涌（喷）的处理方法、压井时间、加重剂名称及数量，以及放喷点火情况。

⑧ 对井涌（喷）的原因进行分析，如异常压力的出现、放空、井涌及起钻抽吸等。

⑨ 井压稳之后，要求录井人员检测并记录钻井液总量、进出口性能，测定含气背景值。

10.3.2.5　钻井液后效观测

停钻（特别是因故停钻）时，要求录井人员认真监测钻井液出口流量及温度的变化，发现井口溢流或液面下降，应立即向司钻、地质监督和钻井监督通报。

若钻井液停滞时间过长或出现异常情况循环钻井液时，除照常规检测进口钻井液性能外，应在钻井液出口处，按到达时间分别检测相当于井深 500m、1000m、1500m 等井底（即按井深 500m 间距）处所返出的钻井液性能及温度，做对比分析。

10.4　随钻地层压力监测录井介绍

目前海上常用的随钻地层压力监测录井技术（PreVue）是由法国地质服务公司推出的，该系统将现代地层压力评价的几种典型理论转化为了便于现场操作的随钻实时地层压力监测实践技术。中国海油自 2009 年首次引入该项技术，至今已经有 10 多年的发展应用，累计作业井数达上百口井。特别是 2018 年至今，PreVue 随钻地层压力监测录井技术得到了进一步的提高，面对高难度、多成因的复杂异常高压地层，建立了基于成因判断的随钻压力监测技术，并且创新性地提出了基于甲烷同位素特征识别他源高压法、优化电阻率拟合声波法和压差气测拟合分析法等多种实用型方法，现场应用效果良好。

10.4.1　随钻地层压力分析流程

10.4.1.1　资料收集和模型的建立

（1）钻前资料收集。

钻前需收集齐全与目标井相关的邻井资料，资料类型包括但不限于：

① 本井设计资料，包括地质设计、工程设计、地震层速度原始数据和预测压力数据；

② 邻井测井资料，包括随钻测井和完钻后电测资料，如电阻率、声波时差、垂直地震剖面、岩石体积密度、自然伽马和孔隙度等数据；

③ 邻井录井资料，包括气测录井数据、钻井参数数据、地漏数据、复杂情况记录（包括井涌关井压力数据、井漏处理，以及溢流、卡钻等）、后效气和单根气记录、地层分层数据、岩性描述、岩性综述、油气显示表、碳酸盐含量测定、X 射线衍射矿物分析、三维定量荧光分析、同位素分析和综合录井图等成果资料；

④ 邻井压力资料，包括压力监测早报和完井报告、压力监测的完整数据、完井后的测压或测试（试油）数据，以及完井后压力的总结和专项分析报告。

（2）压力模型建立。

在分析已有的钻井、地质资料的基础上，预判目标井压力情况，并建立初步的压力模型，具体步骤如下。

① 建立单井数据库。

根据设计资料，可以得到本井井位的水深、补心高，以及井位坐标、设计井深等数据，利用这些数据能够初步建立单井数据库 WDM 文件，并设置好各个相关的参数及单位。

② 建立静水压力梯度模型。

nhg 代表本位置的正常静水压力梯度，使用海水压力梯度与正常静水压力梯度常数来计算得到正常静水压力梯度值。计算时，海水压力梯度为本井所在海域测得，一般取值为 1.03～1.07，海水含盐量越高则值越高，正常淡水压力梯度常数使用 1.01，正常静水压力梯度计算式如下：

$$nhg = \frac{SWG \times WD + NHG \times (TVD - KB - WD)}{TVD - KB}$$ （10.32）

式中 nhg——正常静水压力梯度，g/cm^3；

SWG——海水压力梯度，MPa；

WD——海水深度，m；

NHG——正常静水压力梯度常数；

TVD——垂直井深，m；

KB——补心高，m。

在水深比较浅或井深比较大的情况下，也可用 NHG 约等于 nhg 取值。

建立上覆地层压力梯度模型 OBG，上覆地层压力梯度模型计算公式为

$$OBG = \begin{cases} 0 & ,0 < H \leqslant KB \\ \dfrac{\displaystyle\int_{KB}^{KB+WD} \rho_w dH}{H} & ,KB < H \leqslant KB + WD \\ \dfrac{\displaystyle\int_{KB}^{KB+WD} \rho_w dH + \displaystyle\int_{KB+WD}^{H} \rho_r dH}{H} & ,H > KB + WD \end{cases}$$ （10.33）

式中 OBG——上覆地层压力梯度，MPa/m；

H——垂直井深，m；

KB——补心高，m；

WD——海水深度，m；

ρ_w——海水密度，g/cm^3；

ρ_r——岩石密度，g/cm^3。

确定初始的 d_c 指数趋势线方法为利用本井已经钻进的部分数据（未建立循环前的钻井参数）计算出 d_c 指数，并根据地震的层速度数据选取部分已经处于压实状态的泥岩段的 d_c 指数，利用线性回归方式初步得到本井的 d_c 指数压实趋势线。并通过与邻井 d_c 指数同深度的对比，适度调整趋势线。值得注意的是，每个区块和每口井的作业状态都不一

样，d_c 指数也会有变化，准确的 d_c 指数需要继续钻进后根据实际情况不断调整（一般钻进 300～500m 较纯泥岩基本可以确定 d_c 指数趋势线斜率）。

10.4.1.2　随钻地层压力监测

排除干扰因素合理选择泥岩点初步计算地层压力。根据欠压实的理论，参与计算的参数点必须是泥岩或含少量砂的泥岩。软件会自动将所选取的泥岩点参与计算，Equipoise 软件用于计算地层孔隙压力的方法有伊顿法、等效深度法、坐标法和方程法 4 种，用于计算地层破裂压力的方法有伊顿法、坐标法、丹尼斯法、岩石应力数组法、地漏实验法和方程法 6 种。因为伊顿法具体运用面较广，可靠性较高，故 Equipoise 软件常用伊顿法计算地层的孔隙压力梯度和破裂压力梯度。伊顿法用于计算地层孔隙压力实际是一种比值法，对于不同的参数有不同的计算指数。

对于 d_c 指数：

$$p_p = OBG - \left[(OBG - NHG) \times \left(d_{c_{obs}} / d_{c_{norm}} \right) \times 1.2 \right] \qquad (10.34)$$

对于电阻率：

$$p_p = OBG - \left[(OBG - NHG) \times \left(R_{obs} / R_{norm} \right) \times 1.2 \right] \qquad (10.35)$$

对于声波时差：

$$p_p = OBG - \left[(OBG - NHG) \times \left(\Delta t_{obs} / \Delta t_{norm} \right) - 3.0 \right] \qquad (10.36)$$

伊顿法利用三维应力的模型来计算地层的破裂压力。总的来说，是将地层当作一个均一性介质，利用工程力学中应力与应变的关系，即当对均一性物体施加的外力大于物体自身的应力极限时，物体的应变将会达到不可逆转的最大值，也就是破裂状态。利用岩石力学概念，伊顿法计算地层破裂压力的方法为

$$p_{frac} = p_p + \left[\mu / (1 - \mu) \right] \times (OBG - p_p) \qquad (10.37)$$

其中，μ 是泊松比，变化范围为 0～0.5，泊松比随深度变化而变化。同时伊顿法还包括多个区块的泊松比的模型，如深海深水模型、一般通用模型和海湾盆地模型等。实际运用中，除了可以直接选用伊顿的泊松比模型外，也可以利用地震的横波与纵波的关系来计算某一实际区块的泊松比模型。

钻进过程中，依据实时钻井参数和气测数据的变化趋势，对前面的趋势线和模型进行评价分析，并根据需要进行调整。

通过观察气体、掉块、钻井液密度和钻井液黏度等参数的变化，并结合井口溢流观察、关井压力等信息，实时分析井眼状态。通过观察钻进状态下钻井液背景气和地层气的变化趋势，可以间接反映井筒内压力平衡状态。在负压差的状态下，井筒处于欠平衡状态，如果钻井液密度已经不能够维持井壁的稳定（钻井液密度已经接近坍塌压力），就会有大量的井壁掉块脱落，这些掉块形状多棱角鲜明、厚度微薄，有的掉块甚至可以看到羽

状节理。若现场有溢流、井涌等现象产生，可以利用关井求压数据对所计算的结果进行评价和修正。

在快钻遇目的层前结合当前地层压力情况及地质构造信息初步预估目的层地层压力及时向现场作业者和陆地汇报压力变化情况。

10.4.1.3 钻后分析

完钻后利用钻后的资料和实际的测试或测压数据对所钻井的地层压力进行分析评价是不可缺少的一步，也是系统压力监测工作中最为重要的一个环节。钻后的技术分析和总结至少包括以下内容。

（1）趋势线对比。收集本区块所有的自然压实趋势线进行对比，总结分析本区块自然压实趋势线特征。

（2）地层压力情况对比。结合区域性的地质情况进行压力特征对比分析。

（3）理论与实际的对比。把现场压力监测计算结果与电缆地层测试（MDT）或者钻杆地层测试（DST）结果对比，分析两者产生误差的原因，对目的层压力进行深一步认识。

利用 MDT 测压数据及实钻数据（气体、掉块、钻井液密度和黏度变化，以及井口溢流观察、关井压力等）反过来对压力模型进行最终的修正，如利用实际的测压数据与现场计算出的压力之间的差距，分析是趋势线斜率还是岩性影响了参数的幅度值，还是地质后期对地层压力的改造。通过实际的数据对压力模型深度优化，对压力系统的认识提升将会对未来工作有极大的帮助和积累。

分析所钻井的压力特征和随钻过程中出现的各种与地层压力相关的复杂井况，比如井漏、井涌和卡钻等事故，总结经验和教训。

10.5　压力监测技术成果及应用实例

目前高温高压井钻探在国内外都是一项重大挑战，对地层孔隙压力的判断，对工具的改进及钻井液的要求都是极为严格的。截至 2022 年中国海油高温高压领域已钻井超过 70 余口，温度范围为 150～249℃，地层压力梯度为 1.90～2.30g/cm³，钻井液密度最高为 2.41g/cm³，钻探风险大、成本高，压力监测是确保安全钻进的关键措施之一。

10.5.1　压力成因判别

10.5.1.1　定性判断法

如图 10.11 所示，采用声波时差、电阻率、密度曲线和 d_c 指数曲线等测井和录井数据结合定性判断，随着深度增加，各项数据明显偏离趋势线，具有典型的加载特征。

10.5.1.2　声波—密度交会图法

加载型成压机制声波速度与密度相应增大，卸载型成压机制则随着声波速度变化，密度基本不变化（图 10.12—图 10.15）。

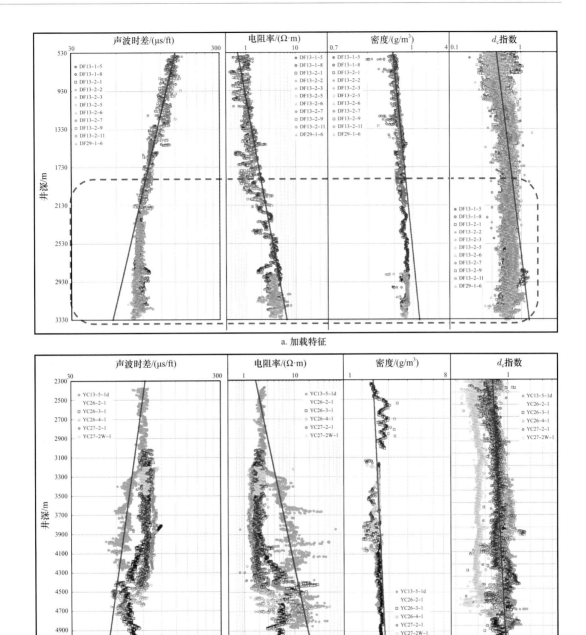

图 10.11　声波时差、电阻率、密度和 d_c 指数随深度变化特征

10.5.2　应用实例

10.5.2.1　伊顿法模型趋势线

利用伊顿法可分别建立不同区块的声波时差、电阻率、密度和 d_c 指数数据正常压实趋势线（表 10.1），据此可以为待钻井的随钻压力监测计算模型提供重要依据。

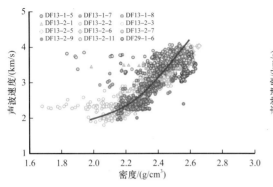

图 10.12　声波速度—密度交会法加载
特征曲线

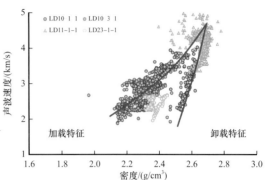

图 10.13　声波速度—密度交会法复合成压机制
特征曲线

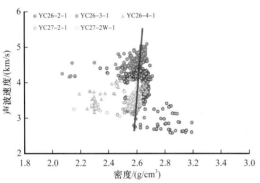

图 10.14　声波速度—密度交会法卸载特征曲线 1

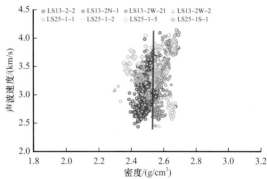

图 10.15　声波速度—密度交会法卸载特征曲线 2

表 10.1　区块地层压力趋势线方程

盆地	区块	数据名称	趋势线方程	盆地	区块	数据名称	趋势线方程
莺歌海盆地	东方	声波时差	$\ln\Delta t_n = -0.00035032H + 5.2$	琼东南盆地	崖城	声波时差	$\ln\Delta t_n = -0.00021032H + 5.03$
		电阻率	$\ln R_n = 0.000765032H - 0.8$			电阻率	$\ln R_n = 0.0009132H - 1.55$
		密度	$\ln DEN_n = 0.000146032H + 0.65$			密度	$\ln DEN_n = 0.000146032H + 0.65$
		d_c 指数	$\ln d_{c_n} = 0.000765032H - 0.8$			d_c 指数	$\ln d_{c_n} = 0.00032352H - 0.95$
	乐东	声波时差	$\ln\Delta t_n = -0.00026032H + 5.1$		陵水（LS13-2）	声波时差	$\ln\Delta t_n = -0.00021032H + 5.05$
		电阻率	$\ln R_n = 0.000605032H - 0.4$			电阻率	$\ln R_n = 0.00025032H + 0.35$
		密度	$\ln DEN_n = 0.000146032H + 0.65$			密度	$\ln DEN_n = 0.000437032H - 1.21$
		d_c 指数	$\ln d_{c_n} = 0.00025032H - 0.75$			d_c 指数	$\ln d_{c_n} = 0.00032352H - 0.95$
琼东南盆地	陵水（LS25-1）	声波时差	$\ln\Delta t_n = -0.00026032H + 5.37$		陵水（LS25-1）	密度	$\ln DEN_n = 0.000146032H + 0.65$
		电阻率	$\ln R_n = 0.00025032H - 0.27$			d_c 指数	$\ln d_{c_n} = 0.000437032H - 1.21$

10.5.2.2   不同模型及参数误差分析

伊顿模型中不同参数在不同成压机制下监测精度不一致,需要判断成压机制后优化选择合适参数模型。如图 10.16 所示,对南海西部莺歌海盆地—琼东南盆地某些区块进行统计分析,伊顿模型对加载型高压监测精度最高,误差基本在 5% 以下;对卸载后加载型高压监测精度最低,误差多为 10%~25%。对加载型高压,声波时差和密度数据监测精度最高,电阻率数据最差;对卸载型高压,同一测点各数据监测精度相差不大,但 d_c 指数波动较大;对卸载后加载型高压,声波时差数据监测精度最高;对加载 + 卸载型高压,声波时差和密度数据监测精度最高。具体使用时需要在实际操作中统计分析区块规律,不可盲目选择参数,否则误差太大,导致数据准确度低。

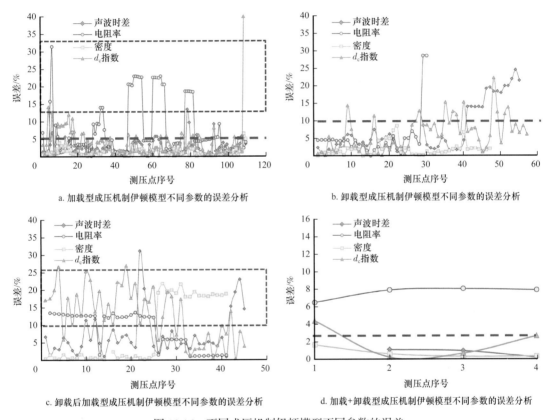

a. 加载型成压机制伊顿模型不同参数的误差分析

b. 卸载型成压机制伊顿模型不同参数的误差分析

c. 卸载后加载型成压机制伊顿模型不同参数的误差分析

d. 加载+卸载型成压机制伊顿模型不同参数的误差分析

图 10.16   不同成压机制伊顿模型不同参数的误差

伊顿模型和鲍尔斯模型优劣对比需要根据区块统计分析,再优选模型。对南海西部莺歌海盆地—琼东南盆地某区块进行两者监测的精度对比分析,如图 10.17 所示,对加载型和加载 + 卸载型高压,伊顿模型的计算精度明显高于鲍尔斯模型;对卸载型和卸载后加载型高压,伊顿模型和鲍尔斯模型计算精度相差不大。相对于伊顿模型来说,鲍尔斯模型参数选择难度较大,同时根据大量数据分析,伊顿法也可进行非欠压实成因压力计算,参数容易获得,伊顿法比鲍尔斯法适用范围更广,相对精度更高,所以目前国内外油田更多采用伊顿模型监测地层压力系数。

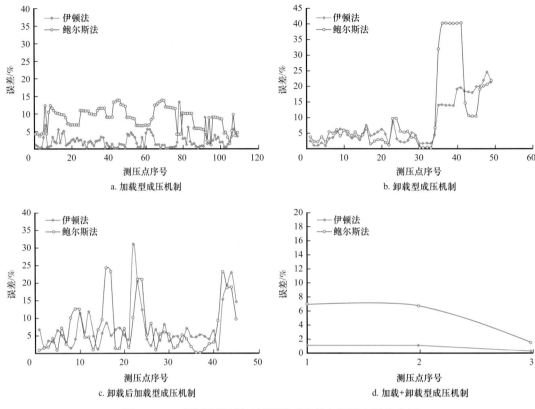

图 10.17 不同成压机制下伊顿模型和鲍尔斯模型误差分析

10.5.2.3 单井应用案例

以莺歌海盆地乐东区块某井为例，收集目标区块的已钻井数据，利用收集到的录井和测井数据建立解释应用图版，能够进行压力成因类型的初步判断。利用测井和录井组合图版定性判断可知（图 10.18），钻遇目的层砂体后密度和 d_c 指数偏离趋势线较小，判断具有卸载特征；利用随钻测井数据建立声波速度—密度交会图（图 10.19），发现随着声波速度变化，密度较为集中且变化较小，具有卸载特征；实钻过程中进入高压砂岩层前的泥岩盖层气测显示平稳，并无明显气侵特征，可以推断高压砂体压力成因属于压力传导或流体膨胀的他源型高压类型，这种类型的高压成压周期短，由高压砂岩与上覆盖层压力和物质传递不充分造成；结合同位素录井资料（图 10.20），进入目的层段后甲烷同位素值明显增大，表明有深层流体的侵入，即地层高压成因为卸载机制（压力传导或流体膨胀）。此外，邻井在进入目的层后出现了明显的泄压现象，使用声波时差计算压力与最终压力相符，该井声波时差特征与邻井基本一致，判断目的层同样为泄压地层。

确定目标区块的成压机制后，在实际操作中选用适合该成压机制的模型及参数，该施工井经过上述步骤后已经确定成压机制为卸载特征，与目标区域成压机制基本一致，遂使用数据容易获得的伊顿模型进行监测，同时邻井采用声波参数计算优于其他参数，于是本节选用声波参数计算；与最终 MDT 实测结果对比，对卸载型成压机制的目的层压力监测较为准确。除此之外,在循环加重过程中加强对背景气的观察,利用钻井液密度变化和背景气(基值)关系(图 10.21)来进一步辅助判断地层压力,为钻井液加重提供指导。

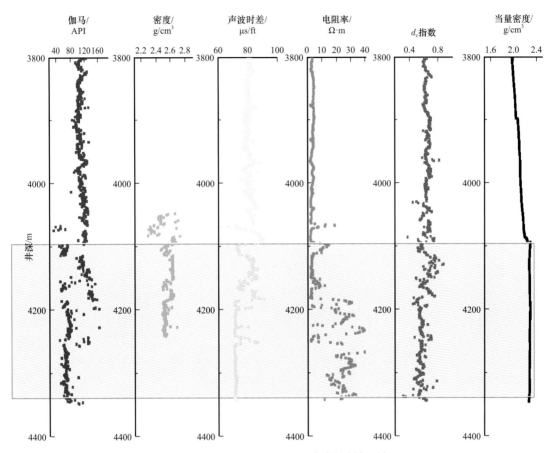

图 10.18 某井测井—录井组合定性判断图版

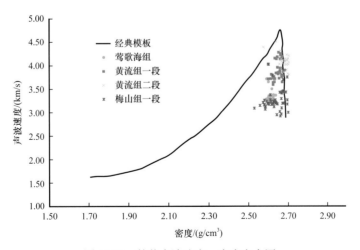

图 10.19 某井声波速度—密度交会图

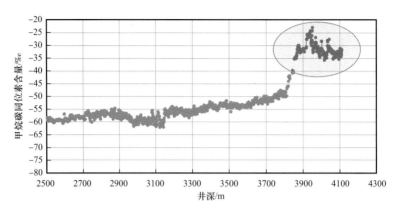

图 10.20　某井目的层甲烷碳同位素突变特征

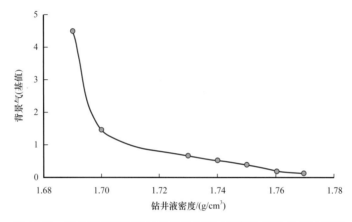

图 10.21　钻井液循环加重过程与背景气（基值）变化关系示意图

11
地球化学录井

海上应用的地球化学录井技术包括岩石热解分析技术、热蒸发烃气相色谱分析技术和轻烃气相色谱分析技术等，其在发现油气显示、评价油气水层、判断烃源岩的成熟度、计算生烃潜力和确定有机质类型等方面发挥了重要的作用，并可为油气储量计算、产能估算及油田开发水淹状况评价等方面提供重要科学依据。

11.1 岩石热解分析

岩石热解分析技术（"三峰"法）能够快速、定量地给出岩石中 S_0、S_1、S_2、S_4 和 T_{max} 等石油地质信息和油气评价参数。

11.1.1 技术原理

11.1.1.1 分析原理

岩石热解分析原理是在程控升温的热解炉中对生油岩、储油岩样品进行加热，使岩石中的烃类热蒸发成气体，并使其重油或高聚合的有机质（干酪根、沥青质和胶质）热裂解成挥发性的烃类产物，在载气的携带下进入氢火焰离子化检测器（FID）进行检测；热解分析后的样品残余有机质通过氧化环境下加热，生成二氧化碳和一氧化碳由热导检测器（TCD）或红外检测器（IR）检测，检测后的信号经放大和运算处理，得到样品检测结果，分析原理如图 11.1 所示。

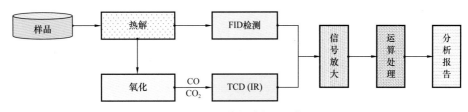

图 11.1　岩石热解分析原理框图

11.1.1.2 温度程序

国内外的分析仪器按照不同的功能配置，制定的温度程序不同。中国岩石热解仪器根据不同的分析目的与要求，有"三峰"分析法、"五峰"分析法和用户自定义分析方法可供用户选择。不同的分析方法检测的参数与温度程序见表 11.1、表 11.2 及图 11.2、图 11.3。

表 11.1 "三峰"分析条件

分析参数	分析温度 /℃		恒温时间 /min	升温速率 / (℃/min)
	起始	终止		
S_0	90	90	2	—
S_1	300	300	3	—
S_2	300	600 或 800	1（600℃或800℃）	25 或 50
S_4	600	600	7～15（可选）	—
T_{max}	300	600 或 800	—	25 或 50

表 11.2 "五峰"分析条件

分析参数	分析温度 /℃		恒温时间 /min	升温速率 / (℃/min)
	起始	终止		
S_0'	90	90	2	—
S_1'	200	200	1	—
S_{21}	200	350	1（350℃）	50
S_{22}	350	450	1（450℃）	50
S_{23}	450	600	1（450℃）	50
S_4'	600	600	7～15（可选）	—

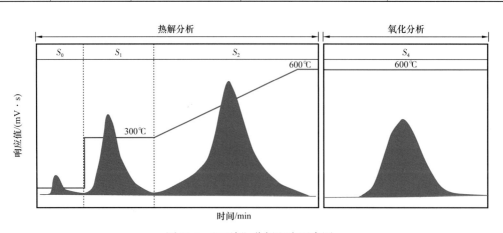

图 11.2 "三峰"分析温度程序图

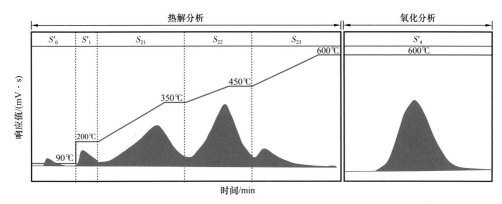

图 11.3　"五峰"分析温度程序图

11.1.1.3　参数与意义

热解分析参数包括采集参数和计算参数。采集参数是通过对特定方法的采集数据曲线进行积分计算而得到（T_{max} 通过测温元件测量并计算得到），计算参数是通过采集参数计算而得到的岩石评价参数，依赖于方法的具体定义，不同的方法会得到不同的计算参数值。

（1）采集参数。

"三峰"与"五峰"分析方法采集参数见表 11.3、表 11.4。

表 11.3　"三峰"分析方法采集参数表

符号	含义	单位
S_0	90℃检测的单位质量岩石中的气态烃含量	mg/g
S_1	300℃检测的单位质量岩石中的液态烃含量	mg/g
S_2	300～600℃检测的单位质量岩石中的裂解烃含量	mg/g
S_4	单位质量岩石热解后的残余有机碳含量	mg/g
T_{max}	S_2 热解峰的最高点对应的温度	℃

表 11.4　"五峰"分析方法采集参数表

符号	含义	单位
S_0'	90℃检测的单位质量储集岩中的气态烃含量	mg/g
S_1'	200℃检测的单位质量储集岩中的液态烃含量	mg/g
S_{21}	200～350℃检测的单位质量储集岩中的裂解烃含量	mg/g
S_{22}	350～450℃检测的单位质量储集岩中的裂解烃含量	mg/g
S_{23}	450～600℃检测的单位质量储集岩中的裂解烃含量	mg/g
S_4'	单位质量储集岩热解后的残余有机碳含量	mg/g

（2）计算参数。

储集岩评价与烃源岩评价常用计算参数见表11.5、表11.6。

表 11.5　储集岩评价计算参数

符号	含义	计算方法	单位
PG	含油气总量	$PG=S_0+S_1+S_2$	mg/g
PS	原油轻重比	$PS=S_1/S_2$	无量纲
GPI	气产率指数	$GPI=S_0/(S_0+S_1+S_2)$	无量纲
OPI	油产率指数	$OPI=S_1/(S_0+S_1+S_2)$	无量纲
TPI	油气总产率指数	$TPI=(S_0+S_1)/(S_0+S_1+S_2)$	无量纲
IP_1	凝析油指数	$IP_1=(S_0'+S_1')/(S_0'+S_1'+S_{21}+S_{22})$	无量纲
IP_2	轻质油指数	$IP_2=(S_1'+S_{21})/(S_0'+S_1'+S_{21}+S_{22})$	无量纲
IP_3	中质油指数	$IP_3=(S_{21}+S_{22})/(S_0'+S_1'+S_{21}+S_{22})$	无量纲
IP_4	重质油指数	$IP_4=(S_{22}+S_{23})/(S_0'+S_1'+S_{21}+S_{22}+S_{23})$	无量纲
LHI	轻重烃比指数	$LHI=(S_0'+S_1'+S_{21})/(S_{22}+S_{23})$	无量纲
RO	残余油	$RO=10RC/0.9$	mg/g
S_T	含油气总量	$S_T=S_0'+S_1'+S_{21}+S_{22}+S_{23}+(10RC/0.9)$	mg/g

表 11.6　烃源岩评价计算参数

符号	含义	计算方法	单位
PG	生烃潜量	$PG=S_0+S_1+S_2$	mg/g
PC	有效碳	$PC=0.083\times(S_0+S_1+S_2)\times100\%$	%
RC	残余碳	$RC=S_4/10\times100\%$	%
TOC	总有机碳	$TOC=PC+RC$	%
HCI	生烃指数	$HCI=(S_0+S_1)\times100/TOC$	mg/g
HI	氢指数	$HI=S_2\times100/TOC$	mg/g
PI	产率指数	$PI=S_1/(S_1+S_2)$	无量纲
D	降解潜率	$D=PC/TOC\times100\%$	%

11.1.2　录井准备

11.1.2.1　仪器设备要求

（1）主要设备。

岩石热解分析仪和残余碳分析仪。

（2）辅助设备与材料。

① 氢气发生器：为测量仪器中 FID 检测器提供燃烧气体，要求输出压力≥0.4MPa，流量≥300mL/min，纯度≥99.99%。

② 空气压缩机：为测量仪器中 FID 检测器提供助燃气体、残余碳分析的氧化气体及设备中气动元件的动力气，要求输出压力≥0.4MPa，空气供气量≥1000mL/min。

③ 氮气发生器：为测量仪器提供热解过程的载气及 FID 检测器的尾吹气，要求输出压力≥0.4MPa，氮气发生量≥300mL/min，纯度≥99.99%（相对含氧量）。

④ 电子天平：定量称量样品质量，要求最大称量≤100g，实际分度值 d≤0.1mg。

⑤ 暗箱式荧光观察仪：用于挑选岩样中含有油气显示的样品分析，要求含波长为 365nm 的紫外灯。

⑥ 恒温冷藏箱：用于临时存储来不及分析的样品，要求温度控制范围为 2～20℃，容积≥50L。

⑦ UPS 不间断稳压电源：为设备提供稳定的电源，要求额定功率≥3000W，断电持续时间≥30min（额定负载情况下）。

⑧ 样品存储瓶：用于密闭保存储集岩中有油气显示的样品，可密封的螺旋口或钳口玻璃瓶，容积≥20mL。

11.1.2.2　工作条件检查

（1）供电电源应满足以下条件：

① 电压为 AC（220±22）V；

② 频率为（50±5）Hz；

③ 采用集中控制的配电箱，具有短路、断路、过载、过压、欠压和漏电等保护功能，各路供电应具有单独的控制开关，分别控制。

（2）仪器设备工作环境应满足以下条件：

① 温度为 10～30℃；

② 相对湿度不大于 80%；

③ 无影响测量的气体污染、振动和电磁干扰。

11.1.2.3　设备校准

（1）检查并开机。

检查确认主机及附属设备正常后开机，在设备初始化就绪后，进行不少于 2 次的空白分析，使设备性能稳定、流路中的气体充分置换。

（2）仪器校准。

选取同一标准物质或参考物质（S_2 及 S_4 含量>3mg/g，T_{max}<450℃），精确称取（100±0.1）mg，做两次或两次以上平行测定，确定校准物提供的量值与相应检测值之间的关系，重复测定结果应符合以下要求：

① S_2 连续两次分析的峰面积相对双差应≤5%；

② T_{max} 连续两次分析结果的双差应≤2℃；

③S_4连续两次分析峰面积相对双差应≤10%。

双差与相对双差计算方法如下：

$$\sigma=|A-B| \qquad (11.1)$$

$$\eta=\frac{|A-B|}{(A+B)/2}\times100\% \qquad (11.2)$$

式中　σ——双差；

　　　η——相对双差；

　　　A，B——同一校准物质两次平行测定的结果。

（3）定量方法。

岩石热解分析采用单点校正法（直接比较法）定量，属于外标定量方法，即以一种标准样品作为对照物质，在相同分析条件下，与待测试样品的响应信号相比较进行定量。以"三峰"分析和残余碳分析为例。

S_0含量的计算：

$$S_0=\left(P_0\times Q_{\text{标}S_2}\times W_{\text{标}}\right)/\left(P_{\text{标}S_2}\times W\right) \qquad (11.3)$$

S_1含量的计算：

$$S_1=\left(P_1\times Q_{\text{标}S_2}\times W_{\text{标}}\right)/\left(P_{\text{标}S_2}\times W\right) \qquad (11.4)$$

S_2含量的计算：

$$S_2=\left(P_2\times Q_{\text{标}S_2}\times W_{\text{标}}\right)/\left(P_{\text{标}S_2}\times W\right) \qquad (11.5)$$

S_4含量的计算：

$$S_4=\left(P_4\times Q_{\text{标}S_4}\times W_{\text{标}}\right)/\left(P_{\text{标}S_4}\times W\right) \qquad (11.6)$$

式中　P_0——分析样品S_0峰的峰面积；

　　　P_1——分析样品S_1峰的峰面积；

　　　P_2——分析样品S_2峰的峰面积；

　　　P_4——分析样品S_4的峰面积；

　　　$P_{\text{标}S_2}$——标样S_2峰的峰面积；

　　　$P_{\text{标}S_4}$——标样S_4峰的峰面积；

　　　$Q_{\text{标}S_2}$——标样S_2峰含量，mg/g；

　　　$Q_{\text{标}S_4}$——标样S_4峰含量，mg/g；

　　　$W_{\text{标}}$——标样的质量，mg；

　　　W——分析样品的质量，mg。

11.1.2.4　复性与准确度检验

（1）重复性与准确度要求。

对比分析的目的是检验校准的质量及仪器性能特性，按照重复性与准确度分析要求，选取不同含量的标准物质或参考物质，准确称取（100±10）mg，在"分析"模式下进行检测，测得值 S_2、S_4、T_{max} 的精密度与准确度应符合表11.7、表11.8和表11.9规定的要求；当对比分析结果未能达到规定要求时，应停止使用并进行重新校准和检查，其性能可以满足要求后方可投入使用。

表 11.7 S_2 值指标

S_2 值范围 /（mg/g）	相对偏差 /%	相对误差 /%
（9，20]	≤3	≤6
（3，9]	≤5	≤8
（1，3]	≤10	≤13
（0.5，1]	≤15	≤20
0.1～0.5	≤30	≤50
<0.1	不规定	不规定

表 11.8 S_4 值指标

S_4 值范围 /（mg/g）	相对偏差 /%	相对误差 /%
>20	不规定	不规定
（10，20]	≤8	≤10
（3，10]	≤10	≤15
<3	不规定	不规定

表 11.9 T_{max} 值指标

T_{max} 值范围 /℃	偏差 /℃	误差 /℃
<450	≤2	≤3
≥450	≤3	≤5

注：S_2 小于 0.5mg/g 时，不规定 T_{max} 值的偏差与误差范围。

（2）重复性与准确度检验与计算方法。

重复性指在重复性条件下，对相同试样获得两次或两次以上独立测试结果的一致程度。S_2 与 S_4 重复测定结果的精密度用相对偏差表示，T_{max} 重复测定结果的精密度用偏差表示，偏差与相对偏差计算方法如下：

$$D = \left| X_i - \overline{X} \right| \tag{11.7}$$

$$RD = \frac{\left| X_i - \bar{X} \right|}{\bar{X}} \times 100\% \qquad (11.8)$$

式中　　D——偏差；

　　　　RD——相对偏差，%；

　　　　X_i——当前测得值；

　　　　$\bar{X}$——两次或两次以上测得结果的平均值。

准确度指试样测试结果与被测量真值或约定真值间的一致程度。S_2 与 S_4 测定结果的准确度用相对误差表示，$T_{\max}$ 测定结果的准确度用误差表示，误差与相对误差计算方法如下：

$$\delta = \left| X_i - Y \right| \qquad (11.9)$$

$$Er = \frac{\left| X_i - Y \right|}{Y} \times 100\% \qquad (11.10)$$

式中　　δ——误差；

　　　　Er——相对误差；

　　　　X_i——当前测得值；

　　　　Y——校准物质的量值。

（3）重复性与准确度检验时机。

下列情况下，应使用至少三种不同含量的标准物质进行对比分析并检验仪器性能特性：

①正式录井前；

②正常连续使用超过 30 天；

③仪器维修后。

下列情况下，应使用一种标准物质分析并检验仪器性能特性：

①每次起下钻；

②每次开机；

③仪器连续分析超过 6h；

④发现分析数据有明显偏差时；

⑤仪器停止工作超过 2h。

11.1.3　资料录取要求

11.1.3.1　样品采集间距

（1）烃源岩：岩屑按地质设计要求取样间距执行，井壁取心及岩心按地质设计要求取样间距执行或依据现场需要决定取样间隔。

（2）储集岩：岩屑按地质设计要求取样间距执行，井壁取心及岩心按地质设计要求取样间距执行或依据现场需要决定取样间隔。

（3）钻井液：每 12h 或钻井液性能重大调整之后，或由于钻井液添加剂影响不能确定真假显示的情况下，应取钻井液样品分析。

11.1.3.2　样品采集方法

（1）岩屑：结合钻时、气测等录井资料及时选取有代表性的试样，清洗掉岩屑表面的钻井液，钻探条件下受到有机质污染的样品可以用有机溶剂进行清洗。

（2）岩心和井壁取心：选取未受钻井液污染的中心部位。

（3）钻井液：选取代表当前井深的钻井液样品。

11.1.3.3　样品预处理

（1）储集岩。

① 岩屑样品应在白光和紫外灯下选取有代表性的试样，不得研磨，用滤纸吸附表面水分后直接上机分析。

② 岩心与井壁取心样品破碎至能装入坩埚即可，最小破碎直径不能小于 2～3mm。

③ 因钻速较快无法及时分析的样品，应用玻璃瓶密封低温保存，并标识样品信息。

（2）烃源岩。

应自然风干并研磨后上机分析，研磨后的试样粒径应在 0.07～0.15mm 之间。

（3）钻井液。

分析钻井液样品时，应在坩埚底部放入经粉碎热解后的样品，防止钻井液堵塞坩埚滤网。

11.1.3.4　样品分析要求

以"三峰"分析法为例，分析过程分别检测气态烃（S_0）、液态烃（S_1）及裂解烃（S_2）的含量。

（1）按规定要求对仪器校准或校验后方可进行样品分析。

（2）称取（100±10）mg 的样品（精确到 0.1mg）进行热解分析：

① 通氮气加热到 90℃并恒温测定 C_7 以前的气态烃的含量，即 S_0 值；

② 继续加热到 300℃并恒温使原油的 C_8—C_{35} 的馏分汽化并定量测定其含量，即 S_1 值；

③ 接着从 300℃以 50℃/min 的升温速率程序升温到 600℃并恒温，使原油中的中质组分、重质组分、胶质和沥青质热解、汽化并定量测定其含量，即 S_2 值；

④ 在测定 S_2 的同时，可检测到 S_2 峰最高点的峰顶温度 T_{max}。

（3）如地质设计要求烃源岩评价项目，把已热解分析完毕的样品置入热解残炭分析单元，保持 600℃温度下燃烧，通过检测燃烧产生的二氧化碳含量来计算不能生烃的残余碳含量，即 S_4 值。

（4）进行常规样品分析时，每分析 10～20 个样品插入 1 个标准或参考样品分析核查仪器性能。

（5）按相关要求填写现场样品采集分析记录表。

11.1.4 资料应用与解释

11.1.4.1 烃源岩评价

依据 SY/T 5735—2019《烃源岩地球化学评价方法》，录井烃源岩评价主要围绕有机质丰度、有机质类型、有机质成熟度和生排烃情况四个方面进行。

（1）有机质丰度。

有机质评价指标包括岩石中总有机碳含量（TOC）、生烃潜量（S_1+S_2）和氢指数（HI），不同类型的烃源岩分级标准如下。

① 海相和湖相泥岩、碳酸盐岩可分为四个等级，详见表 11.10。

表 11.10　泥岩和碳酸盐岩有机质丰度评价标准

烃源岩等级	TOC/%	S_1+S_2/（mg/g）
非烃源岩	<0.5	<2
一般烃源岩	0.5～1	2～6
好烃源岩	1～2	6～20
优质烃源岩	>2	>20

② 煤系烃源岩是含煤地层中具备生成油气条件的煤、碳质泥岩和煤系泥岩的总称，主要形成于海陆过渡或沼泽环境。煤系泥岩有机质丰度划分为四个等级，详见表 11.11；碳质泥岩指 TOC 介于 6%～40% 的煤系黑色泥岩，是好的气源岩，作为油源岩，划分等级见表 11.12；煤指 TOC 均大于 40% 的煤系黑色泥岩，是好的气源岩，作为油源岩，划分等级见表 11.13。

表 11.11　煤系泥岩有机质丰度评价标准

烃源岩等级	TOC/%	S_1+S_2/（mg/g）
非烃源岩	<0.75	<2
一般烃源岩	0.75～3	2～20
好烃源岩	3～6	20～70
优质烃源岩	>6	>70

表 11.12　碳质泥岩生油的有机质丰度评价标准

烃源岩等级	TOC/%	HI/（mg/g）	S_1+S_2/（mg/g）
非烃源岩	<6	<150	<10
一般烃源岩	6～10	150～400	10～40
好烃源岩	10～20	400～600	40～70
优质烃源岩	>20	>600	>70

表 11.13　煤生油的有机质丰度评价标准

烃源岩等级	HI/（mg/g）	S_1+S_2/（mg/g）
非油源岩	＜150	＜70
一般油源岩	150～400	70～150
好油源岩	＞400	＞150

（2）有机质类型。

有机质类型划分方案包括腐泥型（Ⅰ型）、腐殖—腐泥型（Ⅱ₁型）、腐泥—腐殖型（Ⅱ₂型）和腐殖型（Ⅲ型）。可利用岩石热解氢指数（HI）、氧指数（OI）、和类型指数（S_2/S_3）划分有机质类型，如仪器不含 S_3 参数，可用氢指数结合降解潜率（D）判别，划分标准见表 11.14。

表 11.14　烃源岩有机质类型划分标准

有机质类型	HI/（mg/g）	OI/（mg/g）	S_2/S_3	D/%
Ⅰ型	≥600	＜50	≥20	＞50
Ⅱ₁型	400～600	50～100	5～20	20～50
Ⅱ₂型	150～400	100～150	3～5	10～20
Ⅲ型	＜150	＞150	＜3	＜10

氢指数为每克有机碳热解所产生的烃量，烃源岩成熟度越高，其氢指数越小，可用氢指数与 T_{max} 值图版划分有机质类型（图 11.4）。

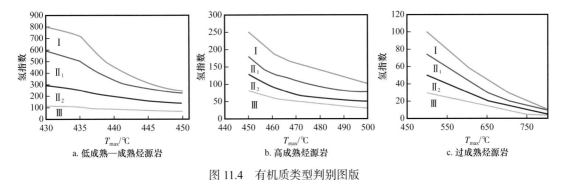

a. 低成熟—成熟烃源岩　　b. 高成熟烃源岩　　c. 过成熟烃源岩

图 11.4　有机质类型判别图版

（3）有机质成熟度。

有机质成熟度指沉积有机质向油气转化的热演化程度，镜质组反射率（R_o）是研究干酪根热演化和成熟度的最佳参数之一，表示镜质组反射光的能力。烃源岩成熟演化划分为未成熟、低成熟、成熟、高成熟和过成熟五个阶段。利用岩石热解 T_{max} 值可以判断烃源岩成熟度，这是由于烃源岩中的干酪根热解生成油气时，首先是热稳定性最差的部分先热解，对余下部分热解就需要更高的热解温度，这样就使热解生烃量最大时的温度 T_{max} 值随成熟度增大而不断升高。岩石热解参数 T_{max} 与镜质组反射率和成熟度的对应关系见表 11.15。

表 11.15　烃源岩成熟度评价标准

演化阶段	R_o/%	T_{max}/℃
未成熟阶段	<0.5	<435
低成熟阶段	0.5～0.7	435～440
成熟阶段	0.7～1.3	440～455
高成熟阶段	1.3～2.0	455～490
过成熟阶段	≥2.0	≥490

烃源岩中的有机质在埋藏过程中随温度、压力的升高而逐渐成熟。由于埋藏深度的增大，地层温度逐渐升高，当温度达到一定数值时，干酪根开始大量生烃，这个温度界限称为干酪根的成熟温度或生油门限。生油门限的深度受多方面地质因素的影响，如温度、构造作用和有机质类型等。在成果总结中，需绘制 T_{max} 值随井深增加的趋势图，当 T_{max} 值随深度增加而有规律性的增大时，一般认为是生油门限深度。

（4）生排烃情况。

①生烃量及排烃量的推算。

成熟烃源岩的生油量为各井段烃源岩生油量之和，其每个井段生油量可按式（11.11）计算：

$$Q_生 = K \times S_2 \times h \times d \times A/10 \tag{11.11}$$

成熟烃源岩的排烃量为各井段烃源岩排烃量之和，其每个井段排烃量可按式（11.12）计算：

$$Q_排 = （S_2 \times K - S_1）\times h \times d \times A/10 \tag{11.12}$$

式中　K——烃源岩热演化系数；

　　　A——含油面积，按 $1km^2$ 计算，km^2；

　　　h——油层有效厚度，m；

　　　d——烃源岩密度，t/m^3。

②生排烃门限。

岩石热解（S_1+S_2）代表了某一阶段下烃源岩的总生烃潜力。对于某一类烃源岩来说，当没有发生排烃作用时，S_1+S_2 即可视为其原始生烃潜力；当烃源岩演化到一定程度并有油气排出后，S_1+S_2 值将逐渐减小，此时它只代表着烃源岩的剩余生烃潜力。

烃源岩演化到不同阶段时的生烃潜力可用不同埋深下烃源岩的生烃指数（HCI）表示，生烃指数代表了单位质量有机质的生烃潜力。生烃指数在地质演化过程中开始由大变小的转折点所对应的埋深即可视为烃源岩的生排烃门限。

（5）区域烃源岩评价方法。

①重点井烃源岩评价。

需要编制单井烃源岩有机地球化学剖面和单井烃源岩评价综合数据表。

② 区域烃源岩层特征和分布。

主要采用有机相或地震相方法。首先进行单井有机相分析，统计不同沉积相或体系域烃源岩的有机地球化学特征，包括有机质丰度、有机质类型或生源组合；然后结合区域沉积相或层序地层学的研究成果，分析评价区主要和次要烃源岩的沉积模式及其平面分布。

③ 烃源岩埋藏史和生烃史分析：

重建单井热演化史；

建立主要烃源岩层的热演化剖面，分区重建埋藏史—成烃演化史曲线；

编制研究区不同层系烃源岩、不同地质时期的镜质组反射率等值线图；

编制不同层系烃源岩、不同地质时期的生烃量和排烃量图表。

④ 烃源岩综合评价。

综合各烃源岩层的有机质丰度、有机质类型、成烃演化特征及烃源岩的分布，根据烃源岩的优劣分级指标，对烃源岩的生烃潜力进行综合评价。

11.1.4.2　储集岩评价

（1）热解参数校正。

地球化学录井技术与其他依托岩样分析的技术一样，它广泛地受到钻井液、工程、现场录井状态和地质条件等诸多方面主观和客观的因素影响，从而造成岩石样品从地下到地表的烃类损失，不能很好地反映储层真实的含油气信息。根据岩屑与壁心、岩心的热解参数散点关系，采用回归分析方法建立岩屑与壁心对应热解参数的烃损恢复函数关系式，将岩屑的热解参数值恢复到壁心及岩心的热解参数值，可以实现对烃损失的校正。

若因变量与自变量散点图呈线性关系时，采用多元线性回归表达式作为烃损恢复函数关系式；若因变量与自变量散点图呈非线性关系时，选取多个非线性函数模型并计算每个非线性函数模型的相关系数及残差平方和，选择相关系数最大及残差平方和最小的函数模型作为烃损恢复函数关系式。

若因变量与自变量散点图呈线性关系，使用多元线性回归分析，以热解烃参数 S_2 为例，多元线性回归表达式为

$$S_{2(壁心)} = aS_{1(岩屑)} + bS_{2(岩屑)} + cPG_{(岩屑)} + dOPI_{(岩屑)} + eTPI_{(岩屑)} + f \qquad （11.13）$$

式中　　$S_{2（壁心）}$——壁心热解烃含量，mg/g；

$\quad\quad S_{1（岩屑）}$——岩屑可溶烃含量，mg/g；

$\quad\quad S_{2（岩屑）}$——岩屑热解烃含量，mg/g；

$\quad\quad PG_{（岩屑）}$——岩屑生烃潜量，mg/g；

$\quad\quad OPI_{（岩屑）}$——岩屑油产率指数；

$\quad\quad TPI_{（岩屑）}$——岩屑油气总产率指数；

$\quad\quad a，b，c，d，e，f$——利用样本集求解的未知系数。

以渤海海域石臼坨凸起东部陡坡带沙河街组中质油为例，岩屑与井壁取心基本呈线性关系，校正关系式见表 11.16，校正结果对比如图 11.5 和图 11.6 所示。

表 11.16　石臼坨凸起东部陡坡带沙河街组热解参数校正关系式

热解参数	校正关系式	相关系数 R^2
S_1	$y=0.1119S_1-4.0163S_2+2.4161PG-5.0005OPI+7.4972TPI+1.0253$	0.9392
S_2	$y=-1.0298S_1-0.4973S_2+0.9533PG-5.3932OPI+5.2682TPI+2.4343$	0.8413

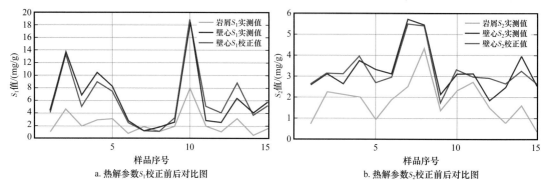

a. 热解参数S_1校正前后对比图　　　　　b. 热解参数S_2校正前后对比图

图 11.5　石臼坨凸起东部陡坡带沙河街组热解参数校正结果对比图

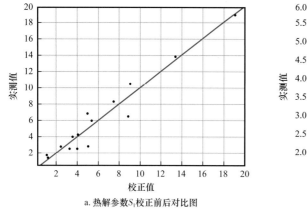

a. 热解参数S_1校正前后对比图　　　　　b. 热解参数S_2校正前后对比图

图 11.6　校正值与实测值相关图

若因变量与自变量散点图呈非线性关系，选取 $y=x/(ax+b)$、$y=a[1-\exp(-bx)]$、$y=a\exp(-bx)$ 及 $y=a+b\lg x$ 非线性函数模型，然后计算每个非线性函数模型的相关系数及残差平方和，选择相关系数最大及残差平方和最小的函数模型，最后得到烃损恢复非线性表达式，当使用双曲线 $y=x/(ax+b)$ 模型进行非线性回归时，以热解参数 S_2 为例，非线性回归表达式为

$$S_{2(\text{壁心})} = S_{2(\text{岩屑})} / \left(aS_{2(\text{岩屑})} + b \right) \tag{11.14}$$

式中　$S_{2（壁心）}$——壁心热解烃含量，mg/g；

　　　$S_{2（岩屑）}$——岩屑热解烃含量，mg/g；

　　　a，b——利用样本集求解的未知系数。

以渤海海域庙西凸起—庙西南凸起南部陡坡带为例，岩屑与井壁取心呈非线性关系，校正关系式见表 11.17，S_1 校正结果对比如图 11.7 及图 11.8 所示。

表 11.17　渤海地区庙西凸起—庙西南凸起南部陡坡带岩屑与井壁取心热解参数校正关系式

热解参数	回归模型	校正关系式	相关系数 R^2
S_1	$y=x/\left(ax+b\right)$	$y=x/\left(0.0232x+0.1500\right)$	0.8464
	$y=a\left[1-\exp\left(-bx\right)\right]$	$y=33.9465\left[1-\exp\left(-0.1845x\right)\right]$	0.8747
S_2	$y=x/\left(ax+b\right)$	$y=x/\left(0.0135x+0.2233\right)$	0.7696
	$y=a\left[1-\exp\left(-bx\right)\right]$	$y=51.7809\left[1-\exp\left(-0.0819x\right)\right]$	0.7808

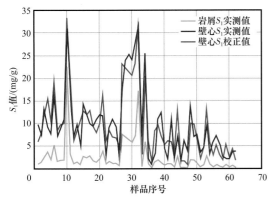
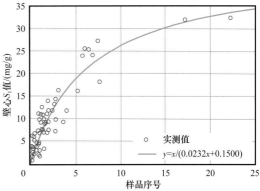

图 11.7　利用回归模型 $y=x/\left(ax+b\right)$ 校正结果对比图

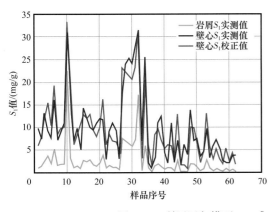
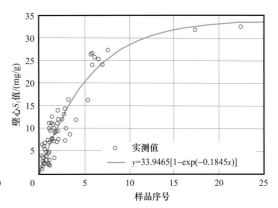

图 11.8　利用回归模型 $y=a\left[1-\exp\left(-bx\right)\right]$ 校正结果对比图

（2）原油性质判断和原油密度估算。

在温度 20℃ 条件下，相对密度介于 0.830～0.870 的原油认定为轻质原油；相对密度介于 0.870～0.920 的原油认定为中质原油；相对密度介于 0.920～1.000 的原油认定为重质原油；相对密度大于等于 1.000 为超重原油或稠油；凝析油指存在露点的油，相对密度一般介于 0.750～0.800，另外还需结合气油比的情况进行判断。若无油品分析资料，可利用地球化学参数划分原油性质和估算原油密度。

① 热解参数法。

不同类型的原油其热解参数判别法见表11.18。

表11.18　岩石热解参数划分原油性质表

原油性质	地球化学录井参数				
	GPI	OPI	TPI	$(S_0+S_1)/S_2$	$T_{max}/℃$
天然气	>0.80	0.01～0.20	0.98～1.00	>2	—
凝析油	0.15～0.40	0.60～0.85	0.95～1.00	1.5～2.0	<400
轻质原油	0.05～0.20	0.70～0.80	0.80～0.90	1.0～1.5	360～410
中质原油	0.03～0.10	0.55～0.70	0.60～0.80	0.5～1.0	400～440
重质原油	0.01～0.05	0.40～0.55	0.45～0.60	0.3～0.8	420～450
稠油	0～0.03	0.35～0.40	<0.50	<0.3	>440

② 热解参数拟合法。

与烃损失校正恢复方法一样，通过热解分析参数与不同原油密度的关系，建立热解参数与原油密度回归关系式。以渤海海域辽东湾为例，不同类型的原油其热解各参数拟合法判别原油密度方法见表11.19。

表11.19　渤海海域辽东湾热解参数预测原油密度关系式

区域	计算公式	R^2
辽东湾（JZ）	$\rho_o=0.2040S_1+0.2276S_2-0.2080PG+0.1058PS+0.7267$	0.8826
辽东湾（LD）	$\rho_o=0.0220S_1+0.0195S_2-0.0196PG-0.0774PS+0.9713$	0.9021

（3）流体类型判别。

流体类型包括油（气）层、含水油（气）层、油（气）水同层、含油（气）水层、干层和水层。通常划分依据可分为数据分析法、含油饱和度分析法和图版法等。

① 数据分析法。

可直接用岩心、井壁取心测定数据判别储层流体类型。井壁取心比岩屑样品代表性强，而且每口井基本都有井壁取心样品，可以根据井壁取心分析数值建立油气划分标准（表11.20）。

表11.20　应用井壁取心分析数据判别储层流体性质

储层（壁心）		油层	油水同层	含油水层	干层	水层
PG/（mg/g）	重质	>20	15～20	10～15	<10	<10
	中质	>10	5～10	3～5	<3	<3

② 含油饱和度分析法。

用岩石热解分析的含油气总量 PG 及原油密度，通过岩石孔隙度及岩石密度来计算单位体积储油岩孔隙中油所占据的体积百分数，含油饱和度估算公式为

$$S_o = \frac{PG \times \rho_{岩}}{\rho_{油} \times \phi_e} \times 10 \tag{11.15}$$

式中　S_o——含油饱和度，%；

　　　PG——经过烃类损失补偿后的含油气总量，mg/g；

　　　$\rho_{油}$——原油密度，g/cm³；

　　　$\rho_{岩}$——岩石密度，g/cm³；

　　　ϕ_e——岩石有效孔隙度值，%。

岩石热解过程是把岩样中的流体（油、气、水）热蒸发，热解后的岩样质量是除去流体的岩石骨架质量，因而热解前后岩石质量之差即为流体（油、气、水）的质量，流体的体积即为孔隙体积。通常应用的是有效孔隙度 ϕ_e，其定义是相互连通的孔隙，有效孔隙度值通常比绝对孔隙度值小 20%～25%，砂岩粒径越小，有效孔隙度越小，由此推导出热解法测定砂岩孔隙度的计算方法（砂岩骨架密度平均值为 2.61g/cm³，有效孔隙度占绝对孔隙度的系数为 0.8）：

$$\phi_e = \left(1 - \frac{\rho_{岩}}{2.61} \times \frac{W_{后}}{W_{前}}\right) \times 0.8 \times 100\% \tag{11.16}$$

式中　$W_{前}$——砂岩热解前质量，g；

　　　$W_{后}$——砂岩热解和氧化后质量，g。

流体体积与流体的质量有关，而流体质量取决于流体的性质，即油和水的质量比，由此可通过岩石中的含油量和含水量来计算岩石密度 $\rho_{岩}$：

$$\rho_{岩} = \frac{W_{岩}}{V_{岩}} = \frac{W_{岩}}{V_{骨} + V_{油} + V_{水}} = \frac{W_{岩}}{\dfrac{W_{骨}}{\rho_{骨}} + \dfrac{\dfrac{W_{岩} \times PG}{1000}}{\rho_{油}} + \dfrac{\left(W_{岩} - W_{水}\right) - \dfrac{W_{岩} \times PG}{1000}}{\rho_{水}}}$$

$$= \frac{W_{前}}{\dfrac{W_{后}}{2.61} + \dfrac{\dfrac{W_{前} \times PG}{1000}}{\rho_{油}} + \left(W_{岩} - W_{水}\right) - \dfrac{W_{岩} \times PG}{1000}} \tag{11.17}$$

式中　$W_{岩}$——岩石质量，g；

　　　$W_{骨}$——岩石骨架质量，g；

　　　$V_{岩}$——岩石体积，cm³；

　　　$V_{骨}$——岩石骨架体积，cm³；

　　　$V_{水}$——孔隙中水的体积，cm³；

$V_{油}$——孔隙中油的体积，cm^3；

$\rho_{骨}$——岩石的骨架密度，g/cm^3；

$\rho_{油}$——岩石孔隙中油的密度，g/cm^3；

$\rho_{水}$——岩石孔隙中水的密度，g/cm^3；

$\rho_{岩}$——岩石密度，g/cm^3；

PG——岩石含油气总量，包括残余油，mg/g。

由于砂岩的主要矿物为石英和长石，可取此两种矿物的密度平均值 2.61 作为砂岩岩石骨架的密度值。水的密度可按水的矿化度而定，如果是淡水，其密度值取 1.0，油的密度也可按上述相关方法求得。砂岩密度也可利用与孔隙度的关系求得。砂岩中的束缚水平均占孔隙体积的 30%，可计算出束缚水饱和度为 30% 的含油砂岩在不同孔隙度下的密度（$\rho_{岩}$），见表 11.21，并建立回归关系式。

表 11.21　砂岩密度与孔隙度关系表

孔隙度 /%	$\rho_{岩}/(g/cm^3)$	孔隙度 /%	$\rho_{岩}/(g/cm^3)$
60	1.61	25	2.25
55	1.71	20	2.34
50	1.80	15	2.43
45	1.88	10	2.52
40	1.98	5	2.61
35	2.07	2	2.66
30	2.16	1	2.68

一般划分储层性质是以含油饱和度为基础，油、水储层的界限见表 11.22。以上划分没有考虑不同的岩石性质的束缚水含量的高低，如泥质砂岩的束缚水饱和度比纯砂岩高，因而应用时要根据岩性不同而适当变动划分界限。

表 11.22　应用井壁取心分析数据判别储层流体性质表

储层性质	油层	油水同层	含油水层	干层	水层
含油饱和度 /%	>50	40～50	20～40	10～20	<10

③ 图版法

根据储层的渗流理论，储层产油、气、水的性质取决于其渗透率大小及其中各流体的饱和度大小。岩石热解总含烃量直观反映了储层含油饱和度情况，岩石热解总含烃量又与储层孔隙度大小直接相关；在相同条件下，储层的含油饱和度和总含烃量随孔隙度增加而增大。因此，可依据孔隙度和含油气总量建立储层流体判别图版，如图 11.9 所示。

一般油层 S_1、S_1/S_2 和 PG 等参数值都较大，地球化学亮点 PG（S_1/S_2）增大了变化幅度，储层含水与地球化学亮点同时变小；如为重质油层，S_1/S_2 值相对中质油降低，但重质油 PG 值较大，二者相乘后的综合值也呈现较大的特征。利用轻重比（S_1/S_2）与地球化学亮点两个参数作图（图 11.10），可区分不同油质的流体特征。

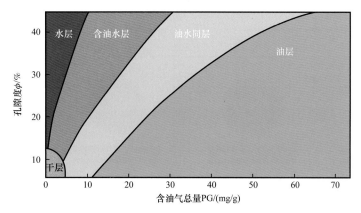

图 11.9　含油气总量—孔隙度储层性质划分图版

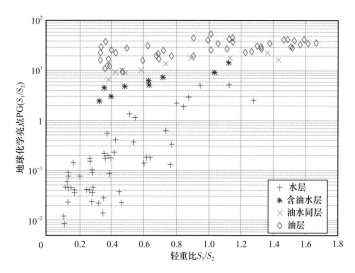

图 11.10　轻重比—地球化学亮点划分图版

11.2　热蒸发烃气相色谱分析

气相色谱分析在 20 世纪 40—50 年代进入了中国石油勘探与地质研究领域，一般是利用岩石中氯仿沥青的测定方法，用抽提方式对原油萃取后注入色谱进行分析。热蒸发烃气相色谱分析技术是利用热解吸进样与气相色谱联用技术进行分析，具有灵敏度高、稳定性好和样品无需提前处理等特点，大大缩短了分析周期。

11.2.1　技术原理

热蒸发指通过加热使一种化合物转化为其他相态化合物的变化过程。热蒸发烃气相色谱分析原理是样品经过 300℃恒温加热 3min，挥发性烃类组分从岩样中释放出来，在载气的携带下进入毛细管色谱柱，使各单体烃组分分离；经氢火焰离子化检测器检测及信号放大后，由计算机记录各组分的色谱峰并计算各饱和烃组分的含量（图 11.11）。为了避免储层原油中较重烃类热裂解成轻烃或烯烃，导致分析的烃类组分分布失真，热蒸发烃分析的温度必须控制在小于 350℃。

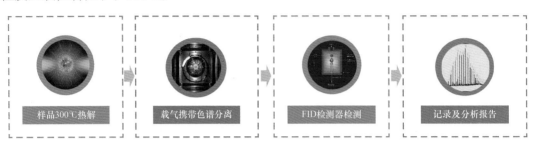

样品300℃热解　→　载气携带色谱分离　→　FID检测器检测　→　记录及分析报告

图 11.11　热蒸发烃气相色谱技术原理示意图

11.2.1.1　分析参数

（1）检测结果。

热蒸发烃气相色谱分析可直接得到储层岩石中 nC_8—nC_{40} 的饱和烃组成，包括正构烷烃、姥鲛烷（Pr）和植烷（Ph）各组分的峰高、峰面积和质量分数等，分析谱图如图 11.12 所示。

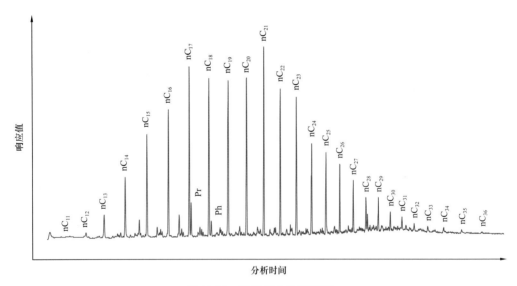

图 11.12　油气组分分析谱图

（2）组分定性识别方法。

由于热蒸发烃分析条件固定，各种物质在一定的色谱条件下均有确定的保留值，碳数少的组分先流出色谱柱。根据姥鲛烷（Pr）、植烷（Ph）与 nC_{17}、nC_{18} 伴生形成两对特征双峰的特点，以及正构烷烃由低碳数到高碳数连续近于等间距分布的特点，对热蒸发烃组分进行定性研究（图 11.12）。

（3）定量计算方法。

由于组分的含量与其峰面积成正比，如果样品中所有组分都能产生信号，可通过计算每个单体烃的峰面积或峰高，采用归一法定量分析。归一化法有时候也被称为百分法，不需要标准物质帮助来进行定量，也不需要精确控制进样量，它直接通过峰面积或峰高进行归一化计算从而得到待测组分的含量，即把所有组分含量之和按100%计算，计算每个化合物百分比含量，计算公式为

$$C_i = \frac{A_i f_i}{\sum_{i=1}^{n} A_i f_i} \times 100\% \qquad (11.18)$$

式中　C_i——正构烷烃某组分、姥鲛烷或植烷的质量分数，%；

　　　A_i——正构烷烃某组分、姥鲛烷或植烷的峰面积；

　　　f_i——组分 i 的相对定量校正因子。

由于烃类化合物质量校正因子接近于1，因此在计算中可以不加校正因子，见式（11.19）：

$$C_i = \frac{A_i}{\sum_{i=1}^{n} A_i} \times 100\% \qquad (11.19)$$

11.2.1.2　参数计算

（1）主峰碳为一组色谱峰中峰面积或质量分数最大的正构烷烃碳数。

（2）奇偶优势（OEP）：

$$OEP = \left[\frac{C_{K-2} + 6nC_K + nC_{K+2}}{4nC_{K-1} + 4nC_{K+1}} \right]^{-1^{(K+1)}} \qquad (11.20)$$

式中　K——主峰碳数；

　　　C_K——主峰碳组分质量分数，其余类推。

（3）碳奇偶优势指数（CPI）：

$$CPI = \frac{1}{2} \times \left(\frac{nC_{25} + nC_{27} + \cdots + nC_{33}}{nC_{24} + nC_{26} + \cdots + nC_{32}} + \frac{nC_{25} + nC_{27} + \cdots + nC_{33}}{nC_{26} + nC_{28} + \cdots + nC_{34}} \right) \qquad (11.21)$$

式中　C_{25}——组分的质量分数，其余类推。

（4）$\sum nC_{21-}/\sum nC_{22+}$ 为 nC_{21} 之前的组分质量分数总和与 nC_{22} 之后组分质量分数总和的比值。

（5）（$nC_{21} + nC_{22}$）/（$nC_{28} + nC_{29}$）为 nC_{21}、nC_{22} 组分质量分数之和与 nC_{28}、nC_{29} 组分质量分数之和的比值。

（6）Pr/Ph 为姥鲛烷峰面积与植烷峰面积的比值。

（7）Pr/nC_{17} 为姥鲛烷峰面积与正十七烷峰面积比值。

（8）Ph/nC_{18} 为植烷峰面积与正十八烷峰面积比值。

11.2.2　录井准备

11.2.2.1　仪器设备要求

（1）主要设备。

热蒸发烃气相色谱仪具有热解和毛细管柱分流进样系统，包括程序恒温和升温控制系统、弹性石英毛细管色谱柱和氢火焰离子化检测器（FID）等装置。

（2）附属设备与材料。

① 氢气发生器：为测量仪器提供载气并为 FID 检测器提供助燃气体，要求输出压力 ≥0.4MPa，流量≥300mL/min，纯度≥99.99%。

② 空气压缩机：为测量仪器中 FID 检测器提供助燃气体并为设备中气动元件提供动力气，要求输出压力≥0.4MPa，空气供气量≥1000mL/min。

③ 氮气发生器：为测量仪器中 FID 检测器提供尾吹气，要求输出压力≥0.4MPa，氮气发生量≥300mL/min，纯度≥99.99%（相对含氧量）。

④ 电子天平：定量称量样品质量，要求最大称量≤100g，实际分度值≤0.1mg。

⑤ 暗箱式荧光观察仪：挑选岩样中含有油气显示的样品进行分析，要求含 365nm 波长的紫外灯。

⑥ 恒温冷藏箱：用于临时存储来不及分析的样品，要求温度控制范围为 2~20℃，容积≥50L。

⑦ UPS 不间断稳压电源：为设备提供稳定的电源，要求额定功率≥3000W，断电持续时间≥30min（额定负载情况下）。

⑧ 样品存储瓶：用于密闭保存储集岩中有油气显示的样品，可密封的螺旋口或钳口玻璃瓶，容积≥20mL。

11.2.2.2　工作条件检查

（1）电源要求：同岩石热解分析技术。

（2）环境要求：同岩石热解分析技术。

（3）分析条件：

① 热蒸发温度为储集岩 300℃，恒温 3min。

② 色谱柱线速为 18~30cm/s。

③ 尾吹气流量为 35~45mL/min。

④ 色谱柱温度为初温 100℃，恒温 1~3min，以 10~25℃/min 升温至 310℃，恒温 10~15min，恒温至无峰显示为止。

⑤ 氢气流量为 35~45mL/min。

⑥ 空气流量为 350~500mL/min。

11.2.2.3　仪器校验

（1）检查并开机。

检查确认主机及附属设备正常后开机，在设备初始化就绪后，进行不少于两次的空白分析，使设备性能稳定、流路中的气体充分置换。

（2）校验项目与要求。

选取物理或化学特性与常规测试样相同或充分相似的样品作为仪器校验的物质，并且研磨均匀（粒径在 0.07～0.15mm 之间），保证正构烷烃组分齐全（nC$_{13}$—nC$_{40}$），按以下要求进行分析，并检验仪器性能特性。

① 基线稳定性。

放入无污染的空坩埚，空白运行 1～2 周期，运行至基线平直，基线噪声与漂移不大于 30mV/30min。

② 分离度。

分离度又称分辨率，为了判断分离物质对在色谱柱中的分离情况，常用分离度作为色谱柱的总分离效能指标，用 R 表示。R 等于相邻色谱峰保留时间之差与两色谱峰峰宽均值之比，表示相邻两峰的分离程度，R 越大，表明相邻两组分分离效能越好（图 11.13）。

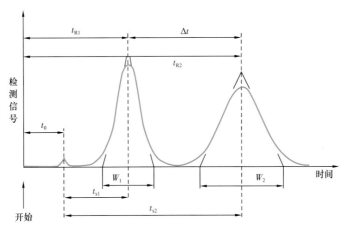

图 11.13　分离度计算示意图

按式（11.22）计算分离度，nC$_{17}$ 与 Pr 的分离度不小于 1.2：

$$R=2\left(t_{R2}-t_{R1}\right)/\left(W_1+W_2\right) \tag{11.22}$$

式中　t_{R1}，t_{R2}——两个组分的保留时间；

　　　W_1，W_2——两个组分的峰宽。

③ 保留时间重现性。

被分离样品组分从进样开始到柱后出现该组分浓度极大值时的时间，即从进样开始到出现某组分色谱峰的顶点时为止所经历的时间，称为此组分的保留时间。保留时间重现性也是衡量仪器性能的主要指标之一，一般要求饱和烃组分平行（3 次）测定，读取 nC$_{17}$、nC$_{23}$ 的保留时间，同一组分保留时间绝对偏差应小于 2s。

④ 仪器稳定性。

选取质量控制样品作为仪器校验的物质，称取量为（50±1）mg 进行平行分析，连续测试不少于 3 次，饱和烃组分峰形应对称，测试结果符合表 11.23 的规定。

表 11.23　热蒸发烃组分平行分析相对偏差指标

计算参数	相对偏差 /%
OEP	≤15
Pr/Ph	≤15
Pr/nC_{17}	≤15
Ph/nC_{18}	≤15
$\Sigma nC_{21-}/\Sigma nC_{22+}$	≤10
$(nC_{21}+nC_{22})/(nC_{28}+nC_{29})$	≤10

按式（11.8）计算相对偏差：

$$RD = \frac{\left| X_i - \overline{X} \right|}{\overline{X}} \times 100\% \qquad （11.8）$$

式中　RD——相对偏差，%；

　　　X_i——当前测得值；

　　　$\overline{X}$——两次或两次以上测得结果的平均值。

⑤ 校验时间。

在下列情况下，应对仪器进行校验，当评定指标任何一项未能达到规定要求时，应停止使用并进行重新校验和检查，符合要求方可继续使用。这些情况包括正式录井前、正常连续使用超过 15 天，以及当发现数据出现明显偏差时。

11.2.3　资料录取要求

11.2.3.1　样品采集间距

（1）岩屑油气显示段。

① 按地质设计要求取样间距执行。

② 井壁取心储层逐颗选取。

③ 岩心按储集岩逐层取样，单层厚度大于 0.5m 时，每 0.5m 取 1 个样品；见油气显示，每 0.2m 取 1 个样品。

（2）钻井液。

同岩石热解分析技术样品采样间距要求。

11.2.3.2　样品采集方法

同岩石热解分析技术样品采集方法。

11.2.3.3　样品预处理

（1）岩屑样品分析前应在荧光灯下挑选对应深度的储集岩样品，用滤纸吸去水分，在

10min 内上机分析。

（2）井壁取心和岩心样品应去除表面污染物，破碎选取中心部位，粒径大小以能放入坩埚为宜。

（3）因钻速较快无法及时分析的样品，应用玻璃瓶密封低温保存，并标识样品信息。

11.2.3.4 样品分析要求

（1）按规定要求对仪器校验后方可进行样品分析。

（2）称取（50±10）mg 的待测试样（精确到 0.1mg）进行分析，如含油性较高，适当降低进样量。

（3）分析过程按仪器操作说明输入样品相关信息，并填写现场样品采集分析记录表。

11.2.4 资料应用与解释

11.2.4.1 真假油气显示识别

气相色谱对于特殊有机质的输入作用也很敏感，钻井过程中加入的各种有机添加剂，也可以分析出不同的色谱峰，常见钻井添加剂如图 11.14 所示，其与正常原油组分具有明显的差异性。当不确定何种添加剂影响的时候，一般选取一些钻井液样品进行色谱分析后确定。

11.2.4.2 储层油气性质识别

天然气和石油均是不同碳数烃类的混合物，所谓干气、湿气、凝析油、轻质油、中质油和重质油之分，主要是所含不同碳数烃类的比例不同，含碳数小的烃类多则油轻，含碳数大的烃类多则油重。因此，根据谱图形态及分析数据（图 11.15），基本可准确识别储层原油性质。

（1）天然气：干气藏是以甲烷为主的气态烃，甲烷含量一般在 90% 以上，有少量的 C_2 以上的组分。湿气藏含有一定量的 C_2—C_9 组分，由于热蒸发烃分析主要为碳数大于 9 的组分，一般显示为前部隆起混合峰。

（2）凝析油：是轻质油藏和凝析气藏中产出的油，正构烷烃碳数范围分布窄，主要分布在 nC_1—nC_{20}，主碳峰为 nC_8—nC_{10}，$\Sigma C_{21-}/\Sigma C_{22+}$ 值很大，色谱峰表现为前端高峰型，峰坡度极陡。由于分析条件限制，色谱前部基线隆起，可见一个部分分离开的凝析油气混合峰。

（3）轻质原油：轻质烃类丰富，正构烷烃碳数主要分布在 nC_1—nC_{28} 之间，主碳峰为 nC_{13}—nC_{15}，$\Sigma C_{21-}/\Sigma C_{22+}$ 值大，为前端高峰型，峰坡度极陡。同样受分析条件限制，色谱前部基线隆起，可见一个未分离开的轻质油气混合峰。

（4）中质原油：正构烷烃含量丰富，碳数主要分布在 nC_{10}—nC_{32} 之间，主碳峰为 nC_{18}—nC_{20}，$\Sigma C_{21-}/\Sigma C_{22+}$ 比轻质原油小，色谱峰表现为中部高峰型，峰形饱满。

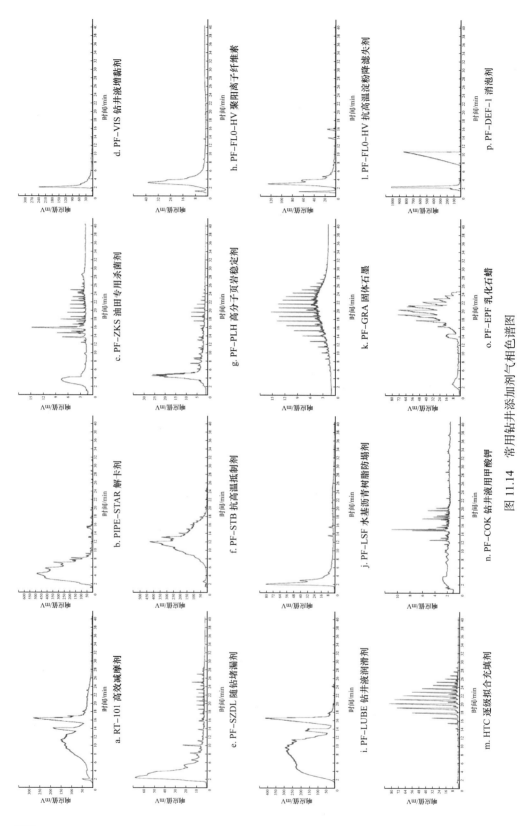

图 11.14　常用钻井添加剂气相色谱图

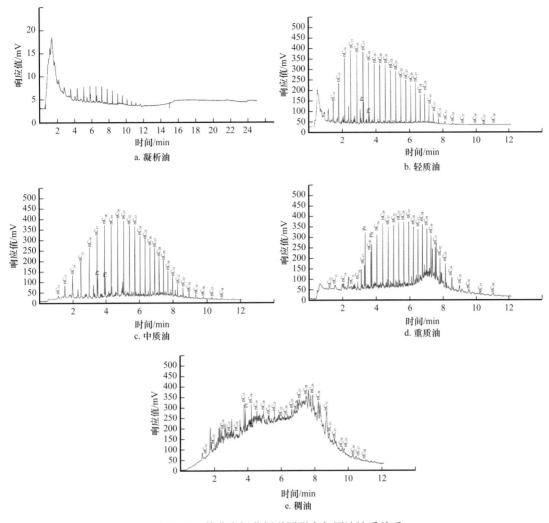

图 11.15　热蒸发烃分析谱图形态与原油性质关系

（5）重质原油：重质原油异构烷烃和环烷烃含量丰富，胶质、沥青质含量较高，链烷烃含量特别少。重质原油组分峰谱图主要特征是正构烷烃碳数主要分布在 nC_{15}—nC_{40} 之间，主碳峰为 nC_{23}—nC_{25}，主峰碳数高，$\Sigma C_{21-}/\Sigma C_{22+}$ 值小，谱图基线后部隆起，色谱峰表现为后端高峰型。

（6）稠油或特稠油：这类油主要分布在埋深较浅的储层中，储层原油遭受氧化或生物降解等改造作用产生歧化反应，这些作用的结果改变了烃类化合物的组成，基本检测不到烷烃（蜡）组分，只剩下胶质、沥青质和非烃等杂原子化合物，整体基线隆起。

11.2.4.3　储层流体性质识别

在烃源岩有机质类型、热演化程度一致的前提下，一般通过饱和烃曲线幅度、形态、组分参数间相互参数比值关系、未分辨化合物含量等的变化趋势进行综合分析，进而识别油、气、水层。

11.2.4.3.1　谱图直观识别法

（1）含正常原油的储层。

正常原油指烃族组成以正构烷烃为主的原油，不同储层流体性质的热蒸发烃气相色谱图如图 11.16 所示。

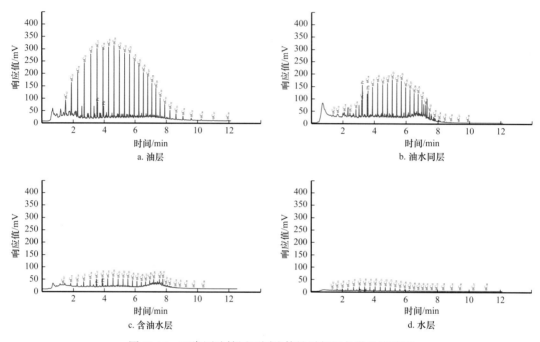

图 11.16　正常原油储层不同流体性质气相色谱分析谱图

① 油层：正构烷烃含量较高，碳数范围较宽，一般在 C_8—C_{37} 之间，主峰碳不明显，轻质油谱图外形近似正态分布或前峰型，中质油谱图外形近似正态分布或正三角形，基线未分辨化合物含量低，层内上下样品分析差异不大。

② 油水同层：主峰碳后移，谱图外形为后峰型，正构烷烃含量较高，碳数范围较油层窄，一般为 C_{13}—C_{29}，$\Sigma C_{21-}/\Sigma C_{22+}$ 比油层略低，基线未分辨化合物含量略增加，层内上下样品分析差异较大。

③ 含油水层：正构烷烃含量降低，碳数范围较油层窄，一般为 C_{15}—C_{29}，$\Sigma C_{21-}/\Sigma C_{22+}$ 比油水同层低，基线未分辨化合物含量高，Pr/nC_{17}、Ph/nC_{18} 有增大的趋势。

④ 水层：不含任何烃类物质的水层，气相色谱的分析谱图为无任何显示的一条直线。含有烃类物质的水层，正构烷烃含量极低，碳数范围窄，基线未分辨化合物含量高。

（2）含稠油的储层。

稠油可分为原生型和次生型两种类型。原生型稠油指有机质在热演化过程中所生成的未成熟—低成熟油，其稠化因素来自母源，与油气的次生变化基本无关，一般具有相对较高的重质组分（非烃和沥青质）；而次生型稠油则是原油经次生变化而形成的，原油的运移到聚集成藏及成藏之后的各个阶段均可发生次生变化作用，这些作用包括生物降解、水洗作用、氧化作用、气洗脱沥青、热化学硫酸盐还原和热成熟等；这些次生蚀变作用中，氧化作用、生物降解作用和水洗作用等次生作用常常是原油稠化的重要因素，其密度和黏度升高。

热蒸发烃气相色谱对于氧化或降解作用很敏感，不同储层流体性质的热蒸发烃气相色谱图如图11.17所示。

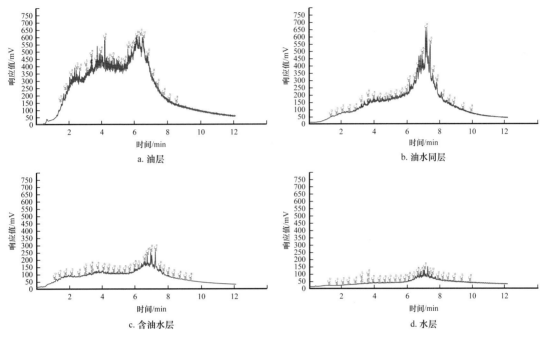

图 11.17　稠油储层的不同流体性质气相色谱分析谱图

① 油层特征：正构烷烃有一定程度损失，异构烷烃及一些未分辨化合物含量较大，Pr、Ph 和环状生物标记化合物相对富集，基线中前部开始抬升，隆起明显，重质、胶质及沥青质含量增加，层内上下样品分析差异不大。

② 油水同层特征：正构烷烃已全部消失，Pr、Ph 部分或全部消失，C_{30} 前未分辨化合物含量逐渐减少，但环状生物标记化合物基本未受影响；基线中前部抬升隆起比油层低，重质、胶质及沥青质含量增加，层内上下样品分析差异较大。

③ 含油水层特征：正构烷烃和异构烷烃全部消失，基线中前部抬升隆起较低，Pr、Ph 全部消失；C_{30} 前未分辨化合物含量很低，甚至检测不到任何组分；但环状生物标记化合物全部被降解，而且产生了一系列新的降解产物。色谱分析特征与油层、油水同层有较大差异。

④ 水层的特征：不含任何烃类物质的水层，气相色谱的分析谱图为无任何显示的一条直线。含有烃类物质的水层，烃类含量极低，碳数范围窄，基线未分辨化合物含量高。

11.2.4.3.2　图版法

（1）含正常原油储层。

对于正常原油，通过未分辨峰的细微变化，分别计算正构烷烃和未分辨峰的总峰面积，可以区分油、气、水层（图 11.18）。

（2）含稠油原油储层。

由于受生物降解作用影响程度较大，原油中的正构烷烃逐渐缺失，类异戊二烯烷烃和重排甾烷缺失，烃类中的三环萜烷、甾烷、藿烷在饱和组分分馏中缺失。从严重降解稠油样品的"基线鼓包"（不可分辨的复杂混合物）中计算包络线的面积，根据"轻—中—重"部分的相对含量可区分出储层含油性及含水情况，分别计算"轻—中—重"部分的峰面积，然后选择合适参数组合，绘制热蒸发烃解释图版（图 11.19）。

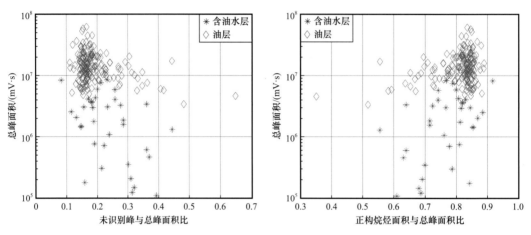

图 11.18　中质油储层热蒸发烃解释图版

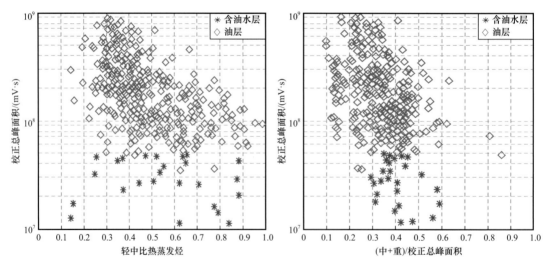

图 11.19　稠油储层热蒸发烃解释图版

11.3　轻烃气相色谱分析

地球化学中轻烃通常泛指原油中的 C_1—C_9 烃类，包含正构烷烃、异构烷烃、环烷烃和芳香烃，是石油和天然气的重要组成部分，在原油中含量最高，组分最丰富，它的生成、运移、聚集和破坏既相似于石油但又往往具有许多独特特征，对地层的温度、压力和流水等物理化学作用变化很敏感，因其蕴含丰富的地球化学信息而日益受到重视。

11.3.1　技术原理

11.3.1.1　方法原理

轻烃分析是顶空分析与气相色谱联用的技术，是将气相色谱分离分析方法与样品的预处理相结合的一种简便、快速的分析技术，轻烃录井分析原理如图 11.20 所示。顶空分析是通过样品基质上方的气体成分来测定这些组分在样品中的含量。轻烃分析技术是将钻井过程中返出井口的岩屑、岩心或壁心样品经过处理后装瓶密封，样品中的吸附烃经过压力和温度的变化使其脱附和挥发，经过一段时间达到气、液（固）相分配平衡后，通过气相色谱分析法分析样品顶部空间的轻烃（C_1—C_9）气体组成和含量，来反映油气藏的性质和特征。

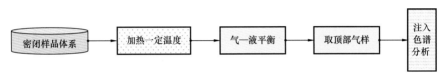

图 11.20　轻烃分析原理框图

11.3.1.2　分析参数

轻烃分析可得到 C_1—C_9 中的正构烷烃、异构烷烃、环烷烃和芳香烃类等一百多个化合物（典型的化合物类型见表 11.24），并可计算出所测化合物的峰面积、质量分数等原始参数。

表 11.24　轻烃分析中典型的化合物类型

碳数	脂肪烃			芳香烃
	正构烷烃	异构烷烃	环烷烃	
C_1	甲烷			
C_2	乙烷			
C_3	丙烷			
C_4	正丁烷	2- 甲基丙烷		
C_5	正戊烷	2- 甲基丁烷 2，2- 二甲基丙烷（偕二甲基）	环戊烷	
C_6	正己烷	2- 甲基戊烷 3- 甲基戊烷 2，2- 二甲基丁烷（偕二甲基） 2，3- 二甲基丁烷	环己烷 甲基环己烷	苯

续表

碳数	脂肪烃			芳香烃
	正构烷烃	异构烷烃	环烷烃	
C_7	正庚烷	2-甲基己烷 3-甲基己烷 2，4-二甲基戊烷 2，3-二甲基戊烷 3-乙基戊烷 2，2-二甲基戊烷（偕二甲基） 3，3-二甲基戊烷（偕二甲基） 2，2，3-三甲基丁烷（偕二甲基）	甲基环己烷 1，反3-二甲基环戊烷 1，顺3-二甲基环戊烷 1，反2-二甲基环戊烷 1，1-二甲基环戊烷（偕二甲基） 乙基环戊烷	甲苯
C_8	正辛烷	2-甲基庚烷 3-甲基庚烷 4-甲基庚烷 2，5-二甲基己烷 2，4-二甲基己烷 2，3-二甲基己烷 2-甲基-3-乙基戊烷 2，2-二甲基己烷（偕二甲基） 3，3-二甲基己烷（偕二甲基） 2，2，4-三甲基戊烷（偕二甲基）	1，顺3-二甲基环己烷 1，反4-二甲基环己烷 1，反2-二甲基环己烷 1，反3-二甲基环己烷 1，顺2-二甲基环己烷 1，1-二甲基环己烷（偕二甲基） 乙基环己烷 1-甲基，顺3-乙基环戊烷 1-甲基，反3-乙基环戊烷 1-甲基，反2-乙基环戊烷 三甲基环己烷（各构型的）	乙基苯、 邻二 甲苯、 对二 甲苯、 间二 甲苯
C_9	正壬烷			

11.3.1.3　组分定性

定性分析的工作就是鉴别分离出来的色谱峰代表的是什么化合物。轻烃分析结果定性一般采用标准谱图参照法，并保存为模板；在分析其他样品时，按模板的出峰顺序，把物质的保留时间用紧靠它的前后两个正构烷烃作为参考峰来标定，该方法一般称为模拟保留指数法。典型定性轻烃分析结果如图 11.21 所示，分析结果单体烃组成见表 11.25。

11.3.1.4　定量方法

轻烃分析可通过计算每个单体烃的峰面积或峰高，采用归一法定量分析。由于烃类化合物质量校正因子接近于 1，在计算中不加校正因子，见式（11.19）。

$$C_i = \frac{A_i}{\sum_{i=1}^{n} A_i} \times 100\%$$

（11.19）

式中　C_i——试样中组分 i 的质量分数，%；

　　　A_i——组分 i 的峰面积或峰高。

表 11.25　轻烃组分定性分析表

峰编号	化合物名称	代号	类型	碳数	峰编号	化合物名称	代号	类型	碳数
1	甲烷	nCH_4	nP	1	20	3，3-二甲基戊烷	$33DMC_5$	iP	7
2	乙烷	nC_2H_6	nP	2	21	环己烷	CYC_6	N	6
3	丙烷	nC_3H_8	nP	3	22	2-甲基己烷	$2MC_6$	iP	7
4	异丁烷	iC_4H_{10}	iP	4	23	2，3-二甲基戊烷	$23DMC_5$	iP	7
5	正丁烷	nC_4H_{10}	nP	4	24	1，1-二甲基环戊烷	$11DMCYC_5$	N	7
6	2，2-二甲基丙烷	$22DMC_3$	iP	5	25	3-甲基己烷	$3MC_6$	iP	7
7	2-甲基丁烷	iC_5H_{12}	iP	5	26	1，顺3-二甲基环戊烷	$c13DMCYC_5$	N	7
8	正戊烷	nC_5H_{12}	nP	5	27	1，反3-二甲基环戊烷	$t13DMCYC_5$	N	7
9	2，2-二甲基丁烷	$22DMC_4$	iP	6	28	3-乙基戊烷	$3EC_5$	iP	7
10	环戊烷	CYC_5	N	5	29	1，反2-二甲基环戊烷	$t12DMCYC_5$	N	7
11	2，3-二甲基丁烷	$23DMC_4$	iP	6	30	2，2，4-三甲基戊烷	$224TMC_5$	iP	8
12	2-甲基戊烷	$2MC_5$	iP	6	31	正庚烷	nC_7H_{16}	nP	7
13	3-甲基戊烷	$3MC_5$	iP	6	32	甲基环己烷	$MCYC_6$	N	7
14	正己烷	nC_6H_{14}	nP	6	33	1，顺2-二甲基环戊烷	$c12DMCYC_5$	N	7
15	2，2-二甲基戊烷	$22DMC_5$	iP	7	34	2，2-二甲基己烷	$22DMC_6$	iP	8
16	甲基环戊烷	$MCYC_5$	N	6	35	乙基环戊烷	$ECYC_5$	N	7
17	2，4-二甲基戊烷	$24DMC_5$	iP	7	36	2，5-二甲基己烷	$25DMC_6$	iP	8
18	2，2，3-三甲基丁烷	$223TMC_4$	iP	7	37	2，4-二甲基己烷	$24DMC_6$	iP	8
19	苯	Bz	A	6	38	1，反2，顺4-三甲基环戊烷	$ctc124TMCYC_5$	N	8

续表

峰编号	化合物名称	代号	类型	碳数
39	3,3-二甲基己烷	33DMC$_6$	iP	8
40	1,反2,顺3-三甲基环戊烷	ctc123TMCYC$_5$	N	8
41	2,3,4-三甲基戊烷	234TMC$_5$	iP	8
42	甲苯	TOL	A	7
43	2,3-二甲基己烷	23DMC$_6$	iP	8
44	2-甲基-3-乙基戊烷	3E2MC$_5$	iP	8
45	1,1,2-三甲基环戊烷	112TMCYC$_5$	iP	8
46	2-甲基庚烷	2MC$_7$	iP	8
47	4-甲基庚烷	4MC$_7$	iP	8
48	3,4-二甲基己烷	34DMC$_6$	iP	8
49	1,顺2,反4-三甲基环戊烷	cct124TMCYC$_5$	N	8
50	3-甲基庚烷	3MC$_7$	iP	8
51	1,顺3-二甲基环己烷	c13DMCYC$_6$	iP	8
52	1,反4-二甲基环己烷	t14DMCYC$_6$	N	8
53	1,1-二甲基环己烷	11DMCYC$_6$	N	8
54	2,2,5-三甲基己烷	225TMC$_6$	iP	9
55	1-甲基-反3-乙基环戊烷	t1E3MCYC$_5$	N	8
56	1-甲基-顺3-乙基环戊烷	c1E3MCYC$_5$	N	8
57	1-甲基-反2-乙基环戊烷	t1E2MCYC$_5$	N	8
58	1-甲基-1-乙基环戊烷	1E1MCYC$_5$	N	8
59	1,反2-二甲基环己烷	t12DMCYC$_6$	N	8
60	1,顺2,反3-三甲基环戊烷	ccc123TMCYC$_5$	N	8
61	1,反3-二甲基环己烷	t13DMCYC$_6$	N	8
62	正辛烷	nC$_8$H$_{18}$	nP	8
63	异丙基环戊烷	iC$_3$CYC$_5$	N	8
64	九碳环烷	C$_9$N	N	9
65	2,4,4-三甲基己烷	244TMC$_6$	iP	9
66	九碳环烷	C$_9$N	N	9
67	2,3,5-三甲基己烷	235TMC$_6$	iP	9
68	1-甲基-顺2-乙基环戊烷	c1E2MCYC$_5$	N	8
69	2,2-二甲基庚烷	22DMC$_7$	iP	9
70	1,顺2-二甲基环己烷	c12DMCYC$_6$	N	8
71	2,2,3-三甲基己烷	223TMC$_6$	iP	9
72	2,4-二甲基庚烷	24DMC$_7$	iP	9
73	4,4-二甲基庚烷	44DMC$_7$	iP	9
74	正丙基环戊烷	nC$_3$CYC$_5$	N	8
75	2-甲基-4-乙基己烷	2M4EC$_6$	iP	9
76	2,6-二甲基庚烷	26DMC$_7$	iP	9

续表

峰编号	化合物名称	代号	类型	碳数	峰编号	化合物名称	代号	类型	碳数
77	1，1，3－三甲基环己烷	113TMCYC$_6$	N	9	95	4－甲基辛烷	4MC$_8$	iP	9
78	九碳环烷	C$_9$N	N	9	96	2－甲基辛烷	2MC$_8$	iP	9
79	2，5－二甲基庚烷	25DMC$_7$	iP	9	97	2，3－二甲基－3－乙基己烷	23DM3EC$_6$	iP	10
80	3，3－二甲基庚烷	33DMC$_7$	iP	9	98	3－乙基庚烷	3EC$_7$	iP	9
81	九碳环烷	C$_9$N	N	9	99	3－甲基辛烷	3MC$_8$	iP	9
82	3－甲基－3－乙基己烷	3E3MC$_6$	iP	9	100	邻二甲苯	OXYL	A	8
83	乙苯	ETBZ	A	8	101	1，1，2－三甲基环己烷	112TMCYC$_6$	N	9
84	九碳环烷	C$_9$N	N	9	102	顺1，顺2，反4－三甲基环己烷	cct124TMCYC$_6$	N	9
85	2，3，4－三甲基己烷	234TMC$_6$	iP	9	103	1－甲基－2－丙基环戊烷	1M2C$_3$CYC$_5$	N	9
86	反1，反2，反4－三甲基环己烷	ttt124TMCYC$_6$	N	9	104	1－甲基－顺3－乙基环己烷	c1E3MCYC$_6$	N	9
87	顺1，顺3，反5－三甲基环己烷	cct135TMCYC$_6$	N	9	105	1－甲基－反4－乙基环己烷	t1E4MCYC$_6$	N	9
88	间二甲苯	MXYL	A	8	106	九碳环烷	C$_9$N	N	9
89	对二甲苯	PXYL	A	8	107	九碳环烷	C$_9$N	N	9
90	2，3－二甲基庚烷	23DMC$_7$	iP	9	108	异丁基环戊烷	iC$_4$CYC$_5$	N	9
91	3，4－二甲基庚烷	34DMC$_7$（D）	iP	9	109	2，2，6－三甲基庚烷	226TMC$_7$	iP	10
92	3，4－二甲基庚烷	34DMC$_7$（L）	iP	9	110	九碳环烷	C$_9$N	N	9
93	九碳环烷	C$_9$N	N	9	111	十碳链烷	C$_{10}$P	P	10
94	4－乙基庚烷	4EC$_7$	iP	9	112	正壬烷	nC$_9$H$_{20}$	nP	9

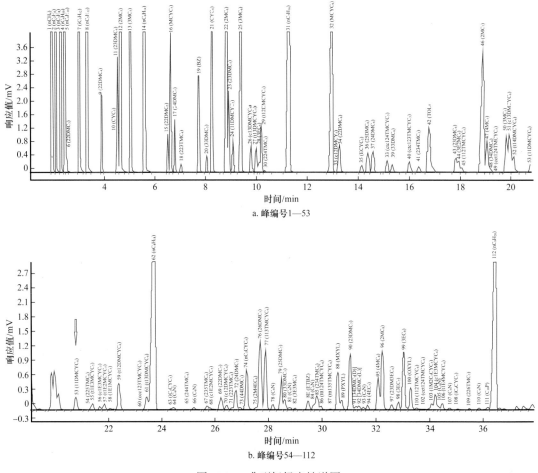

图 11.21　典型轻烃定性谱图

11.3.1.5　参数计算

（1）各碳数范围轻烃组成参数。

依据每个单体烃的峰面积，计算不同碳数的组分个数、总峰面积、正构烷烃含量、异构烷烃含量、环烷烃含量、芳香烃含量和总含量，并计算所有单体烃组分个数、总峰面积、正构烷烃含量、异构烷烃含量、环烷烃含量、芳香烃含量和总含量。

① 不同碳数的组分个数：不同碳数范围内检测的单体烃数量。

② 不同碳数的总峰面积：不同碳数范围内检测的单体烃峰面积之和，单位为 mV·s。

③ 不同碳数的正构烷烃含量：不同碳数范围内检测的正构烷烃峰面积占同碳数单体烃峰面积的之和百分比。

④ 不同碳数的异构烷烃含量：不同碳数范围内检测的异构烷烃峰面积占同碳数单体烃峰面积的之和百分比。

⑤ 不同碳数的环烷烃含量：不同碳数范围内检测的环烷烃峰面积占同碳数单体烃峰面积的之和百分比。

⑥ 不同碳数的芳香烃含量：不同碳数范围内检测的芳香烃峰面积占同碳数单体烃峰面积的之和百分比。

⑦ 所有单体烃组分个数、总峰面积、正构烷烃含量、异构烷烃含量、环烷烃含量、芳香烃含量和总含量，将以上不同碳数的相同参数数值累加。

（2）其他比值参数。

依据单体峰面积计算比值参数，主要参数参见表 11.26。

表 11.26 轻烃比值参数

序号	参数	序号	参数
1	$\Sigma(C_1—C_5)$	18	$TOL/11DMCYC_5$
2	$\Sigma(C_6—C_9)$	19	$\Sigma C_5/\Sigma C_6$
3	$\Sigma(C_1—C_5)/\Sigma(C_1—C_9)$	20	$\Sigma(nC_4—nC_8)/\Sigma(iC_4—iC_8)$
4	$nC_7/(DMCYC_5+11DMCYC_5)$	21	$(2MC_5–3MC_5)/(23DMC_4–22DMC_4)$
5	TOL/nC_7	22	$3MC_5/23DMC_4$
6	$3MC_5/nC_6$	23	iC_5/nC_5
7	$nC_6/(CYC_6+MCYC_6)$	24	$MCYC_6/(2MC_6+3MC_6)$
8	$\Sigma(C_6—C_9)/\Sigma(C_1—C_9)$	25	$\Sigma C_6/\Sigma C_7$
9	iC_6/CYC_6	26	$TOL/MCYC_6$
10	$2MC_5/22DMC_4$	27	$(nC_6+nC_7+nC_8)/\Sigma(C_6—C_8)$
11	Bz/CYC_6	28	$(23DMC_5+24DMC_5)/(2MC_6+3MC_6)$
12	$nC_5/(CYC_5+MCYC_5)$	29	石蜡指数 $=(2MC_6+3MC_6)/$ $(11DMCYC_5+c13DMCYC_5+$ $t13DMCYC_5+t12DMCYC_5)$
13	苯指数 $=Bz/(Bz+$ $23DMC_4+2MC_5+3MC_5+nC_6+MCYC_5+CYC_6)$	30	正庚烷值 $=nC_7H_{16}/$ $(CYC_6+2MC_6+23DMC_5+11DMCYC_5+$ $3MC_6+c13DMCYC_5+t13DMCYC_5+$ $t12DMCYC_5+224TMC_5+nC_7H_{16}+MCYC_6)\times100\%$
14	Mango 指数（K1）	31	甲基环己烷指数 $=MCYC_6/(nC_7H_{16}+11DMCYC_5+$ $c13DMCYC_5+t13DMCYC_5+t12DMCYC_5+ECYC_5+$ $MCYC_6)\times100\%$
15	$\Sigma(CYC_4—CYC_8)/\Sigma(iC_4—iC_8)$	32	环己烷指数 $=CYC_6/(nC_6H_{14}+MCYC_5+$ $CYC_6)\times100\%$
16	$(Bz+TOL)/\Sigma(CYC_5—CYC_6)$	33	环烷指数
17	$\Sigma(CYC_5—CYC_6)/\Sigma(nC_5—nC_9)$		

11.3.2　录井准备

11.3.2.1　仪器设备要求

（1）主要设备。

轻烃组分分析仪：具有顶空进样和毛细管柱分流进样系统，包括程序恒温和升温控制系统、弹性石英毛细管色谱柱、氢火焰离子化检测器（FID）等装置。

轻烃分析一般选用 PONA 聚合物多孔层毛细管色谱柱，柱长 50m，内径为 0.20～0.25mm，膜厚 0.25～0.5μm。

（2）附属设备与材料。

包括氢气发生器、空气压缩机、氮气发生器、UPS 不间断稳压电源同热蒸发烃气相色谱技术。

（3）样品瓶。

用于采集样品，为可密封的钳口玻璃瓶，容积≥20mL。

11.3.2.2　工作条件检查

（1）电源要求。

同岩石热解分析技术电源要求。

（2）环境要求。

同岩石热解分析技术环境要求。

（3）分析条件。

①气液平衡温度为（80±5）℃，恒温时间不少于 30min。

②色谱柱线速为 18～30cm/s。

③尾吹气流量为 35～45mL/min。

④色谱柱温度为初温 35～40℃，保持 10min，升温速率为 10～20℃/min，一阶温度为 150℃，保持 5～10min。

⑤氢气流量为 35～45mL/min。

⑥空气流量为 350～500mL/min。

11.3.2.3　仪器校验

11.3.2.3.1　检查并开机

检查确认主机及附属设备正常后开机，在设备初始化就绪后，进行不少于两次的空白分析，使设备性能稳定、流路中的气体充分置换。

11.3.2.3.2　校验项目与方法

（1）基线稳定性。

仪器在 100℃恒温状态下，待基线稳定后记录基线 30min，基线中噪声最大峰值与最小峰值之差对应的信号值为仪器的基线噪声；基线偏离起始点最大的响应信号值为仪器的基线漂移，基线噪声与基线漂移最大不超过 0.03mV/30min。

（2）仪器稳定性。

选取含 C_1—C_9 范围内的轻质油或凝析油样品作为仪器校验的物质，重复分析不少于 3 次，并计算甲基环己烷指数、异庚烷值和庚烷值等比值参数，测试结果计算参数相对偏差小于 10%。

按式（11.8）计算相对偏差：

$$RD = \frac{|X_i - \bar{X}|}{\bar{X}} \times 100\%$$ （11.8）

式中 RD——相对偏差，%；

X_i——当前测得值；

$\bar{X}$——两次或两次以上测得结果的平均值。

（3）分离度。

分离度要求如下：

① 甲烷与乙烷分离度大于 1.0；

② 1，顺 3- 二甲基环戊烷与 1，反 3- 二甲基环戊烷分离度大于 1.2；

③ 1，反 3- 二甲基环戊烷与 1，反 2- 二甲基环戊烷分离度大于 1.2。

按式（11.22）计算分离度：

$$R = 2（t_{R2} - t_{R1}）/（W_1 + W_2）$$ （11.22）

式中 t_{R1}，t_{R2}——两个组分的保留时间；

W_1，W_2——两个组分的峰宽。

（4）校验时间。

在下列情况下，应对仪器进行校验：

① 正式录井前；

② 调整仪器的技术参数后；

③ 仪器修理后；

④ 中途停止录井 3 天以上、重新开始录井前。

11.3.3 资料录取要求

11.3.3.1 采样间距

（1）岩屑：按地质设计要求取样间距执行，采样间隔为 2～5m 取 1 个样；当单层厚度不大于 2m 时，确保每层取 1 个样。

（2）岩心：单层厚度不大于 0.5m，每层取 1 个样品；单层厚度大于 0.5m，每 0.5m 取 1 个样品；见油气显示，应加密取样，每 0.2m 取 1 个样品。

（3）壁心样品：按需选取。

（4）钻井液：同岩石热解分析技术样品采样间距要求。

11.3.3.2　样品采集方法

（1）岩屑：有气体显示异常或含荧光以上显示级别段采样。

（2）岩心和壁心：选取未受钻井液污染的中心部位，储集岩逐层采样。

（3）钻井液：选取代表当前井深的钻井液样品。

11.3.3.3　样品预处理

（1）样品清洗。

岩屑样装瓶密封前应进行清洗，清洗方法要因岩性而定，以不漏掉显示、不破坏岩屑为原则。

（2）样品封装。

所有类型样品采样后应在 2min 内装瓶密封，岩屑、钻井取心样品装至样品瓶 2/3 位置，井壁取心样品根据实际情况选取样品量。

（3）样品标识。

采样后应在样品瓶的标签上标注井号、井深等信息。

11.3.3.4　样品分析

（1）按规定要求对仪器校验后方可进行样品分析。

（2）密闭后样品分析前应预热 30min 以上，为防止长期保存发生物理化学反应，采样后的样品应确保 7 天内分析。

（3）仪器按设定的条件稳定后启动分析，顶空进样器自动将样品气注入色谱分析系统。

（4）分析过程按仪器操作说明输入样品相关信息，并填写现场样品采集分析记录表。

11.3.4　资料应用与解释

11.3.4.1　油气源分析

轻烃组成与油气形成的地球化学条件有密切关系，概括起来有两个方面：一是成因内在方面的原始有机质的类型和性质，如海相和陆相有机质，由沉积环境决定；二是有机质的热演化程度、涉及埋藏历史和地温梯度等。同时，识别评价油水层应先确定成因类型和成熟度指标后再分类识别评价。轻烃评价油气源常见参数如下。

（1）评价参数。

① 石蜡指数（PI1）。

$PI1=（2MC_6+3MC_6）/（11DMCYC_5+c13DMCYC_5+t13DMCYC_5+t12DMCYC_5）$，也叫异庚烷值，用来研究母质类型和成熟度。正庚烷主要来自藻类和细菌，对成熟作用十分敏感，是良好的成熟度指标。次生蚀变作用包括生物降解、水洗和蒸发分馏等都会影响储层原油的正庚烷值。

② 正庚烷值（PI2）。

PI2=nC$_7$H$_{16}$/（CYC$_6$+2MC$_6$+23DMC$_5$+11DMCYC$_5$+3MC$_6$+c13DMCYC$_5$+t13DMCYC$_5$+t12DMCYC$_5$+224TMC$_5$+ ECYC$_5$+nC$_7$H$_{16}$+MCYC$_6$）×100%，用来研究母质类型和成熟度，次生蚀变作用会改变庚烷值大小。

③ 甲基环己烷指数（MCH）。

MCH=MCYC$_6$/（nC$_7$H$_{16}$+11DMCYC$_5$+c13DMCYC$_5$+t13DMCYC$_5$+t12DMCYC$_5$+ECYC$_5$+MCYC$_6$）×100%，甲基环己烷主要来自高等植物木质素、纤维素和糖类等，热力学性质相对稳定，是反映陆源母质类型的良好参数，它的大量出现是煤成油轻烃的一个特点。

④ 环己烷指数（CH）。

CH =CYC$_6$/（nC$_6$H$_{14}$+MCYC$_5$+CYC$_6$）×100%，反映烃源岩母质类型。

⑤ 二甲基环戊烷指数（DMCP）。

DMCP=（nC$_6$H$_{14}$+2MC$_5$+3MC$_5$）/（c13DMCYC$_5$+t13DMCYC$_5$+t12DMCYC$_5$）×100%，各种结构的二甲基环戊烷主要来自水生生物的类脂化合物，并受成熟度影响；二甲基环戊烷的大量出现是海相油轻烃的一个特点，所表征的地球化学意义是随着热力学作用的加强，演化进程的加深，不同构型的二甲基环戊烷相应地发生脱甲基和开环作用而成为正己烷和甲基戊烷。

⑥ 环烷指数（Ⅰ）。

Ⅰ =（∑DMCYC$_5$+ECYC$_5$）/nC$_7$H$_{16}$，各种构型的二甲基环戊烷和乙基环戊烷含量受母质成熟度的影响大，正庚烷对成熟度很敏感，环烷指数Ⅰ反映了轻烃的演化阶段。

⑦ 环烷指数（Ⅱ）。

Ⅱ =CYC$_6$/nC$_7$H$_{16}$，环己烷含量受母质成熟度的影响大，正庚烷对成熟度很敏感，环烷指数Ⅱ、庚烷值的大小，反映了轻烃的演化阶段。

⑧ Mango 指数（K1）。

K1=（2MC$_6$ + 23DMC$_5$）/（3MC$_6$+24DMC$_5$），用于油源分类与对比，同一个油族中K1值是恒定的，而对于不同烃源岩的油样K1值则不同。轻烃指纹参数不仅可以用于原油的分类和气—油—烃源岩的对比，而且还可以用于同源油气形成后经水洗、生物降解和热蚀变等影响而造成的细微化学差异的判别，反映了油气的运移和保存条件。

（2）评价标准。

轻烃反映生烃母质特征的评价标准见表 11.27、表 11.28。

表 11.27　轻烃分析母质类型判别标准

母质类型	甲基环己烷指数 /%	环己烷指数 /%
腐泥型 Ⅰ 型	<35（±2）	<27（±2）
腐泥型 Ⅱ 型	35～50（±2）	
腐殖型 Ⅲ 型	>50（±2）	>27（±2）

表 11.28　轻烃分析成熟度判别标准

成因类型	环烷指数 I	环烷指数 II	正庚烷值 /%	异庚烷值 /%	演化阶段
腐泥型 I 型、II 型	>3.8	>3.0	0～5	0～1	未成熟
	0.34～3.80	0.64～3.00	5～30	1～2	成熟
	0.11～0.34	0.38～0.64	>30	>2	高成熟
	<0.11	<0.38			过成熟
腐殖型 III 型	>14	>40	0～18	0～1	未成熟
	0.50～14	2.2～40	18～30	1～2	成熟
	0.13～0.50	0.54～2.20	>30	>2	高成熟
	<0.13	<0.54			过成熟

11.3.4.2　储层特征判别

要实现对储层的客观评价，首先要实现有效价值目标层的确定，通过轻烃丰度及重烃比例大小区分可能的产层和非产层；其次是对油气层是否含水进行精细化评价，通过轻烃化合物的质量浓度和分布、稳定性及在水中的溶解度等物理化学性质差异，找出不同环境、不同储层性质条件下这些轻烃参数的变化规律，利用轻烃参数变化规律进行层内、层间可动流体分析，选择代表性组分的变化特征，实现储层含水的综合评价。

（1）油气丰度评价参数。

一般来说，轻烃质量浓度和地层的含油气丰度呈正相关关系，储层含油气丰度越高，所溶解的轻烃个数和含量越大，当轻烃组分数量很少时，指示储层不含油，主要评价参数如下。

①轻烃组分个数。

轻烃组分检测出的个数，取决于储层原油饱和度和原油中轻烃的含量，轻烃组分个数越多，储层含油可能性越大

②$\sum(C_1—C_5)$。

$C_1—C_5$ 类烃中所有组分峰面积之和，没有油显示的储层可能含有水溶气和较多的游离气，表现为 $\sum(C_1—C_5)$ 较大。

③$\sum(C_6—C_9)$。

$C_6—C_9$ 类烃中所有组分峰面积之和，表现为油显示储层 $\sum(C_6—C_9)$ 较大。

④轻重比。

$\sum(C_1—C_5)/\sum(C_6—C_9)\times100\%$，轻重比值越大，含轻质油气可能性越大。

⑤重总比。

$\sum(C_6—C_9)/\sum(C_1—C_9)\times100\%$，储层中存在具有开采价值的正常原油，必然存在 $C_7—C_9$ 烃类化合物，重总比值越大，指示储层产油的可能性越大。

⑥直链烷烃（nP）。

$C_1—C_9$ 中所有直链烷烃峰面积之和，I 型干酪根富含正构烷烃。

⑦ 支链烷烃（iP）。

C_1—C_9 中所有支链烷烃峰面积之和，Ⅲ型干酪根富含异构烷烃。

⑧ 环烷烃（N）。

C_1—C_9 中所有环烷烃峰面积之和，Ⅱ型干酪根富含环烷烃。

⑨ 芳香烃（A）。

苯、甲苯、间二甲苯、对二甲苯和邻二甲苯峰面积之和，Ⅲ型干酪根的母质富含芳香烃。

（2）油气水层评价参数。

在成因类型、热演化程度相同的情况下，主要依据生物降解和水洗等次生作用，找出轻烃参数的变化的规律，从而识别油水层，常见油气水层评价参数如下。

① iC_5/nC_5。

异戊烷和正戊烷的比值，在有机质的成熟度和运聚生成环境条件一致的前提下，微生物优先消耗正构烷烃，而异构烷烃相对于同碳数的正构烷烃有较强的抵抗力，导致了较高的比值，iC_5/nC_5 值可反映 C_5 类烃中生物降解程度。

② $3MC_5/nC_6$。

正己烷对生物降解作用比较敏感，而异构烷烃相对于同碳数的正构烷烃有较强的抵抗力，导致了较高的比值，$3MC_5/nC_6$ 值可反映 C_6 类烃中生物降解程度。

③ 正庚烷值。

C_7 类烃中正庚烷对生物降解作用最为敏感，环烷烃具有较强的抗生物降解能力，并且随着生物降解程度的增加，单取代向多取代转变，形成一系列异己烷质量分数系列，生物降解导致比值变小。

④ $(2MC_5-3MC_5)/(23DMC_4-22DMC_4)$。

C_6 类烃中，在正常石油中，异己烷有 $2MC_5>3MC_5>23DMC_4>22DMC_4$ 的质量分数系列，而当原油遭受生物降解作用的时候，异己烷抗生物作用的能力正好与正常原油异构的质量分数系列相反。

⑤ $22DMC_3/CYC_5$。

C_5 类烃中，2，2-二甲基丙烷为含季碳原子异构烷烃，化学稳定性较差、易溶于水，比值减小则含水可能性大。

⑥ $(22DMC_5+223TMC_4+33DMC_5)/11DMCYC_5$。

C_7 类烃中 $22DMC_5$、$223TMC_4$、$33DMC_5$ 是 C_7 类烃中化学稳定性较差、易溶于水并含季碳原子的异构烷烃，在成熟原油中通常为微量组分；$11DMCYC_5$ 是所有 C_7 类烃中抗微生物降解能力最强的环烷烃，水洗作用可导致比值减小。

⑦ $(2MC_6+3MC_6)/(11DMCYC_5+c13DMCYC_5+t13DMCYC_5+t12DMCYC_5)$。

也叫石蜡指数或异庚烷值，对 C_7 类烃中不同支链烷烃而言，甲基己烷类降解快于甲基戊烷和二甲基环戊烷类，单甲基链烷烃比双甲基链烷烃和三甲基链烷烃优先降解；1，顺3-二甲基环戊烷和1，反3-二甲基环戊烷具有中等的抗生物降解能力，1，反2-二甲基环戊烷是二甲基环戊烷中降解最快的。生物降解作用可导致石蜡指数减小。

⑧ $MCYC_6 / (2MC_6 + 3MC_6)$。

烷基化程度和烷基取代位置是影响微生物降解的两个主要因素，对 C_7 类烃中不同支链烷烃而言，单甲基链烷烃比双甲基链烷烃和三甲基链烷烃优先降解，2- 甲基己烷比3- 甲基己烷优先降解，一个异构体具邻近的甲基基团则可增强它的抗生物降解能力。甲基位于末端位置的比位于中间位置的异构体更易于被细菌攻击，$MCYC_6$ 抗微生物降解能力较强，生物降解作用可导致比值增大。

⑨ $(23DMC_5 + 24DMC_5) / (2MC_6 + 3MC_6)$。

不同的烷基化程度抗生物降解的程度也是不同的，较大的烷基取代有较强的抗生物降解能力，甲基链烷烃类大部分降解掉后，二甲基烷烃类才可能被代谢掉。C_7 烃类中，$23DMC_5$、$24DMC_5$ 是抗生物降解能力最强的两个双甲基取代烃类化合物，抗生物降解能力远高于甲基己烷类。

⑩ $11DMCYC_5 / ECYC_5$。

在生物降解期间，乙基环戊烷比二甲基环戊烷降解快得多，可能由于空间位阻的原因，取代在同一碳上的双甲基取代抑制了细菌的攻击。同时，1，1- 二甲基环戊烷是二甲基环戊烷中抗生物降解能力最强的，随着生物降解程度增加，比值有增大趋势。

⑪ Bz/CYC_6。

苯极易溶于水，Bz/CYC_6 值可反映 C_6 类烃的水洗程度。

⑫ $TOL/MCYC_6$。

甲苯和甲基环己烷峰面积的比值，甲苯易溶于水，水洗作用导致比值变小。

⑬ $TOL/11DMCYC_5$。

甲苯和 1，1- 二甲基环戊烷峰面积的比值，甲苯易溶于水，$11DMCYC_5$ 是所有 C_7 类烃中抗微生物降解能力最强的环烷烃，水洗作用可导致比值减小。

⑭ TOL/nC_7。

甲苯和正庚烷峰面积的比值，甲苯易溶于水，但芳香烃由于有毒，抗生物降解能力较强，正庚烷是所有 C_7 类烃中抗微生物降解能力最敏感的化合物，水洗作用可导致比值减小，生物降解作用可导致比值增大。当原油遭受蒸发分馏作用时，芳香烃的含量相对于相似相对分子质量的正构烷烃会增加，无支链的链烷烃和环烷烃相对于支链的异构体增加，链烷烃相对环烷烃含量下降，随气相或轻质油向浅处构造或圈闭运移聚集 TOL/nC_7 值相对降低。

11.3.4.3　油气水层评价图版

直接利用以上常用敏感参数或组合参数，分区域建立解释评价图版（图 11.22），实现对油气水层的精细解释评价。

11.4　录井影响因素与应对措施

录井方法有很多种，但无论哪一种方法，测量结果都不能够完全反映地层原始状态和真实情况。地球化学录井技术与其他依托岩样分析的技术一样，受储层类型、油气层类型、钻井复杂工况及其他因素的影响。因此，需要足够了解影响因素并严格控制，才能使评价结果与真实地质情况更加吻合。

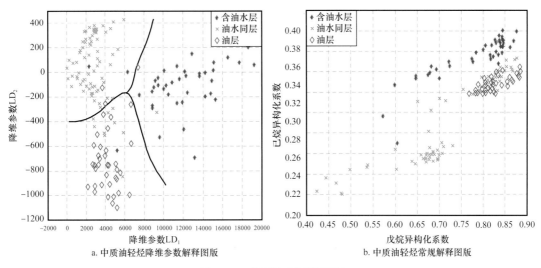

a. 中质油轻烃降维参数解释图版　　　　　　b. 中质油轻烃常规解释图版

图 11.22　轻烃解释评价图版

11.4.1　主要影响因素

11.4.1.1　钻井工程方面

（1）钻头类型。

钻头类型、新旧程度不同，形成破碎岩屑的颗粒大小不同，造成的油气散失程度也不同，进而影响地球化学分析结果。此外，随着 PDC 钻头、螺旋钻铤和定向动力钻具的推广使用，导致岩屑颗粒越来越细小、混杂，也大大增加了挑选真实样品的难度。

（2）钻井液冲洗、侵入。

钻井过程中，岩屑从井底被钻井液携带到地面的过程中，含油岩屑中的原油不断被冲洗流失，导致岩样含油气信息损失严重。含油储层埋深越深，油质越轻、物性越好，岩屑受到钻井液的冲洗影响越大。

岩心和井壁取心在钻井液的冲洗作用下烃类损失相对较低。但是，由于井壁在钻井液浸泡和钻井液柱压力作用下，会对井壁形成不同侵入范围的冲洗带，此范围内储层孔隙中的烃类被滤液所冲洗、排替，从而造成岩心表面和井壁取心样品中烃类的损失。

（3）钻井液添加剂及混油污染。

钻井液中使用的有机添加剂及混入的润滑油，均会成为岩样的污染源，并且有的添加剂材料难以用水洗完全去除，这些物质在热解时会产生大量的烃类，使地球化学分析数值不同程度的升高，造成地层含油气的假象，干扰正确的评价分析结果。

（4）钻井液性能及井眼条件。

钻井液的性能不好或井眼不规则等，会导致井筒中岩屑不能被携带出井口，造成岩屑的长久滞留、混杂，反复被研磨、冲洗，油气信息损失进一步加剧。

11.4.1.2　样品采集方面

（1）样品捞取。

在迟到时间无误的条件下，准确的捞砂时间、正确的捞砂间距和捞样方法等，对能否打捞到有代表性的岩屑样品至关重要，也是保证地球化学录井质量的前提。

（2）取样密度。

取样密度不够，可能造成决定储层产液性质关键点样品的漏取，分析结果代表性就较差；反之，储层取样间距越密，越能够反映储层的真实含油气性。陆相碎屑岩油气层岩性变化大，储油物性、含油饱和度变化也大，油层的非均质性非常突出，一个单油层不仅上、下部含油饱和度有较大差异，在横向上岩性也不均一。在每米间距的岩屑样品中，砂岩样品的含油饱和度相差较大（不包含掉块岩屑）；深度相差仅 0.2m 的两块岩心，其热解参数也会出现极大差别；甚至对于同一块岩心，同深度的不同取样位置，也会出现热解参数的差异。

（3）样品清洗。

岩屑表面附着的钻井液对地球化学录井分析结果影响较大，若清洗不干净，里面含有的添加剂被热解生成烃类，将导致分析数值偏高。因此，捞取后的岩屑应及时进行清洗，去除附着在岩屑表面的钻井液污物及其他杂质。清洗后的岩屑表层油气信息几乎殆尽，如果砂岩胶结比较好，呈颗粒状的含油岩屑其烃类热解分析值一般只有同层位岩心的 1/3～1/2；当岩屑呈单砂粒状时，不管砂岩的胶结情况如何，其烃类热解分析值仅有岩心烃类热解分析值的 1/100～1/10。

（4）样品挑选。

挑选有代表性的样品是确保地球化学录井质量的关键。碎屑岩储层物性变化大，非均质性异常突出，对于同一块岩心，含油饱和度不仅会有纵向上的非均质性，横向也会表现出巨大的差异，导致地球化学分析数值相差数倍。同样，由于受钻井液冲洗及钻井与井筒条件导致真假岩屑混杂，同一包岩屑中挑出的样品分析结果也有较大的差异。

（5）样品存储与放置时间。

待分析的岩屑、岩心及井壁取心样品不能长时间放置或在阳光下暴露，放置时间越长，烃损失越严重。含油气样品在空气中及阳光下晒几分钟，游离气及凝析油就可能全部挥发掉。对含有中质原油的岩样在室温 18℃ 的空气中放置 4 天，S_0 损失 100%，S_1 损失 31%，含轻质原油样品烃损失更加严重。岩心与井壁取心样品应在返出地面后 10min 内装瓶密封保存，岩屑样应在清洗后立即密封于样品瓶中，在条件许可的情况下，最好在低温状态下保存。

11.4.1.3　分析操作方面

（1）样品制备。

当设备性能满足分析要求等待分析时，岩石热解与热蒸发烃气相色谱分析应选取有代表性的样品并按要求称重分析，挑样应在明亮的光线下，有油气显示的需在荧光灯下挑样并优先上机分析。

① 岩屑选样前再次用清水洗掉残余污染物，将样品用镊子挑在滤纸上吸取表面水分，含油样品禁止用滤纸包裹或吸附，样品处理速度要快，尽量减少轻烃的损失。

② 岩心样品和壁心样品应当挑取中间部位，砂岩样品不能碎成粉末状且不可研磨，颗粒的大小以坩埚能装进即可。

③ 所有类型的砂岩样品称量后应立即上机分析，挑样过程严禁将泥岩碎屑带入，样品含有干酪根、煤屑和沥青等有机物时，热解时会产生烃类，增大砂岩的含油气等级，造成砂岩含油气假象。

④ 泥岩类样品应在自然风干条件下按要求的粒度研磨后进行分析，禁止选取烘干样分析。

⑤ 轻烃分析前样品应预热，时间不少于 30min。

（2）样品分析。

样品分析过程中，受操作人员技术素质、熟练程度、设备及外围附属设备性能等诸多因素影响，因此，对每一个可能影响资料质量的因素都必须考虑到并尽可能予以控制，要确保仪器性能符合要求，附属设备定期维护、定时校验，严格按照仪器分析条件要求操作。

① 温度控制精度。

岩石热解、热蒸发烃气相色谱及轻烃分析仪器中，温度控制精度是关键性技术指标之一，如果温度控制不准确，可能导致岩石热解 T_{max} 指标不符合要求、热蒸发烃和轻烃分析轻重比发生变化和保留时间重现性差等问题。

② 载气及辅助气体性能。

热解分析、热蒸发烃分析和轻烃分析技术中，烃类气体都需要通过载气携带进入检测器检测分析，载气流速不稳定、纯度低将导致分析结果严重失真，辅助气体不稳定，将导致氢火焰离子化检测器火焰波动，造成仪器噪声增加。

③ 仪器性能。

仪器性能是确保地球化学录井质量的前提，设备的最小检测量、灵敏度、测量重复性、测量准确度和动态线性范围等特征直接影响到分析结果的准确性。

④ 装样坩埚的影响。

坩埚是长时间处在高温环境中使用的，其质量、体积、壁厚和透气性等性能也将影响分析结果，一般要求坩埚在使用 100 次以上时需更换。

11.4.1.4 地质因素方面

（1）储层原油性质。

原油性质不同，烃损失程度也不同。轻质原油储层样品损失最大，中质原油次之，重质原油损失量最小。轻质油、凝析气和天然气由于轻烃组分含量高，挥发严重，如果样品放置时间过长，可能会导致地球化学录井显示低或无显示。

（2）储层物性。

储层物性越好，胶结疏松，烃类损失程度则越大；低孔低渗储层，由于油气向外扩散慢，导致分析结果显示偏高。

（3）特殊岩性。

碳酸盐岩、火山岩和变质岩等油气赋存空间特殊的储集岩，以裂缝、缝洞为油气储集空间，含油气的非均质性较强，油气沿裂缝面和孔洞面发育，给含油气岩样的挑选工作带来了较大难度，也会出现分析结果显示偏低的现象。

11.4.2　应对措施

上述几方面影响因素中，有些影响因素是人为因素可以避免的，而有些影响因素如地质和工程上的影响很难有效控制，但可以通过校正提高资料应用水平。因此，必须研究如何解决这些影响因素，把影响降至最低至关重要。

11.4.2.1　规范样品采集与分析

地球化学录井技术在取样环节受到取样分析及时性、取样密度、选取样品的代表性、样品清洗程度和方法等人为因素的影响较大。样品采集与分析操作人员必须有较高的责任心和扎实的技术素质，通过规范的操作流程和量化的操作标准，做到不同分析项目的每一个环节准确无误，最大程度上减少烃类损失，使储层评价更符合实际。

对于岩屑样品的清洗，以不漏掉显示、不破坏岩屑及矿物为原则，洗样用水要保持清洁，严禁油污，严禁高温。正确方法是采取漂洗方法，洗至微显岩石的本色即可，严禁用水猛烈冲洗，以防含油砂岩、疏松砂岩、沥青块、煤屑、石膏、盐岩和造浆泥岩等易散失、易水解、易溶岩类被冲散流失。对于轻烃分析的岩样，简单清洗表面钻井液即可。

11.4.2.2　规范设备标定与校验

地球化学录井仪器性能也是影响解释评价的关键，仪器不稳定、精度差，就不能反映出地下油气的真实信息，导致解释评价结果出现偏差。因此，应定期用标准样品来检验仪器的精密度、测量的准确度及测量的精确度，通过规范调校方法来减少客观存在的影响，仪器性能必须在规定的范围内才能分析样品。

11.4.2.3　开展校正方法研究

要针对各种影响因素的原因、在录井手段上的响应特征开展相应的研究，恢复校正钻头钻开油层后由于温度和压力变化造成的烃类损失及在井筒里钻井液冲刷造成的烃类损失。

11.4.2.4　开展解释评价方法研究

任何一项录井技术都存在着自身的优势与不足及影响因素，面对诸多影响因素，除了采取相应对策消除部分影响外，必须加强不同影响因素前提下的应用研究，克服自身影响因素，细化评价标准，建立不同地区与不同层位、储层类型、原油类型、油气性的解释评价方法，在细微中查"真相"、变化中找规律，做到见微知著，从储层解释评价的角度进一步消除这类影响。

　　总之，只有对地球化学录井工作中的各项操作规范予以严格落实，强化操作人员的责任心，控制地球化学录井每个环节和每个工序的质量，才能将可控影响因素降至最低。同时，积极开展不可控影响因素校正方法及解释评价方法研究，保证在现有影响条件下能够获得高质量的资料，为海上油田勘探开发提供有效的技术手段。

12
X 射线荧光元素录井

X 射线荧光元素录井简称为元素录井（XRF），是采用 X 射线激发岩样，检测岩石中化学元素相对含量的一种方法。通过对岩样中包括但不限于 Na、Mg、Al、Si、P、S、Cl、K、Ca、Ba、Ti、Mn、Fe、V、Ni、Sr 和 Zr 等 17 种元素的检测分析，可有效解决 PDC 钻头、空气钻井和油基钻井液等复杂钻井工艺造成的岩性不易识别的难题。元素录井技术能够灵敏地捕捉到元素变化的信息，依据元素构成矿物、矿物组成岩石及岩石构成地层的逻辑关系，来识别岩性、判断地层及评价储层等。应用元素录井技术能够大幅提升地层复杂岩性识别的准确性，尤其在碳酸盐岩、蒸发岩、岩浆岩及变质岩等特殊岩性的识别上有着其他录井技术不可替代的优势。

12.1　技术原理

12.1.1　原理简介

当高能 X 射线轰击样品时，原子受激发释放出核外电子，出现电子空位，处于高能态的电子自然跃迁到低能态以填补电子空位并释放出特征 X 射线荧光。不同的元素产生的 X 射线荧光具有不同的能量与波长，分析 X 射线荧光的能量与波长即可得到被分析样品的元素种类与含量（图 12.1）。

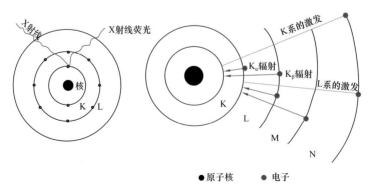

图 12.1　不同电子壳层光电辐射示意图

当样品被 X 射线照射时，可以被激发出各种特征的 X 射线荧光。根据光的波粒二象性，可以把混合的 X 射线荧光按能量（或波长）分开，分别测量不同能量（或波长）的 X 射线荧光强度。因此，检测器可分为波长色散型和能量色散型两种类型。目前，井场使用的是能量色散型元素录井仪（图 12.2）。

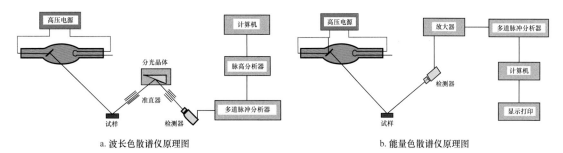

a. 波长色散谱仪原理图　　　　　　　　　　b. 能量色散谱仪原理图

图 12.2　波长色散谱仪与能量色散谱仪原理图

能量色散谱仪原理为检测样品被 X 射线照射后产生的电子—空穴对在电场作用下形成电脉冲，脉冲幅度与 X 射线光子的能量呈正比。在一段时间内，来自样品的 X 射线荧光依次被半导体探测器检测，得到一系列幅度与光子能量呈正比的脉冲，经放大器放大后送到多道脉冲分析器。按脉冲幅度的大小分别统计脉冲数，脉冲幅度可以用 X 射线光子的能量标度，从而得到计数率随光子能量变化的分布曲线，即 X 射线荧光能谱图，根据波幅可得到相应的 X 射线荧光能量大小。

12.1.2　技术要求

使用能量色散型 X 射线荧光元素分析仪对岩石样品进行元素分析时：

（1）可对化学元素周期表内 11 号 Na 元素到 92 号 U 元素之间的所有元素进行检测；

（2）能够测量各元素质量分数，最低检测限度按元素周期序号，从 Na 到 U 依次为 $w_{Na—Mg} \leqslant 3\%$，$w_{Al—Ca} \leqslant 1\%$，$w_{Sc—Cd} \leqslant 0.01\%$，$w_{In—U} \leqslant 1\%$。

12.2　资料录取及影响因素

12.2.1　录取内容

分析每个岩样中包括但不限于 Na、Mg、Al、Si、P、S、Cl、K、Ca、Ba、Ti、Mn、Fe、V、Ni、Sr 和 Zr 等 17 种元素的质量分数。

12.2.2　录取要求

12.2.2.1　仪器标定

用国家一级标准岩石样品进行元素含量标定，种类应包含施工区域主要岩石种类，标准样品总数量要求不少于 10 个；标定曲线标识元素的种类包含但不限于 Na、Mg、Al、

Si、P、S、Cl、K、Ca、Ba、Ti、Mn、Fe、V、Ni、Sr 和 Zr 等 17 种元素，X 射线荧光分析脉冲计数与标准物质元素含量的相对误差应不大于 2%。

12.2.2.2　仪器校验

（1）重复性校验。

选择施工区泥岩样品或泥质岩类标准物质作为校验样，样品 Al、Fe 元素的含量应大于5% 且位于标定点；同一样品在同一条件下连续 10 次测量校验样的 Al、Fe 元素检测值与标准值相对误差的绝对值均应小于 10%，与 10 次测量的平均值的相对标准偏差应不大于 5%。

（2）稳定性校验。

使用单元素标样进行 X 射线荧光元素分析，将分析结果与出厂标定对比，起始道值和结束道值偏离应不大于 5 个道值，主峰道值偏离应不大于 2 个道值，X 射线荧光分析脉冲计数相对误差应不大于 5%。

（3）准确性校验。

选取 3 个未参加标定的国家一级标准岩石样品进行元素含量测量，测得的主元素含量与国家一级标准岩石样品实际含量相对偏差不大于 5%。

12.2.2.3　岩样采集

岩样采集间距按照地质设计要求（或根据需要）执行，采集后要用强磁去除其中铁屑杂质，取质量不少于 10g 的混合干样。

12.2.2.4　岩样研磨

采用干净的研磨器具进行研磨，研磨过程要防止样品污染，研磨后颗粒直径应小于0.1mm。

12.2.2.5　岩样压片

按规范要求对粉末样品进行压片处理。压片模具每次使用前应清理干净，压样机进行压片处理时，压力应大于 5kN，岩样压片应表面平整，无裂纹或破损。对于不易压制成片的岩样，可适当添加少量粘结剂，其成分应不含原子序号大于 11 的元素。

12.2.2.6　岩样分析

把被测样品放到分析仪内样品托盘上，大面朝上，小面贴在托盘上，放置之前用吸耳球除尘，把大面上浮尘吹掉后方可进行扫描分析。

要求分析状态为真空条件，避免因空气等外界条件的影响造成分析结果不准确，测量样品抽真空时间为 120s，真空度保持在 −0.09～−0.085MPa，分析时长不低于 60s。分析完成后按附录 B.31 格式记录并输出分析结果。

12.2.2.7　成果输出

成果输出主要包括岩样分析标识元素的种类与质量分数、元素谱图文件及 X 射线荧光元素录井剖面图。

12.2.3　影响因素

12.2.3.1　样品代表性的影响

由于岩屑样品是混合样，因此通过元素录井获得的岩屑元素分析数据受到上覆岩层信息、掉块岩层信息，甚至包括钻井液信息、钻具材料信息，有时还有人为污染信息影响。应减少上述信息因素影响，保证数据准确性。

12.2.3.2　标定样品选择的影响

选择不同标定样品会对分析数据产生影响。根据每口井目的层岩性组合，要选择最合适的标样标定，针对多目的层、多岩性组合类型的剖面应分井段采用不同样品标定。

12.2.3.3　压片形状的影响

压片表面不平整、有裂纹或破损，会造成分析数据失真。

12.2.3.4　多解性的影响

地壳上岩石的成因复杂，岩石类型多种多样，组成岩石的化学成分也复杂多样。不同的岩石类型，可能在化学成分上相似，如变质岩中的大理岩、沉积岩中的石灰岩及岩浆岩中的碳酸盐主要成分都是 $CaCO_3$；同一沉积盆地，因不同的酸碱度、氧化还原条件等，也会造成沉积岩化学成分迥异。

12.3　资料解释应用

12.3.1　岩性识别

岩性识别是元素录井的基础应用之一。录井前，应收集探区各层位各岩性种类的岩心、岩屑样进行元素分析，建立起本区岩性元素特征库，并选择特征元素建立岩性解释标准，用以进行岩性判断对比分析。

常见岩性种类解释方法包括谱图法、图版法和曲线法等。

12.3.1.1　谱图法

通过对正钻地层岩样的分析谱图与标准谱图对比，根据相似性最大的原则，进行岩性识别。

12.3.1.2　图版法

通过对样品中元素数据分析与统计，选取能反映岩石成分的特征元素，建立元素的交会图版，对一些复杂岩性进行准确定名。

（1）碳酸盐岩的定名。

运用碳酸盐岩解释图版进行岩性定名，经过样品分析，通过计算可得到岩样中灰质、白云质及黏土的含量，通过元素碳酸盐岩解释图版进行投点，可实现碳酸盐岩的准确定名。

白云质、灰质的计算方法见式（12.1）和式（12.2）：

$$白云质百分含量 = \frac{M_{MgCO_3} + M_{CaCO_3}}{M_{Mg}}n = \frac{84+100}{24}n \approx 7.7n \tag{12.1}$$

$$灰质百分含量 = \left(\frac{m}{M_{Ca}} - \frac{n}{M_{Mg}}\right)M_{CaCO_3} = \left(\frac{m}{40} - \frac{n}{24}\right) \times 100 \approx 2.5m - 4.2n \tag{12.2}$$

式中　M_{MgCO_3}——$MgCO_3$ 的相对分子质量，取值为 84；

　　　　M_{CaCO_3}——$CaCO_3$ 的相对分子质量，取值为 100；

　　　　M_{Mg}——Mg 元素的相对原子质量，取值为 24；

　　　　M_{Ca}——Ca 元素的相对原子质量，取值为 40；

　　　　m——样本中 Ca 元素百分含量，%；

　　　　n——样本中 Mg 元素百分含量，%。

（2）砂泥岩的定名。

可通过砂泥岩解释图版，将样品分析数据中 Si 含量与 Al+Fe 含量在图版中投点或通过数据降维 LDA 二维可视化解释图版，进行砂泥岩定名。

（3）火山岩的定名。

可应用国际地质科学联合会（IUGS）推荐的火山岩分类图版（图 12.3），将样品分析数据中的 Si 含量与 K+Na 含量在图版中进行投点，可以对火山岩进行定名。

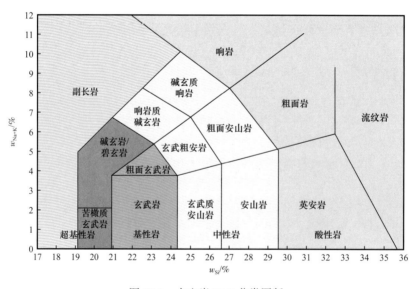

图 12.3　火山岩 TAS 分类图版

12.3.1.3　曲线法

在随钻录井过程中，元素录井获得的是混合岩屑样品的分析数值，因此依据单个样品的分析数值进行岩性识别有很大的局限性。通过元素含量随井深变化录井图（图 12.4），并根据各元素曲线特征综合分析，可快速、准确且系统的识别岩性。

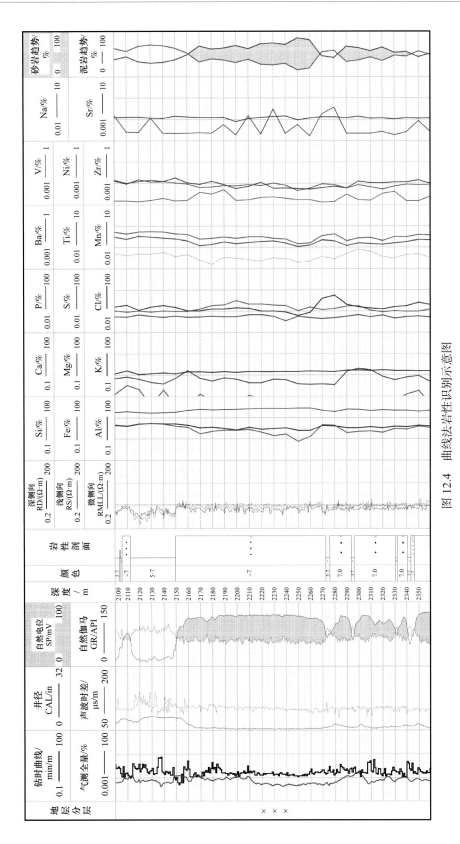

图 12.4　曲线法岩性识别示意图

利用某元素含量变化曲线进行岩性解释，其具体划分岩层顶、底界的方法是当元素含量值开始发生变化时为顶界，元素含量变化最大值为底界。砂泥岩的解释主要依据 Si、Al、Fe 这三种元素含量进行。Si 元素代表砂质成分含量，而 Fe、Al 元素代表泥质成分含量，结合区域地层的元素含量特征，以纯砂岩及泥岩的 Si 元素及 Fe、Al 元素含量作为基准线，通过 Si、Fe、Al 元素的含量变化来判定趋向砂岩或泥岩特征。例如，以泥岩的 Si 元素及 Fe、Al 元素含量作为曲线起始值，用纯砂岩的 Si 元素及 Fe、Al 元素含量作为曲线结束值，接近左侧基准线代表趋向泥岩特征，曲线向右侧凸出代表趋向砂岩特征，依据曲线偏离程度趋势可以划分岩性过渡带。

12.3.2　地层对比及层位划分

首先，利用工区内或围区已钻井 X 射线荧光元素录井资料，结合岩心、壁心及测井等岩电资料，建立目标区域的 X 射线荧光元素录井标准剖面图，用以进行层位划分与对比分析；然后，通过实钻地层元素录井各曲线组合及变化特征，与建立的区域标准剖面标志层进行对比，来实现地层识别与划分。

以渤海湾某井为例，B 井井深 3800～4120m 元素录井分析结果显示，S 元素含量呈异常高值，Na 元素及微量元素含量（Ba、V、Ti）出现逐渐下降的趋势，与 A 井可比性较强，认为该地层为古生界进山的标志层（图 12.5），从而明确了层位信息，有效预判了下部古生界潜山界面深度。

12.3.3　潜山界面识别

潜山构造主要包括上覆地层、风化壳与潜山主体三个部分，根据埋藏时代、发育位置、构造特征及成因、潜山顶面形态特征、上覆地层层位特征和潜山地质年代可划分为若干类型。通过潜山界面上下的地质年代、地层特征和沉积特征对比，可建立区域进山元素特征模型，利用本区进山元素特征模型可以辅助识别潜山地层。

根据有无风化壳（＞1m）及风化壳上覆岩性将古潜山分为 6 种结构样式模式（图 12.6）。

结合沉积相带的控制规律研究，推测不同相带对应的岩性组合规律，帮助解决上覆地层岩性预测困难的问题，如 A 区根据沉积相带控制规律推测沙三段主要发育泥岩，由西向东潜山顶部发育砂砾岩。

根据潜山上覆地层差异性，可以总结进山模式，如 A 区总结出两种进山主模式，分别为泥岩—砂砾岩—花岗片麻岩模式和泥岩—花岗片麻岩模式（图 12.7）。

利用潜山上覆地层中元素录井标志层，进行潜山层位预警与潜山界面深度卡取，如 A 区潜山上覆地层发育两套元素录井标志层，其特征为 Mn 含量异常高值、S 含量整体呈"M"形、Sr 含量潜山顶部异常高值和 Ca 含量整体抬升呈箱状（图 12.8）。

优选特征元素，结合矿物组合特征，识别潜山界面，如 A 区泥岩—砂砾岩—花岗片麻岩进山模式下潜山界面元素特征为 Si/Fe 下降、Mg 含量上升、Ca 含量上升，矿物特征为石英含量下降、黏土矿物含量上升；泥岩—花岗片麻岩进山模式下潜山界面元素特征为 Si/Fe 上升、Ca/Na 下降，矿物特征为长石含量上升、黏土矿物含量下降（图 12.9）。

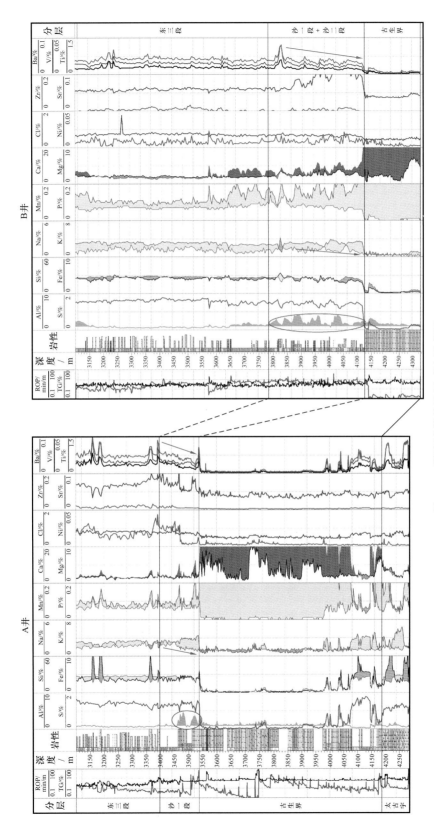

图 12.5　渤海湾某井地层对比示意图

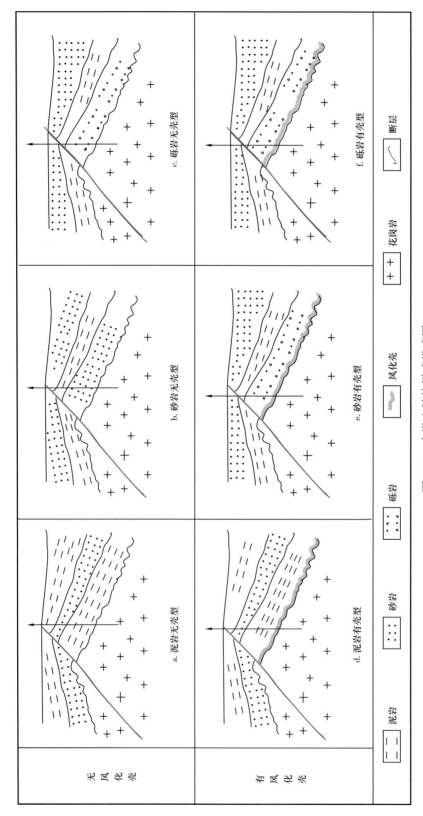

图 12.6　古潜山结构样式模式图

上述潜山结构样式的命名以上覆地层岩性及有无风化壳性及有无风化壳性及有无风化壳类型不同组合形式命名，风化壳小于 1m 归入无风化壳类型中

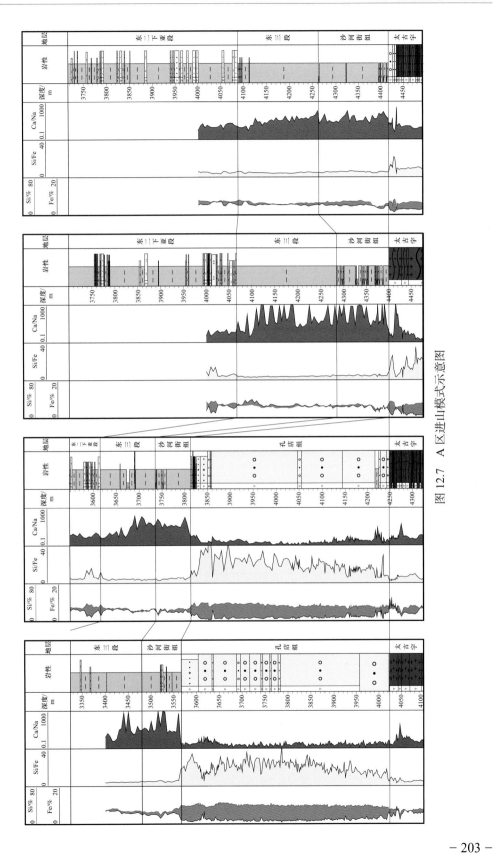

图 12.7　A 区进山模式示意图

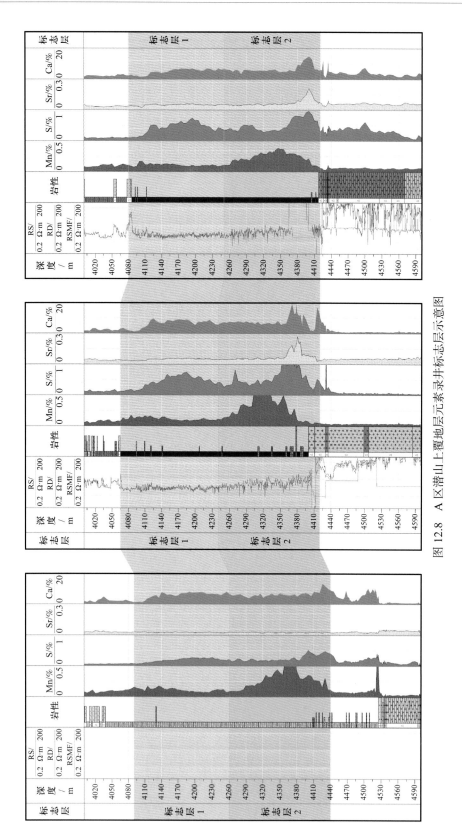

图 12.8　A 区潜山上覆地层元素录井标志层示意图

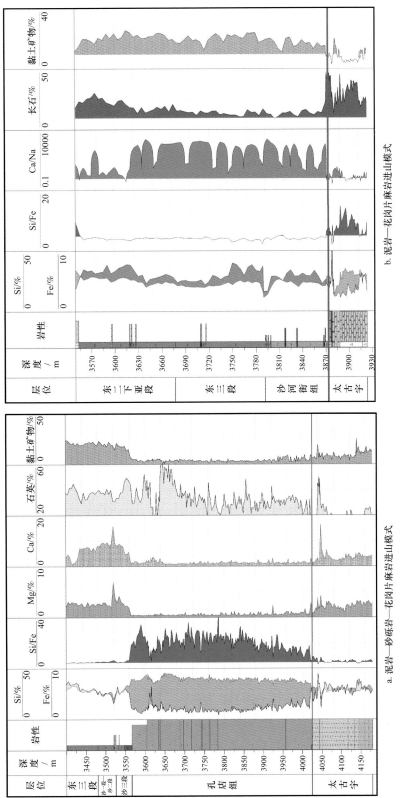

图 12.9　A 区潜山界山面元素录井特征示意图

12.3.4 储层脆性评价

元素录井储层识别评价主要应用于致密碎屑岩物性及脆性评价，致密碎屑岩主要来自致密砂岩和页岩储层，致密砂岩储层物性与砂质含量呈正相关性，因此可通过砂质含量的计算，对砂岩储层物性进行快速判断。在致密页岩储层应用脆性指数可以确定储层中易压裂的井段。储层中脆性物质主要包括砂质和碳酸盐，反映在元素上即为储层中 Si、Ca、Mg 元素的含量。脆性指数即储层中代表脆性矿物的元素含量与地层元素总含量的比值，脆性指数越大，说明储层越容易被压裂改造。

脆性物质计算公式：

$$w = w_{Si} + w_{碳酸盐} \tag{12.3}$$

式中　w——储层中脆性物质含量（质量分数），%；

$\quad\quad w_{Si}$——储层中砂质含量（质量分数），%；

$\quad\quad w_{碳酸盐}$——储层（钙、镁）碳酸盐含量（质量分数），%。

脆性指数计算公式：

$$BI = \frac{w_{Si} + w_{Ca} + w_{Mg}}{w_{Si} + w_{Ca} + w_{Mg} + w_{Al}} \tag{12.4}$$

或

$$BI = \frac{\left(w_{Si} + w_{Ca} + w_{Mg}\right) - \left(w_{Si} + w_{Ca} + w_{Mg}\right)_{min}}{\left(w_{Si} + w_{Ca} + w_{Mg}\right)_{max} - \left(w_{Si} + w_{Ca} + w_{Mg}\right)_{min}} \tag{12.5}$$

式中　BI——储层脆性指数；

$\quad\quad w_{Si}$——储层硅元素含量，%；

$\quad\quad w_{Ca}$——储层钙元素含量，%；

$\quad\quad w_{Mg}$——储层镁元素含量，%。

12.3.5 古沉积环境分析

不同元素含量的多少，可反映相应的沉积环境，根据主显元素含量及微量元素含量可对岩相古地理进行相应分析。

（1）古盐度分析：通过 B、B/Ca、Sr/Ba、C/S、Fe/Mn、Na/Ca、Rb/K、V/Ni 和 Mg/Ca 等元素含量比值对古盐度进行分析。

（2）氧化还原环境分析：通过 Fe^{2+}/Fe^{3+}、Cu/Zn 和（Cu+Mo）/Zn 等元素含量比值判别氧化还原环境。

（3）离岸距离分析：通过 Fe/Mn、Mn/Ti、Co/Ti、Ni/Ti 等元素含量比值及元素组合判断从滨岸至海洋的不同相带。

（4）滨岸线和主河道线分析：通过元素主要客体的抗风化磨蚀性进行分析，在元素或元素含量比值平面分析的基础上，可以刻画出岩相古地理框架；如在滨湖区和滨海区，由于波浪作用，相对富集石英，因而在滨湖带和滨海带形成一个硅元素相对高值带，而在水下分流河道区，也形成一个硅元素相对高值带。

13
X 射线衍射矿物录井

随着钻井工艺的提升和勘探开发难度的增加，由井底返出的岩屑细碎、混杂，使得地层岩性难以识别，进而影响了地层界面的准确判断。X 射线衍射矿物录井技术（X-Ray Diffraction，简称 XRD）是利用 X 射线激发岩样，检测岩样中所含矿物成分及相对含量，从而进行岩性识别，根据不同沉积环境的矿物含量及相对含量变化趋势进行地层划分，通过矿物含量数据计算岩石成熟度、评价储层物性。

13.1 技术原理

当一束单色 X 射线照射到晶体时，由于晶体是由原子规则排列成的晶胞组成，这些规则排列的原子间距离与入射 X 射线波长有相同数量级，故由不同原子散射的 X 射线相互干涉，在某些特殊方向上产生强 X 射线衍射（图 13.1）。晶体的 X 射线衍射图像实质上是晶体微观结构的一种精细复杂的变换，每种晶体的结构与其 X 射线衍射图之间都有着一一对应的关系，其特征 X 射线衍射图谱不会因为其他物质混聚在一起而产生变化。

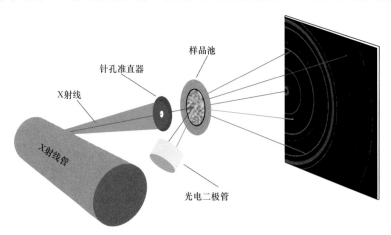

图 13.1　XRD 矿物分析原理图

晶胞是晶体的基本结构单位，描述晶体形状与大小的参数叫晶胞参数 d，每一种矿物的 d 值唯一，可根据衍射的角度计算出来，将此矿物 d 值与标准物质进行对比（表 13.1），就能定义所检测矿物。通过将得到的衍射图谱（图 13.2）与国际衍射数据中心（ICDD）

负责编辑出版的粉末衍射卡片（PDF卡片）对照，从而确定样品的晶体矿物组成，这是X射线衍射矿物定性分析的基本方法。

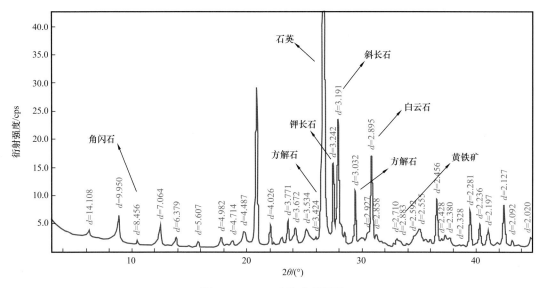

图13.2　XRD矿物分析图谱

表13.1　常见非黏土矿物特征峰参数表

矿物名称	特征峰 d 值	矿物名称	特征峰 d 值
石英	3.34、4.26	浊沸石	9.45
钾长石	3.25、6.50（钠长石）、2.16（钙长石）	方沸石	3.43
斜长石	3.20、4.04（钠长石）、6.40（钙长石）	片沸石	9.0（斜发沸石）
方解石	3.03～3.04（高镁方解石）	重晶石	3.44、3.58
白云石	2.88～2.91（白云石类）	角闪石	8.45
文石	3.40	普通辉石	2.99
菱铁矿	2.79～2.80（含镁、含锰）	石膏	7.61
菱镁矿	2.74（含铁）	硬石膏	3.50
碳钠铝石	5.69	锐钛矿	3.52
石盐	2.82	方英石	4.05（Opal-CT）
黄铁矿	2.72、3.13	鳞石英	4.11（Opal-CT）
针铁矿	4.18	勃姆石	6.11
赤铁矿	2.69	三水铝石	4.85
磁铁矿	2.53	硬水铝石	3.99

不同的物质具有不同的XRD特征峰值（点阵类型、晶胞大小、晶胞中原子或分子的数目及位置等），结构参数不同则X射线衍射图谱（衍射线位置与强度）也就各不相同，是晶

体的"指纹"。每一种矿物 X 射线衍射中晶胞参数 d 值是唯一的，对样品进行 X 射线衍射全岩分析可以确定样品的晶体矿物组成，根据矿物组合特征就可对岩石进行准确定名及其他方面的应用。

13.2 资料录取要求

13.2.1 设备调试

用标准石英样品对设备连续进行三次测试，要求石英含量均在 96% 以上。

13.2.2 样品选取及制备

13.2.2.1 样品选取

（1）岩屑样品。

按钻井地质设计要求，从中筛和底筛中各取部分样品进行混合，去掉掉块，每个样品质量约为 4g。

（2）井壁取心样品。

逐颗选样分析，应剔除附着的滤饼，并在远离井壁一端位置取样。

（3）钻井取心样品。

选取岩心中心部位，取样间隔为 0.5～1m；若地质设计有特殊要求时，按地质设计执行。

13.2.2.2 样品制备

（1）干燥。

潮湿的样品应置于电热干燥箱中或电热板上，在低于 90℃ 的温度下烘干，冷却至室温后备用。

（2）研磨。

将烘干后的样品置于研磨钵中研磨为砾径小于 150μm 的颗粒，过 100 目的标准筛备用。

13.2.3 质量控制

每分析 20 个样品均应进行一组平行样分析，若分析结果偏差超过分析精度要求，分析引起数据偏差的原因，解决后重新分析本批次样品（表 13.2）。

表 13.2 质量控制表

矿物含量 /%	相对偏差 /%
>40	<10
20～40	<20
5～20	<30
<5	<40

13.2.4　数据处理

13.2.4.1　数据处理

根据区域成果资料，剔除分析数据中的异常矿物，对特殊岩性样品进行数据精细处理。

13.2.4.2　图谱解析

（1）对采集的图谱进行背景值的扣除和曲线平滑处理。

（2）将图谱中相对于最高峰峰值4%以上的峰值进行标记，参与百分含量计算。

（3）对于图谱中相邻的两个峰，若横坐标位置间距大于0.05°，则视为两个独立的峰。

（4）对于含有两个峰以上的图谱则可确定此矿物。

（5）对于矿物特有d值绝对误差不能超过0.01°。

（6）常见矿物X射线衍射图谱特征峰d值见表13.1。

13.2.4.3　成果输出

根据中华人民共和国天然气行业标准SY/T 5163—2018《沉积岩中黏土矿物和常见非黏土矿物X射线衍射分析方法》确定各矿物的物相成分，结合样品中各种矿物晶体分析数据和图谱库确定校正矿物成分。矿物排列顺序按常见程度及含量依次为黏土矿物、石英、长石类、方解石、白云石、铁矿物类、石膏、硬石膏、重晶石、方沸石、浊沸石、角闪石和辉石等。

13.3　资料解释应用

自X射线衍射矿物录井技术开始应用至今，各油田在应用过程中相继建立了本油田的解释评价方法和标准，对该项技术的应用起到了推进作用，也取得了较好的效果。

X射线衍射矿物录井资料应用主要包括岩性识别、地层划分及砂岩成熟度评价三个方面。

13.3.1　岩性识别

所有岩石均由矿物组成，不同岩石类型有其特征矿物或矿物组合，不同的矿物成分构成是X射线衍射矿物录井进行岩性识别的基础。通过对大量X射线衍射矿物录井数据的系统分析，主要有以下几种岩性识别方法。

13.3.1.1　趋势线法

常规钻井条件下识别泥岩与砂岩不难，但在特殊钻井条件下，如PDC钻头下岩屑细碎时则不易识别，同时也容易漏掉薄层的砂泥岩层。X射线衍射矿物录井通过石英及黏土矿物含量的变化能准确判断薄层的砂泥岩。

以渤海湾A1井为例，沙三段上部深度1400～1550m处，从砂岩、泥岩趋势线的变化可以判断此井段砂泥岩互层明显，这从砂岩趋势线与自然电位曲线、泥岩趋势线与伽马曲线的对应关系中得到了很好的印证（图 13.3）。

13.3.1.2　特征矿物法

某些火成岩特征指示矿物的出现及含量激增的变化，能够很好地指示火成岩及含火山质岩性的判别。如图 13.4 所示，渤海湾 A2 井沙四段底部钻时逐渐增大，肉眼从岩屑上看无明显变化，而从 X 射线衍射矿物录井成果图上可以看出从 1667m 深度开始出现一种新的矿物（微斜长石）且含量逐渐增高。微斜长石为碱性长石矿物中的一种，为含钾铝硅酸盐，广泛分布于深成火成岩中，由此可以判断 1667m 以深地层中出现火成岩的成分，并且含量逐渐升高，该判断通过薄片鉴定得以验证。

13.3.1.3　图版法

通过对典型砂泥岩和碳酸盐岩样品的精细分析，可以确定不同种类岩石的矿物组合特征，明确与岩性定名相关性强的敏感矿物，制定岩石分类图版，如图 13.5 所示。

13.3.1.4　曲线交会识别法

曲线交会识别法是根据图版法确定的评价标准，利用矿物含量连续曲线交会的方法划分岩性。针对地层剖面中矿物含量的变化特征，选取泥岩、砂岩＋石灰岩＋其他矿物含量曲线进行交会，可以直观、简捷地划分岩性界面。

砂泥岩剖面中，泥岩含量＝黏土矿物含量，砂岩含量＝石英含量＋长石含量，石灰岩含量＝方解石含量，其他矿物含量 =100% −（泥岩含量＋砂岩含量＋石灰岩含量）。

如图 13.6 所示，东海 D1 井平湖组 4360～4490m 深度，从砂岩、泥岩和石灰岩曲线的交会变化中可判断此井段砂泥岩互层，这从曲线交会形态与伽马曲线的对应关系中得到了很好的印证。

13.3.1.5　指数识别法

为实现连续深度的整体分析，将 X 射线矿物衍射录井分析成果规范化，提取矿物含量中表征岩性的矿物信息，可建立砂岩指数评价参数，与特征矿物曲线进行交会，应用于岩性识别，效果良好，各岩性指数计算方法如下：

泥岩指数＝（黏土矿物含量 − 石英含量 − 长石含量）÷（黏土矿物含量＋石英含量＋长石含量）；

砂岩指数＝（石英含量＋长石含量 − 黏土矿物含量）÷（黏土矿物含量＋石英含量＋长石含量）；

碳酸盐指数＝（方解石含量＋白云石含量＋铁白云石含量）÷100%；

石灰岩指数＝方解石含量÷（方解石含量＋白云石含量＋铁白云石含量）；

白云岩指数＝（白云石含量＋铁白云石含量）÷（方解石含量＋白云石含量＋铁白云石含量）。

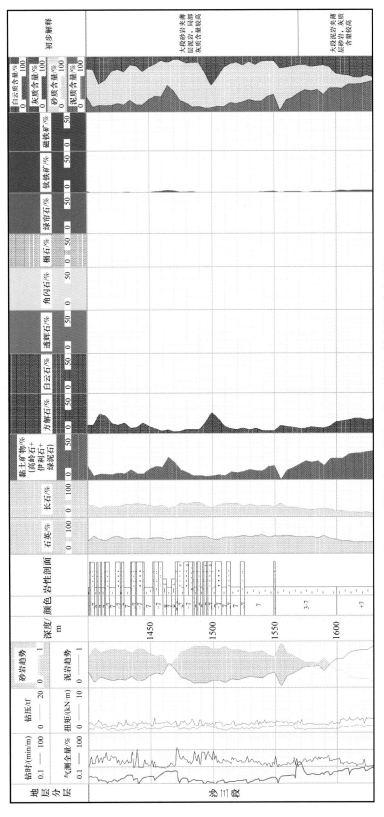

图 13.3　渤海湾 A1 井沙三段 X 射线衍射矿物录井成果图

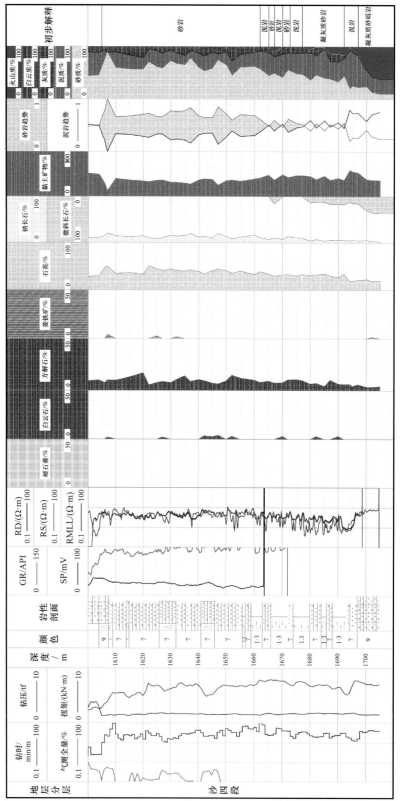

图 13.4 渤海湾 A2 井沙四段 X 射线衍射矿物录井成果图

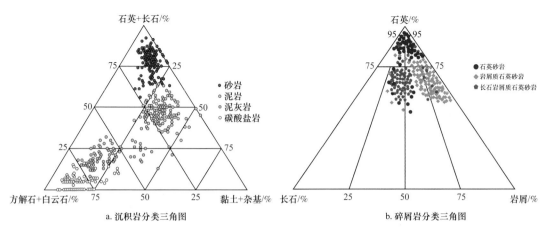

a. 沉积岩分类三角图　　　　　　　　　b. 碎屑岩分类三角图

图 13.5　X 射线衍射矿物录井岩石分类识别图版

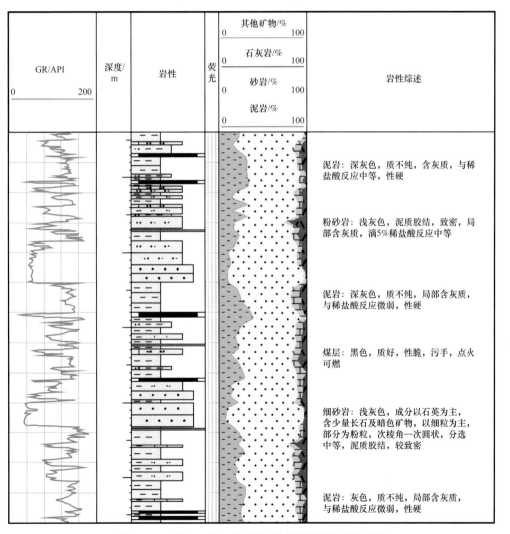

图 13.6　东海 D1 井 X 射线衍射矿物录井曲线交会图

13.3.2　地层划分

X射线衍射矿物录井技术能够直接分析地层岩石的矿物组成及其含量变化，不受岩屑颗粒大小的影响。通过分析探区样品即可掌握这些特征矿物，实钻过程将分析结果与参照剖面进行对比即可确定地层层位。

准确判断地层界面（特别是潜山界面）是保障现场钻井安全的首要前提，X射线衍射矿物录井技术可有效为潜山勘探提供重要依据。渤海湾所钻遇的潜山岩性主要为岩浆岩、火山碎屑岩和变质岩等。

如图13.7所示，渤海湾A3井沙三段为厚层泥岩段，局部含灰质较重，在X射线衍射矿物录井上表现出低石英、长石含量，高黏土矿物含量，局部高方解石含量的矿物特征。从2492m深度开始，石英、长石含量明显升高，而黏土矿物含量骤降，出现一个明显的地层界面，并且透辉石与榍石等重矿物相继出现，表明岩性从沉积岩转变为岩浆岩，因此，通过X射线衍射矿物录井分析数据判断2492m深度为中生界潜山界面。

13.3.3　砂岩成熟度评价

成分成熟度低的砂岩靠近物源区沉积，含有很多不稳定碎屑，如岩屑、长石和铁镁矿物。成熟度高的砂岩经过长距离搬运、改造，几乎全部由石英组成。

利用X射线衍射矿物录井技术评价砂岩成分成熟度时，结合上述成熟度特征可建立砂岩成分成熟度系数这一评价参数。

成分成熟度系数 = 石英含量 /（长石含量 + 黏土矿物），通过成分成熟度系数可以确定物源方向，预测储层物性。

从表13.3可知，垂向上平湖组上段成分成熟度系数高于花港组，而长石含量则由平湖组到花港组呈增加趋势，因而从平湖组到花港组，西湖凹陷砂岩的成分成熟度是降低的。造成这种现象的原因，是物源区距离、堆积速度等方面的差异，导致平湖组具有相对较低的长石含量和相对较高的成分成熟度系数。

表13.3　东海西湖凹陷长石含量与成分成熟度系数对应数据表

地层	长石含量 /%	成分成熟度系数
花港组上段	16	2.3
花港组下段	14	2.5
平湖组上段	10	3.2

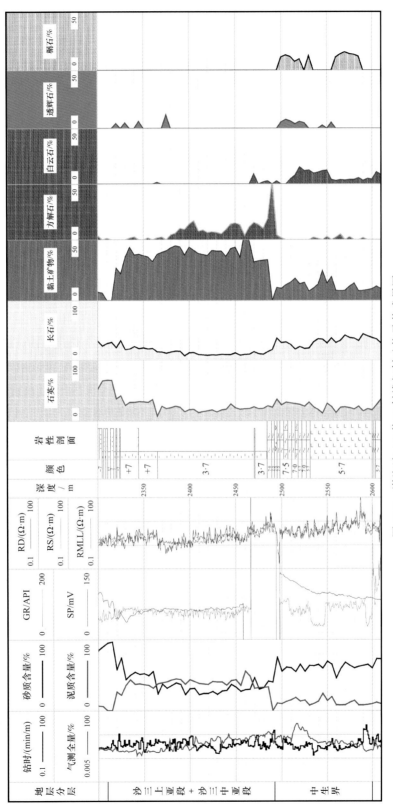

图 13.7 渤海湾 A3 井 X 射线衍射矿物录井成果图

14

井场薄片鉴定

随着油气探勘方向逐渐向深层、超深层迈进，面对深层的复杂地层、特殊岩性，仅依靠常规录井手段，很难精确地进行复杂岩性识别和地质界面卡取。薄片鉴定是实验室利用偏光显微镜对岩石薄片进行矿物成分及其光学特性的测定，通过对岩石的矿物成分、含量和结构特征等进行识别，最终实现岩石的准确定名和分类。

井场薄片鉴定技术充分利用现有成熟的实验室技术，可以快速进行薄片制备，获得鉴定结果的时间周期从几天缩短到十几分钟，工作时效大大提升。井场薄片鉴定技术现已得到广泛的应用，在现场实时对所钻遇地层岩石进行薄片制作和镜下鉴定，提供所钻遇地层准确的岩石定名和孔隙、裂缝发育特征描述信息等，为地层分层、复杂岩性识别、潜山界面卡取和储层评价等提供了重要依据，大幅提升了勘探决策的时效性和准确性。

14.1 技术原理

14.1.1 偏光显微镜光学原理

偏光显微镜是研究岩石薄片中矿物晶体的光学性质和成因特征的重要仪器，与普通显微镜（仅起到放大作用）相比，区别在于偏光显微镜装有上偏光镜（位于物镜之上）和下偏光镜（位于载物台之下），透过二者后的光波均是平面偏光，但上、下偏光镜的振动方向互相垂直，利用偏光显微镜可以测定晶体的光学特征。

偏光显微镜结构如图 14.1 所示，偏光显微镜由机械系统（镜座、镜臂、中间镜筒、物镜转换器和载物台等）和光学系统（LED 光源、下偏光镜、锁光圈、物镜、上偏光镜、试板和目镜等）两部分组成。

14.1.1.1 光的偏振现象

根据光波振动的特点，可将光划分为自然光与偏光。自然光的振动特点是在垂直光波传导轴上具有许多振动面，各平面上振动的振幅相同，其频率也相同；自然光经过反射、折射、双折射及吸收等作用，可形成只在一个方向上振动的光波，这种光波则称为"偏光"或"偏振光"（图 14.2）。

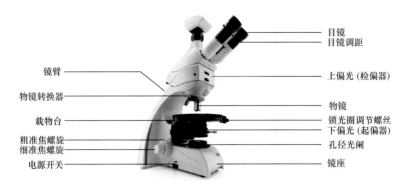

图 14.1　Leica DM750 P 偏光显微镜结构

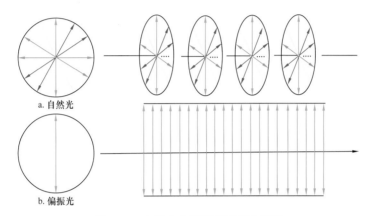

图 14.2　自然光和偏振光振动示意图

14.1.1.2　单折射性与双折射性

光线通过某一物质时，如光的性质和进路不因照射方向而改变，这种物质在光学上就具有"各向同性"，又称单折射体。若光线通过另一物质时，光的速度、折射率、吸收性和光波的振动性、振幅等因照射方向而有不同，这种物质在光学上则具有"各向异性"，又称双折射体。

14.1.1.3　偏光显微镜原理

由下偏光镜透出光波的振动方向平行 PP'，进入切片后，就会发生双折射，分解形成振动方向相互垂直的两种偏光。由于这两种偏光的振动方向与上偏光镜的振动方向斜交，当它们进入上偏光镜时，就会再度发生双折射而分解形成四种偏光，只有平行上偏光镜振动方向 AA' 的两种偏光可以透过上偏光镜。旋转物台 360°，矿片光率体椭圆长、短半径与上、下偏光 AA' 和 PP' 有四次平行的机会，即切片共有四次消光位置，也有四次明暗位置，非均质体矿物切片在正交偏光镜下消光时的位置，称为消光位（图 14.3）。

14.1.2　晶体的晶系

晶体按其几何形态的对称程度，可将其划分为高级晶族（等轴晶系）、中级晶

族（六方晶系、四方晶系、三方晶系）和低级晶族（斜方晶系、单斜晶系、三斜晶系）
三类。

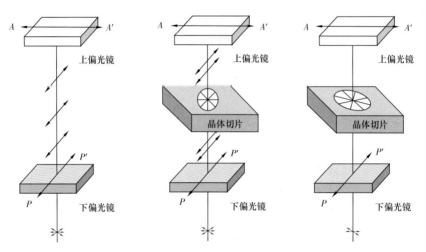

图 14.3　偏光镜原理图（晶体在正交偏光下）

14.1.2.1　等轴晶系

等轴晶系具有三个等长且互相垂直的结晶轴，四个立方体对角线方向存在三重轴特征对称元素，如正六面体、八面体、菱形十二面体、五角十二面体、四角三八面体、四面体、六面体与八面体的聚形，等轴晶系的矿物有黄铁矿、萤石、石榴子石和方铅石。

14.1.2.2　六方晶系

六方晶系具有四个结晶轴，在唯一具有高次轴的 c 轴主轴方向存在六重轴或六重反轴特征对称元素。另外三个水平结晶轴正端互呈120°夹角。轴角 $\alpha=\beta=90°$，$\gamma=120°$，轴单位 $a=b\neq c$，如六方柱、六方双锥、六方柱和六方双锥的聚形。

14.1.2.3　四方晶系

四方晶系具有三个互相垂直的结晶轴，唯一具有高次轴的 c 轴主轴方向存在四重轴或四重反轴特征对称元素，如四方柱、四方双锥、四方柱和四方双锥的聚形，四方晶系矿物有鱼眼石、符山石和白钨矿等。

14.1.2.4　三方晶系

三方晶系具有四个结晶轴，唯一具有高次轴的 c 轴主轴方向存在三重轴或三重反轴特征对称元素，如菱面体、复三方偏三角面体，三方晶系矿物有方解石、电气石、刚玉、绿柱石和磷灰石等。

14.1.2.5　斜方晶系

斜方晶系具有三个互相垂直但是互不相等的结晶轴，三个结晶轴分别相当于三个互相垂直的二次轴，如斜方柱、斜方双锥和两种斜方双锥的聚形，斜方晶系矿物有重晶石、黄玉、文石和橄榄石等。

14.1.2.6 单斜晶系

单斜晶系具有三个互不相等的结晶轴，如斜方柱与三种平行双面的聚形，单斜晶系矿物有石膏、蓝铜矿、锂辉石和正长石等。

14.1.2.7 三斜晶系

三斜晶系具有三个互不相等且互相斜交的结晶轴，三斜晶系矿物有微斜长石、钠长石和斧石等。

14.1.3 晶体矿物镜下鉴定方法

14.1.3.1 均质体与非均质体矿物区分

在正交偏光镜下观察，均质体矿物全消光，非均质体矿物四次消光。

14.1.3.2 均质体鉴定

均质体矿物仅能在单偏光镜下观察晶型、解理、颜色及突起等级、糙面和贝克线等。

14.1.3.3 非均质体鉴定

在单偏光镜下观察晶形、解理、颜色和突起等级等，并测定解理夹角；在正交偏光下观察消光类型、双晶和干涉色级序等，并测定延性符号。

（1）对于一轴晶矿物，测定最高干涉色级序，观察多色性明显程度和吸收性，观察闪突起现象。

（2）对于二轴晶矿物，测定最高干涉色级序和消光角大小（单斜晶系，N_m 平行 Y 轴时），确定 N_g 与 N_p 的方向，观察多色性明显程度、吸收性及闪突起现象。

（3）系统测定光学性质之后，定出矿物名称。

14.2 资料录取要求

14.2.1 设备与试剂

井场薄片鉴定技术使用的设备与试剂主要包括偏光显微镜、磨片机、烤箱、电吹风机、载玻片、粗金刚砂（500 目）、细金刚砂（1000 目）、氯化钠、树胶、铁氰化钾与茜素红 S 混合溶液等。

14.2.2 操作流程

井场薄片鉴定主要分析流程分为选样、制片、鉴定和提交报告四个环节，其中最核心的部分是制片和鉴定（图 14.4）。

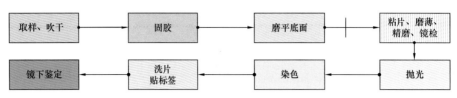

图 14.4　井场薄片制片鉴定流程图

14.2.2.1　取样、吹干

优先选取片状或板状样品，不宜选取碎裂或凹凸不平的样品。选取钻井取心或井壁取心样品时，应选择能够代表整体岩性的部分。

14.2.2.2　胶固

将需要胶固的岩样按编号依次放在烤箱中，将温度调至 90℃ 左右加热 10～20min，去掉轻质油和水分；按编号依次取出烘干后的岩样，待冷却后向样品上滴加树胶，晾干。

14.2.2.3　磨平底面

将胶固好的岩样置于磨片机玻璃板上，根据样品的松散程度、粒度选择 500 目金刚砂进行粗磨，直至样品一侧呈现光滑平面，用清水洗净；将粗磨好的岩样使用 1000 目金刚砂与水混合对样品进行细磨和精磨，磨至平滑且光亮，用清水洗净后晾干。

14.2.2.4　粘片

用金丝绒将载玻片毛玻璃面和细磨好的平面擦干净后，向擦净的载玻片的中央部位上滴 1～2 滴树胶，使岩样与载玻片胶合，用镊子对载玻片前后、左右轻轻挤压，使胶层薄而均匀、无气泡，静止晾干。

14.2.2.5　磨片和镜检

将粘好的岩样，在玻璃板上使用粗砂和水进行粗磨至厚度为 0.12～0.18mm，薄片不脱胶，岩片面积保持完整，偏光显微镜下观察石英干涉色为彩色；将粗磨好的薄片在玻璃板上使用细砂与水混合磨至厚度为 0.03mm，偏光显微镜正交偏光下石英干涉色为一级灰白，无掉砂现象；如为碳酸盐岩，则磨至厚度为 0.04mm，偏光显微镜下结构清晰，正交偏光下为高级白干涉色。

14.2.2.6　染色

使用 0.0125g 铁氰化钾与 2.5mL 茜素红 S 混合溶液染色剂对薄片进行染色。

14.2.2.7　清洗、贴标签

用清水洗净薄片，薄片整洁无残胶，贴标签并标明井号、深度和原编号。

14.2.2.8　薄片鉴定

在偏光显微镜下按照岩石结构及成分进行岩石定名，填写井场薄片鉴定表并拍摄镜下照片。

此外，还应注意，如果选取的岩样泥质含量比较高，应使用饱和氯化钠溶液代替清水进行制片；在细磨时应洗净样品，勿将粗砂混入细砂中，以免造成污染。

14.2.3 鉴定内容与流程

井场薄片鉴定的内容及流程如图 14.5 所示。

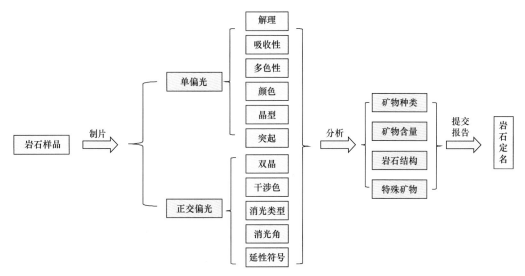

图 14.5 井场薄片鉴定内容及流程图

14.2.3.1 颜色

在薄片中，单偏光下白光（自然光）透过晶体后呈现的颜色，它是未被晶体吸收的部分色光的混合色。颜色还与矿物的其他性质有关，如所含色素离子种类和电价，如含 Mn^{3+} 常为红色，含 Cr^{3+} 多为绿色。

14.2.3.2 解理

在薄片中，矿物晶体受力作用后沿一定方向裂开成一系列光滑平面的性质，称为解理（图 14.6）。

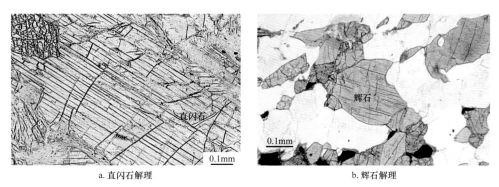

a. 直闪石解理 b. 辉石解理

图 14.6 矿物解理示意图

14.2.3.3 多色性

对非均质体的非垂直光轴切面而言，当转动载物台时，颜色的变化称为多色性。

14.2.3.4 吸收性

对非均质体的非垂直光轴切面而言，当转动载物台时，颜色色调的深浅变化称为吸收性。吸收性和多色性是由于非均质体矿物具有各向异性，各色光波的选择吸收和吸收程度随振动方向而变化的结果。

14.2.3.5 突起

在单偏光镜下可看到不同矿物颗粒之间呈现出高低不平的现象，突起取决于矿物折射率与树胶折射率之差。突起等级示意图如图 14.7 所示，矿物的突起等级和折射率见表 14.1。

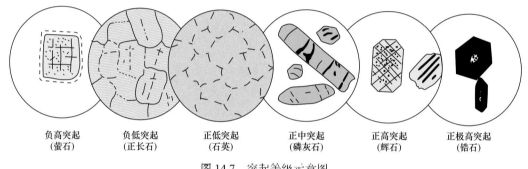

负高突起 （萤石）	负低突起 （正长石）	正低突起 （石英）	正中突起 （磷灰石）	正高突起 （辉石）	正极高突起 （锆石）

图 14.7　突起等级示意图

表 14.1　矿物的突起等级和折射率

突起等级（$N_{树胶}$=1.54）	折射率范围	主要代表矿物
负高或负中	<1.48	蛋白石、萤石
负低	1.48～1.54	钾长石、白榴石、沸石、钠长石
正低	1.54～1.60	石英、中性—基性斜长石
正中	1.60～1.66	透闪石、电气石、磷灰石
正高	1.66～1.78	辉石、橄榄石、十字石
正极高	>1.78	榍石、锆石

14.2.3.6 矿物的边缘和贝克线

在两种不同物质的接触处会呈现比较黑暗的边缘，称为矿物的边缘。在矿物颗粒比较黑暗的边缘附近能看见一条明亮的细线，这条线称为贝克线。矿物的边缘和贝克线是两种相伴而生的光学现象。

贝克线的移动规律：上升镜筒时，贝克线向折射率高的物质平行移动；下降镜筒时，贝克线向折射率低的物质平行移动（图 14.8）。

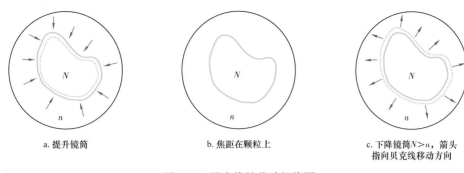

| a. 提升镜筒 | b. 焦距在颗粒上 | c. 下降镜筒N>n，箭头指向贝克线移动方向 |

图 14.8　贝克线的移动规律图

14.2.3.7　晶型

由晶面围成的各种不同的几何形态，即晶体的外形或形态，常见晶形有粒状、柱状、板状、片状、针状、纤维状、毛发状、放射状和球粒状。

切面不同，晶型不同，矿物形状与切片方位的关系如图 14.9 所示。两个或两个以上同种晶体的规则连生，指其中一个晶体是另一个晶体的镜像反映或其中一个晶体旋转180°以后与另一个晶体重合或平行，双晶类型如图 14.10 所示。

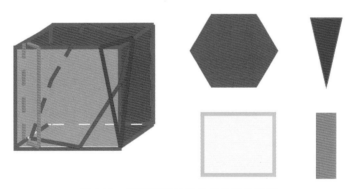

图 14.9　矿物形状与切片方位的关系图

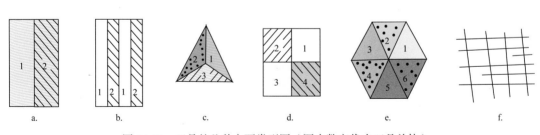

图 14.10　双晶的几种主要类型图（图中数字代表双晶单体）

14.2.3.8　干涉色

均质体、非垂直光轴或光轴面的切片，在正交偏光间，当白光不同波长的七色光通过晶体时，由白光干涉而产生光程差，一定的光程差对应一种干涉色。干涉色级序和双折射率见表 14.2。

表 14.2　干涉色级序和双折射率

干涉色级序		干涉色	双折射率范围	代表矿物
一级	底	灰、灰白、黄白	0.002～0.009	磷灰石、长石、绿柱石、石英
	顶	亮黄、橙、紫红	0.010～0.019	紫苏辉石、蓝晶石、重晶石
二级	底	蓝、绿、黄绿	0.020～0.029	矽线石、普通辉石、透闪石
	顶	黄、橙、紫红	0.030～0.037	透辉石、粒硅镁石、橄榄石
三级	底	绿蓝、蓝绿、绿	0.038～0.045	橄榄石、白云母、滑石
	顶	绿黄、猩红、粉红	0.046～0.055	锆石、霓石、黑云母、白云母
四级	底	紫灰、灰蓝、淡绿	0.056～0.065	独居石、锐钛矿
	顶	高级白	>0.066	碳酸盐矿物，榍石、锡石

14.2.3.9　消光类型

当晶体处于消光位时，目镜十字丝与矿片解理缝、双晶缝或晶面迹线之间具有平行消光、对称消光和斜消光三种关系。

平行消光：解理（双晶）或晶体轮廓与目镜十字丝之一平行。

对称消光：两组解理或晶体轮廓平分目镜十字丝。

斜消光：解理（双晶）或晶体轮廓与目镜十字丝之 斜交。

消光类型如图 14.11 所示，消光类型在各晶系的分布见表 14.3。

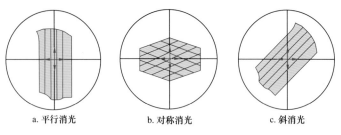

a. 平行消光　　　　b. 对称消光　　　　c. 斜消光

图 14.11　消光类型示意图

表 14.3　消光类型在各晶系的分布

轴性	晶系	特征
一轴晶	三方、四方、六方	绝大部分属于平行消光或对称消光，斜消光少见
二轴晶	斜方	平行消光、对称消光常见，斜消光少见
	单斜	垂直（010）晶面的切片为平行消光或对称消光，其他方向均为斜消光，平行（010）晶面消光角
	三斜	任何方向的切片均为斜消光

14.2.3.10   消光角

矿片呈斜消光时，其光率体椭圆半径与解理缝、双晶缝或晶面迹线之间的夹角为消光角。

消光角的测定步骤如图 14.12 所示：

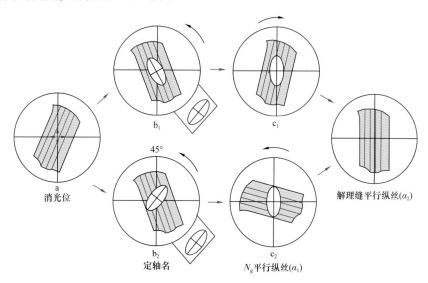

图 14.12   消光角测定步骤示意图

（1）转动载物台 45°，矿片干涉色最高，从试板孔中插入试板，根据干涉色升降确定光率体椭圆半径名称，光率体椭圆长半径为 N_g，短半径为 N_p；

（2）旋转载物台使矿片消光，切面光率体椭圆半径与十字丝方向一致，记录载物台读数 α_1；

（3）在单偏光镜下使解理缝方向平行纵丝，记录载物台读数 α_2，计算 $\alpha=|\alpha_2-\alpha_1|$；

（4）将上述测定结果，按消光角公式写出矿物的消光角。

14.2.3.11   延性符号

延性指晶体的长方向（柱状、针状、板状矿物）与光率体长、短半径的关系（图 14.13）。

正延性：晶体的长方向与光率体长半径（慢光）平行或夹角小于 45°为正延性。

负延性：晶体的长方向与光率体短半径（快光）平行或夹角小于 45°为负延性。

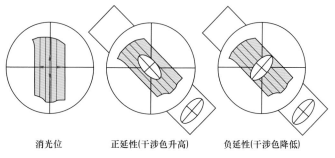

图 14.13   晶体延性符号测定示意图

14.3　常见矿物鉴定特征

14.3.1　石英

结晶形态：三方晶系矿物，无双晶。

物理性质：手标本一般为无色、乳白色，薄片中无色透明，表面光滑、干净透亮，正低突起，无解理，表面常见裂纹（图14.14），最高干涉色为一级黄白，一轴晶正光性（图14.15）。

图 14.14　一级黄白干涉色　　　　　　　　图 14.15　表生裂纹

14.3.2　长石族

长石族是钾、钠、钙和钡的铝硅酸盐，基本分子有钾长石分子（Or）、钠长石分子（Ab）、钙长石分子（An）和钡长石分子（Cn），可分为三大类。

钠长石系列（碱性长石亚族）：透长石、正长石、微斜长石、冰长石、歪长石和条纹长石。

钠长石、钙长石系列（斜长石亚族）：酸性斜长石，有钠长石、更长石；中性斜长石，有中长石、拉长石；基性斜长石，有倍长石、钙长石。

钾长石、钡长石系列（正长石亚族）：钡冰长石、钡长石。

双晶是长石的重要特征之一。长石的双晶类型很多，如卡斯巴接触双晶、卡斯巴贯穿双晶、巴温诺双晶、钠长石双晶和肖钠长石双晶等。

14.3.2.1　碱性长石鉴定标志

（1）具有完全解理或呈现明显的阶梯状解理（图14.16）。

（2）具有卡斯巴（卡式）双晶，它表现为在反射光下常见单一的矩形颗粒呈现反光不同的明暗两半，中间似有一平直的直线相隔（图14.17）。

（3）具有条纹结构，这些条纹在晶体中排列略有定向，也呈不规则的水系状分布，条纹的颜色常比主体长石要浅（图14.18）。

（4）微斜长石具格子状双晶（图14.19）。

图 14.16　解理发育的正长石

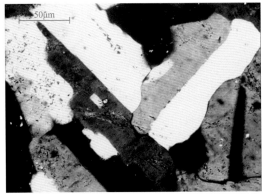

图 14.17　卡斯巴双晶

图 14.18　条纹结构

图 14.19　微斜长石格子状双晶

14.3.2.2　斜长石鉴定标志

（1）主要特征是双晶发育，常为钠长石聚片双晶，也见卡式双晶，并常组合成卡钠复合双晶（图 14.20）。

（2）薄片中无色，具有完全解理。

a. 斜长石聚片双晶

b. 斜长石卡钠复合双晶

图 14.20　斜长石镜下鉴定标志

（3）常呈一级灰白干涉色，最高一级亮黄色。

（4）二轴晶，斜消光，可见环带构造。

14.3.3　普通角闪石

结晶形态：单斜晶系，长柱状，见于中性火成岩中。

物理性质：暗绿色、暗褐色至黑色，薄片中呈绿色或褐色，有较强多色性和吸收性；单偏光下见两组斜交（56°和124°）解理，呈菱形或六边形（图14.21），轮廓清晰、糙面显著，中正突起；正交偏光下多为斜消光，干涉色达二级中部。

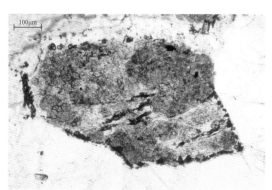

a. 菱形解理发育　　　　　　　　　　　　　　　b. 横断面为菱形或六边形

图 14.21　普通角闪石镜下鉴别标志

14.3.4　普通辉石

结晶形态：单斜晶系，短柱状，见于基性火成岩中。

物理性质：绿黑色或黑色，薄片中无色，略带浅褐色、淡黄色或浅绿色，若富铁（呈绿色）和钛（呈紫色）的变种则具有微弱多色性；单偏光下无色，轮廓清晰、糙面显著，正高突起，见两组接近正交（83°和97°）的解理（图14.22）；正交偏光下多为斜消光，最高干涉色达二级中部（图14.23）。

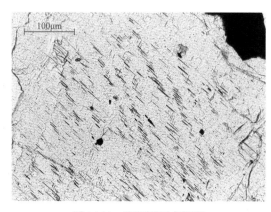

图 14.22　两组近正交解理　　　　　　　　　　　图 14.23　干涉色达二级中部

14.3.5   橄榄石

结晶形态：斜方晶系，短柱状，见于超基性火成岩中。

物理性质：橄榄绿色，遭蚀变呈黄褐色或红色；单偏光下无色，轮廓清晰、糙面显著，正高突起，解理不完全，裂隙发育；正交偏光下平行消光，干涉色达二级顶至三级底。

14.3.6   方解石

结晶形态：三方晶系，一轴晶，呈菱面体，在岩石中呈不规则粒状。

物理性质：无色透明（冰洲石）或白色，薄片中无色，闪突起，见两组斜交菱形解理（图 14.24），夹角为 75°；干涉色为高级白，双晶常见，双晶带多与菱形解理长对角线平行或近似平行，对称消光，一轴晶负光性，通常可使用茜素红染色进行鉴定（图 14.25）。

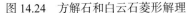

图 14.24   方解石和白云石菱形解理

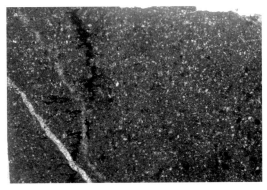

图 14.25   泥晶方解石（茜素红染色）

在不同的温度条件下形成的方解石有不同的晶体形态，如菱面体、柱状、双锥状、板状和片状。

14.3.7   白云石

结晶形态：三方晶系，晶体呈菱面体状，自形程度比方解石好，较自形。

物理性质：无色或白色，含铁则呈黄褐色；薄片中无色，常见两组斜交的菱形解理（图 14.24），在沉积岩中可见环带构造或雾心亮边（中心浑浊，边部干净，与方解石交代白云石有关），白云石具明显闪突起，高级白干涉色，对称消光，一轴晶负光性。

14.4   资料解释应用

14.4.1   确定岩石的矿物组分及含量

在偏光显微镜下可肉眼直接观测到岩石中所含的矿物组分及其他录井方法所难以观测的凝灰质、古生物、胶结物和矿物的结晶形态，可以准确地统计各个组分的百分含量。

例如，图 14.26 中薄片岩石主要由安山质岩屑、火山玻璃质和硅质微晶组成，安山质岩屑具交织组构，含量约为 55%，岩屑间多充填硅质石英和火山玻璃，硅质石英为火山灰脱玻化形成；图 14.27 中薄片岩石主要由泥晶白云石、生物碎屑、胶结物及杂基等组成，其中白云石含量约为 55%，生物碎屑含量约为 15%，其他组成含量约为 30%。

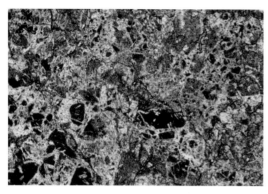

图 14.26　安山质岩屑凝灰岩

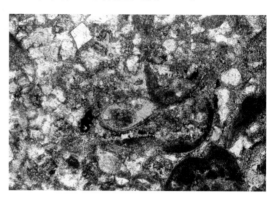

图 14.27　含生屑颗粒泥晶云岩

14.4.2　确定岩石的结构特征

岩石的结构特征指岩石中矿物颗粒本身的特点（结晶程度、晶粒大小和晶粒形状等）及颗粒之间的相互关系所反映出来的岩石构成特征。

例如，中—粗粒岩屑长石砂岩为中—粗粒结构，颗粒分选中等，磨圆为次圆状，颗粒接触关系主要为短线接触，以颗粒支撑为主，胶结类型为孔隙式胶结（图 14.28）；辉绿岩为辉绿结构，斜长石呈细长柱状自形晶，杂乱分布，他形辉石晶粒充填在斜长石晶粒间（图 14.29）。

白云母片岩为柱状鳞片变晶结构，片状构造，黑云母定向排列（图 14.30）；鲕状灰岩为鲕粒结构，呈颗粒支撑，亮晶方解石胶结，推测成因为潮下高能浅水环境沉积（图 14.31）。

图 14.28　中—粗粒岩屑长石砂岩

图 14.29　辉绿岩

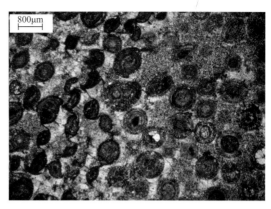

图 14.30 白云母片岩　　　　　　　　图 14.31 鲕状灰岩

14.4.3 岩性识别和地层划分

　　根据测定的矿物组分及含量，结合岩石结构的观测，可以实现精准的岩性识别和地层划分。如图 14.32 所示，薄片鉴定的岩性为球粒流纹岩和混合岩化白云母二长片麻岩。

a. 球粒流纹岩　　　　　　　　　　b. 混合岩化白云母二长片麻岩

图 14.32 薄片鉴定岩性

14.4.4 提供储层评价认识和依据

　　通过偏光镜，可以直接观测岩石的孔隙、孔洞和裂缝等孔隙空间的大小、形态及其连通性，并测定薄片的总面孔率，为储层评价提供基本依据（图 14.33）。

14.4.5 提供沉积环境研究素材

　　井场薄片鉴定在准确测定岩石标本的矿物组合及含量、观测矿物结构特征的同时，还可以发现特殊矿物及古生物化石，进而分析沉积环境，划分沉积类型。

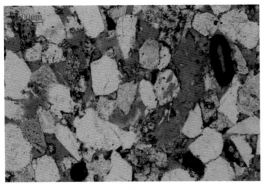

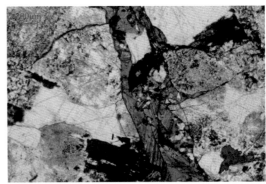

a. 粒间孔

b. 裂缝充填铁方解石再溶蚀形成残余孔

图 14.33　镜下观测岩石孔隙空间

15
碳酸盐岩含量测定

现场录井碳酸盐岩含量测定，主要根据方解石和白云石与盐酸反应速率的不同，在碳酸盐含量分析仪记录曲线上利用"拐点法"，能较为精确地得出石灰岩和白云岩占岩屑的百分含量。应用这些分析资料，能够辅助进行现场岩石快速定名，主要包括碳酸盐岩类及灰质砂岩类定名；结合碳酸盐岩含量，综合分析胶结物类型、储层物性及孔渗特征，有助于提高含钙砂岩的测井解释准确性等。

15.1 技术原理

岩石中的碳酸盐种类较多，一般以碳酸钙及碳酸镁钙为主，矿物主要为方解石（$CaCO_3$）和白云石［$CaMg(CO_3)_2$］。利用盐酸和碳酸盐产生化学反应生成 CO_2 气体的特性，将足量盐酸与一定量岩样置于密闭容器内混合，其化学反应方程式如下：

$$CaCO_3 + 2HCl \xrightarrow{\quad\quad} CaCl_2 + H_2O + CO_2 \uparrow \tag{15.1}$$

$$CaMg(CO_3)_2 + 4HCl \xrightarrow{\quad\quad} CaCl_2 + MgCl_2 + 2H_2O + 2CO_2 \uparrow \tag{15.2}$$

根据一定质量的优级纯碳酸钙或标准物质和相同质量的岩样，分别与足量的盐酸反应后产生的 CO_2 气体压力，压力增加值与岩样中碳酸盐含量呈正相关性，可计算出岩石中的碳酸盐含量，计算公式如下：

$$y = \frac{p_2 \times m_{纯}}{p_1 \times m_{样}} \times 100\% \tag{15.3}$$

式中　y——岩样中碳酸盐含量（质量分数），%；

$\quad\quad m_{纯}$——标准碳酸钙的质量，g；

$\quad\quad m_{样}$——岩样的质量，g；

$\quad\quad p_1$——标准碳酸钙与盐酸反应释放的 CO_2 气体压力，Pa；

$\quad\quad p_2$——岩样与盐酸反应释放的 CO_2 气体压力，Pa。

15.2 资料录取要求

15.2.1 测量仪器及附属设备

测量仪器主要为碳酸盐含量分析仪，压力传感器范围为 0～0.5MPa，精度为 0.5% 满量程。

目前现场使用的碳酸盐含量分析仪型号类型较多，基本原理一致，以天津利达科技发展有限公司生产的 Auto-Calcimeter 仪器为例作介绍。

Auto-Calcimeter 仪器结构如图 15.1 所示，是一种电子压力传感式测定仪，Auto-Calcimeter 仪器利用测量时产生的二氧化碳气体压力，建立一条碳酸钙含量随压力变化的函数关系曲线，从而得出碳酸根含量。

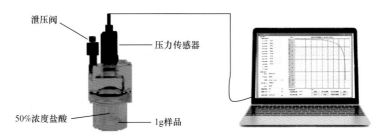

图 15.1　Auto-Calcimeter 仪器结构图

附属设备主要有以下几种：

（1）电热恒温干燥箱：最高温度不低于 200℃，控温精度为 ±1℃；

（2）天平：感量为 1mg；

（3）分样筛：100 目或 0.150mm；

（4）研钵。

15.2.2 试剂及材料

试剂及材料主要包括：

（1）盐酸溶液：质量分数为 20% 或体积分数为 50%；

（2）碳酸钙：优级纯碳酸钙或标准物质；

（3）量筒：10mL；

（4）滤纸；

（5）样品盘；

（6）镊子。

15.2.3 仪器调校

零刻度调整：

（1）确认反应池底座与密封盖保持敞开；

（2）没有外界压力后，点击"零刻度调整"；

（3）待 3min 后电脑自动提示"校准结束"；

（4）电脑自动将测量零位值存储，即完成零刻度标定。

满刻度调整：

（1）反应池外槽内放入 1g 纯碳酸钙，内槽加入 5mL 体积分数为 50% 的盐酸；

（2）将反应池与密封盖拧紧，关闭泄压阀；

（3）点击"满刻度调整"，并立即 90°倾倒反应池将盐酸与碳酸钙混合反应；

（4）3min 后电脑自动提示"校准结束"，并自动存储满刻度值，即完成满刻度标定。

15.2.4　样品制备

（1）选取有代表性的岩屑样品 5.0～10.0g，壁心或岩心选取 2.0～3.0g。

（2）用标明井号、深度的滤纸包好样品，并按深度顺序排放于托盘内。

（3）将托盘放于电热恒温干燥箱内，在 105℃条件下恒温干燥不少于 30min。

（4）将恒温干燥后的样品研磨至粉末，使其全部通过 100 目或 0.150mm 分样筛。

（5）将过筛后的样品，按顺序依次排放在样品盘中待测。

15.2.5　样品分析

（1）用天平称取制备的样品 1.0g，放入反应池外槽。

（2）用配置好的盐酸溶液，倒入反应池内槽。

（3）拧紧反应池密封盖，按压泄压阀至内外压力一致。

（4）90°倾倒反应池，轻轻摇晃反应池 10s，使盐酸与样品充分混合发生反应。

（5）待测量曲线稳定 2min 后，记录测量结果，读值应精确至 1%。

（6）按压泄压阀，待内外压力一致后打开反应池密封盖。

（7）清洗反应室至干净，并擦干，分析下一个样品。

15.2.6　注意事项

（1）拧紧反应池后，打开泄压阀，使测量前反应池内外无压差。

（2）每 24h 用肥皂水做一次漏气检查。

（3）仪器调校使用纯碳酸钙标准样。

（4）测定环境温度应为常温，样品和试剂的温度过高、过低都会引起测量结果的较大偏差。

（5）体积分数为 50% 的盐酸具有很强的腐蚀性，操作时应做好防护。

15.3　资料解释应用

碳酸盐含量分析是测定样品中碳酸钙（$CaCO_3$）和碳酸镁钙 [$CaMg(CO_3)_2$] 的总含量。

依据化学反应速度机理及样品实验结果，碳酸盐含量曲线形态主要有以下四种类型：

（1）石灰岩反应速度大于白云岩，石灰岩反应曲线平直，白云岩反应曲线呈圆弧—斜直线—圆弧的变化过程；

（2）白云质灰岩中首先是灰质的快速反应峰，随反应时间的延长，再反应白云质成分，曲线呈先平直，再出圆弧的变化过程；

（3）泥质云岩或灰质云岩反应时间较长，曲线呈先短平直线段，再呈斜直线—圆弧的变化过程；

（4）其他类型的白云岩反应时间更长。

根据碳酸盐含量曲线形态，可使用"拐点法"对样品中碳酸钙和碳酸镁钙的含量进行读值分析。

当测量样品中含碳酸镁钙时，应将其对应测量的读值乘以校正系数 0.92，获得碳酸镁钙含量值。图 15.2 介绍了六种典型曲线解释示例。

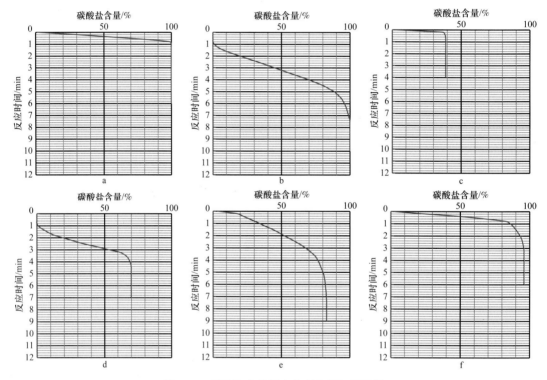

图 15.2　碳酸盐含量测定典型曲线解释示例

a. 曲线从 0 到 100% 呈快速反应，曲线平直，代表岩石中的 $CaCO_3$ 含量为 100%；b. 曲线缓慢增长，7min 后反应结束，并且读值超 100%，乘以校正系数 0.92，曲线代表岩石中的 $CaMg(CO_3)_2$ 含量为 100%；c. 曲线从 0 到 39% 呈快速反应，曲线平直，代表岩石中的 $CaCO_3$ 含量为 39%；d. 曲线缓慢增长，持续 5min 后，曲线稳定在 70%，乘以校正系数 0.92，代表岩石中 $CaMg(CO_3)_2$ 真实含量为 64.4%；e. 曲线开始快速反应至读值为 18%，后变缓慢，曲线稳定在读值为 83%，表示岩石中含有 $CaCO_3$ 和 $CaMg(CO_3)_2$，使用"拐点法"进行分析，$CaCO_3$ 含量读值为 18%，$CaMg(CO_3)_2$ 读值为 65%，其中 65% 乘以校正系数 0.92，岩石中 $CaMg(CO_3)_2$ 真实含量为 59.8%；f. 曲线开始快速反应至读值为 83%，后变缓慢，曲线稳定在读值为 96%，表示岩石中含有 $CaCO_3$ 和 $CaMg(CO_3)_2$，使用"拐点法"进行分析，$CaCO_3$ 含量读值为 83%，$CaMg(CO_3)_2$ 读值为 13%，其中 13% 乘以校正系数 0.92，岩石中 $CaMg(CO_3)_2$ 真实含量为 11.96%

16
核磁录井

随着石油勘探开发工作的不断深入，需要进一步了解所钻地层的岩石孔隙度、渗透率及孔隙内流体的性质，为储层评价和测试决策提供依据。核磁共振录井技术（简称核磁录井）可以利用岩心、壁心及岩屑对所钻地层的岩石物性和孔隙流体性质进行测量分析，仪器的小型化后，核磁分析得以从实验室前移到钻井现场，不仅降低了测量分析成本，而且测量结果准确、可靠和快速，为油气藏评价提供了有效的第一手资料。

核磁录井作业具有以下优势：（1）作业过程中不占用井口，作业成本较低；（2）分析周期较常规实验室周期短，视样品多少与所需流程复杂程度，一批样品需要1~5天可以得到分析结果；（3）"一样多参"，即使用一个岩样可以分析出多个参数；（4）可以分析较疏松、形状不规则或较小的样品；（5）分析精度可以满足储层及油气水的评价要求；（6）做样过程中无环保压力；（7）录井仪器小型化，既可用在钻井现场，也可用在实验室。

16.1 技术原理

16.1.1 测量参数分析原理

核磁共振（Nuclear Magnetic Resonance，简称NMR）是某些具有自旋磁矩的原子核在外加磁场作用下，吸收特定频率的电磁波，从而改变能量状态的现象。利用低场核磁共振技术及相应设备对钻探过程中得到的岩心、壁心和岩屑等岩石样品进行核磁共振分析，通过检测其所含地层流体的核磁信号强度来分析样品孔隙内的流体量和流体性质，以及流体与岩石孔隙内表面之间的相互作用情况，进而获取样品的孔隙度、渗透率、含油饱和度、可动流体饱和度、可动水饱和度和束缚水饱和度等物性参数。

16.1.1.1 岩样孔隙度分析原理

地层流体中普遍含有氢原子，其原子核具有一定的质量和体积，表面带电且具有自旋转的特性，形成磁场，可将其视作具有一定磁矩的"小磁针"。当待分析样品置于自然界中时，样品流体中的"小磁针"杂乱无序分布，对外界不显磁性。将样品置于静磁场中后，每个"小磁针"的指向趋于一致，其合成的磁矩称为宏观磁化矢量。因岩石固体骨架不产生磁矩信号，故宏观磁化矢量的大小与孔隙流体内氢核的个数成正比，即与样品内的流体量成正比，当岩样孔隙内充满流体时，流体体积与孔隙体积相等，此时的氢原子核的宏观磁化矢量强度就能反映岩样的孔隙大小，在建立二者对应关系后，对宏观磁化矢量进行测量即可测得岩样的核磁孔隙度。

样品孔隙流体中往往油水共存，为了解油水占比，需要将油相信号和水相信号分开，为此引入了氯化锰（MnCl$_2$）试剂，实验表明，当氯化锰的水溶液达到一定浓度时，能够将水相的弛豫时间缩短到仪器的探测极限以下，此时水相的核磁信号近乎为零，所测信号为油相信号，从而将油水信号分开，获得岩样的含油饱和度和含水饱和度。

通常原油核磁信号比同体积水的核磁信号偏小，同时，不同地区的原油性质有一定程度的差异，因此有必要对孔隙流体中的原油信号进行修正以准确计算样品孔隙度，故引入了原油系数。通过将纯水的核磁共振信号与样品所在区块、所在层位的相同体积脱水原油相比较得到原油系数，并利用原油系数对样品的油相信号进行修正，可以准确地得到样品在纯水条件下的核磁共振信号，进而得到样品准确的孔隙度。当钻前无法取得待分析样品位置的脱水原油时，可用其邻井或相邻区块层位相近、井深相近的相同体积脱水原油来替代。

16.1.1.2 束缚流体与可动流体

氢原子核在外界恒定的磁场内达到平衡状态后，在受到外界能量的作用下可以从平衡状态跃迁为高能量状态，当外界作用力消失后，氢原子核从高能状态恢复到平衡状态的过程称为弛豫过程，它所需要的时间称为弛豫时间。弛豫时间可分解为纵向弛豫时间 T_1 和横向弛豫时间 T_2，目前，核磁录井主要以横向弛豫时间 T_2 作为研究对象，其谱图称为 T_2 弛豫时间谱，简称 T_2 谱，典型的 T_2 谱如图 16.1 所示。

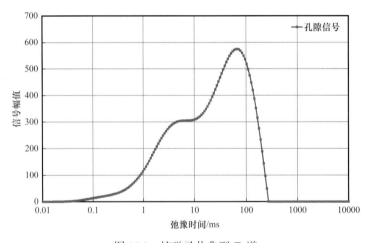

图 16.1　核磁录井典型 T_2 谱

T_2 谱的横坐标数值反映了样品所受束缚力的大小，也反映了样品孔隙的大小。当样品孔隙、喉道小到一定程度后，此时流体将被毛细管张力所束缚而无法流动，在 T_2 谱上呈现为一个时间界限值，当孔隙流体的 T_2 弛豫时间大于该阈值时，该流体可以自由流动，称为可动流体；反之，称为束缚流体，T_2 弛豫时间界限值称为 T_2 截止值。

16.1.1.3　岩样渗透率分析原理

利用 T_2 截止值得到可动流体饱和度和束缚流体饱和度后，可利用数学模型计算核磁渗透率。常用的核磁渗透率计算模型为以下四种：

$$K_{nmr1}=\left(\frac{\phi_{nmr}}{C_1}\right)^4\left(\frac{BVM}{BVI}\right)^2 \tag{16.1}$$

$$K_{nmr2}=C_2\times\phi_{nmr}^4\times T_{2g}^2 \tag{16.2}$$

$$K_{nmr3}=C_3\times\phi_{nmr}^2\times T_{2g}^2 \tag{16.3}$$

$$K_{nmr4}=C_4\times\phi_{nmr}^m\times T_{2g}^n \tag{16.4}$$

式中　K_{nmr1}，K_{nmr2}，K_{nmr3}，K_{nmr4}——核磁渗透率，mD；

ϕ_{nmr1}，ϕ_{nmr2}，ϕ_{nmr3}，ϕ_{nmr4}——核磁孔隙度，%；

C_1，C_2，C_3，C_4——渗透率系数；

BVM——可动流体饱和度，%；

BVI——束缚流体饱和度，%；

T_{2g}——T_2 几何均值，ms；

m，n——区域系数。

式（16.1）称为 Timur—Coates 模型，式（16.2）为 SDR 模型，式（16.3）和式（16.4）是结合国内油气田实际情况，在式（16.1）的基础上提出的，其中的各个相关系数需要按区域实际情况来确定。核磁录井普遍使用 Timur—Coates 模型计算渗透率，其待定系数 C_1 具有地区经验性，取值范围一般为 5～15，在国内一般取值为 8，在国外一般取值为 10，其准确值需要通过实验室分析来确定。

16.1.2　测量参数

依据做样目的的不同，核磁录井所测参数也有所差别。随着核磁解释技术的发展，核磁分析过程中所测量的参数也在不断改变。一般情况下，核磁录井所提供的参数见附录 B.37。

16.2　分析方法及影响因素

16.2.1　分析方法

16.2.1.1　基本方法

将待分析样品置于核磁共振仪器的分析室中，通过仪器采集样品的核磁共振信号，对这些信号进行处理得到样品的各个测量参数。

样品孔隙空间体积与总体积的比值，称为样品的孔隙度。核磁录井通过检测岩石样品内流体的体积来测量样品孔隙度，对于样品的总体积则推荐使用样品饱和后的浮力法进行测量。核磁共振信号大小与样品内所含的流体量成正比，因此测量时要求样品孔隙完全被流体（水或油）填充，实际测量时大多使用模拟地层水进行抽真空加压饱和，饱和时间为8～24h。测量样品前首先测量孔隙度标准样，建立核磁信号与孔隙度之间的刻度关系式，然后测量样品的核磁共振信号，将其信号大小代入刻度关系式，即可得到核磁孔隙度。当孔隙中油水共存时，需要求得含油饱和度，并用原油系数修正油相核磁信号以获得更准确的核磁孔隙度值。

可利用氯化锰水溶液浸泡样品的方法将油相信号和水相信号分离。一定浓度的锰离子（Mn^{2+}）能够缩短岩样中水相的弛豫时间，使核磁共振仪器无法测量到岩样中水相的信号，此时测量所得信号为岩样油相的信号，从而实现油水信号分离，进而通过计算得到岩样的含油饱和度和含水饱和度。样品浸泡氯化锰水溶液的时间为24～48h，为保证浸泡过程中锰离子浓度不降低，氯化锰水溶液体积应不低于5倍样品体积，并在浸泡过程中适当活动样品使锰离子浓度保持均匀。

利用T_2谱截止值将岩样流体分为可动流体及束缚流体，可求得岩样可动流体饱和度与束缚流体饱和度。准确确定T_2截止值时可使用离心标定法，在现场做核磁分析时通常根据已有T_2截止值的统计分析成果，结合样品T_2弛豫时间谱的具体形态判断其截止值。以砂岩为例，判断T_2截止值的一般方法是：（1）以单峰或单峰为主的T_2谱，主峰小于10ms时，T_2截止值通常位于主峰的右半幅点附近；（2）以单峰或单峰为主的T_2谱，主峰大于10ms时，T_2截止值通常位于主峰的左半幅点附近；（3）对双峰弛豫时间T_2谱，并且左峰小于10ms，右峰大于10ms时，可动流体T_2截止值取双峰凹点处。

得到了可动流体饱和度和束缚流体饱和度后，就可以使用Timur—Coates模型计算核磁渗透率。一个区域的开始阶段可使用渗透率系数为8或10计算渗透率，当积累了足够多的核磁分析和常规分析样品后可以修正渗透率系数使之取值更符合本区域的特点。

16.2.1.2　测量方法选择

（1）不含油样品一次测量法。

不含油样品一次测量法适用于无显示或不含油的样品、气藏样品和油藏洗油样品。测量时对样品进行抽真空加压饱和模拟地层水，然后进行测量，可得到样品的孔隙度、渗透率、可动流体饱和度、可动水饱和度和束缚水饱和度等岩石物性参数。

（2）含油样品两次测量法。

含油样品两次测量法适用于未保持地层初始状态的岩心、旋转式井壁取心湿样及岩屑湿样。测量时先将样品抽真空加压饱和模拟地层水，然后进行饱和状态核磁共振测量，再将样品岩样浸泡在锰离子（Mn^{2+}）质量浓度不低于15000mg/L的氯化锰水溶液中，浸泡时间不少于24h，保证消除岩样中水的核磁共振信号，然后进行浸泡氯化锰水溶液状态核磁共振测量，可得到样品孔隙度、渗透率、含油饱和度、可动流体饱和度、可动水饱和度和束缚水饱和度等岩石物性参数。

（3）含油样品三次测量法。

对非密闭取心样品和密闭取心样品均可使用含油样三次测量法进行测量。测量时，首先对未饱和流体的、原始状态的样品进行测量，得到未饱和流体前样品的各项核磁录井测量参数，然后按照含油样两次测量法进行测量，测得不同状态下的核磁共振 T_2 弛豫时间谱，得到样品的孔隙度、渗透率、含油饱和度、可动流体饱和度和束缚流体饱和度等岩石物性参数。

（4）气藏样品测量。

对于气藏非密闭取心样，可使用不含油样品一次测量法进行测量；对保持地层原始状态的气藏密闭取心样，可使用两次测量法，先进行样品初始状态核磁共振测量，然后抽真空加压饱和模拟地层水后，进行饱和状态核磁共振测量，可测得样品孔隙度、渗透率、含气饱和度、初始状态和饱和状态下各自的可动水饱和度、束缚水饱和度等储层评价参数。

16.2.2　影响因素

鉴于核磁录井分析方法的特点，其分析结果受环境温度、湿度和操作手法的影响较大。

16.2.2.1　环境温度因素

在分析过程中应保持分析温度稳定在一个允许的范围内，具体表现为：（1）仪器需要充分的预热；（2）室内应保持温度稳定在一定的范围内，避免较大的室温波动；（3）实验中仪器的温控器显示的温度应稳定在允许的范围内。

16.2.2.2　环境的干湿度

室内环境不宜过分干燥，应保持相对稳定的湿度。

16.2.2.3　环境的铁磁性物质

分析仪器磁体周围与磁性物体应保持 1m 以上的距离。

16.2.2.4　操作因素

应按规定进行样品的处理，操作人员操作手法娴熟，关键环节把握到位，避免将样品长时间暴露于空气中导致孔隙流体散失，以及长时间放置于仪器测量室内导致样品间测量温度的不一致。

16.3　资料录取要求

16.3.1　仪器标定与校验

16.3.1.1　仪器标定

按规定时间预热仪器，调整好主频偏移、90°脉冲长度、探头增益和样品扫描次数，用滤纸小心地将标准样擦拭干净，装入干净的标准试管并放入探头中，输入其对应的体积等参数，进行测量，测量完毕后，将测量结果保存好。一般随仪器附带的标准样的孔隙度值域范围为 0.5%～30%，标准样个数为 5～11 个，依次重复上面的步骤检测各个标准样并保存测量结果，观察所测孔隙度线性度值，达到 0.9996 以上时符合仪器标定要求。

16.3.1.2　仪器校验

将两个孔隙度值差异较大（5% 和 20%）的标准样品分别放入仪器测量孔隙度，测量误差需小于 3%。

16.3.2　样品选取与制备

16.3.2.1　样品的数量

依据仪器标称的样品测量室中均匀磁场的高度来决定样品在试管中的最大高度。试管中待分析的样品在不超过额定高度的前提下，数量宜多不宜少，并且单个样品要大小适中，不宜过小，以能自由放入测量试管为宜，通常核磁用试管的内径是 25mm，推荐样品在试管内堆积高度不小于试管内径。

16.3.2.2　岩心样品

尽量取靠近岩心中心部位的样品，所取得的样品不宜直接暴露在空气中，应及时用聚乙烯保鲜膜缠紧并用透明胶带固定好，置于模拟地层水中保存，避免样品与模拟地层水直接接触及样品内的流体散失。样品测量前要求用微湿滤纸擦净、除去样品上的钻井液、滤饼等杂质，呈现岩石本色，将样品进行适当修整，修整时尽量将样品的棱角修整圆滑，以避免测量过程中样品局部剥落损失体积，减弱核磁信号。

16.3.2.3　壁心样品

核磁录井分析井壁取心时，一般以旋转井壁取心为分析对象。使用部分或全部井壁取心作为测量样品，按钻井取心样品准备方法进行准备。分析前要求洗净井壁取心样品上的钻井液、滤饼等杂质，呈现岩石本色，在不破坏井壁取心基本外形的前提下将其边缘的棱角适当修整圆滑，避免测量时发生崩落。

16.3.2.4　岩屑样品

在核磁录井的分析层段，其取样间距一般与岩屑录井取样间距相同，在厚层显示层中应适当加密取样，在小于录井间距的薄互层状地层取样时可按录井间距适当合并取样，并做好取样记录。

在取岩屑样时，一般做法如下：

（1）一般仅对储层或油气层段取样，必要时也可对泥页岩取样分析；

（2）湿样条件下挑样，取样前切勿对岩屑进行烘干或风干；

（3）在能代表储层的前提下，尽量挑选颗粒较大、含油饱满的岩屑样品。当使用岩屑筛洗砂时，应以顶筛样品为主，中筛为辅；

（4）如钻井使用的是牙轮钻头，应挑出不少于 5g 的岩屑样品，如所用的是 PDC 钻头，应挑出不少于 2g 的岩屑样品。

16.3.2.5 样品的保存

在核磁分析前应对样品进行保湿，可将样品放置于塑料封口袋内封好口，装入有模拟地层水的小瓶内避光保存，也可将岩心、壁心样品用聚乙烯保鲜膜缠紧，用透明胶带固定好，置于冰箱内冷冻保存，以尽可能减少样品孔隙内流体散失为原则。

16.3.3 溶剂配制

16.3.3.1 配制模拟地层水

已知地层水的矿化度，则按地层水的矿化度进行配制；如不知地层水的矿化度，则称量氯化钾、氯化钠各 10g，用 1L 蒸馏水溶解，搅拌均匀，作为模拟地层水使用。

16.3.3.2 配制氯化锰水溶液

配制锰离子浓度不低于 15000mg/L 的氯化锰（$MnCl_2$）水溶液，配置方法是用天平称量不低于 54g 的四水合氯化锰（$MnCl_2 \cdot 4H_2O$）或不低于 35g 的无水氯化锰（$MnCl_2$），放入 1L 蒸馏水中溶解，搅拌均匀。

16.3.4 简要操作流程

将核磁录井仪固定在仪器房内，周围 1m 内无磁性物质。测量前核磁录井仪预热 4h 左右，保持温度为 22～28℃且稳定。仪器预热后使用标准样品进行标定，标定合格后进行样品准备，按规程取样和清洁样品，使用微湿滤纸清除样品表面水，选用合适的测量方法测量样品，简要流程图如图 16.2 所示。

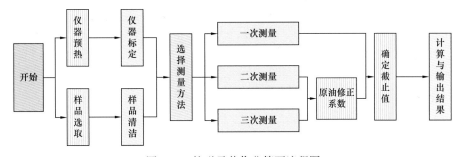

图 16.2 核磁录井作业简要流程图

16.3.5 注意事项

（1）井场摆放核磁录井操作间时，应尽可能选择震动较小的场所，避免因震动过大而导致电子天平产生较大的读值误差。

（2）仪器房内应保证相对稳定的温度和湿度。

（3）因现场操作间内空间有限，尽可能将核磁仪的磁体放置于房内靠中心的位置，磁体周围 1m 左右的空间内无磁性物质。

（4）核磁仪的磁体位置确定后，不可随意移动磁体的位置，如移动后环境和温度等发生较大改变时，需重新做标定。

（5）应使用不间断电源（UPS）以保证仪器有稳定的电源供应，必要时可配备稳压电源。

（6）在标定后，每次测量前必须用较小（<10%）和较大（>15%）的两个孔隙度标准样验证仪器的准确性，如误差较大需重新标定。

（7）必须保证在每次测量前将试管外壁擦拭干净，避免杂物进入分析室而产生较大的系统误差。

（8）在测量饱和模拟地层水的样品时，要耐心细致地处理样品表面水，既不能有残留，也不能因处理时间过长而使得孔隙流体散失。可将滤纸润湿使其不吸水，然后将样品放在润湿的滤纸上，覆盖以另一张润湿的滤纸，用镊子轻轻反复拨动岩屑去除其表面水，使岩屑表面潮湿而无水膜，即可上机分析。

（9）应保证样品体积测量完毕后，直至放入试管内分析时，样品的体积保持不变，不发生因样品崩散而发生体积缺失的情况。

（10）测量过程中应保证浸泡时间，避免为仓促提交数据而人为缩短浸泡时间。

（11）在浸泡氯化锰水溶液前必须确认好该样品饱和状态分析数据已分析完毕，并且结果已妥善保存。氯化锰水溶液操作区域和模拟地层水操作区域要分开，必须避免氯化锰水溶液对未进行饱和状态分析的样品造成污染。

（12）当样品数量较为充足时应保留样品备份。必须妥善保管好样品备份及已测样品。当需要对样品进行补测时，如果被测样品为已分析样品但不能确定该样品是否有体积缺失时，应重新测量样品体积。

（13）所有样品实物和标识应清楚，并且与分析结果一一对应。

（14）对于缺少核磁录井基础数据（T_2 截止值、C_1 值和原油系数等）的区块，在条件具备时，应利用已有岩心和脱水原油进行分析，以取得第一手基础数据。对于待分析样品所在区块无岩心或脱水原油样本时，可搜集、参考邻近区块的分析数据，使谱图分析有据可依。

16.4　成果资料

16.4.1　解释标准

根据 SY/T 6285—2011《油气储层评价方法》，按孔隙度（ϕ）和渗透率（K）值的大小对储层进行了分类，分类结果作为核磁储层评价的基本标准，见表 16.1 至表 16.4。

利用核磁分析数据进行储层评价时，可依据上述划分标准进行评价。对于油气层而言，一般情况下，Ⅱ类及以上储层可实现自然高产或压裂后高产，Ⅲ类及以下储层可能为压后产能或干层。基于不同的油气水及储层特点，各油田具体储层分类标准可能也有所差异。

表 16.1   碎屑岩和碳酸盐岩储层孔隙度分类表

储层孔隙度类型	碎屑岩储层孔隙度 /%	碳酸盐岩储层孔隙度 /%
特高孔	$\phi \geqslant 30$	—
高孔	$25 \leqslant \phi < 30$	$\phi \geqslant 20$
中孔	$15 \leqslant \phi < 25$	$12 \leqslant \phi < 20$
低孔	$10 \leqslant \phi < 15$	$4 \leqslant \phi < 12$
特低孔	$5 \leqslant \phi < 10$	$\phi < 4$
超低孔	$\phi < 5$	—

表 16.2   碎屑岩及碳酸盐岩储层渗透率分类表

储层渗透率类型	碎屑岩储层渗透率 /mD	碳酸盐岩储层渗透率 /mD
特高渗	$K \geqslant 2000$	—
高渗	$500 \leqslant K < 2000$	$K \geqslant 100$
中渗	$50 \leqslant K < 500$	$10 \leqslant K < 100$
低渗	$10 \leqslant K < 50$	$1 \leqslant K < 10$
特低渗	$1 \leqslant K < 10$	< 1
超低渗	$K < 1$	—

表 16.3   火山岩储层孔渗划分标准表

储层分类	火山岩储层孔隙度 /%	火山岩储层渗透率 /mD
I	$\phi \geqslant 15$	$K \geqslant 10$
II	$10 \leqslant \phi < 15$	$5 \leqslant K < 10$
III	$5 \leqslant \phi < 10$	$1 \leqslant K < 5$
IV	$3 \leqslant \phi < 5$	$0.1 \leqslant K < 1$
V	$\phi < 3$	$K < 0.1$

表 16.4   变质岩储层孔渗划分标准表

储层分类	变质岩储层孔隙度 /%	变质岩储层渗透率 /%
I	$\phi \geqslant 10$	$K \geqslant 50$
II	$5 \leqslant \phi < 10$	$10 \leqslant K < 50$
III	$1 \leqslant \phi < 5$	$1 \leqslant K < 10$
IV	$\phi < 1$	< 1

16.4.2 分析成果

核磁录井分析的成果资料包括每个样品的 T_2 谱图和核磁录井成果表，成果表中包含了分析测得的孔隙度、渗透率、含油饱和度、可动流体饱和度、可动水饱和度和束缚水饱和度数据及核磁录井的解释结论等信息。

16.5 资料解释应用

16.5.1 储层评价

以渤海海域的 A1 井为例，利用核磁录井对部分井壁取心进行了分析，核磁录井典型谱图如图 16.3 所示，针对谱图数据进行了初步解释，解释结果见表 16.5。

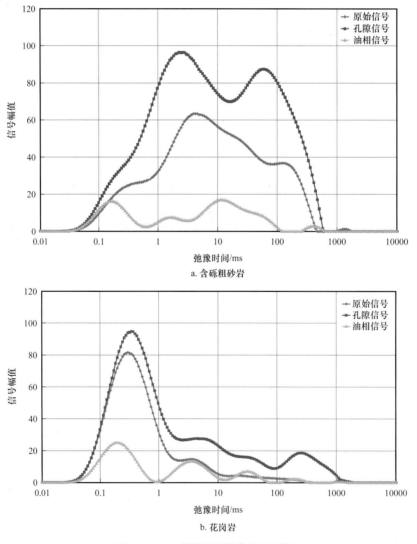

图 16.3 A1 井核磁录井典型 T_2 谱图

表 16.5 A1 井核磁录井成果表

序号	井段（井深）/m	岩性	样品类型	孔隙度/%	渗透率/mD	含油饱和度/%	可动流体饱和度/%	可动水饱和度/%	束缚水饱和度/%	解释结论
1	3888.00	含砾粗砂岩	井壁取心	16.65	0.9044	11.02	25.53	23.22	65.76	中孔特低渗储层
2	3999.00	花岗岩	井壁取心	7.41	0.0555	13.81	30.01	25.13	61.06	Ⅳ类储层

注：渗透率数值修约到 0.0001。

16.5.2 流体解释

某油田 A2 井钻井过程中使用核磁录井技术进行了分析，形成了核磁可动流体饱和度和含油饱和度的交会图版，用以判断储层流体的性质（图 16.4）。从可动流体饱和度与含油饱和度解释图版中可以看出，油层可动流体饱和度大于 35%，含油饱和度大于 30%；低产油层可动流体饱和度为 25%～35%，含油饱和度为 20%～30%；干层可动流体饱和度小于 25%，含油饱和度小于 10%。

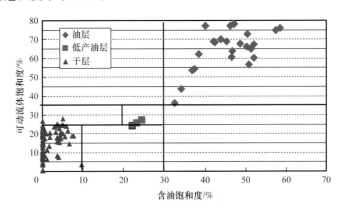

图 16.4 核磁录井解释图版

17

实时碳同位素录井

在石油和天然气勘探开发中，碳同位素资料应用越来越广泛，对于元素组成相对单一的烃类天然气，通常把甲烷碳同位素作为气态烃的示踪剂。碳同位素录井是一种利用近红外激光光谱吸收原理进行碳同位素实时测量的新技术，可快速提供天然气成因、类型和烃源岩成熟度等多方面信息，可用于烃源岩成熟度评价、气油源对比、断层封闭性及气藏成因等方面的研究。

通常碳同位素录井设备和气测录井设备一起使用，从气测录井房引进样气源，对样气进行预处理后进行碳同位素检测。按照设备检测方法和测量碳原子范围不同，分为甲烷碳同位素录井和甲烷—丙烷碳同位素录井，二者核心原理相同。

17.1 技术原理

17.1.1 碳同位素概念

具有相同质子数和不同中子数的元素的原子，称为该元素的同位素。同位素分为稳定同位素和放射性同位素，碳的稳定同位素是 ^{12}C 和 ^{13}C，放射性同位素是 ^{14}C（半衰期 5730a）。碳同位素丰度的表示方法包括稳定碳同位素 ^{13}C 和 ^{12}C 的比值和 $\delta^{13}C$ 值，其中 $\delta^{13}C$ 值计算方法如下：

$$\delta^{13}C = \frac{\left(^{13}C/^{12}C\right)_{样品} - \left(^{13}C/^{12}C\right)_{标准}}{\left(^{13}C/^{12}C\right)_{标准}} \times 1000‰ \qquad (17.1)$$

标准品：以美国南卡罗来纳州白垩系 Pee Dee 组拟箭石化石（Pee Dee Belemnite，简称 PDB）作为标准品。

标准值：$\left(^{13}C/^{12}C\right)_{标准} = 0.0112372$。

17.1.2 基本原理

碳同位素测量主要有质谱测量和光谱测量两种技术手段。目前海上钻井现场在用的甲烷—丙烷碳同位素设备采用色谱分离技术、烃组分氧化和红外光谱测量技术原理，连续实时测量甲烷、乙烷和丙烷同位素数据。

先通过快速色谱将混合的烃类气体按组分分离，并依次进入氧化池使其燃烧成为 CO_2，之后进入中红外激光光谱测量腔室，利用 $^{12}C-O$、$^{13}C-O$ 分子键不同的激光吸收特征峰实现碳同位素的测量。甲烷—丙烷碳同位素录井仪工作原理如图 17.1 所示。

图 17.1   甲烷—丙烷碳同位素录井仪工作原理示意图

17.2   资料录取要求

17.2.1   技术指标

17.2.1.1   甲烷碳同位素录井仪

（1）分析周期短，每 10s 到 100s 测量一个点。

（2）测量精度高，当甲烷浓度范围为 0.02%～0.05% 时，测量误差小于 3‰；当甲烷浓度范围为 0.05%～5% 时，测量误差小于 1‰。

（3）稳定性好，对同一标准样，连续分析最大值与最小值偏差小于 3‰。

（4）直接测量并计算稳定碳同位素比率。

17.2.1.2   甲烷—丙烷碳同位素录井仪

（1）碳化合物测量范围：C_1 为 0.1%～100%，C_2 为 0.05%～100%，C_3^+ 为 0.03%～100%。

（2）同位素测量精度（$\delta^{13}C$）：0.4‰。

（3）仪器测量漂移：10h 内小于 1‰，系统自动校准。

（4）仪器测量周期：180s（C_1-C_3）。

（5）CO_2 浓度最低检测至 0.05‰，最高检测至 5%。

（6）载气为空气。

（7）C_1 检测周期为 60s，C_1-C_3 检测周期为 180s，C_1-C_5 检测周期为 240s。

17.2.2   资料录取

碳同位素资料录取从地质设计规定深度开始，实时连续检测 $\delta^{13}C$，通常每米取一个数据点，必要时可加密保留数据。

17.3   资料解释应用

碳同位素录井数据主要应用于油气成因、来源和演化程度的分析。此外，可用于深层油气充注、盖层有效性及预监测钻遇地层超压等分析。

17.3.1 气藏成因分析及类型划分

利用伯纳德—惠特卡尔气藏分类图版（图 17.2）和 Schoell 气体成因和分类图版（图 17.3）进行气藏成因分析和类型划分，通常可以将气体成因分为生物成因气、混合成因气、热成因气（煤型气、油型气）和深源气等。

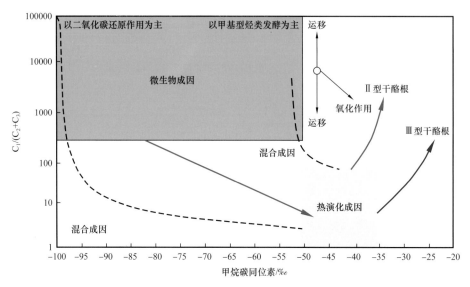

图 17.2 伯纳德—惠特卡尔气藏分类图

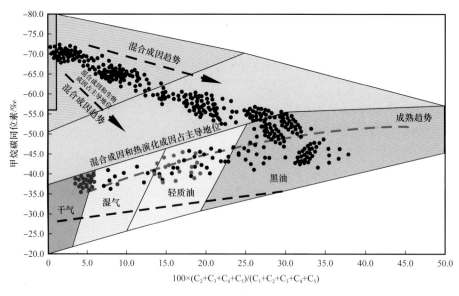

图 17.3 Schoell 气体成因和分类图

17.3.2 烃源岩成熟度分析

通过与成熟度参数镜质组反射率 R_o 对比，建立其与镜质组反射率的对应关系模型，研究烃源岩成熟度。按照柳广弟主编的《石油地质学（第四版）》划分标准，气源岩成熟度分为未成熟（R_o＜0.5%）、成熟（R_o 为 0.5%～1.2%）、高成熟（R_o 为 1.2%～2.0%）和过成熟（R_o＞2.0%）。

17.3.3 气源和油源对比

根据储层流体与烃源岩的碳同位素对比，判断储层中的烃类流体与烃源岩的关系。气源类型图版通常参考戴金星气源类型分类图版，如图 17.4 所示。

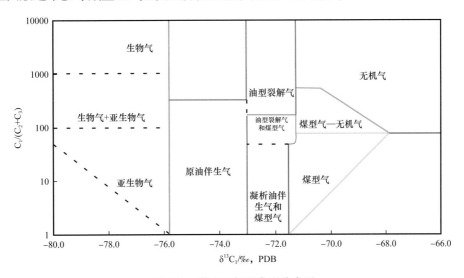

图 17.4 戴金星气源类型分类图

17.3.4 其他应用

（1）盖层有效性分析。

在碳同位素录井剖面图上，储层段物性较好，碳同位素值基本不随深度变化；由于气藏的扩散作用，碳同位素值在盖层段的变化幅度与其封盖能力有关，通过分析盖层扩散段的厚度，判断区域盖层封盖能力。

（2）深层油气充注分析。

深层来源的油气往往碳同位素组成较重（碳同位素值较大），发生深层油气充注的情况下，地层碳同位素组成会表现出明显偏离正常演化规律变重的特征。深层充沛的油气资源充注是规模油藏常见的形成模式，因此当通过碳同位素录井技术发现深层油气充注信息时，应当及时反馈。

（3）他源高压预警。

根据生烃演化原理，由于气体扩散作用，高压气层上部地层碳同位素值会一定程度上受到气藏天然气碳同位素的影响，在录井过程中表现出明显异常，并且该异常的出现往往要早于气测值的升高。可以通过碳同位素的异常提示作业者有可能钻遇他源高压油气藏，起到提前预警的作用。

18
工程录井

工程录井是在油气勘探开发过程中为现场作业提供安全保障的录井服务活动，并随着钻井、传感器测量、计算机、网络通信和信息采集处理等技术的进步不断得以发展。现如今，工程录井技术已经成为海上石油天然气勘探开发钻井现场必不可少的工具性应用技术，它依托于综合录井系统（ALS-3、GN4）发挥着独特的工程应用。

18.1 主要录取参数

18.1.1 钻井工程参数

工程录井系统通过传感器实时采集及实时计算生成的钻井工程参数，包括：

（1）实时采集参数：悬重、大钩高度、立管压力、套管压力、泵冲次、转速和扭矩等；

（2）计算工程参数：钻压、钻时、钻速、钻头位置、井深、垂深、井斜、方位、钻头成本、钻头纯钻时间和钻头纯钻进尺等。

18.1.2 钻井液参数

工程录井系统实时采集的钻井液参数包括出入口钻井液密度、出入口钻井液温度、出入口钻井液电导率（或电阻率）、钻井液出口流量、钻井液总池体积、钻井液活动池体积和钻井液池体积等。

18.1.3 地层压力参数

地层压力参数由钻井工程参数、钻井液参数实时衍生出来，主要有当量循环钻井液密度、d_c 指数、Sigma 指数、地层孔隙流体压力、地温梯度、正常静水压力、上覆地层压力、大地构造应力、异常地层压力、地层破裂压力和地层坍塌压力等。

18.1.4 其他录井参数

除了以上的地面测量参数或计算参数，工程录井系统还计算处理了由循环钻井液系统所产生的相关录井参数，如迟到时间、迟到井深、硫化氢气体含量和可燃气体含量等。

18.2 工程录井应用

目前，工程录井技术在钻井现场主要发挥随钻实时监测钻井工程参数、事故预警、地层岩性变化识别、实用程序提供、地层压力监测和地质导向监控等作用。

18.2.1 随钻监测

以上提及的各类钻井工程、钻井液和地层压力等相关参数，都是按照一定的采集处理速率所获取（1Hz 实时检测获取），并在录井房、钻台司钻房、井场监督办公室、平台经理及工程师办公室、远端用户办公室等计算机工作站或显示终端上以数据和曲线的形式呈现，从而达到实时监测的目的。

综合录井系统随钻监测的钻井工程参数主要有两个方面的作用：一方面是钻井工程作业人员可以及时、直观地监测工程参数量值的大小，并判断其量值是否在可控的范围内，一旦量值超过限定值可以及时采取调整措施或停止作业；另一方面可以使监管人员准确了解作业状态、钻井进度及监视参数的变化趋势，为现场作业提供合理的决策依据。

18.2.2 事故预警

通过监测各项钻井工程参数量值的变化，能够确定已经发生或可能将要发生的钻井工程事故。如在钻进状态下，当其他参数不变，钻压突然增大、悬重突然减小、钻时突然降低、井深突然增加时，可以断定已经发生溜钻事件；再如在下钻即将到底的状态下，当悬重突然减小、钻压突然出现量值且较大时，可以断定已经发生了顿钻事件；又如在钻进过程中，泵冲在恒定的情况下，当立管压力呈现平稳缓慢降低趋势，而出入口钻井液流量没有明显变化时，就可以得出井下钻具有刺漏之处等。

在综合录井系统中可通过工程录井参数的变化确定发生或可能将要发生的钻井事故，钻井事故包括顿钻、溜钻、钻具刺漏、掉水眼、堵水眼、钻具遇阻、卡钻、断钻具、地面管汇刺漏、钻井液地面跑失、泵刺、井涌和井漏等。

18.2.3 地层和岩性变化表征

钻井工程参数的量值变化可以为地质录井分析提供佐证，如出现钻压突然降低、悬重突然增大、出口流量降低和立管压力减小等变化，说明钻遇裂缝或溶洞型地层，利用钻时、扭矩等变化判断岩性的改变，利用钻井液电导率的变化判断钻遇盐岩或膏盐层，利用钻时、扭矩和钻井液参数（流量、体积、电导率、温度和密度）等变化判断钻遇储层，辅助识别划分储层等。

利用钻时、d_c 指数、Sigma 指数、钻压、悬重、立管压力、扭矩、转盘转速及钻井液（出口流量、入口流量、钻井液池体积、密度、温度和电导率）等参数能够进行地层分析，通过以上参数能够及时发现钻井作业过程中出现的井漏、井涌、油气水侵、地层岩性变化和放空等多种异常钻井工况。

18.2.4 提供工程分析程序

工程录井系统可提供多个实用工程分析程序，如水力学分析程序、抽汲与冲击分析程序、井斜程序、钻头性能分析程序、压井程序、下套管与固井程序等，并进行大量工程数据的计算。应用以上程序，使用人员不仅要掌握钻井工程理论知识，而且还要具有丰富的现场钻井经验及与钻井工程关联密切的作业经验（固井、定向井、压井和下套管等方面）。

18.2.5 地层压力监测

现场利用综合录井技术进行地层压力监测的方法主要有 d_c 指数法和 Sigma 指数法，此外还包括地温梯度法、钻井液气侵法（C_2/C_3 比值法）、钻井液电导率法（氯离子法）、钻井液出口密度法、压力溢流法、钻井液池体积法、起下钻灌钻井液体积法、钻井液流量法及工程参数法等。

18.2.6 地质导向监控

综合录井仪是工程录井发挥功能作用的载体，先进的综合录井仪具有实时接收和处理 MWD、LWD 和 FEWD 等信息的接口和应用处理软件。利用综合录井技术可以为定向井和水平井的施工提供监测服务，保证井眼轨迹满足设计要求，确保定向中靶。

18.3 钻井实时监测及预警

钻井过程中，一旦发生井下复杂钻井工程事故，不但处理施工作业难度大，而且耗时长、损失严重，甚至可能导致工程或地质报废。如何最大限度地利用现有设备和技术条件，对钻井工程异常和事故做出及时而准确的监测及预警，以确保安全、优质、快速、高效、低耗地完成钻井施工任务是当前钻井作业的重中之重。工程录井实时监测与预警作用的充分发挥成为钻井科学作业中的重要控制手段。

18.3.1 钻井工程参数实时监测及预警

18.3.1.1 钻井工程参数实时监测

在工程录井技术服务过程中，传感器连续采集钻井工程参数量值，并以实时录井曲线或实时录井数据表的形式予以呈现，可以通过工程录井系统设置或部署的计算机工作站、终端和重复器的显示屏幕直观、快速地浏览到所有钻井工程参数的实时录井曲线和数据，并以此监测钻井工程参数的异常变化，对各种工程异常情况进行分析判断和预警，为钻井工程科学调整作业方案、合理处理工程事故提供可靠的依据。

工程录井实施的监测贯穿于钻完井全周期作业。通过对工程参数的监测与分析，可以判断顿钻、溜钻、遇阻、遇卡、井漏和井涌，以及得到可能的钻头、钻具和地面设备的损坏情况或故障结果，表 18.1 为钻井工程参数异常变化与钻井工程事件或事故类型对照表。

（1）起下钻作业的监测。

实施起下钻作业时，常易发生遇阻、遇卡、断钻具、井涌（或井喷）和错井深等现象。现场录井作业人员应密切监测悬重（大钩负荷）、大钩高度（钻头位置）、钻井液出口流量、起下钻灌钻井液体积、井内灌液排液量和立柱（或单根）号等参数变化情况，确保参数在正常范围内变化。

（2）钻进和划眼作业的监测。

进行钻进和划眼作业时，易发生钻具受损（刺漏、断落）、钻头后期（牙轮旷动、牙轮卡死、掉齿、掉牙轮、堵水眼、掉水眼）、钻头掉落、蹩钻、溜钻、顿钻、放空、卡钻、井涌（或井喷）、井漏、钻井液地面跑失、钻井泵刺漏和地面管汇刺漏等事件或事故。现场录井作业人员应密切监测立管压力、悬重、扭矩、进出口钻井液排量、钻压、钻时、转盘转速、大钩高度、钻头位置、进出口钻井液密度、进出口钻井液温度、进出口钻井液电导率、气体显示、钻井液槽面油花气泡和岩屑等参数的变化，发现异常立即进行预警和分析判断。

18.3.1.2　钻井工程参数异常预警

钻井工程参数的实时变化能够反映井内的钻井工具状况和地层的变化。在录井过程中，现场录井作业人员应密切监视各项参数的变化，准确分析判断异常情况（表18.1），并及时报告给现场相关人员。

表 18.1　钻井工程参数异常变化与钻井工程事件或事故类型对照表

事故	参数														
	钻压	悬重	扭矩	钻时	大钩高度	转盘转速	立管压力	泵冲	总池体积	出口流量	出口密度	出口温度	气体全量	硫化氢含量	岩屑特征
下钻遇阻		减小			缓降										
起钻遇卡		增加			缓升										
卡钻		提增放减	增大		平缓波动		上升	下降		下降					
起钻解卡		突降			波动										
钻头终结			增大	增大	慢降										可见铁屑
钻具刺漏							缓降								
泵刺漏							缓降								
钻具断落		突降	突降				突降								
溜钻	突升	突降	突升	突降	突降										
顿钻	突升	突降			突降										
放空	突降	突降	突降	突降	突降				减少	降低	降低		升高		
堵水眼							上升								
掉水眼							先降后稳								

下面给出工程录井过程中出现的钻井工程事件或事故所表现的录井参数变化情况。

（1）遇阻、遇卡和卡钻预警。

下钻遇阻、起钻遇卡与裸眼井段缩径、地层垮塌及井身斜度有关。下钻遇阻时，悬重持续减小并小于钻具的实际负荷；起钻遇卡时，悬重持续增加且远大于钻具的实际负荷。当钻具既不能上提又不能下放时，即发生卡钻事故。无论是起下钻还是钻进、划眼作业，卡钻往往与遇阻同时发生，但下钻遇阻则不一定会发生卡钻。

① 起钻遇卡预警。

起钻过程中，随着井下钻具的不断减少，悬重会不断降低。由于裸眼井段缩径、地层垮塌及井身斜度等因素的影响，起钻时，当悬重增加趋势出现明显异常且大于钻具的实际悬重时，即发生起钻遇卡。图18.1为起钻遇卡的实时录井曲线图，从图18.1中可以看到，a段随着钻具起出，悬重有规律下降；b段，钻具上提时悬重增加，钻具下放时悬重微降，说明已发生起钻遇卡现象；c段，钻具在上提过程中，悬重不再异常增加，遇卡状态解除。

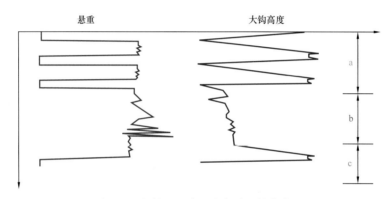

图 18.1　起钻过程中遇卡实时录井曲线图

② 下钻遇阻预警。

下钻过程中，随着井下钻具的不断增加，悬重会不断增加。由于受裸眼井段缩径、地层垮塌及井身斜度等因素的影响，下钻时，当悬重下降趋势出现明显异常且小于钻具实际悬重时，即发生下钻遇阻。图18.2为下钻遇阻的实时录井曲线图，从图18.2中可以看出，a段随着井下钻具增加，悬重呈规律增加；b段随着钻具下放，悬重降低，说明已发生下钻遇阻现象；c段，钻具在下放过程中悬重不再异常降低，说明下钻遇阻状态解除。

③ 下钻卡钻预警。

由于裸眼井段缩径、地层垮塌及井身斜度等因素影响，下钻时悬重持续减小并小于钻具的实际负荷，同时上提钻具时悬重持续增加且远大于钻具的实际负荷，此时钻具不能上提也不能下放，即发生卡钻事故。图18.3为下钻过程中卡钻实时录井曲线图，从图18.3中可以看出，a段为正常下钻状态；b段在下放钻具时悬重降低，但大钩高度基本不变或变化很小，上提钻具时悬重显著增加，但大钩高度仍旧呈现基本不变或变化很小的态势，说明发生卡钻事故。

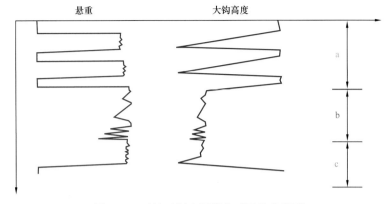

图 18.2　下钻过程中遇阻实时录井曲线图

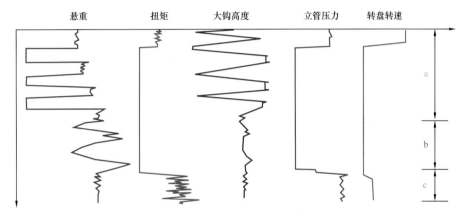

图 18.3　下钻过程中卡钻实时录井曲线图

④钻进过程中卡钻提示。

钻进过程中，当上提钻具时，悬重持续增加且远大于钻具的实际负荷，而下放钻具时，当钻头未至井底前，悬重降低，此时说明已发生卡钻事故。图 18.4 为钻进过程中卡钻的实时录井曲线图。

图 18.4 中 a 段为正常钻进状态，b 段表示上提钻具悬重增加，下放钻具悬重降低，悬重增加和降低的幅度远大于正常钻进时悬重的波动幅度，同时扭矩增大且变化幅度明显加大，说明钻具被卡；c 段为钻井工程实施增加排量方法寻求解卡的曲线显示。

（2）钻具刺漏和钻井泵刺漏预警。

由于钻具陈旧、钻具长时间受钻井液的腐蚀、钻柱扭转速度变化幅度大、场地拖拽使钻具外表受损、地层中含酸流体侵入钻井液后与钻具发生化学反应及钻井液循环过程中泵压较高等因素的作用，往往引起钻具刺漏。

在工程录井的监测下，钻具刺漏的明显特征是在泵冲速不变的情况下立管压力呈现平稳缓慢降低的趋势。刺漏的程度越小，其平稳降低的趋势越慢，甚至在长达几个小时内从钻井平台的泵压表上根本看不出泵压的变化，可通过工程录井系统的实时数据列表和工程录井曲线图监测；在钻具刺漏较为严重的情况下，通过钻井平台的泵压表即可监测到泵压的明显变化。

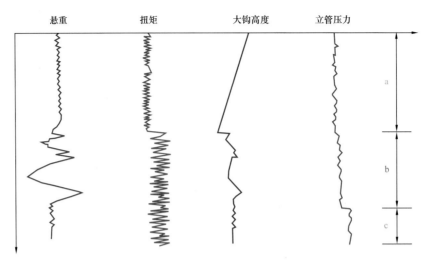

图 18.4　钻进过程中卡钻实时录井曲线图

① 钻进过程中钻具刺漏预警。

图 18.5 为钻进状态下钻具刺漏的实时录井曲线图，图 18.5 中 a 段上半段为正常钻进段，大钩高度、扭矩、泵冲速和立管压力四个参数的对应关系是正常的，而在下半段其对应关系就发生了轻微变化，即扭矩和泵冲速恒定，大钩高度降低，立管压力呈现极其缓慢的降低趋势。b 段是明显的异常钻进段，其上半段钻压和泵冲速恒定，随着大钩高度逐渐降低，立管压力却呈现明显的平稳降低趋势，而在其下半段，可以看到扭矩恒定、泵冲速略有升高，随着大钩高度的逐渐降低，立管压力的平稳降低趋势更加明显。由此可以得出导致立管压力平稳降低的原因可能是钻具发生了刺漏，结果是否是钻具刺漏，还要排除地面管汇刺漏、钻井泵刺漏及井漏等原因。当然在钻压、转盘转速、扭矩、钻井泵冲速和钻井液出入口流量等其他参数不变的情况下，立管压力的平稳降低是钻具刺漏的典型特征。

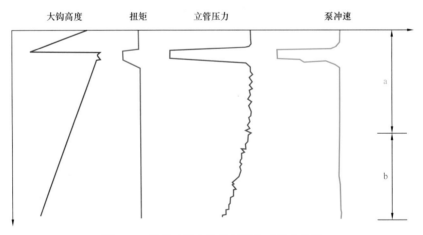

图 18.5　钻进过程中钻具刺漏实时录井曲线

② 钻进过程中钻井泵刺漏预警。

在钻井液循环状态下，钻井泵刺漏和地面管汇刺漏所表现出的钻井工程参数特征与钻具刺漏完全相似，都具有在泵冲速不变的情况下，立管压力平稳缓慢降低的特点。图 18.6 为钻井状态下钻井泵刺漏的实时录井曲线图，实时录井曲线所显示的特征与图 18.5 钻进过程中钻具刺漏实时录井曲线图的特征基本相同，唯一的区别是在 b 段的下半段，图 18.6 显示钻井泵冲速维持与上半段一样的特征，即泵冲速恒定。

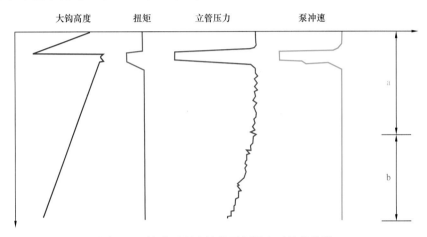

图 18.6　钻进过程中钻井泵刺漏实时录井曲线

（3）断钻具预警。

断钻具在工程录井参数上的表现为悬重的突然下降，并且低于钻具正常悬重。在钻进状态下，断钻具同时伴有立管压力下降、扭矩波动幅度变大和钻井液出口流量有所增加等现象，其主要原因是钻进所使用的钻具较旧，钻进中没有及时发现钻具刺漏或钻进时因溜钻、顿钻而引起的扭矩急剧升高，以及遇卡后强行提拉（超拉）等。若起下钻期间断钻具而不存在钻井液循环系统参数的异常，其主要原因是遇卡后强行提拉或钻具回转脱扣等造成的。由此可见断钻具频发于钻进阶段，由于钻具刺漏未能及时发现和快速处理，以及顿钻、溜钻造成钻具强烈受损所致。现场录井服务过程中，录井技术人员可以对钻具刺漏进行预警，但并不能对钻具断落进行预警，而只能对其予以提示，因为断钻具是瞬间发生的。

① 起钻过程中断钻具预警。

图 18.7 为起钻过程中断钻具的实时录井曲线图。图 18.7 中在 a 段，随着钻具的起出，悬重呈正常降低态势，这一点从录井实时曲线平稳下降的形态上能够体现出来；在 b 段和 a 段的结合处，即图 18.7 中从上数第四柱，悬重突然有一个台阶式降低，在此之后悬重又趋于平稳降低趋势。因此可断定部分钻具已脱落。

② 钻进过程中断钻具预警。

图 18.8 为钻进过程中钻具断落的实时录井曲线图。图 18.8 中 a 段为正常钻进段，b 段起始部分悬重突然呈台阶式降低，同时伴随着扭矩和立管压力的同形态降低，但泵冲速的台阶式升高与钻具断落并没有实际上的关联。此时停转盘、停泵，上提钻具即可通过悬重的大小断定钻具的断落。

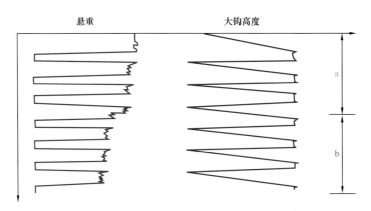

图18.7 起钻过程中断钻具实时录井曲线图

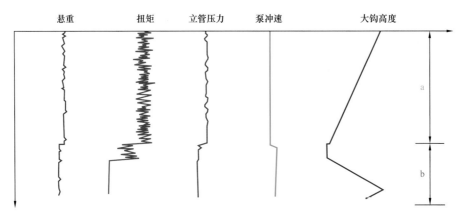

图18.8 钻进过程中断钻具实时录井曲线图

（4）钻头故障预警。

钻头故障主要有钻头后期、钻头牙轮旷动、钻头掉齿、掉水眼、堵水眼和钻头泥包等。钻头后期、牙轮旷动和钻头掉齿往往被视为钻头寿命终结，一般要实施钻头更换；掉水眼、堵水眼和钻头泥包则通常实施起钻对钻头进行维修处理后再重复利用。

钻头寿命终结通常表现为扭矩值增大且波动幅度增大、机械钻速降低（单位时间内钻头纯钻进尺减少）、钻时升高和钻头成本增大。当钻头寿命终结时，无论施加怎样的外部条件（加压、提高转盘转速、增大钻井泵入口排量等）都不能产生高效的进尺。

堵水眼通常是下钻时未做好防堵措施或钻进时钻井液中大颗粒物体进入水眼而造成堵塞，其表现为下钻到井底开泵或钻进循环时，立管压力持续升高，并且停泵后立管压力维持非正常高值不降或回降到正常值速度缓慢。一旦堵水眼，钻井液循环将不畅通，如果水眼全堵将导致钻井液无法循环。

掉水眼往往是因为钻头水眼安装不到位而造成钻井液沿水眼周边刺射，最后导致刺掉水眼。掉水眼之前，由于水眼四周的钻井液刺射，工程录井系统监测到的显示为立管压力缓慢下降，当刺漏到一定程度并最终使水眼掉落时，立管压力突然呈台阶式降低后趋于稳定，转盘转速与扭矩呈现整跳性变化，从而使钻速降低。

产生钻头泥包主要有以下四个方面原因：一是钻头钻入不成岩的软泥、易于水化分散的泥页岩、含有分散状石膏并易形成滤饼的高渗透率的地层；二是使用抑制性差，固相含量过高，黏度、切力过高，密度偏高和失水大、润滑性能差的钻井液：三是钻进时排量小、钻进软泥岩地层钻压过大和长裸眼下钻未进行中途循环；四是钻头水眼设计无法满足排屑要求，导致钻屑不能及时顺利脱离井底。当钻头泥包后，工程录井系统采集处理的参数表现为机械钻速会明显降低（钻时增大），扭矩变小且波动幅度降低，扭矩曲线与钻头没有泥包时相比更为平滑，立管压力升高，以及钻井液出口流量与钻井液总池体积有所降低。

① 下钻后堵水眼预警。

图18.9为下钻后钻头堵水眼的实时录井曲线图。图18.9中a段为正常下钻段，a段因钻井泵处于停泵状态，泵冲速、立管压力为0；b段为开泵循环至停泵段，钻井泵开启后，泵冲速快速升至恒定值，立管压力随之升高，但在泵冲速恒定段，立管压力仍然向上攀升，当泵冲速缓慢减少并最终变为0时，立管压力先升后降却没有降到0；c段为停泵和再次下钻段，在c段上部泵冲速为0的情况下，立管压力仍然呈从一定数值逐渐下降至0的趋势，立管压力与泵冲速曲线的组合特征说明钻头堵水眼。

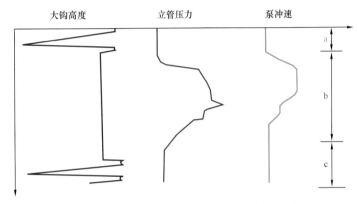

图18.9　下钻后钻头堵水眼实时录井曲线图

② 钻进过程中堵水眼预警。

图18.10为钻井过程中堵水眼的实时录井曲线图。图18.10中a段为正常钻进段，泵冲速基本为恒定值，立管压力曲线与泵冲速的曲线形状基本一致，大钩高度平稳下行；b段的上半部分，大钩上行至一定高度，泵冲速开始阶跃式降低，立管压力不随之降低反而上升，b段下半部分，当停泵后立管压力缓慢降为0。此曲线组合显示特征为堵水眼特征。

③ 掉水眼预警。

图18.11是钻进过程中掉水眼的实时录井曲线图。图18.11中a段为正常钻进段，泵冲速保持恒定值，立管压力曲线虽然呈锯齿状但波动幅度极小且基本稳定为直线，大钩高度平稳下行；b段则为异常钻进段，b段泵冲速仍然维持a段的恒值，但立管压力却呈现缓慢平稳下降的趋势，大钩高度依然平稳下行；c段初始阶段，泵冲速出现一台阶式升高后趋于稳定，但立管压力却突降后趋于稳定，大钩上行下放，泵冲速、立管压力保持不变。b段和c段泵冲速与立管压力曲线的组合特征表明钻头掉水眼。

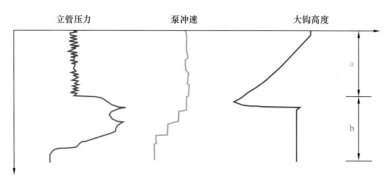

图18.10　钻进过程中钻头堵水眼实时录井曲线图

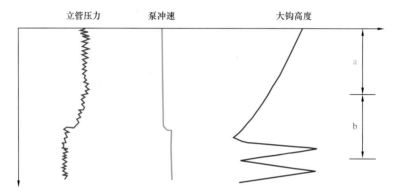

图18.11　钻进过程中钻头掉水眼实时录井曲线图

④ 钻头泥包预警。

图18.12为钻进过程中钻头发生泥包的实时录井曲线图。从图18.12中可以看出，a段上半段大钩处于静止状态，钻井泵未开启，从a段1/2处开泵循环实施钻进直到a段底部，图18.12中三个参数（大钩高度、泵冲速和立管压力）均正常；b段在泵冲速不变且大钩顺利下行的情况下，立管压力呈现缓慢升高的趋势，此段属于异常钻进段；c段上部因立管压力异常而实施循环状态下活动钻具作业，经过3次的上提下放钻具，立管压力恢复到正常钻进时的数值，说明钻头泥包被清除。当然此实例的分析还参考了所钻地层和钻井液性能等。

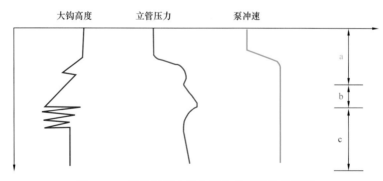

图18.12　钻进过程中钻头泥包实时录井曲线图

⑤ 钻头寿命终结预警。

图 18.13 是钻头寿命终结的实时录井曲线图。从图 18.13 中曲线特征可以看出，钻压、入口排量和转盘转速等工程参数恒定不变，但扭矩和钻时却波动且变化明显。在 a 段，扭矩虽有波动，但其波动幅度较小，其曲线呈现缓慢升高的趋势，为正常规律显示；至 b 段，扭矩呈现大幅度波动且其平均值基本不变，在 b 段的下半段钻时明显增大。综合考虑钻头纯钻时间、钻头成本、钻头纯钻进尺和地层岩性等，确定钻头寿命终结。

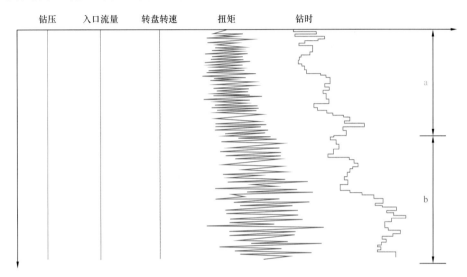

图 18.13　钻头寿命终结实时录井曲线图

⑥ 溜钻、顿钻和钻具放空预警。

溜钻是在钻进时司钻送钻不均匀，在钻头上突然施加超限度的钻压，导致钻具压缩和井深突然增加的现象。顿钻是在钻头提离井底状态下，司钻未控制好刹把，造成钻具自由下落，导致钻头瞬间接触井底（或井壁）使悬重降低而产生超限钻压、钻具压缩和钻头位置突然增加的现象。放空是在钻进状态下，钻遇裂缝型或孔洞型地层时，钻头瞬间下行的现象，其表现为钻速突然增加、钻时突然降低、钻压突然减小或变成 0、悬重突然增大和扭矩突然减小。

发生顿钻和溜钻后，钻井工程通常要实施起钻检查钻具受损情况。发生放空现象时，应立即采取停钻循环钻井液作业，以此来观察钻井液出口流量、钻井液活动池、钻井液性能及气测显示变化情况，并有的放矢地采取措施，防止井漏和井涌（或井喷）等事故发生。

图 18.14 为溜钻的实时录井曲线图。图 18.14 中 a 段为正常钻进段，钻压值恒定，悬重和扭矩保持稳定，大钩高度平稳下降，钻时无特殊的异常表现；b 段初始点，钻压突然升高，悬重突降，扭矩突增，钻时突降，大钩高度瞬间降低，发生溜钻。之后上提钻具，钻压归零，扭矩下降到基值点，悬重升高。

图 18.15 为顿钻的实时录井曲线图。图 18.15 中 a 段为正常施压钻进至井底，然后从 b 段顶部开始上提钻具至大钩高度最高处，下放钻具至井底发生顿钻（b 段下部），钻压突然增加，钻时突降，后上提下放钻具（c 段），顿钻解除。

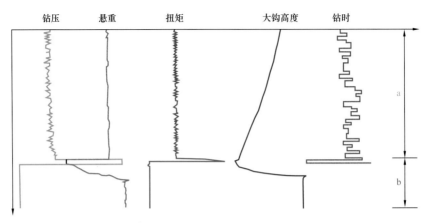

图 18.14　钻进过程中溜钻实时录井曲线图

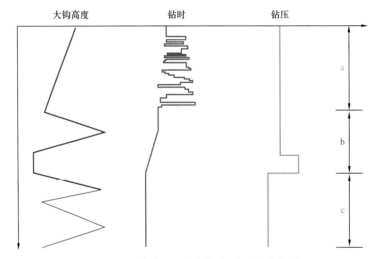

图 18.15　钻进过程中顿钻实时录井曲线图

图 18.16 为钻具放空的实时录井曲线图。从图 18.16 中不难看出，a 段是钻进同一岩层下的录井曲线显示特征，钻压、悬重、泵冲速和转盘转速处于平稳恒定状态，钻井液总池体积则有所降低；当钻进到 b 段时，转盘转速和泵冲速仍然保持不变，但钻压突然降低、悬重突然增加，并且钻井液总池体积突然下降，实际上钻头位置也突然下降，即大钩高度瞬间下降，由此可断定钻具放空。

（5）工程参数应用案例。

在综合录井系统所采集、处理和存储的直接测量参数中，由录井系统采集、计算的各项钻井工程参数，以数据和曲线的形式呈现出来，录井人员要根据工程参数的变化持续标注并汇报，监测工程参数异常变化。

①卡钻监测。

图 18.17 为 X1 井在正常钻进过程中的工程参数监测图。01:05 时上提钻具，在 01:09 时发现扭矩快速升高，泵压正常，录井及时汇报并标注，下放钻具悬重降低，多次尝试上提下放钻具，期间泵压正常，开顶驱转动，扭矩多次过高憋停。

钻压
悬重
泵冲速
转盘转速
钻井液总池体积
a
b

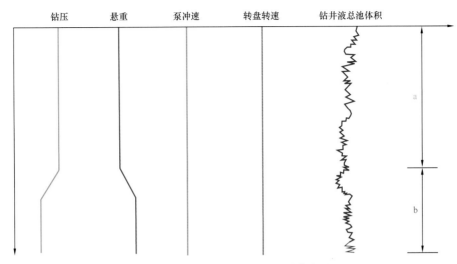

图 18.16　钻具放空的实时录井曲线图

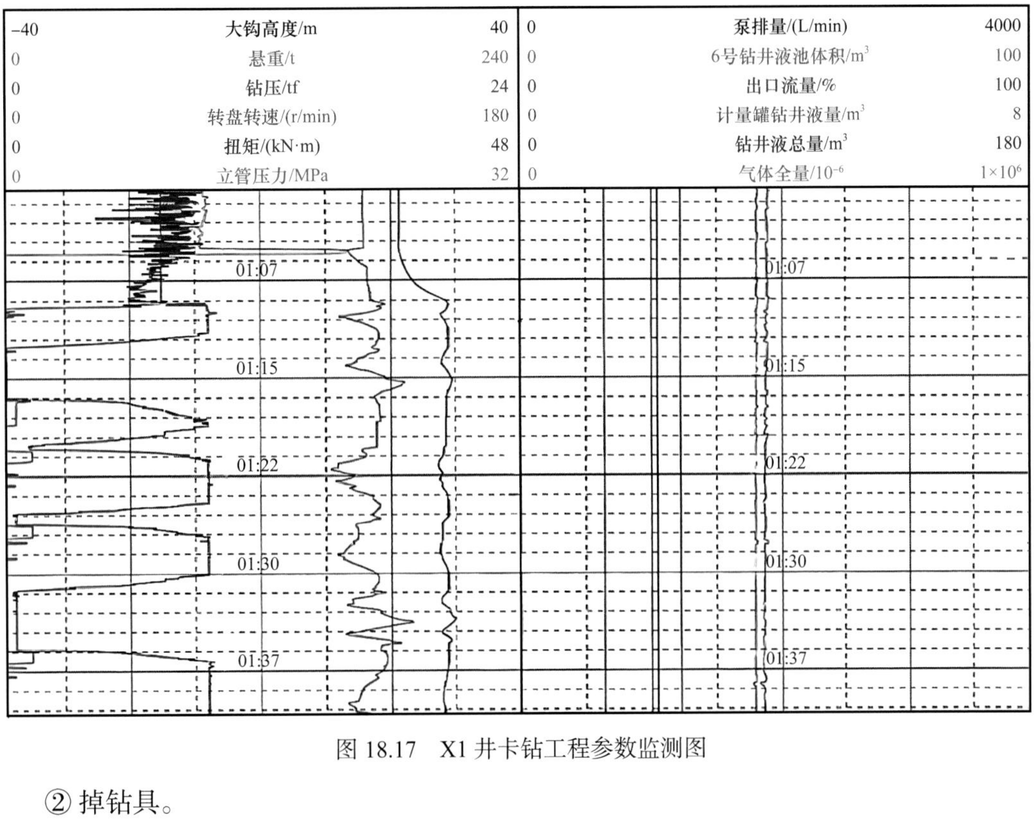

-40 大钩高度/m 40
0 悬重/t 240
0 钻压/tf 24
0 转盘转速/(r/min) 180
0 扭矩/(kN·m) 48
0 立管压力/MPa 32
0 泵排量/(L/min) 4000
0 6号钻井液池体积/m³ 100
0 出口流量/% 100
0 计量罐钻井液量/m³ 8
0 钻井液总量/m³ 180
0 气体全量/10⁻⁶ 1×10⁶
01:07
01:15
01:22
01:30
01:37

图 18.17　X1 井卡钻工程参数监测图

② 掉钻具。

图 18.18 为 X2 井在正常钻进过程中工程参数监测图。16:02 时钻进至 748m 时，扭矩增大且变化幅度较大。16:08 时钻进至 755m 时，泵压降低，悬重降低，从录井工程参数变化分析，判断为钻具断裂（掉钻具）。

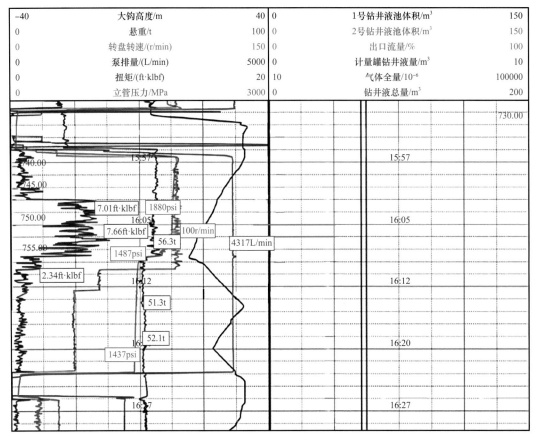

-40	大钩高度/m	40	0	1号钻井液池体积/m³	150
0	悬重/t	100	0	2号钻井液池体积/m³	150
0	转盘转速/(r/min)	150	0	出口流量/%	100
0	泵排量/(L/min)	5000	0	计量罐钻井液量/m³	10
0	扭矩/(ft·klbf)	20	10	气体全量/10⁻⁶	100000
0	立管压力/MPa	3000	0	钻井液总量/m³	200

图 18.18　X2 井掉钻具工程参数监测图

③ 钻具刺漏。

图 18.19 为 X3 井钻井过程中钻具刺漏工程参数监测图，19:25 时泵压快速下降，扭矩减小，19:30 时泵压快速升高，录井及时汇报并标注，停泵上提钻具检查。从录井工程参数变化分析可知，导致立压持续下降的原因为钻具损坏刺漏。

18.3.2　钻井液参数实时监测及预警

18.3.2.1　钻井液参数实时监测

钻井液参数的监测是工程录井在钻井过程中进行的又一项重要工作。在工程录井系统中，配置了多个有关钻井液参数采集的传感器（钻井液循环池液量、计量罐钻井液液量、钻井液入口或出口密度、钻井液入口或出口电导率、钻井液入口或出口温度、钻井液出口流量等），同时系统处理计算出其他相关的数据（钻井液总池体积、钻井液入口流量、钻井液循环当量密度和钻井液漏失量等）来提供现场科学钻井参考。实际上，钻井井控的关键点就是如何有效地利用钻井液来提高钻速、稳定井壁、平衡地层压力，以及携带岩屑和油气显示信息到地表，同时及时根据所发现的钻井液参数变化分析井下可能存在的风险，适时调整钻井液性能，预防井漏、井涌和井喷等事故的发生。

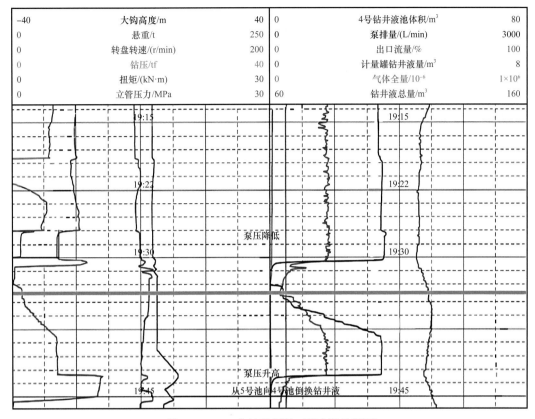

-40	大钩高度/m	40	0	4号钻井液池体积/m³	80
0	悬重/t	250	0	泵排量/(L/min)	3000
0	转盘转速/(r/min)	200	0	出口流量/%	100
0	钻压/tf	40	0	计量罐钻井液量/m³	8
0	扭矩/(kN·m)	30	0	气体全量/10⁻⁶	1×10⁶
0	立管压力/MPa	30	60	钻井液总量/m³	160

图 18.19　X3 井钻具刺漏工程参数监测图

现场钻井和录井技术人员可通过工程录井系统所采集处理的钻井液参数的异常变化来确定钻井液漏失（井漏、地面跑失）、井涌（或井喷）、油气侵、水侵和盐侵等现象，其相应的变化特征见表 18.2。

表 18.2　与钻井液有关事故的钻井液参数异常变化列表

事故类型	全烃含量	密度	二氧化碳含量	温度	电导率	池体积	流量
溢流	增大	减小		升高或减小	减小或升高	增大	增大
井涌	增大	减小		升高或减小	减小或升高	增大	增大
井喷	增大	减小		升高或减小	减小或升高	增大	增大
井漏						减小	减小
盐侵		增大			增大		
油气侵	增大	减小		升高	增大	增大	增大
水侵		减小	增大		增大	增大	增大
地面跑失						减少	

18.3.2.2　钻井液参数异常预警

（1）井漏预警。

井漏在工程录井系统采集参数上表现为钻井液出口流量减少或钻井液循环池体积减小，通常高渗透率砂岩或孔洞、裂缝发育的地层，容易发生井漏。一旦发生井漏，不但会大幅增加钻井成本，而且极易导致卡钻和井涌（或井喷）。

①下钻井漏预警。

下钻过程中，随着井下钻具体积的不断增加，等量体积的钻井液被顶替出来返入循环池或灌入计量罐内。工程录井系统配置安装的循环池（或计量罐）液位传感器实时检测返入循环池或灌入计量罐的液量，钻井液出口流量传感器检测钻井液出口流量的变化情况。当发生井漏时，钻井液出口流量低于正常值或为0，循环池或计量罐上涨量低于正常钻井液溢出量。

图18.20为下钻过程中井漏的实时录井曲线图，从图18.20中可以看出。a段出口流量返出曲线显示每下入立柱都有基本相同的钻井液返出，同时循环池钻井液体积缓慢增加；在b段，又下入两个立柱时，出口流量曲线没有显示钻井液返出（呈现零值），同时循环池钻井液体积也没有增加，在排除其他地面因素的情况下，该变化特征预示井漏；在c段，再下入一个立柱时，钻井液出口流量返出正常，循环池钻井液体积开始有所增加，表明井漏终止。

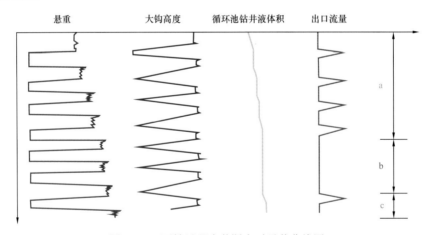

图18.20　下钻过程中井漏实时录井曲线图

②起钻井漏预警。

在起钻过程中，随着井下钻具的钻柱体积不断减少，通过计量罐向井内泵入相同体积的钻井液，工程录井系统配置的液位传感器实时监测计量罐液面的变化情况。当发生井漏时，计量罐内钻井液体积迅速降低，超过井中钻柱体积的减少量。通过起钻钻井液体积检测记录，可以得到钻井液实际减少量，从而算出漏失速度。

图18.21为起钻过程中井漏的实时录井曲线图，从图18.21中可以看出，a段中计量罐钻井液体积曲线显示出钻井液体积随起钻过程呈现有规律地降低；在b段，也就是图18.21中起第三柱时，计量罐内钻井液体积迅速减少，到起第四柱后慢慢趋于平稳；在c

段，钻井液有少量回吐且液面归于平稳。b 段和 c 段计量罐钻井液体积曲线表明了井下井漏由初期漏速较快到井漏终止这一完整过程。

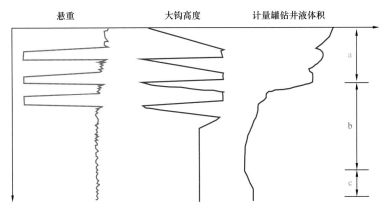

图 18.21　起钻时井漏实时录井曲线图

③ 钻井液循环过程中井漏预警。

图 18.22 为钻井液循环作业状态下井漏实时录井曲线图。图 18.22 中整个作业过程为在循环钻井液条件下活动钻具的过程。a 段的曲线组合特征表明钻井液循环处于正常状态，各项参数无异常；自 b 段开始，其上半段在钻井液泵冲速有所升高的情况下，立管压力呈缓慢平稳降低趋势，钻井液出口流量降低，钻井液循环池钻井液体积减少，下半段随着泵冲速有所降低并平稳到正常值，立管压力和钻井液出口流量逐渐回升到正常值，钻井液循环池内钻井液体积维持上半段降低后的稳定值；至 c 段，各项参数处于稳定状态。由此可以确定在 b 段上半段井内发生漏失，在 b 段下半段漏失终止。

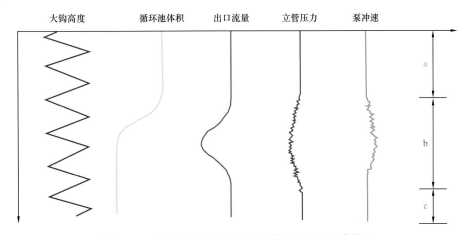

图 18.22　钻井液循环作业状态下井漏实时录井曲线图

④ 钻进过程中井漏预警。

钻进过程中，钻井液消耗量如果大于井眼增加量与地面管线循环过程中的正常消耗量之和，排除其他地面因素的影响，可判断钻进过程中发生井漏。图 18.23 为钻进过程中发生井漏的实时录井曲线图。图 18.23 中 a 段各项参数的对应关系（泵冲速和立管压力稳定恒值，钻井液出口流量和钻井液总池体积基本稳定不变，大钩高度平稳下行）表明该段属于正常钻进段，自 b 段开始至 b 段下半段中部，虽然大钩高度继续平稳下行且在 b 段上半段中下部钻头提离井底活动钻具，同时泵冲速有微弱的升高，但立管压力却微弱降低，钻井液出口流量快速减小，并且钻井液总池体积亦快速降低，至 b 段结束时，泵冲速和立管压力趋于正常值，钻井液出口流量降至低点，钻井液总池体积趋于平稳；c 段中泵冲速和立管压力达到初始稳定值，钻井液出口流量先回升并稳定到初始的恒定值，表明钻井液总池体积不再下降，表明钻井液漏失停止。

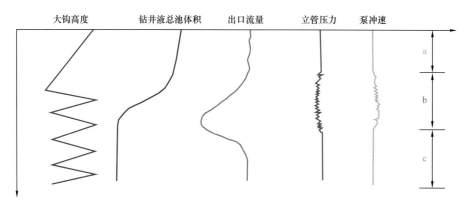

图 18.23　钻进过程中发生井漏的实时录井曲线图

（2）井侵、溢流、井涌和井喷预警。

当井眼内某一深度的地层孔隙压力大于该深度的钻井液液柱压力，地层孔隙中的可动流体将进入井内，发生井侵。此时在停泵状态下，井口处会有钻井液自动外溢，称为溢流。当溢流未予以处理时，随着地层流体的不断侵入，会造成钻井液涌出井口，此时发生井涌。井涌未得到及时处置或高压地层流体进入井筒后不受控制导致钻井液从井口喷出，形成井喷。井喷特别是井喷失控，是钻井作业过程中最严重、最危险的事故。

① 起钻溢流预警。

起钻过程中，井下钻具的体积不断减少，通过灌注泵，相同体积的钻井液从计量罐泵入井内，以维持井内压力平衡。但是，由于可能存在的异常地层压力及起钻抽吸的诱导作用，往往会发生溢流现象。

图 18.24 是起钻过程中发生钻井液溢流的实时录井曲线图。图 18.24 中，a 段为各项参数均正常的起钻段；自 b 段开始气体全量、钻井液出口流量和计量罐内钻井液体积升高或增加，判断发生溢流；在 c 段，溢流得到缓解，所有与钻井液相关的参数均趋于稳定。

② 下钻井侵预警。

当发生井侵时，钻井液出口流量增加，循环池（或计量罐）体积增加速度加快，钻井液池体积曲线出现异常。图 18.25 为下钻过程中发生油气水侵的实时录井曲线图，下钻过程中，钻井液返回至循环池。从图 18.25 中可以看出。a 段下入 4 个立柱，每下一柱都有基本等量的钻井液返出（从钻井液出口流量返出曲线可以看出），同时循环池钻井液体积相应平稳地增加，作业处于正常状态。在 b 段，当下入第 5 柱时，钻井液出口流量明显比下入前 4 柱有较大增加，并且在第 5 柱与第 6 柱之间钻井液出口流量不为 0，循环池钻井液体积增长速度加快，两个参数曲线都出现明显异常，在排除其他地面因素影响的情况下，可判断发生井侵。在 b 段的最下部，钻井液出口流量为 0，循环池钻井液体积开始回落，油气水侵状况缓解。

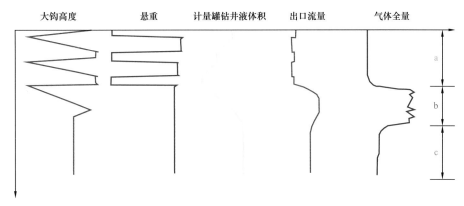

图 18.24　起钻过程中发生溢流的实时录井曲线图

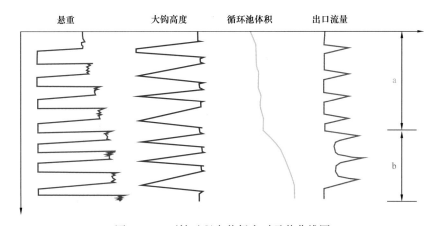

图 18.25　下钻过程中井侵实时录井曲线图

③ 钻井液循环过程中井侵预警。

图 18.26 为钻井液循环过程中发生井侵的实时录井曲线图，从图 18.26 中可以观察到，a 段除了大钩高度显示间歇性上提下放外，其他各项参数均呈现恒定值，故此段为钻井液循环作业正常段；b 段在泵冲速不变的情况下，钻井液出口流量突然增加，气体全量出现异常升高，同时循环池钻井液体积相应增加，表明发生井侵；至 c 段，各项参数恒稳，钻井液循环作业恢复正常状态，但因井侵，钻井液出口流量和循环池钻井液体积恒定值有所抬升。

④ 钻进过程中井侵预警。

在钻进时，当钻遇异常压力层段（高压储层）时，若该地层孔隙压力大于该层对应井深的钻井液液柱压力，地层孔隙中的可动流体（油、气、水）将进入井内，即发生井侵。随着钻井液循环上返，钻井液出口流量增加，循环池或总池钻井液体积增大，若钻遇油气层，气体全量也将出现异常升高的变化。图 18.27 为钻进过程中井侵的实时录井曲线图，从图 18.27 中可以看出，a 段为正常钻进段，随着钻进深度的增加（大钩高度降低），循环池钻井液体积缓慢降低，钻井液出口流量平稳不变，气体全量呈现基值；b 段初始便发生了井侵，即单根打完后随着上提钻具，钻井液出口流量突然增加，气体全量随之升高，循环池钻井液体积突然增大；至 c 段，钻井液出口流量和循环池钻井液体积趋于稳定，气体全量呈下降趋势，表明井侵终止。

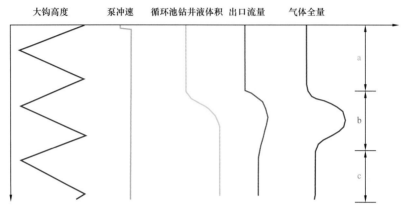

图 18.26　钻井液循环过程中井侵实时录井曲线图

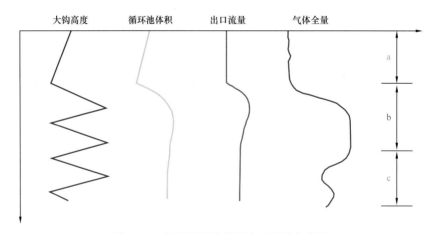

图 18.27　钻进过程中井侵实时录井曲线图

18.3.2.3　钻井液参数应用案例

（1）井漏监测。

Y1 井在钻进过程中（图 18.28），在 21:50 时返出流量缓慢减少，录井及时汇报并标注，22:05 时返出流量继续减少，循环池液面逐渐下降，录井再次及时汇报并标注，22:08 时采取措施，钻具提离井底，逐渐降低排量观察，直至停泵。

从录井工程参数变化分析，导致返出流量减少和循环池液面逐渐下降原因为井内钻井液密度较大，当量循环密度（ECD）较高，井内薄弱层破裂导致井漏。

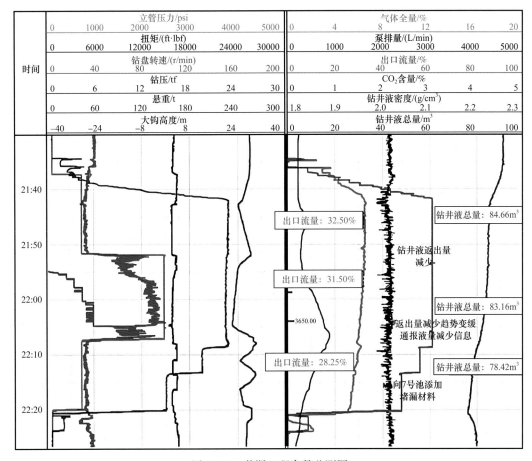

时间	立管压力/psi					气体全量/%				
	0	1000	2000	3000	4000	5000	0	4	8	12	16	20
	扭矩/(ft·lbf)						泵排量/(L/min)				
	0	6000	12000	18000	24000	30000	0	1000	2000	3000	4000	5000
	钻盘转速/(r/min)						出口流量/%				
	0	40	80	120	160	200	0	20	40	60	80	100
	钻压/tf						CO₂含量/%				
	0	6	12	18	24	30	0	1	2	3	4	5
	悬重/t						钻井液密度/(g/cm³)				
	0	60	120	180	240	300	1.8	1.9	2.0	2.1	2.2	2.3
	大钩高度/m						钻井液总量/m³				
	−40	−24	−8	8	24	40	0	20	40	60	80	100

图 18.28　井漏工程参数监测图

（2）溢流监测。

Y2 井在钻进过程中（图 18.29），在 08:20 时泵压升高，钻时降低，同时 FLAG（Fluid Loss And Gain）测量返出流量增加，循环池液面升高，录井及时汇报并标注，08:40 时 FLAG 测量返出流量快速升高，循环池液面快速升高，停泵并进行溢流检查，08:50 时循环池加重。

从录井工程参数变化分析上述特征为钻遇高压地层或异常高气地层，地层孔隙压力较高，易发生溢流或井涌。

18.3.3　异常地层压力实时监测及预警

地层压力异常是在某一深度上的地层压力值偏离该深度的正常静水压力值的现象。在油气田勘探开发过程中常常会钻遇异常压力地层（多数为超压地层），如果采取的措施不当，就会发生井涌（或井喷）、井壁垮塌和卡钻等钻井工程事故。

钻井现场工程录井更侧重于超压地层的监测，其主要原因就是能够及时发现和预警异常高压地层，在钻穿异常高压渗透层时，钻井工程方面能合理地调整钻井液密度以达到平衡地层流体压力的目的。过低的钻井液密度会造成井内压力欠平衡而诱发井涌甚至井喷事

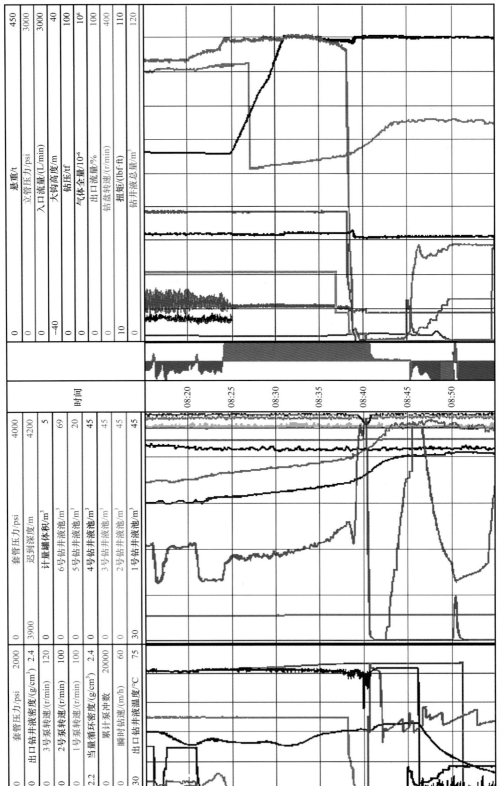

图 18.29　溢流工程参数监测图

故，而过高的钻井液密度则会造成井内压力的过平衡而导致机械钻速降低并引起井漏或压差式卡钻。当今钻井技术快速进步，欠平衡钻井技术已经普遍应用到石油天然气钻探开发现场，追求"压而不死、涌而不喷"的油气层保护效果也是大势所趋。

18.3.3.1 地层压力实时监测

在钻井施工现场，工程录井依据钻井工程参数（钻时、d_c 指数、扭矩和立管压力等）、钻井液参数（钻井液出口流量、池体积、出口密度、出口温度和出口电导率等）、气测参数（全烃、非烃和气体组分等）和其他参数（井口溢流、岩屑形状和泥页岩密度）的变化来进行地层压力监测。

当钻达异常超压地层之前，录井采集处理的多项参数将发生变化，其具体变化规律见表 18.3 和图 18.30。

表 18.3　钻遇异常高压地层录井参数变化一览表

参数或现象	变化情况	参数或现象	变化情况
钻时	降低	钻井液出口流量	增加
钻速	升高	钻井液池体积	增加
d_c 指数	降低	钻井液出口密度	降低
Sigma 指数	降低	钻井液出口温度	升高
扭矩	有变化	钻井液出口电导率	有变化
立管压力	升高	气体全量	升高
井口观察	有溢流	气体组分	升高
非烃气体	可能升高	泥页岩密度	降低
岩屑形状	钻屑大且多，呈碎片状		

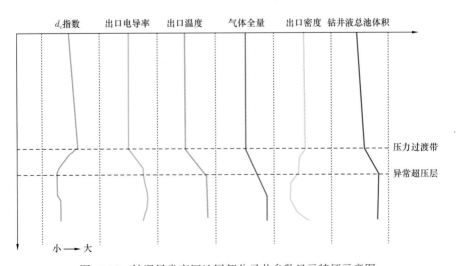

图 18.30　钻遇异常高压地层部分录井参数显示特征示意图

在综合录井中，多数的异常压力监测法都源于工程录井参数的变化，常见的异常地层压力监测法见表18.4。

表 18.4　综合录井系统常见的异常地层压力监测法

序号	监测方法	方法描述	备注
1	d_c 指数法	地层空隙流体压力高，d_c 指数缓降	工程录井
2	Sigma 指数法	地层孔隙流体压力高，Sigma 指数缓降	工程录井
3	钻井液气侵法	钻遇异常高压地层，全烃含量升高且持续时间长	气测录井
4	钻井液出口温度法	钻遇异常高压地层，地温梯度升高	工程录井
5	钻井液电导率法	一般情况下，钻遇异常高压地层，钻井液电导率呈升高趋势	工程录井
6	钻井液出口密度法	钻遇超压地层，钻井液出口密度降低	工程录井
7	压力溢流法	钻遇超压地层时，在停泵的状态下，钻井液出口会有溢流	工程录井
8	钻井液池体积法	钻遇高压地层时，钻井液总池体积增加	工程录井
9	钻井液流量法	钻遇高压地层时，钻井液出口流量增加	工程录井
10	起下钻钻井液体积法	钻遇异常高压地层时，实施起下钻作业，计量罐钻井液增多	工程录井
11	页岩钻屑参数法	钻遇异常高压地层，岩屑体积大且多，呈碎片状，密度降低	地质录井
12	钻井工程参数法	钻遇异常高压地层，扭矩增大	工程录井

18.3.3.2　地层压力参数异常预警

在正常压力地层中，随着岩石埋藏深度的增加，其上覆岩层压力增大，泥（页）岩压实程度也相应增加，岩石的强度也随之增加，使得地层岩石内孔隙度减小。因此，在正常压力地层中，随井深的增加，泥（页）岩的机械钻速将降低，但钻时升高，而当钻进异常高压地层时，由于欠压实作用，地层孔隙度增大，泥（页）岩的机械钻速相对升高，钻时降低。

对于工程录井来说，地层压力异常预警是钻井安全保障和科学井控管理的重中之重。之所以这样定位，是因为井喷乃至井喷失控事故往往是由于超压（异常低压或异常高压）地层的钻遇得不到及时发现和预警，以及处理措施不当而引发的，但现场综合录井的众多地层压力监测方法是相互关联、彼此印证的，因此综合分析判断是保证准确预警的前提或基础。在现场实施地层压力异常预警必须对有关工程参数、钻井液参数、地质信息和气测参数等的变化密切关注，一旦发现异常要及时预警，然后同工程技术人员和现场监督一起认真分析，以确定处理措施。

由于 d_c 指数是在考虑钻压、钻头（尺寸、类型和磨损程度）、转盘转速、钻井液密度和钻速等诸多因素的情况下反映地层可钻性的综合指数，它实现了根据泥（页）岩压实规律、钻井液液柱压力与地层孔隙压力之差及钻井参数对机械钻速的影响规律来定量地监测地层压力的异常。所以在工程录井的地层压力异常检测预警上，d_c 指数法是最常用的一种方法。

图 18.31 为钻进过程中钻遇异常压力地层的实时录井曲线图。图 18.31 中 a 段为钻头在正常压实地层内钻进，d_c 指数随深度的增加呈现平稳的缓慢增加趋势，钻时基本无大幅度变化，扭矩亦波动不大；b 段初始段（前 1/3 段），d_c 指数和钻时呈明显的降低趋势且坡度较大，扭矩呈现陡度较大的升高，此段地层呈现欠压实特征，为异常压力过渡带；b 段后 2/3 段，d_c 指数随深度增加按照新的趋势缓慢增大，扭矩呈现同样的特征，钻时处于低值且保持稳定的变化状态，此段为异常压力段；钻至 c 段初始段，钻时呈大幅度升高、d_c 指数与钻时的变化趋势相同即呈现大幅度升高，扭矩呈现大幅度降低趋势；自 c 段 1/5 处之后，钻时基本恢复到压力过渡带之前的数值，d_c 指数以异常压力过渡带之前的稳定值开始随深度增加而增大，扭矩回归到异常压力过渡带之前的波动值。

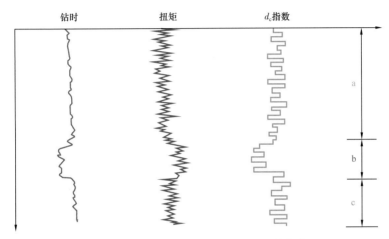

图 18.31　钻遇异常压力地层的实时录井曲线图

18.3.4　气测参数实时监测及预警

气测参数的分析监测及异常预警，按技术专业分类应属于气测录井技术范畴，在此提及的原因是在钻井过程中，通过对钻井液中气体（包括烃类气体、非烃类气体）的含量进行测量分析，在及时发现油气层、判别地层流体性质和间接对储层进行评价的同时，可以对井涌、井喷等工程事故进行预警，以此来避免恶性事故的发生。

18.3.4.1　烃类气体参数实时监测

对于综合录井来说，烃类气体一般指石油中的甲烷、乙烷、丙烷、正丁烷、异丁烷、正戊烷和异戊烷等，其分析得到全烃和 C_1—C_5 的含量。

对烃类气体的监测，不仅能够准确判别油气显示，还能及时预警井下异常。因此烃类气体参数的监测主要是观察气体检测系统全烃含量和各烃类组分含量的异常变化。

18.3.4.2　烃类气体参数异常预警

钻井过程中，烃类气体显示一般维持在基值附近波动，即随着钻进深度的增加及破碎岩石体积的增加，烃类气体显示呈现极其缓慢的升高趋势。如果气体检测分析系统检测分析到的烃类气体含量突然增加或减少，表明井下异常或气体检测分析系统运行不正常。烃类气体含量的增大，主要是产层的流体侵入作用，即钻穿新的储层时储层内的流体侵入井筒钻井液的结果，当然也存在由于起钻的抽吸作用和钻井液液柱压力降低而导致上部已钻穿地层的流体突然增大侵入速度或已经侵入渗透到钻井液的气体因压力下降而体积过速膨胀的现象。烃类气体含量的降低，则多半是由于仪器出现故障或脱气器出现问题导致不能真实检测钻井液中的气体含量，以及钻井液加重使液柱压力过高所导致的钻遇储层后地层流体不能侵入和渗透钻井液内。因此当出现上述现象时，现场录井技术人员就要引起重视，在快速排除仪器故障的情况下，及时发现气体异常显示，及时提示报告油气侵，防止井涌、井喷等钻井工程事故的发生。

（1）钻遇油气层烃类气体异常预警。

当钻遇油气层后，录井参数表现出钻时明显降低，钻速明显加快（大钩高度下行速度变快），扭矩波动幅度增大，全烃含量迅速增加，烃组分含量迅速升高，钻井液出口流量升高，钻井液总池体积增加，钻井液出口温度发生变化，钻井液出口密度降低，钻井液出口电导率降低和立管压力有变化等特征。

图18.32为钻遇油气层的实时录井曲线图。图18.32中a段为无油气显示段，气体全量呈基值波动，钻时平稳，大钩高度下行平缓，扭矩平稳；b段初始阶段，钻速加快，钻时突然降低，扭矩波动突然加剧且幅度增大，气体全量开始大幅度上升，呈现出钻遇油气层的录井参数变化特征；至c段初始阶段，各项参数基本恢复到a段的状态，说明已钻穿该油气显示层。

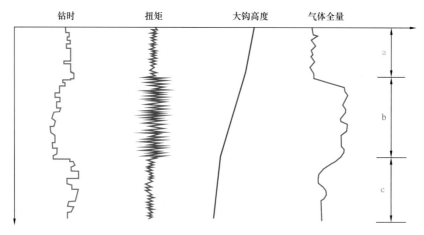

图18.32　钻遇油气层的实时录井曲线图

（2）单根气监测预警。

单根气有两种，一种是在接单根时空气进入到钻井液中，另一种是钻穿油气层后因开停泵导致井筒内形成压差使地层气进入井筒。前一种单根气的成分是空气特征，返出时间是钻井液循环一周的时间，对于以空气为载气的气体检测仪来说，烃类气体检测的背景值略有降低；第二种单根气的成分是地层气，返出时间为钻井液从钻穿油气层处到井口的上返时间。

图18.33为钻进过程中接立柱的实时录井曲线图。从图18.33中可以看到，a段为正常钻进、停泵和接立柱段，钻进段大钩高度下行，泵冲速与立管压力呈平稳恒值，气体全量呈背景值，停泵段立管压力回零，全烃含量回零，大钩高度上提，接立柱段各参数值保持停泵状态值；b段为接完立柱后继续钻进段，当开泵钻井液循环一段时间，气体全量迅速升高，然后又迅速回到基值，此气体高值即为单根气显示。

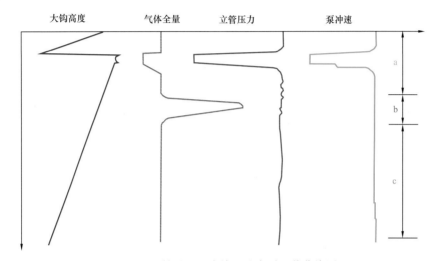

图18.33　钻进过程中接立柱实时录井曲线图

（3）气侵参数监测预警。

钻遇气层时，随着气层岩石的破碎，岩石孔隙中含有的气体会大量侵入钻井液，尤其在钻遇大裂缝或溶洞型气藏时，有可能出现置换性的大量气体突然侵入钻井液。当钻遇气层处的井底钻井液液柱压力小于气层的地层压力时，气层内的气体就会不断地以气态或溶解气状态大量流入或侵入井筒，随着气体聚集量的增加和上返深度的减少，气体显示升高的趋势就会愈加明显，当返到井口时会出现突然的高峰显示。此时即发生气侵。

当发生气侵时，录井参数的变化特征如下：钻时明显降低、钻速明显加快（大钩高度下行速度变快）、全烃含量迅速增加、烃组分含量迅速升高、钻井液出口流量升高、钻井液池体积增加、钻井液出口温度发生变化、钻井液出口密度降低、钻井液出口电导率降低、立管压力和扭矩有变化等。

图18.34是发生气侵的实时录井曲线图，图18.34中虽然没有给出所有发生变化的录井参数，但其主要变化参数已经显示出了气侵的特征。图18.34中a段为正常钻进段，随着大钩高度的降低，气体全量呈背景值并有微量增加，钻井液出口密度和电导率保持恒值；自b段初始阶段，气体全量突然开始上升，钻井液出口电导率和钻井液出口密度呈微弱降低的趋势，显然已经发生了气侵；钻井工程在b段的后1/3处实施了循环钻井液活动钻具作业，气体全量呈现逐渐降低的趋势，钻井液出口电导率和密度继续降低；到c段后，各项参数恢复正常变化趋势，气侵现象消失。

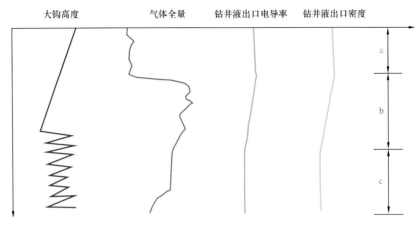

图 18.34　气侵时的实时录井曲线图

在现场钻井过程中，钻入储层时，如果不是过平衡钻进，常常会发生气侵、油侵、油气侵和水侵等。因此录井技术人员要及时监测录井参数的变化并快速地向司钻和现场监督预警。

18.3.4.3　二氧化碳气测参数实时监测

由于二氧化碳在钻井液中的溶解性、石油勘探开发现场环境的复杂性，以及岩屑破碎程度和地层压力等因素的制约，特别是典型二氧化碳气藏的地球物理化学特征，导致在现场钻井过程中准确监测循环钻井液内的二氧化碳很困难。其表现为随钻录井检测到的二氧化碳含量通常很低，有时甚至检测不到；完井测试时，二氧化碳的含量可能很高。

为了使现场更加准确地监测到二氧化碳含量，现场录井就要在以下几个方面做好工作：一是使用精度高、稳定性高且经过严格检验符合各项技术指标的检测分析仪；二是确保脱气器的脱气效率处于较好的状态之下；三是要清楚不同的钻井液性能或体系、现场管线的安装条件对二氧化碳监测的影响，如油基钻井液有利于二氧化碳检测，水基钻井液则由于二氧化碳溶于水的特性而不利于其检测，钻井液出口及气管线的可靠密封有利于二氧化碳精确检测，钻井液温度低则不利于二氧化碳的脱出，钻井液的 pH 值大于 10 时二氧化碳易与 OH^- 反应生成 HCO_3^- 和 CO_3^{2-} 或发生其他反应生成其他物质，过平衡钻井地层中的二氧化碳少量侵入钻井液中，钻井液的吸附性强不利于二氧化碳的脱出等。

18.3.4.4　二氧化碳气测参数异常预警

钻井过程中，二氧化碳气体含量在正常情况下为 0。当钻遇含二氧化碳气体地层时，录井系统通过二氧化碳检测仪可以检查出其含量，其显示值会上升。

图 18.35 为钻进过程中二氧化碳气测异常的实时录井曲线图。从图 18.35 中可以看到，a 段为正常钻进井段，各项参数均无异常变化，二氧化碳气体含量值为 0；b 段悬重和扭矩仍没有异常，但随着大钩高度下行（大钩位置降低），气体全量有所升高且升高到一定值后呈平稳缓慢的增加趋势和二氧化碳气体含量呈两次陡峰显示，表明钻遇含二氧化碳气体的地层；到 c 段后，气体全量和二氧化碳气体含量呈现比原背景值高的稳定走势。

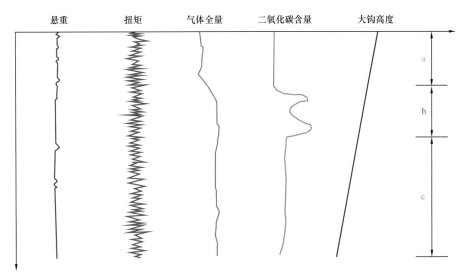

图 18.35 钻遇含二氧化碳气体地层时的实时录井曲线图

18.3.4.5 硫化氢气测参数实时监测

硫化氢气体具有剧毒，在 $10mL/m^3$ 硫化氢浓度范围内，作业人员不可在工作区连续工作超过 8h（表 18.5）。因此，钻井期间的硫化氢监测是非常重要的任务。工程录井中使用硫化氢传感器来检测空气和钻井液中的硫化氢含量。

表 18.5 硫化氢气体对人体的危害

硫化氢含量 /%	硫化氢浓度 /（mL/m^3）	危害程度
0.0001	1	可觉察到，有难闻的气味（臭鸡蛋味）
0.001	10	允许在含有该浓度的硫化氢空气中待 8h
0.002	20	硫化氢浓度超过 $20mL/m^3$ 时，需要配备保护装置
0.005	50	只允许在含有该浓度的硫化氢空气中待 10min
0.01	100	3～15min 内失去嗅觉，眼睛和喉咙感到刺痛
0.02	200	很快失去嗅觉，眼睛和喉咙感到刺痛
0.05	500	头晕目眩，几分钟内窒息，需要人工呼吸
0.07	700	很快失去知觉，如不迅速抢救会导致死亡
0.10	1000	立刻失去知觉，1min 内死亡

由于工程录井现场需要 24h 连续监测硫化氢含量，故采用固定式硫化氢检测仪，传感器按惯例通常安装在钻台面、钻井液返出口和仪器房等硫化氢易于聚集的地点或区域。在高含硫的危险场所一般还为现场作业人员配备便携式硫化氢检测仪，用来随身监测工作区域硫化氢含量。

硫化氢检测仪使用前应对满量程响应时间、报警响应时间、报警精度和高低报警浓度等主要参数进行测试和设置。

钻井过程中，尤其是在高含硫地区实施石油天然气钻探作业时，录井系统上硫化氢警报高门槛值应设定为 5×10^{-6} 或根据甲方指令设定，密切监视硫化氢含量的检测值，一旦达到硫化氢气体报警浓度，立即采取应急避险措施。

18.3.4.6 硫化氢气体检测异常预告

钻井液在循环过程中，硫化氢气体首先会被安装在录井脱气器管线上的硫化氢传感器检测出来，综合录井系统检测到硫化氢气体的原因有以下几种可能：（1）可能是所钻地层含有硫化氢；（2）钻井液处理剂 H^+ 和 S^{2-} 发生反应生成硫化氢；（3）钻井液在井内停留时间过长而产生硫化氢。

图 18.36 为监测到硫化氢气体的实时录井曲线图，从图 18.36 中可以明显看到，a 段为正常钻进无硫化氢井段，b 段则为钻进含硫化氢井段，在第一时间内应向相关人员提示汇报。

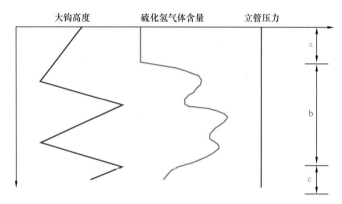

图 18.36　钻遇硫化氢地层的实时录井曲线图

18.3.4.7 气测参数应用案例

（1）二氧化碳和硫化氢气体监测。

Z1 井在井深 2970～2990m 时，岩性为浅灰色中砂岩，TG 最大值为 2.34%，C_1 最大值为 1.86%，CO_2 最大值为 0.65%，相对背景基值 0.12% 增长明显，综合解释为 CO_2 层；后期测试取样，样品中气体组分 CO_2 含量为 94.01%，C_1 含量为 5.032%，C_2 含量为 0.062%，C_3 含量为 0.014%，iC_4 含量为 0.005%，nC_4 含量为 0.003%，证实该层为 CO_2 气层（图 18.37）。

录井人员应根据工程参数变化持续标注并汇报，进一步监测气体参数变化情况。

（2）气侵。

Z2 井在钻进过程中（图 18.38），在 14:10 时气体全量、循环池液面及返出流量均有缓慢上升的趋势，钻井液密度降低，14:23 时泵压迅速下降，录井标注并及时汇报，钻井作业采取相应控制措施，钻井工程参数恢复正常状态。

从录井工程参数变化分析为钻遇异常高气地层，地层高含量气体导致钻井液发生气侵，导致循环池液面增加，返出流量增加，泵压下降，钻井液密度下降。

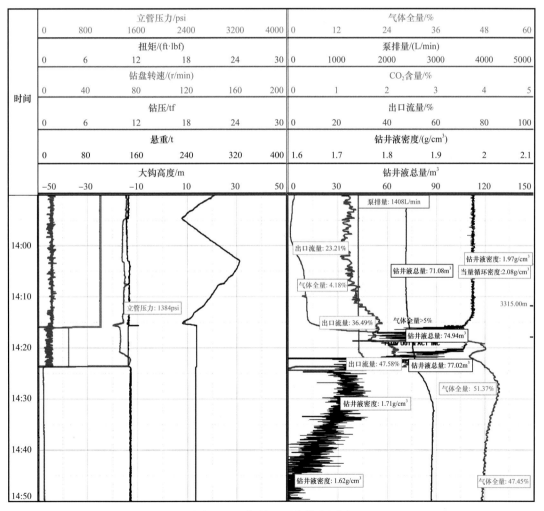

图 18.37 二氧化碳气体工程参数监测图

时间	立管压力/psi					气体全量/%				
	0	800	1600	2400	3200	4000 0	12	24	36	48	60
	扭矩/(ft·lbf)					泵排量/(L/min)				
	0	6	12	18	24	30 0	1000	2000	3000	4000	5000
	钻盘转速/(r/min)					CO_2含量/%				
	0	40	80	120	160	200 0	1	2	3	4	5
	钻压/tf					出口流量/%				
	0	6	12	18	24	30 0	20	40	60	80	100
	悬重/t					钻井液密度/(g/cm³)				
	0	80	160	240	320	400 1.6	1.7	1.8	1.9	2	2.1
	大钩高度/m					钻井液总量/m³				
	−50	−30	−10	10	30	50 0	30	60	90	120	150

图 18.38 气侵工程参数监测图

18.4 早期井涌井漏监测

早期井涌井漏监测技术通过精度极高的质量流量传感器对钻井液返出流量进行实时监测，与泵入钻井液量对比得出实时变化差值，能够快速、准确地识别钻井液返出流量的增加量或减少量，并利用早期井涌探测智能软件设定预警门槛值，提供自动异常警报提醒，便于现场作业人员能够及早做出反应并采取相应措施，缩短决策时间，提高决策的准确度，使风险在可控范围内，避免出现井涌、井喷等安全事故。

18.4.1 系统安装

早期井涌井漏监测系统的安装对于平台具有一定的要求，在安装前要先进行平台测量、方案设计及水力学计算等模拟推演步骤，并最终形成对于该平台是否适合安装早期井涌井漏监测系统的可行性调研报告。

18.4.2 现场应用

某井钻进至 1628m 时停泵接立柱，当重新开泵后发现早期井涌井漏监测系统开始报警，实时监测如图 18.39 所示，钻井液池有缓慢下降的趋势，当班工程师通知司钻及现场监督，同时做好标注。15:15 时早期井涌井漏监测系统持续报警，并且返出流量差值

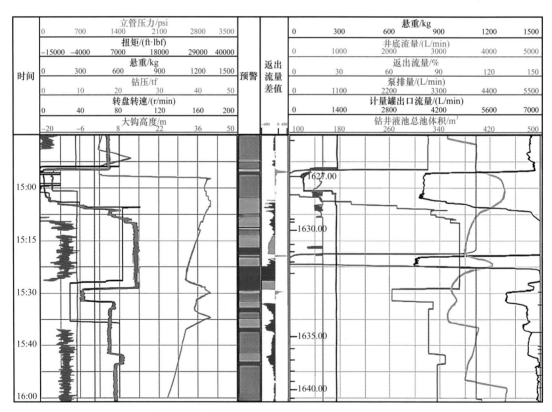

图 18.39　FLAG 早期井涌井漏系统实时监测图

（DFO）变化有所增大，说明漏速在增大，当班工程师再次及时通知钻台和监督组。监督组及时将排量从 3780L/min 调整至 3200L/min，控制当量循环密度，并在钻井液中加入堵漏材料，采取措施不久后钻井液池液面恢复平稳，漏失得到及时控制，为现场作业者及时处理事故争取了宝贵的时间。

18.5 Optiwell 钻井工艺优化

Optiwell（Optimize Well Construction Process）钻井优化技术是一系列钻井优化服务的合称，在此介绍其中的 Righour 多井钻井作业效益分析和 TDI 钻井解释（Techlog Drilling Interpretation）两项服务。Righour 多井钻井作业效率分析服务可对建井周期进行监测和分析，快速定位低效的原因，提高钻井效率，缩短隐形损失时间（ILT）；TDI 钻井解释服务，通过对地面和井下环境进行实时监测和分析，识别钻井作业中的潜在风险，例如井壁垮塌、钻具被卡等可能对作业人员、钻井作业和钻井设备造成危害的风险，降低其发生的可能性和严重性。Optiwell 钻井优化技术的应用可有效协助作业人员作出更安全、合理的决策，减少隐形损失时间和非生产时间（NPT），提高钻井时效。

18.5.1 技术原理

18.5.1.1 Righour 多井钻井作业效率分析

Righour 多井钻井作业效率分析流程为钻前分析—钻中监测和分析—定位低效原因—提出建议。具体方法是通过大数据汇总对同平台或同区块历史井数据进行比较分析，钻前提出优化方案，设定各环节关键（KPI）；钻井过程中实时接收现场数据，并进行时效分析管理，KPI 以可视化的形式呈现，对可能存在的风险点提出优化方案，实时接入现场钻井数据，依据现有上千个 KPI 作业指标任意组合，对特定的钻井施工阶段进行对比分析；钻后总结，找出低效环节，持续提高，形成学习闭环，从而缩短建井周期识别潜在区域的隐形损失时间，针对性提升作业时效。

18.5.1.2 TDI 钻井解释服务

通过对地面和井下环境进行实时监测和分析，实时接收各种数据，包括钻井参数、LWD 数据等，多井数据库可以实现跨域协作环境下的实时钻井分析，从邻井中吸取教训，识别钻井作业中的潜在风险，提高钻井效率和潜力。

18.5.2 关键指标和应用模型

18.5.2.1 Righour 关键指标

当钻井作业不能有效地进行，即产生隐形损失时间（ILT），通常预估隐形损失时间占整个建井周期的 30% 左右，Righour 多井钻井作业效率分析服务能通过多种方式对钻井技术指标、钻井时效进行准确的统计和分析，以缩短隐形损失时间。

（1）时效分析维度。

建井时对区块、承钻平台、井型、开钻和完钻时间等进行定义，后期可通过此定义进行多井比较，对比常规的按日、月、季度和年等分析方法，丰富了对比分析的维度和手段。

（2）基于立柱和单根 KPI。

独特的识别和计算引擎，能准确定义建井周期中任何基于立柱或单根的 KPI，并将其细分为单个 KPI，包括接立柱或单根总时间、钻进时接立柱时间（划眼循环时间、上扣时间和上扣后恢复钻进时间）、起下钻和下套管时间（卸扣或上扣时间、钻具移动时间、停留时间）、旋转或滑动钻进时间、旋转或滑动钻进钻速等。

（3）平均和单个 KPI。

统计包括整个建井周期（日进尺或钻速、井段时间、非生产时间及占比）、钻进阶段（整口井、各井段、各岩性、各趟钻平均钻速、各趟钻拆甩钻具时间）、起下钻阶段（裸眼或套管内平均起下钻速度）、下套管阶段（下套管或尾管平均速度）和其他阶段（BOP 拆装及试压时间）等。

18.5.2.2　TDI 应用模型

通过把各种地质参数和工程参数转化为各种技术应用模型，实现理论模型和实测值实时对比、多井实时对比等，可有效发现地面和井下可能发生的风险，提前预警，避免或降低非生产时间发生风险的概率。

（1）钻机和钻井状态。

钻机和钻井状态引擎自动分析一系列钻井参数来识别钻机和钻井状态，将钻井作业划分为不同的状态，例如起下钻、倒划眼起钻、短起、旋转、坐卡和接钻杆等，再与基于时间或深度的数据分区相结合，高效地进行钻井作业的实时监控和分析。

（2）多井环境。

实时接收各种数据，包括地质参数和工程参数（地面和井下工具数据），多井数据库可实现跨领域协作环境下的实时多井钻井对比和分析，最大限度地从邻井中吸取经验，以提高钻井效率和潜力。

（3）机械比能实时计算工作流。

机械比能（Mechanical Specific Energy，简称 MSE）指破碎单位体积的岩石所做的功，是衡量和判断钻头做功的重要参数，能够及时发现井下异常情况，使钻头保持最佳的工作状态，提高钻井性能。

（4）井眼清洁监测。

区分井壁稳定性或井眼清洁问题的一项关键措施是计算和分析大钩在特定作业期间的上提、下放和空转的悬重及提离井底扭矩。将实时数据与计算模型进行比较，使用户能充分了解井眼状况和井下动态，并采取预防措施来降低风险。扭矩摩阻图也叫扫把图，是常用的监测井眼清洁情况的方法，是根据井深结构、测斜数据、BHA（主要是工具外径和重量）和钻井液性能参数计算得到的理论模型。

（5）摩阻与扭矩。

钻大斜度、大位移井时，由于井斜角和水平位移的增加而导致扭矩和摩阻增大是非常突出的问题，它会限制位移的增加。通过对实时计算的悬重、扭矩等参数的理论值和实测值进行对比，可及时发现井眼状况并判断井下工具是否处于正常状态。

（6）参数交会图。

利用大数据对比，探测"甜点区"，找到最优的钻进参数，并通过同区块、同层位、同岩性和同井段等多维度实现参数优选，寻求最优钻压和转速的组合，使钻井过程达到最佳的经济技术效果。

（7）分析钻井性能。

钻机和钻井状态引擎的另一个应用是分析钻井作业，实时或作业完成后对关键绩效指标进行绩效分析，绩效分析内容包括每柱的总时间和纯钻井时间、每柱的接立柱时间、每柱的纯接立柱时间，以及每柱的平均钻时等，以监测和提高作业效率。

（8）跨专业协作。

为钻井数据的不同专业之间的协作提供更大的应用范围，使用水力方法计算钻头和套管鞋处的当量循环密度及 BHA 不同部位的环空压降，计算的当量循环密度将显示在钻井液三压力窗口中，它提供了与地质力学协作的窗口，可以在监控的同时提高对钻井作业状态的了解。

18.5.3 现场应用

18.5.3.1 优化作业流程

钻进过程中，接立柱时间和钻时是影响钻井时效的两个重要因素，为了便于统计，作业者一般只使用纯钻钻时来衡量钻进的快慢，而忽略接立柱时间的统计。快速、高效和一致性的接立柱操作流程，可以在钻进、起下钻和下套管等阶段节省大量的时间。

如图 18.40 所示，作业前对邻井 A5 井接立柱时间进行统计，约为 28min/ 柱，接立柱流程为划眼两次、停泵、开泵测斜、上提下放、停泵坐卡、接立柱和恢复钻进；通过改进优化，当前井 A4H 井的作业流程为划眼两次、停转测斜、上提下放、停泵坐卡、接立柱和钻进，使接立柱时间缩短为 21min，12.25in 井段 3393m，共节省时间达 13.89h。

18.5.3.2 优化钻井参数

在某开发油田项目 16in 井段钻进阶段，在对 A1H 井、A3 井和 A5H 井前期三口井进行时效对比分析时发现（图 18.41），三口井钻头进尺基本相同，而钻进阶段用时快慢不一，在地层岩性、钻具组合等基本相同的情况下，发现钻完一柱后划眼循环时间和钻井参数是影响钻进时效的主要因素，最后提出如下建议：（1）划眼循环时间由 10min 缩短至 6min 左右；（2）钻压始终保持在 6tf 以上；（3）同时，泵压压差保持在 1.5~2MPa（250psi 左右）。在此基础上，后续 A2 井、A6 井和 A7 井的钻进阶段平均节省时间达 0.43 天，提速 28.7%。

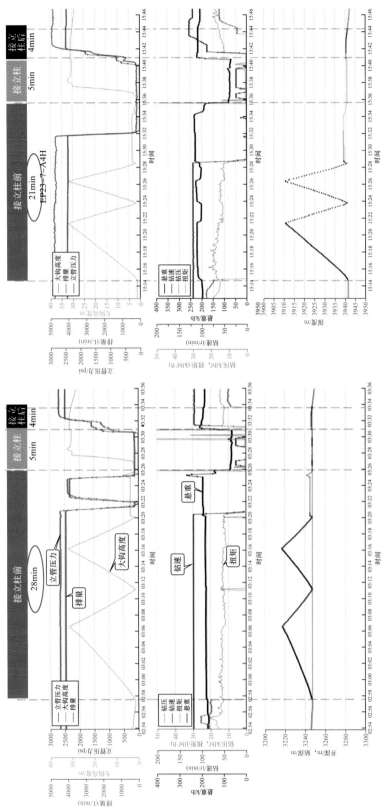

图 18.40 作业流程时效对比图

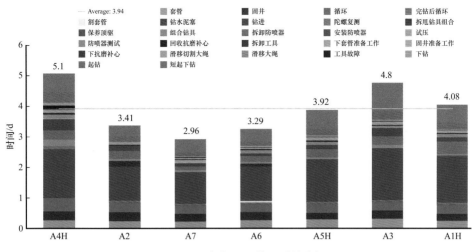

图 18.41 多井 16in 井段时效分析

18.5.3.3 判断钻头磨损情况

在某井钻进至 5364m 时，钻时变慢为 2m/h，通过地层岩性和机械比能迅速升高的趋势（图 18.42），综合判断钻头磨损比较严重，建议现场起钻更换钻头，钻头起出后磨损评价为 8−2，内排齿磨损严重，协助判断钻头磨损，减少了时间成本。

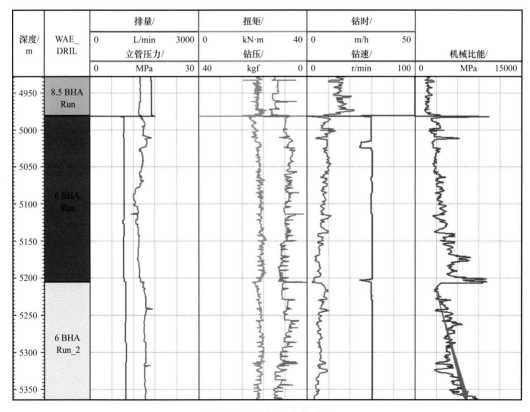

图 18.42 机械比能趋势图

19
特殊工艺井录井

为了适应新的勘探开发需要，提升钻井速度和质量，在一些特殊地区和地层中开始应用特殊工艺钻井方法，如深水钻井、油基钻井液钻井、控压钻井、空气钻井、泡沫钻井和充气钻井液钻井等。这些特殊工艺钻井方法对油气田的勘探和开发起到了巨大的推进作用，但同时也给地质录井工作带来了新的挑战，本章主要介绍特殊工艺钻井对录井的影响及应对措施。

19.1 深水钻井的录井影响及技术对策

深水钻井是水深大于 500m 的钻井作业。深水钻井录井过程中会遇到诸多问题，如钻井深度跟踪、取样、气体检测、地层压力监测、井眼呼吸效应和早期井涌监测等，给录井作业带来巨大挑战。近年来随着 geoNEXT 综合录井仪、PreVue 实时地层压力监测和 FLAIR 实时流体录井等技术的不断应用，深水钻井录井过程中的这些难题逐步得到解决，这些技术在深水油气勘探开发过程中发挥了十分重要的作用。

19.1.1 录井的影响及技术对策

19.1.1.1 井深跟踪

深水钻井作业主要选用适应水深条件的半潜式钻井平台或动力定位钻井船施工。在钻井作业过程中受到波浪、潮汐和海流的作用产生摇摆、升沉和漂移等运动，从而造成井深的较大变化。尽管采用升沉补偿装置和减摇设备等多种措施来保持其在海面上的位置和稳定，但并不能完全消除潮汐、波浪的影响使转盘面始终保持在同一海拔高度上。而转盘面的上下移动，为实时获取准确的井深增加了难度。

目前，深水钻井采用光编码、绞车及潮汐补偿等 3 种深度传感器配合使用的方式进行深度跟踪，平衡波浪与潮汐带来的深度影响从而精确测量井深。根据钻井作业程序中的不同工序采用不同的组合，正常钻进的时候为光编码传感器 + 潮汐补偿传感器，起下钻的过程中为绞车传感器 + 潮汐补偿传感器。采用光编码传感器 + 潮汐补偿传感器来平衡波浪与潮汐带来的深度影响从而精确测深，可以精确到 0.1m/ 点。

19.1.1.2 迟到时间

在深水钻井作业中需要下入较长的隔水导管来完成钻井液的循环，井眼内环空分为上、下两个部分：下部自井底至水下井口，为钻杆与裸眼或套管之间的环空；上部自井下井口至喇叭口，为隔水导管与钻杆之间的环空。上部环空截面相对下部较大（图 19.1），导致钻井液由井底上返至井口的过程中，因环空体积发生变化，改变了钻井液稳定上返的状态。因此，深水钻井过程中为了稳定钻井液在隔水导管内的上返速度，要在隔水导管底部增设增压泵辅助钻井液循环。安装深水钻井特殊装置，会造成迟到时间的偏差。

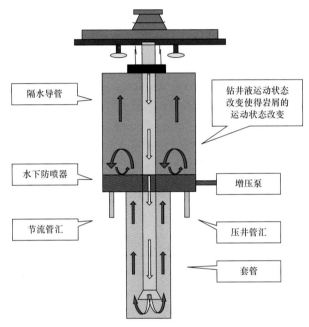

图 19.1　钻井液循环示意图

为适应深水钻井要求，考虑增压泵排量的影响，采用全新的水马力程序，根据隔水导管以下和隔水导管以上不同的上返速度来修正计算迟到时间，计算公式为

$$t=t_1+t_2 \tag{19.1}$$

$$t_1=V_1/Q_1=\left[\pi\left(D_1^2-d^2\right)/4Q_1\right]H_1 \tag{19.2}$$

$$t_2=V_2/Q_2=\left[\pi\left(D_2^2-d^2\right)/4Q_2\right]\left(H_2\pm h\right) \tag{19.3}$$

式中　t——钻井液迟到时间，min；

d——钻杆外径，m；

V_1——海底井口以下环形空间的容积，m³；

V_2——隔水导管内环形空间容积，m³；

Q_1——钻井液泵排量，m³/min；

Q_2——加入增压泵后总排量，m³/min；

D_1——井眼直径，m；

D_2——隔水导管内径，m；

H_1——井底至海底井口的井筒长度，m；

H_2——隔水导管底部至喇叭口的长度，m；

h——船体由于潮汐作用上升或下降的高度，m。

19.1.1.3 岩屑录井

深水钻井过程中，长隔水管和增压泵的使用会造成岩屑混杂。一方面，当岩屑进入隔水导管时，环空体积增大，钻井液上返速度降低，钻井液携带岩屑的流动状态会发生改变；另一方面，增压泵的应用使得增压泵入口处一段范围内的岩屑运动状态发生变化，进一步影响了岩屑的稳定返出。这些因素的综合作用使得返出岩屑变得较为混杂，返砂拖尾严重且代表性差，增加了岩性及层位判断的难度。

为了提升岩屑采集的代表性，推荐取中—底筛岩屑进行观察，加密取样或减小取样间隔，对照工程参数，综合分析岩屑的变化是地层变化引起的还是工程因素引起的。另外，根据所钻地层岩性发育情况，对 X 射线荧光元素、薄片和 X 射线衍射矿物等录井项目进行针对性选取，辅助提高岩性的辨识和层位的判断。

19.1.1.4 气测录井

深水钻井过程中由于长距离隔水导管外低温海水的冷却作用，造成钻井液出口温度较低，钻井液流变性发生变化，黏度和切力大幅上升，甚至可能发生胶凝作用，导致脱气器脱气效率降低，影响检测的气测值。同时，低温改变了气体在钻井液中的状态，使一部分重质组分无法脱出，直接影响对地层含气性的准确判断。因此，改变脱气器吸入钻井液的温度是解决这一问题的关键。

FLAIR 实时流体录井实现了恒流、恒温和恒压条件下的钻井液脱气。另外，FLAIR 实时流体录井将现场气体检测范围从 C_1—C_5 扩展到了 C_1—C_8，并可检测苯、甲苯，以及二氧化碳、硫化氢等非烃类组分，配套的 INFACT 软件能够对录取的流体数据进行校正。FLAIR 实时流体录井的气体分析周期为 90s，并且只能进行组分分析，而现在比较普及的 Reserval 气体检测系统的分析周期不低于 42s，并且可实现全烃连续检测。只有将两者的优势相结合，才能满足深水条件下的气测录井作业。

19.1.1.5 压力监测

深水钻井作业中，地层孔隙压力梯度与破裂压力梯度之间的窗口较小，极易造成当量循环密度或关井后的井内压力大于破裂压力，导致井涌、井漏等复杂的钻井情况。

目前国内深水作业多采用 PreVue 实时地层压力监测录井技术，该技术融合了现阶段的几种地层压力模式。对于正常压实趋势线可选择指数模式、多项式模式和双曲线模式等，对于计算孔隙压力时可选择的方法包括了伊顿法、等效深度法和交会法，对于地层破裂压力梯度的计算可选择伊顿法、丹尼斯法和马修斯—凯利法，也可以使用自定义的模型进行压力分析计算。钻井现场可进行地层压力梯度的监测与计算，实时评价地层孔隙压力梯度和破裂压力梯度。运用 PreVue 实时地层压力监测录井技术提供的信息可优化套管程序、钻井液密度及循环当量密度，避免井漏、井涌和卡钻等井下复杂情况，降低作业成本，提高作业效率。

19.1.2 深水钻井的录井技术推荐

单一的某项录井技术并不能实现对地质信息全面、准确的判断，根据国内外深水录井的相关经验，推荐使用以下录井技术组合综合用于深水的钻探工作，能够解决深水钻井对录井作业的影响。深水录井推荐技术组合见表 19.1。

表 19.1 深水录井技术推荐配置

序号	项目	用途	特点	备注
1	geoNEXT 综合录井仪	智能化录井系统	硬件稳定可靠： （1）数字总线； （2）最高等级防爆认证； （3）硬件故障智能诊断； （4）内含多种智能软件模块，可钻杆振动分析、钻井效率分析和井眼清洁状况分析	必备
2	FLAIR 实时流体录井	实时分析地层烃类流体组分	（1）实时、连续、定量分析地层烃类流体组分； （2）对低温钻井液实施连续恒温加热，可有效克服深水低温对烃类分析的影响	必备
3	PreVue 实时地层压力监测	实时分析地层孔隙压力、破裂压力和上覆地层压力	（1）优化套管程序； （2）优化钻井液密度； （3）保护油气层	必备
4	地球化学录井	定量分析岩屑、岩心等的热解烃含量及热解色谱分析	（1）烃源岩有机质丰度、类型和成熟度评价分析； （2）"三低"储层油气显示分析评价	可选
5	核磁录井	定量分析储层孔隙度、渗透率和饱和度等物性参数	（1）现场快速定量分析岩石孔隙度、渗透率和饱和度等物性参数； （2）对储层流体的可动性和不可动性进行评估	可选
6	实时同位素录井	实时定量分析 C、H 等元素的同位素含量	（1）可和 FLAIR 实时流体录井配套使用，无须单独的脱气器； （2）连续实时分析	可选

19.2 油基钻井液的录井影响及技术对策

19.2.1 油基钻井液的特点

油基钻井液即钻井液中基本流体配置以石油衍生物（柴油、原油和白油等）为主的钻井液体系。与水基钻井液相比，油基钻井液体系具有抗高温、抗污染的优点，能够有效预防钻具粘卡及钻头泥包，在稳定井壁、抑制地层水敏膨胀和优快钻井等方面有其技术优势，被广泛应用于大位移井、大斜度定向井和水平井等高难度井（表 19.2）。油基钻井液对常规录井有较大影响，尤其对于岩屑录井和荧光录井影响较大。因此，必须对油基钻井液条件下的不同录井方法进行有针对性的改进，消除或减少其影响，满足油气发现和储层评价要求。

表 19.2　各类油基钻井液及其特点

类型		特点
全油基钻井液	INTOLTM100%油基钻井液	以柴油或低毒矿物油为基油，具有与水基钻井液相似的流变性，动塑比高，剪切稀释性好，有利于减少井漏，改善井眼清洗状况及悬浮性，提高钻井速度
	白油基钻井液	以 5 号白油为基油，具有生物毒性较低、电稳定性好、塑性黏度低和滤失量小等特点，可用于易塌地层、盐膏层、能量衰竭的低压地层和海洋深水钻井
	气制油基钻井液	以气制油为基油，具有钻井液黏度低、当量循环密度低的特点，有利于防止井漏、井喷和井塌等井下复杂情况的发生，提高钻井速度，并且毒性低，可直接排放，环境保护性能好
	柴油基钻井液	以优质 0 号柴油作为分散介质，用氧化适度的氧化沥青及乳化剂 SP-80 配制，具有热稳定性好、地面低温循环流动性良好、井下移砂能力强、乳化稳定性好、防塌及润滑效果良好等特点
低毒油基钻井液	无芳香烃基钻井液	基油中芳香烃质量分数小于 0.01%，多以植物油为基油，具有可降解性，并且闪点、燃点高，高温稳定性好，直接排放对环境无污染，可用于环境敏感地区
	Versa Clean 低毒油基钻井液	以无荧光和低芳香烃矿物油为基油，具有润滑性好、井眼稳定性强、抗高温、抗污染和保护油层的特点
抗高温油基钻井液		是一种非磺化聚合物或非亲有机物质黏土的油基钻井液，在高温高压（310℃和 203MPa）下具有良好的稳定性，并且悬浮稳定性好，钻井液密度可达 2.35g/cm³
可逆转乳化钻井液		通过控制酸碱性条件实现钻井中不同阶段水包油和油包水乳化钻井液转换，适用于海上钻井，简化岩屑处理程序，减少处理费用，有利于环境保护

19.2.2　录井的影响及技术对策

19.2.2.1　岩屑录井

（1）岩屑清洗。

传统水基钻井液的岩样清洗为取样后用清水清洗，而在油基钻井液条件下，岩屑在振动筛上与油基钻井液分离后，受表面张力和吸附作用影响，岩屑表面附着一层油膜，由于油水互不相溶，用清水无法清洗掉岩屑表面油膜，反而使松散的岩屑颗粒黏在一起。

岩屑样品应在白油（柴油）中进行漂洗，漂出岩屑表面钻井液添加剂侵染物，再使用清洁剂洗涤水（浓度 10% 左右）进行清洗，最后用清水进行漂洗，直到岩屑无油污及清洁剂残留，基本上可满足岩屑描述的要求，清洗过程要轻度快速漂洗，尽量不使岩屑再次破碎。

（2）岩屑描述。

被油基钻井液浸泡过的岩屑，失去了岩石本色，皆为深褐色。清洗后，表面仍混有一些小的砂质、泥质及矿物质颗粒，给岩性识别带来了一定的困难。

确定颜色时要先挑出稍大一点的真岩屑，掰开观察其核心部分的颜色。辨别岩性要借助高倍显微镜，挑出有代表性的岩样，大小结合，干湿样对照分析，同时参考钻时、扭矩和气测等参数及区域邻井相应层位的岩性特征辅助判断岩性。

19.2.2.2 荧光录井

用传统荧光灯直照岩样，砂岩和泥岩均见荧光，滴照见荧光扩散，荧光系列对比在9级以上。三维定量荧光录井在识别真假荧光方面具有一定的优势，但由于受钻井液中基油的干扰，往往会造成相当油含量、对比级偏高，对油气显示有效判识造成了一定的困难。

为了消除油基钻井液下岩屑荧光录井的影响，选取不含油岩屑（稳定泥岩段岩屑或砂岩岩屑）进行荧光观察，包括岩屑表面、掰开后核心部分和边缘荧光颜色及产状，然后进行氯仿滴照试验，观察滴照颜色、反应速度及荧光产状，作为背景荧光。在随后的取样观察中，要特别留意荧光特征的变化，挑选大颗粒岩屑，掰开观察其核心未受钻井液污染部分的荧光特征，进一步进行滴照观察和记录。白油基钻井液与地层中的含油砂岩荧光特征见表19.3。

表 19.3 地层原油与白油基钻井液荧光对照表

对照项目	白油基钻井液	砂岩油层岩屑（中质油）	砂岩油层岩屑（轻质油）
直照荧光颜色	淡蓝、淡蓝白色	金黄、黄色	亮黄、蓝色
滴照荧光颜色	乳白色	亮黄、乳白色	蓝色、乳黄色
滴照反应速度	快速	慢速—中速	快速

三维定量荧光录井应严格把控油基钻井液条件下的地层岩屑样品选样、分析和处理等环节，以便更准确地检测出地层岩样荧光级别、相当油含量等。要求分析样品选取受污染较轻的大颗粒核心部位，选择合理的稀释倍数，并建立完善的图谱库等。

19.2.2.3 气测录井

油基钻井液在井下高温高压作用下，会产生一些复杂的有机质蒸气，气测录井过程中，在气路管线内壁容易产生乳白色液体析出（分析为一些成分复杂的高分子有机物的混合物），会造成管线、色谱柱污染，以及鉴定器积碳过多而不灵敏甚至不出峰等现象。另外，油基钻井液中的基油（一般为白油或柴油）会吸附钻头破碎气中的烃类气体组分。由于对各组分的吸附和溶解强度不同，地层油气中的重组分如 C_4、C_5 等被油基钻井液部分吸附溶解，脱气器很难有效脱出，导致色谱组分中 C_4、C_5 等重烃组分偏低，给气测解释带来了一定的困难。

为防止油基钻井液蒸气污染气管线、色谱柱及鉴定器，脱气器抽出的气体要经过除湿、干燥、冷凝和过滤等处理环节，日常维护要勤吹洗气管线，要有备用气管线，勤换干燥剂和过滤器，勤清理除湿防堵器中的积液。对油基钻井液条件下的气体解释方法必须进行优选，建立适应油基钻井液条件下的气测解释图版及方法。

19.3　控压钻井的录井影响及技术对策

控压钻井工艺原理是在钻井过程中通过回压泵、节流阀（手动或自动）精细控制或调整环空压力体系，确保环空液柱压力微大于井底压力，并且不压漏地层，从而在"窄压力窗口"层段实现安全、快速钻进的一种钻井技术。根据采集的井底压力值，通过闭环压力控制算法软件，计算出井口需施加的局部循环压耗，调节井口套压，平衡井底压力，有效解决"漏涌同存"的钻井难题。

19.3.1　岩屑录井

岩屑随钻井液经过地面节流管汇和油气分离器，在节流管汇的弯折段和油气分离器等处，将造成一定程度的岩屑聚沉，引起岩屑的部分混杂。另外，由于钻井液循环经过地面节流管汇、油气分离器等装置，导致地面回流时间延长，增加了岩屑迟到深度的误差。

控压钻井装置使用期间，要求每100m实测迟到时间，持续、加密修正环空钻井液经地面节流管汇返回振动筛的时间。同时，利用钻进过程中钻井参数有明显变化的地层、标志层和随钻测井曲线，及时发现岩屑迟到时间的偏差，及时进行修正。若钻井液循环经过油气分离罐，导致岩屑混杂、深度混乱等情况，需加密取样观察，并利用随钻测井曲线，结合X射线衍射矿物录井、元素录井等项目，建立完整的地层岩性剖面。

19.3.2　气测录井

由于钻井液循环经过地面节流管汇、油气分离器等装置，导致地面回流时间延长，增加了气体迟到时间的误差，进而导致了油气显示层的深度误差。发生气侵等情况，必须经液气分离器排气，会造成气测录井值混淆、干扰或叠加，无法检测地层真实含气情况，导致后续井段的显示层漏掉或呈现假显示，增加了气测解释的难度。

针对以上情况，应加密修正气体迟到时间。若实钻过程中，气体迟到深度与钻具深度、随钻曲线和钻井参数等出现明显不一致，应及时修正。在液气分离器与放喷管汇之间安装一个气体取样器，做好该部分气体的详细、连续记录，为油气层发现和评价提供参考。并安装气体电子流量计，记录液气分离器分离出来的气体流量。

19.4　空气钻井的录井影响及技术对策

空气钻井技术是以低密度冲洗介质（空气代替钻井液）为主要特征的欠平衡钻井新技术，它的工作原理是将压缩气体注入井内，依靠环空气体的冲量，把钻井岩屑携带至地面。空气钻井工艺在提高钻井速度、保护储层、减少或避免井漏等方面具有显著优势，但却在判断地层岩性和确定油气显示等方面存在一系列困难。

（1）空气钻井工艺对录井的影响是多方面的。首先，部分传感器无法安装，导致电导率、温度、密度和流量等工程参数均无法采集，给工程异常预报带来了一定的困难；其次，与正常钻井液条件下的录井相比，空气钻井条件下所录取的钻时、气测、岩屑和荧光资料等实用性降低，给地层岩屑定名和流体识别带来了一定的困难。因此，需要结合三维荧光录井、元素录井等来弥补岩性识别及油气显示识别的难题。

（2）空气钻井中岩屑返出井口直接喷射到地面，岩屑非常细小，一般用清水洗去灰尘或用微型旋风分离器除去灰尘，再进行定名描述。空气钻井过程中气测录井是直接抽取空气与地层气的混合气体，由于注入空气量很大，而来自油气层中的油气在井筒内被大量的流动空气稀释，使检测到的烃类组分参数信息被弱化，因此必须使用检测浓度灵敏度高的气测分析仪器。

（3）当钻遇油层、水层和硫化氢气层后，会使岩屑上返不均匀，形成堵塞及压力变化异常等现象，不利于空气钻井的继续进行，要转为常规钻井，因此录井前应安装好钻井液出口或入口传感器（包括钻井液池体积和脱气器），作为转入液相钻井时的备用。

19.5　泡沫钻井的录井影响及技术对策

泡沫钻井是以泡沫流体作为循环介质的欠平衡钻井方式，泡沫钻井当量密度一般为$0.06\sim0.72g/cm^3$。泡沫钻井能显著提高机械钻速，适用于低压、低渗透率或易漏失及水敏性地层。泡沫流体分硬胶泡沫和稳定泡沫两种体系，硬胶泡沫是由气体、黏土、稳定剂和发泡剂配成的稳定性较强的分散体系；稳定泡沫是由气体、液体、发泡剂和稳定剂配成的分散体系。气体包括空气、氮气、二氧化碳及天然气。

（1）泡沫钻井作业中，泡沫流体开始或结束循环时存在压力缓冲，循环中断时岩屑容易沉淀混杂，影响岩屑代表性。泡沫钻井不使用振动筛，岩屑返出后经排砂管线直接排到岩屑池，不能使用常规岩屑捞取方式。通常在排砂管线邻近岩屑池处下方开一个$8cm\times8cm$大小的口，岩屑经清水消泡和重力分异，部分岩屑自该口掉落到下面捞砂盒内。

（2）泡沫钻井时，油气层中的油气扩散到井筒内被大量流动气体稀释，同时，泡沫流体中的泡沫表面张力强，抑制了地层流体从泡沫中分离，色谱仪检测到的烃类组分参数信息被弱化，气测基值仅为常规钻井条件下1/10～1/5。泡沫钻井条件下，气测录井取样通常在排砂管线末端顶部开2个直径约6cm的气体采集孔来加强气体检测。泡沫钻井井口是密封的，可以在岩屑收集口安装硫化氢传感器。

（3）泡沫钻井条件下，液相介质下的出入口流量、泵冲速、出入口温度、出入口电导率及出入口密度等参数无法检测，工程异常监测判断的方法及d_c指数监测地层压力的方法无法应用。因此，当钻遇油层、水层和硫化氢气层后，泡沫钻进应尽快结束，转为常规钻井。

（4）常见的阻卡、坍塌和钻头磨损等工程异常监测主要利用悬重、扭矩和转盘转速等参数异常变化来判断。由于缺少出入口及钻井液池体积参数，地层流体侵入监测主要通过立压、气测和返出流量变化情况进行判断。

20
非常规油气录井
技术要求

非常规油气资源当前尚无明确定义，人们多采用约定俗成的叫法。本章所说的非常规油气主要指陆上区别于常规砂岩储层发育的油气地质资源，具体指煤层气、页岩油气及致密油气等主要的油气资源类型。煤层气是赋存在煤层中，原始赋存状态以吸附在煤基质颗粒表面为主，以游离于煤割理、裂隙和孔隙中或溶解于煤层水中为辅，并以甲烷为主要成分的烃类气体。页岩油气是富含有机质、成熟的暗色泥页岩或高碳泥页岩中由于有机质吸附作用或岩石中存在着裂缝和基质孔隙，使之储集和保存了具有一定商业价值的生物成因、热解成因及二者混合成因的油气。致密油气是储集在低孔隙度（<10%）、低渗透率（渗透率≤0.1mD，空气渗透率<1mD）、低含气饱和度（<60%）和高含水饱和度（>40%）的致密砂岩、致密碳酸盐岩等储层中的油气。

20.1　非常规油气录井的技术要求制定

（1）非常规油气录井是煤层气、页岩油气和致密油气等钻井过程中所采用的各项地质录井。因陆地的作业环境和实施条件相比海上存在差异，此外考虑到煤层气或页岩气为吸附性气的特殊气藏类型，在煤层气或页岩气取心方式、岩心（岩屑）描述细节、含气量测试、气测录井选择（基于成本考虑）、岩屑保留、钻时校对、钻井液密度录井及特殊作业时的资料收集等方面有所不同，特别制定了与之相适应的录井技术要求。而致密油气井的录井方法与海上基本一致，故未做特别要求。

（2）非常规油气录井有别于海上作业的内容，遵循本章所给出的技术要求，未特别提及的技术内容可参照海上常规油气录井技术要求执行。

（3）本章未涉及的 X 射线荧光元素、X 射线衍射矿物等其他非常规油气井录井项目，可参照海上常规油气录井技术要求执行。

（4）非常规油气井录井开钻前的各项准备工作就绪后，录井作业单位要严格组织自检自查，自检合格后报中国海洋石油集团有限公司的地区分公司项目组予以验收。

20.2　非常规油气井岩心录井

非常规油气的岩心录井是对钻取的岩心进行分段、定名和描述，建立岩性剖面，获取地层含油气信息的一种重要录井方法。非常规油气岩心录井在地层取心卡层、岩心整理与描述、收获率计算及岩心保存等方面与海上作业要求基本一致。

20.2.1 煤层气岩心录井

20.2.1.1 煤层取心及录井

（1）取心前应认真进行地层对比，准确预测目的煤层深度，提前20m下达见煤预告书，保证目的煤层及其顶底板岩心剖面的完整性。

（2）为确保煤层取心时工具的可靠性，钻入目的煤层之前，应进行试验取心；岩屑质量太差，无法分辨地层岩性，影响目的煤层判别时，亦应取心验证。

（3）目的煤层取心应采用绳索取心的方式，使用半合管式取心器，以满足采样装罐速度的要求和保持煤岩原始结构的完整性。

（4）目的煤层取心时，每次进尺一般不超过1m，最大不得大于1.5m。

（5）取心钻进时应由司钻及相关技术人员进行操作，保持各项钻井参数相对稳定，并详细记录钻进过程中的蹩钻、跳钻、溜钻、卡钻、井涌和井漏等情况。

（6）应确保煤心的上提和装罐速度，每100m提心时间不应超过2min，煤心到达井口后的出筒、丈量、拍照和装罐等时间不大于10min。

（7）岩心和煤心出筒时，地质技术人员和解吸技术人员必须在场，以便把握出筒及排放顺序，准确丈量长度，及时进行拍照等。

（8）岩心和煤心经过采样、编号以后，还应及时填写岩心票、分层票和采样票等；岩心票和分层票分别置于每筒次岩心和分层岩心底界，采样票放在采样位置。

（9）经过采样、编号的煤心和岩心，必须及时描述，煤心描述完成后应立即装罐保存。

（10）煤心描述的顺序依次为宏观煤岩类型、颜色、光泽、物理性质、结构、构造、内外生裂隙、夹矸及含气情况试验等。

20.2.1.2 煤心的含气量解吸

（1）采样前准备。

解吸罐使用前应进行气密性检测，气密性检测可通过向罐内注空气至表压0.3MPa以上，关闭后搁置12h，压力不降方可使用。

计量器最小刻度不大于10cm³，使用前应给计量器的量筒装满水，调节计量器至初始状态，检测计量器密闭性能。

在煤样装罐前，应将恒温装置温度调至储层温度，并使其达到设定温度。

（2）采样原则。

每次装罐的煤样不应少于800g，若煤心采取率不足，最低样量不应少于300g。

（3）采样时间。

从起钻到煤样提升至井口所用的时间，井深每100m提心时间不得超过2min，样品到达地面后应在10min内装入解吸罐密封。

（4）采样应收集的参数。

地质参数：井号、井位、煤层名称、地层时代、埋深和储层温度。

时间参数：钻遇煤层时间、提心时间、煤心提至井口时间、煤样封罐时间和采样日期。

样品参数：罐号、样品编号、空罐质量、样品质量和样品形态。

（5）测定时间间隔。

自然解吸时，每间隔一定时间测定一次，其时间间隔视罐内压力而定。

样品装罐第一次 5min 内测定，然后以 10min 间隔测 1h，以 15min 间隔测 1h，以 30min 间隔测 1h，以 60min 间隔测 1h，以 120min 间隔测定 2 次，累计测满 8h。

连续解吸 8h 后，可视解吸罐的压力表确定适当的解吸时间间隔，最长不超过 24h。

（6）解吸终止时限。

持续自然解吸，至连续 7 天平均每天解吸量不大于 10cm³ 时，结束解吸测定。

20.2.2 页岩油气岩心录井

页岩油气岩心录井的部分要求及现场含气量解吸时应遵循下面的原则（未涉及的内容参照海上常规油气岩心录井执行）。

20.2.2.1 岩心录井

（1）岩心出筒前应丈量岩心内筒的顶空、底空，顶空是岩心筒内上部无岩心的空间距离，底空是岩心筒内下部（包括钻头）无岩心的空间距离。

（2）对油基钻井液取出的岩心，应用无水柴油清洗，对密闭取出的岩心，用三角刮刀刮净或用棉纱擦净即可。

（3）剔除假岩心：假岩心松软，手指可捏动、插入，剖开后成分混杂，与上、下岩心呈现不连续特征，多出现在岩心顶部。

（4）岩心编号用代分数表示，编号方法是在岩心柱面用白漆涂覆一块长方形，待白漆干后用墨笔将岩心编号写在长方形白漆上，岩心编号密度一般以 20.0～30.0cm 一个为宜，应在本筒范围内，按自然断块自上而下逐块涂漆编号。

（5）盒内两次取心接触处用挡板隔开，挡板两面分别贴上标签，并注明上下两次取心的筒次、井段、进尺、岩心长度、收获率和块数，岩心盒外进行涂漆及编号。

（6）在岩心整理过程中，应及时对岩心的出气及含气情况进行观察或浸水试验，在观察出气的地方用彩色铅笔加以圈定，并做好文字记录。

（7）整理工作完成以后，对用于分析含气饱和度的岩块，应及时采样、封蜡，以避免气体逸散，对于保存完整且有意义的化石或构造特征应妥善保管，以避免弄碎或丢失。

20.2.2.2 岩心的含气量解吸

（1）样品采集前准备。

页岩油气含气量测试系统、解吸罐和残余气量测试仪，使用前应进行气密性检测，要求在 0.3MPa 压力下 12h 保持不变。

（2）恒温装置温度设定。

在页岩样品装入解吸罐前，应将恒温装置温度调至解吸温度，可分为两个阶段：①前3h解吸温度采用岩心提升过程中的钻井液循环温度；②3h后解吸温度采用地层温度。

（3）采样原则。

① 从钻井地层到出心所用的时间宜小于24h，时间越短越好；

② 岩心出筒后，尽快选择并取样，剔除杂物并称重；

③ 采样时间应当尽量缩短，所选岩心样品尽快装罐，时间不宜超过30min；

④ 样品量以充满解吸罐为宜，如页岩油气的岩心采取量不足又需要采样测定时，根据现场取心实际情况及设备使用情况进行适当调整，并在备注中说明；

⑤ 所采样品按钻遇地层顺序迅速装罐并密封，解吸罐中空隙用料填充；

⑥ 采样时应同时收集有关地质录井、钻井液、钻井工程与时间参数等相关资料。

（4）含气量测定方法。

① 解吸气量测定方法：将装有页岩样品并封好的解吸罐迅速置于已达设定温度的页岩含气量测试系统的恒温装置中，用软管将解吸罐与气体计量检测装置连接，然后开始进行解析并定时进行气体体积数据采集，记录环境温度和大气压力数据。

② 测定时间间隔：样品装罐后，以不大于5min的时间间隔测满1h，然后以不大于10min的时间间隔测满1h，以不大于15min的时间间隔测满1h，以不大于30min的时间间隔测满5h；整套流程累计测满8h；连续解析8h后，每间隔一定时间采集相关数据，直至解吸终止限。

③ 解吸终止：持续自然解吸，至连续3天每天解吸量不大于5cm³时，结束解吸测定。

20.3　非常规油气井岩屑录井

20.3.1　煤层气井岩屑录井

20.3.1.1　迟到时间校正

迟到时间采用理论计算与实物测定相结合的方式确定。理论计算参照常规油气录井技术要求执行。实物测定时，上部非目的层段每100m左右应进行一次实测校正，目的层段每50m左右应进行一次实测校正。

钻井循环介质为液体时，迟到时间测定标志物应用电石或碎瓷片、染色岩屑、塑料片等标志物，标志物应大小适中，不能堵塞钻头水眼且颜色醒目；气体、雾化和泡沫钻井条件下须采用注气法在钻头到底时实测迟到时间，不能实测时，可采用理论计算。

20.3.1.2　岩屑捞取要求

地质设计有要求的依照设计执行，地质设计没有明确要求的一般执行以下要求：（1）上部非煤系地层每2~4m捞取1包；（2）煤系地层1~2m捞取1包；（3）目的层每0.5m捞取1包。勘探程度较高的地区非目的层捞取间距可适当放宽或不捞取岩屑。

20.3.1.3 岩屑录井要点

（1）做好岩屑捞取、清洗、观察、晾干、描述、采样、装袋和保管各个环节的录井工作。

（2）岩屑捞取应做到"三循环"洗井，即起钻前、下钻到底及钻遇目的煤层之上的标志层时进行循环洗井，以减少砂样混杂，保证层位判断准确。

（3）岩屑捞取每包重量不得少于 500g，煤屑应尽量多取；全井漏取屑样的包数不得超过总数的 0.5%，目的层段不允许漏样。

（4）岩屑洗净时应根据岩石胶结程度、岩石强度差异采用不同目数的洗砂筛及不同的洗砂方法。

（5）煤屑密度小、返速快，往往较上覆顶板岩层的岩屑提前返出，建立岩性剖面时应考虑这一影响因素。

（6）岩屑和煤屑描述要由专人负责，并且统一标准；描述应准确，并且重点突出，应特别注意夹层、煤线等标志层的鉴定与描述；应描述及时，跟上钻头，保证实时决策。

20.3.2 页岩油气井岩屑录井

20.3.2.1 迟到时间校正

迟到时间采用理论计算与实物测定相结合的方式确定。理论计算参照常规油气录井技术要求执行。实物测定时，测量间距通常为 200.0～500.0m 测量一次。

20.3.2.2 岩屑捞取要求

岩屑录井井段和取样间距按照地质设计要求执行。

20.3.2.3 含气性和荧光观察

（1）清洗岩屑时，应观察有无气泡，并记录显示井段和气泡数量级大小。

（2）清洁后的岩屑在晾晒或烘烤前，应逐包进行荧光湿照和滴照，并记录其显示井段和荧光颜色。

（3）岩屑干燥后，观察记录含气岩屑颜色、产状和含气岩屑占同类岩性岩屑的百分比，并从每个显示层中挑出约 10g 含气岩屑代表样装入样品袋保存，做好相关信息标识。

20.3.2.4 岩屑包装和整理

（1）岩屑晾晒干后，有挑样任务的分装两袋，一袋供挑样用，一袋用来描述及保存，每袋应不小于 500g。

（2）装岩屑时，应同时将写好井号、井深和编号的标签放入样品袋内。

（3）将袋装岩屑按照井深顺序从左到右、从上到下依次排列于岩屑盒中，并在盒外标明井号、盒号、井段和包数。

（4）供描述用的岩屑，描述完后，要按原顺序放好，并妥善保管，一口井完毕后作为原始资料入库保存。

20.3.2.5　岩性分层原则

（1）岩性相同而颜色不同或颜色相同而岩性不同，并且厚度大于 0.5m 的岩层，均需分层描述。

（2）根据新成分的出现和不同岩性百分含量的变化进行分层。

（3）同一包内出现两种或两种以上新成分岩屑，是薄层或条带显示，应参考钻时进行分层，除定名岩性外，对其他新成分的岩屑也应详细描述。

（4）特殊岩性、标准层、标志层在岩屑中含量较少或厚度不足 0.5m 时，需单独分层描述。

20.4　非常规油气井气测录井

20.4.1　全烃

（1）监测要求：在地质设计中要求的录井井段范围内连续测量。

（2）设备技术要求。

① 最小检测浓度：不大于 0.02%。

② 检测范围：0.01%～100%。

③ 重复性误差不超过 5%。

20.4.2　烃类组分

（1）检测要求：在地质设计中要求的录井井段范围内连续测量。

（2）检测项目：甲烷、乙烷、丙烷、异丁烷、正丁烷、异戊烷和正戊烷。

（3）检测周期：90s 内分析完成正戊烷。

（4）检测范围：烃类组分检测范围为 0.001%～100%。

（5）重复性误差不超过 5%。

20.4.3　非烃组分

（1）二氧化碳。

① 检测范围：二氧化碳测量范围为 0～100%。

② 重复性误差不超过 5%。

（2）硫化氢。

① 检测范围：硫化氢测量范围为 0.0001%～0.01%。

② 重复性误差不超过 3%，响应时间 30s 内达到 90% 以上。

20.4.4　标定及校验要求

（1）标准气样应使用有效期内的合格产品，同一口井应使用同一批标样。若钻井周期过长更换批次标样需对气测设备进行重新刻度。

（2）每口井进行一次刻度，应使用不低于 5 个不同浓度值的标样对全烃和烃类组分进行刻度；应使用不低于 3 个不同浓度值的标样对硫化氢和二氧化碳进行刻度。

（3）录井前、起下钻、进入目的层前及录井过程中每 7 天应校验一次，使用在检测范围内不少于 2 个不同浓度值的标样进行校验。

（4）填写校验记录。

20.5　非常规油气井钻井循环介质录井

20.5.1　液体循环介质

钻井液性能主要包括相对密度、黏度（塑性黏度和漏斗黏度）、失水、滤饼、切力、含砂、pH 值、氯离子含量、油水比、含盐量和含石灰量。

钻井液处理主要包括钻井液类型、处理原因及时间、井深（斜深和垂深）、钻头位置、处理剂名称及用量和处理前后性能变化。

钻井液录井主要参数包括钻井液单池体积、总池体积、循环池体积、计量罐体积、循环池变化量、总池体积变化量，以及进出口钻井液的电导率、密度、温度和出口返速。

发生井涌或井漏时，应记录钻井液密度、井深、岩性、层位、钻头位置、工作状态、起止时间及涌出（或漏失）量等，并详细记录其处理情况。

20.5.2　气体循环介质

应准确记录测点井深的钻井循环介质性能资料，处理钻井循环介质时，应记录时间、井深、处理剂名称及用量，更换钻井循环介质时应注明类型。

当钻井循环介质中出现气显示时，应记录井深、层位和气显示特征等；发生井涌或井漏时，应记录钻井液密度、井深、岩性、层位、钻头位置、工作状态、起止时间及涌出（或漏失）量等，并详细记录其处理情况。

20.6　非常规油气井特殊作业时的资料收集

特殊作业时应收集的资料，主要包括以下几类：

（1）下套管和固井作业时，录井工程师应准确详细地收集整理套管和固井数据；

（2）套管数据包括产地、钢级、壁厚、内径、外径、各单根长度、入井顺序、套管下深、联入、套管鞋位置、阻流环位置、扶正器位置和磁定位短节位置等；

（3）固井数据包括水泥标号、水泥产地、水泥用量、注入水泥浆密度、替浆量、碰压及水泥返高等数据；

（4）测井作业时，录井技术人员应与测井解释人员配合，提供实钻地质数据和井眼情况资料，记录实际测井项目、井段等资料，收集测井现场解释成果资料；

（5）处理复杂井况时，应记录工程事故（卡钻、顿钻、井塌和落物等）发生的时间、井深、位置、原因，以及事故处理措施和结果等。

20.7　非常规油气井完井地质工作要求

20.7.1　资料整理汇编

（1）完井地质报告的内容应包括前言、施工简况、录井简况、地层特征、储层特征、油气显示特征及评价、问题讨论、结论与建议等。

（2）完井综合图的编制按中国海洋石油集团有限公司相关标准执行。

（3）完井地质报告编写之前，地质录井队应尽量多的收集邻井及区域资料，编出报告提纲并组织讨论，讨论通过后再分工编写。

（4）在对各种地质资料进行全面、认真地分析和研究后，录井队应尽快编制完井地质报告。

20.7.2　上交资料内容

20.7.2.1　资料提交要求

岩心、岩屑等实物资料应妥善保管，不得污染、错乱和丢失等，并根据甲方指令做好各类交接记录；完井15个工作日内，地质录井队向甲方主管部门提交综合录井完井报告、综合录井图及电子数据；地质成果资料需用A4纸打印、分类装订成册；提交的资料和报告、图件、电子文档（数据盘）等清单，应由审核人和验收人签字后方可上交。

20.7.2.2　上交资料项目

钻井和地质设计包括地质设计及设计变更通知书、钻井工程设计书。

原始录井地质资料，包括但不限于以下几类。

（1）地质录井相关资料。

①地质日报。

②钻井液性能记录表。

③油气显示异常报告。

④岩屑描述记录表。

⑤岩心、壁心描述记录表及取心照片。

⑥见目的层预告书。

⑦岩屑、岩心入库及送样清单。

⑧气测原始记录表。

⑨气测仪器校验记录表。

⑩迟到时间记录表。

⑪后效原始记录表。

⑫气测异常解释成果表。

（2）地质成果资料。

①综合录井图（比例尺为1∶500）。

② 综合录井报告。

（3）钻井工程相关。

① 钻井工程参数表。

② 套管数据表。

③ 固井数据表。

④ 井漏（井涌）情况表。

20.7.3　完井地质验收

（1）完井后地质录井队应尽快对原始录井资料进行整理、总结，并申请验收。

（2）在 5 个工作日内交由地质监督按照录井合同要求进行审查。

（3）资料收集齐全后，由甲方一次性完成验收工作。

21
其他录井新技术

21.1 井场矿物实时分析

数字岩屑扫描仪是一套可置于钻井现场的岩石属性分析仪器，它以扫描电镜、能谱仪及配套软件和矿物元素数据库为核心，通过分析岩屑或岩心切片能够自动、精确且快速地给出储层定量近于实时的测量结果（矿物、元素、岩性、孔隙度及孔隙结构、岩石脆塑性等参数，以及由这些参数计算出的多个岩石力学参数），数字岩屑扫描仪的测量结果主要应用于岩性和储层属性的实时识别、水平井地质导向、非常规储层"甜点"识别、优化压裂选层分段方案，以及钻完井后期的地质、物探或测井解释等工作，并且它还能替代部分价格昂贵的测井工作。目前，数字岩屑扫描仪根据生产厂商分为 RoqSCAN、Mapscan 和 QEMSCAN 三种类型。

21.1.1 技术原理

21.1.1.1 原理简介

在真空环境下，仪器通过电压产生电子束，经过加速磁场、偏转磁场后照射到待检测样品表面，激发出不同元素原子中的二次电子，二次电子将被电子探测器收集并分析，二次电子散射后留下电子空位，处于高能态的电子会跃迁到低能态来补充电子空位，由于电子层之间存在能量差（每个元素都有明确的电子能量层分布）不同元素原子中的电子发生跃迁释放的能量即该元素的特征 X 射线。探测器依据记录下特征 X 射线进行不同元素的识别。除了二次电子外，背散射电子也会随电子束的作用而被激发，背散射电子会被背散射探测器收集，从而产生相应的电信号，在对其进行相应的转换后，在检测器上形成待检测样品表面的相关信息图像。

21.1.1.2 测量参数

采集的参数分为原始元素和矿物数据、岩石结构数据和模拟出的数据这几种数据类型。

（1）原始元素和矿物数据。

测量的原始元素包括 Si、Al、Fe、C、N、O 等常量元素及 V、Ni、Cu、Zn 等微量元素在内的几十种关键元素和元素质量百分比（用于指示岩性、物源、海洋环境、氧化还原反应、有机质），测量的矿物数据包括矿物体积汇总、黏土矿物体积、碳酸盐岩矿物体积、硅质岩石体积（体积分数）、单矿物曲线和黏土类型曲线（体积分数）、重矿物曲线（体积分数）、数字岩屑扫描仪高分辨率（1μm）背散射电子（BSE）图像。

（2）定量的岩石结构数据。

测量的定量岩石结构数据包括孔隙度、孔隙大小分布（0.1～100μm，加上分布情况）、孔隙面比（孔隙形状）和单矿物粒度曲线。

（3）模拟出的数据。

模拟出的数据包括岩石物理和岩石力学参数（纵横波速度、密度、杨氏模量、泊松比、剪切模量、拉梅常数、体积模量、岩石脆性指数和岩石破裂压力等）、裂缝数量与裂缝密度统计曲线（FracLog）、岩石薄弱性指数（Weakness Index）。

21.1.2 资料录取要求

21.1.2.1 设备组成

（1）数字岩屑扫描仪。

数字岩屑扫描仪主要由高精度扫描电镜、能谱仪和自动矿物分析软件组成。

（2）抛光机。

对制作好的样品进行抛光，使用不同级别抛光盘对制作好的树脂样品依次进行抛光，直至样片呈镜面状。

（3）镀碳仪。

抛光后的样品在加热台70℃条件下进行脱水处理，然后在真空条件下进行镀碳。

（4）软件系统。

数字岩屑扫描仪配套数据分析处理软件和矿物元素数据库。软件系统能够使X射线聚焦于某一样品颗粒（不包括树脂），得到每个聚焦点对应的X射线光谱，计算机软件解析X射线光谱并将其分类成各种元素成分，利用矿物词典将元素转换成矿物，最终精确且快速地给出储层定量近于实时的测量结果。

21.1.2.2 操作流程

技术操作人员从振动筛托盘中收集、筛分、洗涤并制作样品。整个样品制作过程最快大约需要10min，所有制作好的样品可以储存和重复测量；2h内可分析9个样品，每个样品平均分析时间为15min，操作流程如下。

（1）样品制作。

取适量岩屑倒入多层筛网中选取合适的颗粒大小，筛选后放入制样盒中。加入树脂和脱模剂，搅拌后制成样品。

（2）样品抛光。

打开抛光机，在样品装卸盘中放入经树脂包埋的样品。对样品进行固定随后装回抛光机。把粗砂金刚石抛光盘放置在抛光机转盘上，下拉抛光机加载盘到水平位，打开抛光机水龙头调节水流，对样品进行初步抛光。待岩屑露出后依次更换中砂和细砂抛光盘完成样品的 2～3 次抛光，随后用风干机吹干检验抛光效果。样品出现明显"镜面"效应则抛光完成。

（3）样品烘干。

开启样品加热台，温度设置在 70℃，把经过抛光的样品放置在样品台上对其进行脱水处理。烘干 0.5h 后，样品无明显湿润，即可进行下一步镀碳操作。

（4）样品镀碳。

打开镀碳仪舱门，取出样品台，把样品放入，再将样品台归位，关上舱门。打开镀碳仪顶部盖板取下镀碳头更换新碳绳。打开真空泵开始抽真空，待真空度达标后开始镀碳。1min 后镀碳完成，关闭真空泵同时进行放气，真空度归零后打开舱门取出样品，对样品进行检查，合格后放入到样品盒中，等待扫描。

（5）样品扫描。

打开样品仓，取出样品台，按顺序装载样品。记录每个样品序号对应的深度，关闭舱门抽真空，待真空度达标后点亮灯丝，校验、设定扫描精度后开始扫描。扫描结束后关灯丝对样品仓放气，取出样品，更换下一组。

（6）自动分析。

通过分析样品能够自动、精确且快速地给出储层定量近于实时的岩石物理参数和力学参数测量结果。

21.1.3　技术应用场景

数字岩屑技术主要应用在以下几个方面。

（1）井场或井场附近：应用于地层及化学地层顶底深度确定、取心位置及下套管位置确定和完钻深度确定（直井或导眼井）。

（2）侧钻井或水平井：矿物学地质导向。

（3）矿物学角度的储层刻画：将元素、矿物成分、岩性和结构数据标定到对应地层和测井数据。

（4）拟合基于岩屑数据的光谱伽马曲线。

（5）通过有机质元素和矿物替代指标（组分和结构）推测有机物质是否存在。

（6）钻井过程中，实时计算模拟出钻井轨迹钻穿地层的脆性与塑性曲线。

（7）数字岩屑技术可以模拟岩石力学参数，进行储层精细定量评价，设计压裂优化方案，提高单井产量；基于地质数据的策略性造缝点或造缝段选择，通过移除不必要的压裂段降低潜在费用，确保所有压裂段产量最大化。

（8）矿物岩石属性数据包括组分和结构数据，如面比、黏土类型和丰度，可以应用于标定岩石物理模型，验证测井数据和光谱学工具数据（FLEX、ECS、GEM 和 Stingray）。

（9）用于岩石物理模拟（剪切和弹性应力）中的矿物岩石属性（组分和结构）。

（10）各类地质综合解释，如化学地层对比、物源分析和成岩作用分析等。

（11）构建约束属性模型，生成岩石约束过的关键属性图，推测跨区带关键岩石属性变化。

（12）认识地层元素、矿物特征，建立区带和盆地元素—矿物交会模型或模板，协助下一步勘探开发方案的调整和优化。

21.2 伽马能谱分析

在石油钻井施工中，岩屑的伽马放射性信息可以有效地反映钻遇地层的岩性信息，因此准确获取岩屑γ射线放射性信息是录井的重要任务，是及时建立地层剖面、准确评价油气层性质和正确预测下部地层的前提，也是指导钻井生产正常运行的最基础的工作。自然伽马能谱录井是根据铀、钍和钾的自然伽马能谱曲线，用能谱分析的方法对测量到的铀、钍和钾的伽马射线的混合谱进行解析，从而确定岩样中铀、钍和钾含量的一种录井技术。

自然界有多种放射性元素存在，岩石中含有天然的放射性元素，在地层岩石中含有的放射性同位素分别存在于铀系、钍系和锕系三个放射系中。岩石中放射性元素的含量与岩石的岩性及其形成过程中的各种条件有关，不同岩石中所含的放射性元素的含量及种类也不同。总体上，三大岩类中放射性由强到弱依次为火成岩、变质岩和沉积岩，一般情况下，沉积岩的放射性主要与岩石中的泥质含量息息相关，这是因为泥质颗粒细，具有较大的比表面积，使得吸附放射性元素的能力较强，此外泥质在沉积过程中沉积时间长，吸附的放射性物质多且有充分时间使放射性元素从溶液中分离出来与泥质颗粒一起沉积。

21.2.1 技术原理

探测伽马射线的基本过程为在射线的激发下，闪烁体所发的光被光电倍增管接收，经光电转换及电子倍增过程，最后从光电倍增管的阳极输出电脉冲，记录这些电脉冲就能测定伽马射线的强度和能量。

仪器主机主要由探头（闪烁体、光电倍增管）、线性放大器、多道脉冲幅度分析器和高压电源几部分组成，如图 21.1 所示。射线通过闪烁体时，闪烁体的发光强度与射线在闪烁体上损失的能量成正比。带电粒子通过闪烁体时，将引起大量的分子或原子的激发和电离，这些受激发的分子或原子由激发态回到基态时就放出光子。不带电的伽马射线先在闪烁体内产生光电子、康普顿电子及正负电子对，然后这些电子使闪烁体内的分子或原子

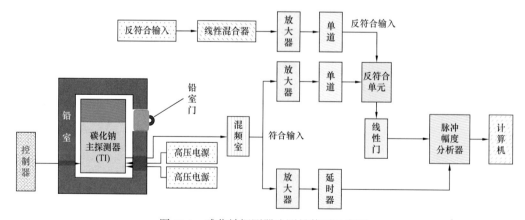

图 21.1 碘化钠探测器法测量装置示意图

激发和电离而发光。闪烁体发出的光子被闪烁体外的光反射层反射，汇聚到光电倍增管的光电阴极上，打出光电子。光电阴极上打出的光电子在光电倍增管中倍增出大量电子，最后为阳极吸收形成电压脉冲，每产生一个电压脉冲就表示有一个粒子进入探测器，由于电压脉冲幅度与粒子在闪烁体内消耗的能量成正比，所以根据脉冲幅度的大小可以确定入射粒子的能量，利用脉冲幅度分析器可以测定入射射线能谱。

21.2.2 测量原理

地层岩石的自然伽马射线主要是由铀系和钍系中的放射性核素及钾产生的。铀系和钍系所发射的伽马射线是由许多种核素共同发射的伽马射线的总和，但每种核素所发射的伽马射线的能量和强度不同，因而伽马射线的能量分布是复杂的。根据实验室对铀、钍和钾放射性伽马射线能量的测定，发现^{40}K放射的单色伽马射线，其能量为1.46MeV。铀系、钍系及其衰变物放射的是多能谱伽马射线，在放射性平衡状态下系内核素的原子核数的比例关系是确定的，因此不同能量伽马射线的相对强度也是确定的，可以分别在这两个系中选出某种核素的特征核素伽马射线的能量来识别铀和钍。这种被选定的某种核素称特征核素，它发射的伽马射线的能量称为特征能量，在自然伽马能谱录井中，通常选用铀系中的^{214}Bi发射的1.76MeV的伽马射线来识别铀，选用钍系中的^{208}Tl发射的2.62MeV的伽马射线来识别钍，用1.46MeV的伽马射线来识别钾。

把横坐标表示为伽马射线的能量，纵坐标表示为相应的该能量的伽马射线的强度。把这些粒子发射的伽马射线的能量画在坐标系中，那么就得到了伽马射线的能量和强度的关系图，这个图称为自然伽马的能谱图，如图21.2所示。

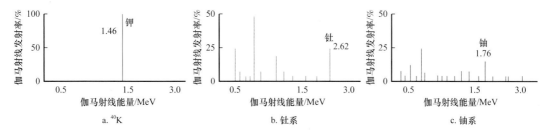

图21.2 钾、钍系和铀系放射的伽马射线能谱图

21.2.3 资料录取要求

21.2.3.1 设备组成

伽马能谱分析仪主要由数字化低本底多道γ能谱仪主机、低钾NaI（Tl）探测器、放射性核素钾标准单源、标准样品盒（共十只）、新一代标准铅室及专用电子秤等组成。

21.2.3.2 设备标定

（1）仪器标定。

用^{40}K、^{232}Th和^{226}Ra三个单核素源对仪器进行标定后，仪器才能定量检测。

每次开机后应进行标准样校验，将校准样放入铅室，测量 15min 后自动完成谱峰校准，如果谱峰漂移超过校准范围，则在谱线中分别找到 K 和 U 的峰位，输入 K 峰和 U 峰道区，完成峰位校准。

保存本底标准谱：铅室不放任何样品，分别放入 K、Th 和 Ra 模型样，各测量 1h 后，保存本底标准谱谱线。定量模型建立完毕后，应打开铅室门 6h（或擦拭铅室内腔和探头）方可进行定量分析。

（2）标定要求。

① 每次仪器重新安装后应进行标定和重复性、稳定性测试。

② 仪器正常运行时，每 10 天进行一次重复性、稳定性测试。

③ 每天应进行 2 次峰位校准。

21.2.3.3 操作流程

（1）仪器预热。

仪器运行一段时间，但测量的数据均需废弃，其目的是让仪器更好地在稳定状态运行。

（2）样品制备。

① 按设计取样间距捞取岩样，确保岩样的真实性和准确性。

② 选取代表性好的干燥岩样 500g（精确至 ±5g）。

选样的目的是使样品的物理特性与标准物质的物理特性基本一致，以保证相对测量结果具有可比较性。因此，制样过程对测量结果影响很大，应严格按照标准的方法及质量要求进行。

此外应注意，岩样不足 500g 时，应对计算的三种核素（U、Th 和 K）含量进行质量校正。

（3）样品分析。

将制备好的样品装入与标样同形状体积的样品盒中，放置在探测器上压实。尽量使样品表面平整，盖上盒盖后进行测量。样品分析时间应不少于 300s，测量结束后将检测结果、谱线和相关信息进行保存。

21.2.3.4 测量参数

自然伽马能谱录井测量参数包括 U、Th、K 和总伽马剂量率，分析参数及含义见表 21.1。

表 21.1 自然伽马能谱录井分析参数表

参数名称	符号	含义	单位
铀	U	岩样中铀系核素的含量	g/t
钍	Th	岩样中钍系核素的含量	g/t
钾	K	岩样中 ^{40}K 的百分含量	%
伽马剂量率	LGR	岩样中总伽马射线的强度	Gy/h

21.2.3.5　影响因素

（1）岩样的采集与挑选。

自然伽马能谱录井分析对象是从井筒返至地面的岩屑，因此迟到时间、定时捞样及挑选代表性岩屑是保证数据质量的关键因素。

（2）岩样预处理。

岩样经钻头破碎、钻井液携带和人工捞取等流程，特别是岩屑中混有钻井液材料，会直接对岩样产生污染，需尽可能排除外源物对样品的影响。因此，对样品的预处理非常重要，具体包括岩石样品的正确挑选、去除污染和称重等工序，要做到不同分析项目的每一个环节都准确无误。

（3）样品分析过程中的影响。

样品在分析过程中，受操作人员技术素质、熟练程度，以及工作环境、设备稳定性和重复性等诸多因素的影响，对每一个环节可能影响资料质量的因素必须周密考虑或尽可能避免，才能保证资料的统一性和解释的可靠性。

（4）测量时间对分析结果的影响。

自然伽马能谱录井是将样品装入铅室后测定岩样的放射性，因此分析结果与设定时间紧密相关，要求测量时间尽可能保证在 5min 以上，确保分析的精度。

（5）屏蔽铅室对分析结果的影响。

屏蔽铅室是伽马能谱分析中装探测器装置和样品的容器，置于等效铅当量不小于 100mg 的金属屏蔽铅室中，屏蔽铅室内壁距晶体表面距离大于 130mm，在铅室的内表面有原子序数逐渐递减的多层内屏蔽材料，如果不能做到很好的屏蔽效果，将会对分析结果产生较大的影响。

（6）样品不同产生的差异影响。

目前分析的样品包括岩心、岩屑等不同的样品，由于样品采集和物性形态的不同，测量的结果有所差异。

21.2.4　资料解释应用

自然伽马能谱录井测量的岩样中铀、钍和钾的含量，其资料可以计算所钻地层岩样中泥质含量、识别黏土矿物类型和评价生油岩等，是地质研究非常重要的资料。在放射性储层中，可用于确定地层岩性和地层对比、研究沉积环境和判断高放射性页岩气储层，为储层评价提供了精确的解释依据。

21.2.4.1　确定地层岩性

地层中天然放射性核素的分布具有一定的规律性，利用自然伽马能谱录井资料可以确定地层的岩性，特别是对于一些复杂地层的岩性识别，具有明显优势。划分岩性的一般规律为以下几个方面。

（1）砂泥岩剖面：纯砂岩显示出自然伽马能谱最低值，黏土（泥岩、页岩）显示最高值，而粉砂岩和泥质砂岩介于中间，并随着岩层中泥质含量的增加曲线幅度增大。

（2）碳酸盐岩剖面：自然伽马曲线值是黏土（泥岩、页岩）最高，纯的石灰岩和白云岩的自然伽马值最低，而泥质云岩、泥质灰岩和泥灰岩的伽马值介于泥岩和石灰岩、白云岩之间，并且幅度值随泥质含量增加而增大。

（3）膏盐岩剖面：石膏和盐岩伽马值最低，黏土（泥岩、页岩）最高，砂岩介于两者之间。图21.3是自然伽马录井曲线对不同地层的响应，一般来讲，泥岩的自然伽马幅度值为75～150Gy/h，平均为100Gy/h，硬石膏和纯石灰岩为15～20Gy/h，白云岩和纯砂岩的自然伽马幅度值为20～30Gy/h。但对某一地区来说，应该根据岩心分析结果与自然伽马曲线进行对比分析，找出地区性的规律，再应用于自然伽马曲线的解释。

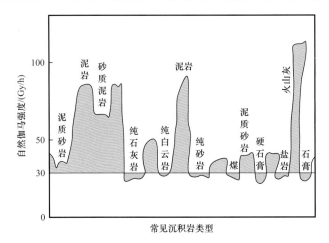

图 21.3　常见沉积岩的自然伽马录井响应特征曲线

21.2.4.2　地质导向

在页岩气水平井中，应用自然伽马能谱录井技术可以指导地质导向及时调整控制井眼轨迹，有效确定井底位置，提高整体钻遇率。从随钻录井图（图21.4）中可以看出U含量在龙一段底部出现高异常段。因此，可以充分发挥自然伽马能谱录井优势，寻找地区的标志性特征，利用U含量数值、各曲线形态变化特征和参数比值等方法对小层进行划分，实现地层的精确定位，解决单伽马地质导向问题，实时辅助地质导向，提高优质页岩气储层钻遇率。这样就能在伽马值刚有变化时及时、准确地确定井底位置，自然伽马能谱录井在页岩气水平井中的应用既能提高整体钻遇率，又能保证轨迹的平滑，为地质导向及时调整井眼轨迹提供了重要依据。

21.2.4.3　评价烃源岩

自然伽马能谱资料中的铀曲线可以反映地层中放射性矿物的含量，研究表明，放射性元素铀与有机质的丰度密切相关，有机质越富集的地方，能谱曲线中铀的含量越高，因此铀的含量可以作为烃源岩评价的重要参数之一。大量研究表明，岩石中有机质对铀的富集起到了重要的作用，因此应用自然伽马能谱录井技术可以在横向和纵向上追踪生油层和评价生油层生油能力。

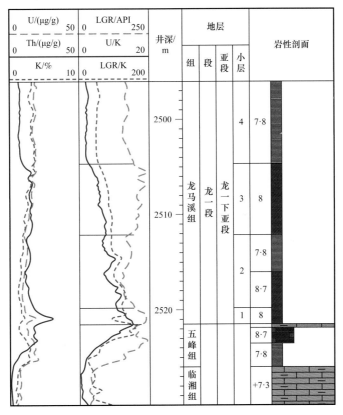

图 21.4 某页岩气井自然伽马能谱随钻录井图

从总有机碳含量与泥岩中铀含量的关系图中可以看出（图 21.5），总有机碳含量与铀含量存在线性关系，铀含量越高，泥岩中有机质含量越多，则泥岩为生油岩且生油能力越强。

图 21.6 为某井测井和录井 TOC 解释对比图，图 21.6 中 3980～4000m 岩性为褐灰色石灰岩，GR、U 及 TOC 三条曲线异常低。其上部岩性为灰黑色页岩，下部岩性为黑色页岩，自然伽马均为高值且差异较小，上部页岩段 U 的含量呈高值，自然伽马能谱计算的 TOC 含量呈高值，下部页岩段 U 的含量较上部页岩段高，自然伽马能谱计算的 TOC 含量也较上段高，因此可以得出两段页岩都是富含有机质的页岩且

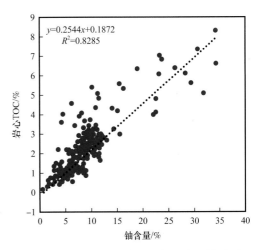

图 21.5 泥岩总有机碳含量与铀含量关系图

下部页岩段有机质含量高于上部页岩段的结论。另外从图 21.6 中可以看出，自然伽马能谱录井测得的 U 含量与自然伽马能谱测井测得的 U 含量一致，自然伽马能谱录井计算的 TOC 含量与自然伽马能谱测井计算的 TOC 含量一致，说明了自然伽马能谱录井的 TOC 算法的可靠性，因此可通过自然伽马能谱录井对储层进行快速解释评价。

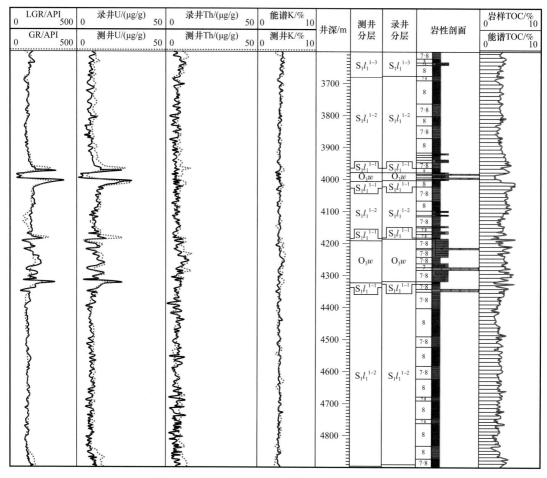

图 21.6　某水平井测井和录井 TOC 解释对比图

21.3　数字岩心

　　数字岩心录井技术是一项近些年兴起的新录井技术，它通过对岩（壁）心进行二维电镜扫描或三维 CT 扫描，运用计算机图像处理技术，通过算法对岩（壁）心进行数字化重构，然后依靠数字化分析，获取岩（壁）心的孔隙度、渗透率、矿物成分、粒径和微观孔喉结构等重要地质参数。

21.3.1　技术原理

21.3.1.1　工作原理

　　（1）全岩心三维 CT 扫描仪。

　　全岩心三维 CT 扫描仪是针对全尺寸岩心样品的二维立体无损成像监测设备，可以提供岩心内部复杂结构的数字化三维表征与分析，其扫描原理如图 21.7 所示。

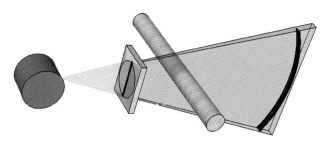

图 21.7 全岩心三维 CT 扫描工作原理示意图

（2）CT 扫描仪。

CT 扫描仪具有高功率发射式 X 射线源和大成像面积探测器，可穿透岩心样品，实现中高密度、微样至常规岩（壁）心尺寸样品的高分辨率检测，其扫描原理如图 21.8 所示。

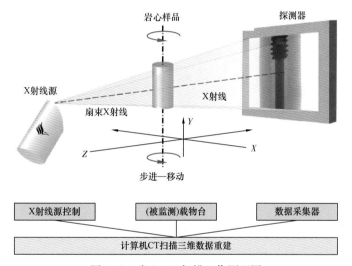

图 21.8 岩心 CT 扫描工作原理图

（3）聚焦离子束扫描电镜。

聚离子束扫描电镜采用聚焦离子束和背散射电子双束对所选样品表面进行电子束扫描成像，获得样品表面的多种二维图像，其扫描原理如图 21.9 所示。

（4）QEMSCAN 扫描仪器。

QEMSCAN 扫描仪器发出 X 射线能谱并在每个测量点上提供出元素含量的信息，并通过预先设定的光栅扫描模式的加速高能电子束对样品表面进行扫描，得出矿物集合体嵌布特征的彩图，工作模式如图 21.10 所示。

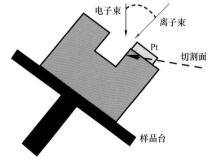

图 21.9 聚离子束扫描电镜工作原理示意图

21.3.1.2 录井工作流程

（1）岩心取样。

选取保存完好的全尺寸岩心或直径约 25mm 的柱塞样岩心，也可使用直径 0.5～5mm

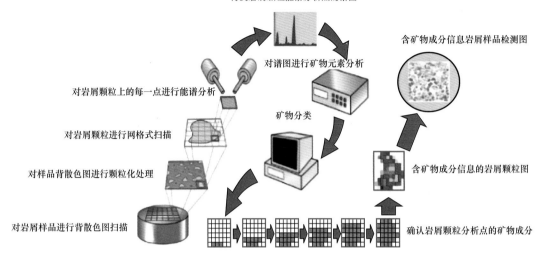

得到岩屑颗粒能谱分析点的谱图

含矿物成分信息岩屑样品检测图

对谱图进行矿物元素分析

对岩屑颗粒上的每一点进行能谱分析

矿物分类

对岩屑颗粒进行网格式扫描

对样品背散色图进行颗粒化处理

含矿物成分信息的岩屑颗粒图

对岩屑样品进行背散色图扫描

确认岩屑颗粒分析点的矿物成分

图 21.10　QEMSCAN 扫描工作模式图

的岩心碎块进行微米高精度扫描或纳米扫描。岩心薄片直径尺寸为 10～25mm，厚度约为 5mm。

（2）高分辨率扫描。

利用 X 射线成像原理对岩心样品进行扫描。

（3）原始图像识别。

获取合格的数字岩心扫描图像之后，对电镜扫描或 CT 扫描图像进行处理，可分为二维图像处理与三维图像处理。二维图像处理主要包括噪声过滤、阈值分割和形态过滤等方法。三维图像处理主要包括原始投影图像的背景处理、图像增强、噪声过滤、阈值处理和边界形态过滤等方法。

（4）三维重构。

通过某种算法，从三维岩心图像中提取出结构化的孔隙和喉道模型，建立孔隙网络模型。孔隙网络模型保持了原三维岩心图像的孔隙分布特征及连通性特征。

（5）岩石物性计算。

根据需求，选择不同的算法进行模拟和计算得出所需的岩石物性参数，如裂缝特征与分布、孔隙度与孔隙大小分布、孔隙类型与连通性、喉道大小与分布、矿物成分与组成、绝对渗透率、毛细管压力曲线和弹性参数等。

21.3.2　资料录取要求

21.3.2.1　录取内容

（1）微米 CT 孔隙度。

微米 CT 孔隙度主要指利用微米 CT 在较高分辨率下（1～2μm）扫描微样品（近似 2～4mm 边长立方体）获得的重构模型进行孔隙识别后统计得出的孔隙度值，因其孔喉半径分布范围一般在 1～20μm 之间，故也称其为微米级孔隙度。

（2）亚毫米级孔隙度。

亚毫米级孔隙度是对柱塞样样品全貌进行扫描（分辨率通常为15～20μm），将获得的三维图像进行识别分析，而后进行统计获得的孔隙度值，因其孔隙半径多分布在50～500μm之间，故定义为亚毫米级孔隙度。

（3）扫描电镜孔隙度。

扫描电镜孔隙度主要指利用扫描电镜在极高分辨率（10～100nm）情况下获得的二维图像，经过孔隙识别后获得的孔隙度，因其孔隙半径多分布在10～500nm范围内，所以也称其为纳米级孔隙度。

（4）基质综合孔隙度。

基质综合孔隙度是将纳米级孔隙度和微米级孔隙度有机结合，形成在微观尺度下样品的代表性孔隙度值。

（5）砾石占比。

通过对柱塞样样品全貌进行扫描（分辨率通常为15～20μm），将获得的三维图像进行识别分析，鉴别出其中不具有孔隙结构（实心）的砾石结构，对其所占体积比例做出的统计。砾石占比对柱塞样总孔隙度和渗透率计算结果影响较大。

（6）总孔隙度。

总孔隙度也叫柱塞样总孔隙度，是将基质综合孔隙度（纳米级和微米级孔隙度有机结合）、亚毫米级孔隙度和砾石占比有机结合（基质综合孔隙度与亚毫米级孔隙度有机叠加，并有效去除砾石占比）获得的柱塞样尺度的总孔隙度。

（7）微米CT渗透率。

微米CT渗透率也叫基质渗透率，主要指利用微米CT在较高分辨率下（1～2μm）扫描微样品（近似2～4mm边长立方体）获得的重构模型进行孔隙识别后，在该数据体基础上开展渗流力学数值模拟计算获得的渗透率，因纳米级孔喉通常对渗透率的贡献很小，所以将依据微米级代表性数据体计算得出的渗透率定义为基质渗透率。

（8）柱塞样渗透率。

以基质渗透率为计算数据基础，以柱塞样三维结构（亚毫米级孔隙、砾石和基质三维空间分布）数据体为模型基础，开展渗透率升尺度算法获得的柱塞样尺度岩心渗透率结果。

（9）裂缝张开度。

首先沿裂缝走向定义一个与其平行符合度最高的平面，而后统计与平面垂直方向上裂缝表面各点到裂缝的平均距离，即得到裂缝的张开度，其值的大小主要反映对导流能力的贡献。

（10）裂缝孔隙度。

全岩心上呈裂缝形态的孔隙所代表的孔隙度值。

（11）孔洞孔隙度。

全岩心上呈现似球形、椭球形等形状的孔隙所代表的孔隙度值。

21.3.2.2　录取要求

（1）孔隙型储层岩心参数。

孔隙型储层（砂岩）数字岩心获取总孔隙度、渗透率、微米 CT 孔隙度、微米 CT 渗透率、扫描电镜孔隙度、基质综合孔隙度和砾石占比等参数（表 21.2）。

表 21.2　孔隙型储层岩心参数表

样品编号	深度/m	岩性	扫描分辨率/μm	总孔隙度/%	渗透率/mD	微米 CT 孔隙度/%	微米 CT 渗透率/mD	扫描电镜孔隙度/%	基质综合孔隙度/%	砾石占比/%
1	×××	细砂岩	1.5	8.13	0.118	2.44	0.057	4.91	7.23	1.51
2	×××	粗砂岩	1.5	11.59	0.557	4.42	0.557	4.78	8.99	1.54

（2）缝洞型储层岩心参数。

缝洞型储层（火成岩）数字岩心获取基质综合孔隙度、基质渗透率、微米 CT 孔隙度、裂缝密度、裂缝张开度、裂缝孔隙度、孔洞孔隙度和总孔隙度等参数（表 21.3）。

表 21.3　缝洞型储层岩心参数表

样品编号	深度/m	岩性	扫描分辨率/μm	基质综合孔隙度/%	基质渗透率/mD	微米 CT 孔隙度/%	裂缝密度/条 /m	裂缝张开度/mm	裂缝孔隙度/%	孔洞孔隙度/%	总孔隙度/%
1	×××	蚀变闪长岩	1.0	3.73	0.0012	0.38	21	0.009	0.51	0.14	4.36
2	×××	辉绿岩	1.0	6.58	0.0520	4.05	0	0	0	0	6.58

（3）岩石物理参数。

数字岩心的岩石物理参数获取杨氏模量、胶结因子、泊松比、剪切模量和泥质含量等参数（表 21.4）。

表 21.4　数字岩心岩石物理获取参数表

样品编号	深度/m	岩性	扫描分辨率/μm	杨氏模量/GPa	胶结因子	泊松比	剪切模量/GPa	泥质含量/%
1	×××	砂砾岩	1.5	16.21	2.64	0.20	6.75	2.68

21.3.3　技术优势

数字岩心的分析速度相比实验室传统方法具有显著优势，最快可以在 2～3 天内完成岩心关键参数的分析，为勘探开发的快速决策提供参考依据。数字岩心获取的岩石孔隙度、渗透率和裂缝定量统计等重要参数，可应用于储层的快速评价。对数字化模型的深层次挖掘，可进一步提高对储层微观结构的认知，帮助分析储层物性和沉积相带之间的关系，指导勘探评价过程中对优势相带的选择。数字岩心提供的岩石强度定量分析评价，可用于储层改造评估、可钻性评估和地应力评估等多方面，尤其是岩石物理参数的快速定量评价，可作为探井地层测试压裂改造的重要依据。

22 录井综合解释

录井综合解释是以常规录井资料为基础，综合岩心、岩屑、气测、荧光及其他专项录井资料，对储层的物性及流体性质进行综合评价的过程。随着中国近海油气勘探开发的不断深入，钻遇储层类型、油品性质及油气水关系越来越复杂，录井解释所发挥的作用及优势逐渐得以展现。在进行录井解释的过程中，需要综合运用并充分发挥各项录井资料的优势，选取有代表性的评价参数，遵循科学的解释流程，并通过方法优选和模型修正，逐步消除解释的多解性，得出接近地层真实情况的最终解释结论。录井综合解释主要包含资料处理与综合解释两部分内容。

22.1 资料处理

录井资料会受到地质条件、工程作业和仪器设备等多种因素的影响，导致部分数据的质量及精度降低，难以满足综合解释的要求，从而影响录井解释的准确性。录井解释人员应在充分了解现场录井和钻井作业条件的前提下，仔细分析影响各项录井资料的主控因素，对异常数据进行筛查清洗及校正处理。

22.1.1 录井解释影响因素

对录井解释影响较大的因素主要有以下四个方面。

22.1.1.1 地质因素

地质因素主要包括储层条件、烃源岩条件、地层压力、储层油气性质及非烃气体等。

22.1.1.2 工程因素

工程因素主要包括钻井工艺、井型与井身结构、钻头类型及尺寸、钻井参数、复杂井况（油气侵、溢流、井涌及井漏等）、钻井液类型和钻井液添加剂等。

22.1.1.3 仪器设备因素

仪器设备因素主要包括综合录井仪（脱气器、气测分析设备及传感器）和地球化学等专项录井设备的仪器性能。

22.1.1.4　其他因素

其他因素主要包括井深及迟到时间、岩屑样品清洗程度、分析样品代表性及样品放置时间等。

22.1.2　录井资料处理

录井资料处理的目的并非是要消除所有影响因素，而是根据解释工作的需要，对不满足要求的录井资料进行针对性的筛查清洗或校正处理，如气测数据标准化、地球化学烃损失校正等。

22.1.2.1　气测录井资料处理

（1）时深转换误差校正。

正常情况下，气测曲线形态特征是地层真实含油气信息的客观反映。但实际上，由于气测数据的测量具有严重的滞后性，如果迟到时间校正不准确，就会导致气测数据在进行时间与深度数据库转换时出现较大误差，进而影响储层及流体类型的准确解释评价。

迟到时间误差对气测数据的影响主要分为两种情况：① 匀速钻进条件下，迟到时间校正不准确导致的气体曲线与储层深度的错位，影响对储层归位的正确解释（图22.1）；② 非匀速钻进条件下，迟到时间校正不准确会导致气体曲线与储层深度的错位，以及气体曲线形态发生异常变化，影响对储层物性及流体性质的准确解释（图22.2）。在实际钻井过程中，第二种情形最为常见，尤其是在浅层快速钻井条件下迟到时间误差对录井解释的影响最明显。

对于录井存在油气显示的井段，要减小迟到时间误差对气测录井解释的影响，首先是准确测量并计算迟到时间的误差值，然后根据误差值进行准确时间的反推，并从时间数据库中重新读取对应的气测值，从而消除时深转换因迟到时间误差而对录井解释造成的影响。

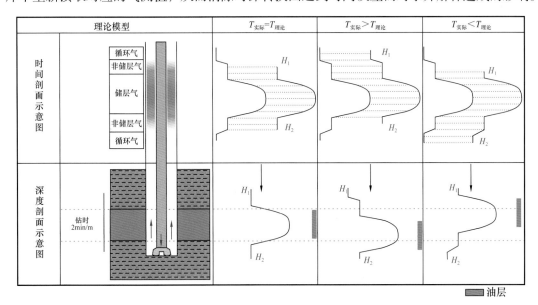

图 22.1　匀速钻进条件下气测曲线理论模型

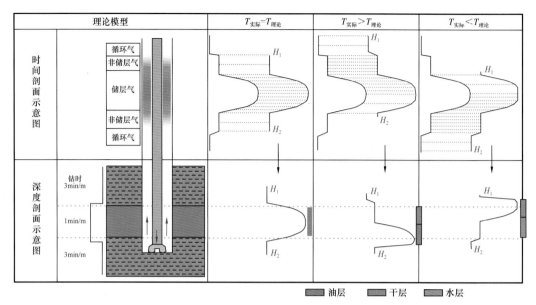

图 22.2 非匀速钻进条件下气测曲线理论模型

（2）气测数据标准化处理。

对气测数据进行标准化处理，可以有效降低工程因素对气测的影响，使气测数据更能反映地层的真实含油气信息，并提高气测录井数据横向和纵向的可对比性。

① 单位体积岩石含气校正。

单位体积岩石含气校正公式的建立是考虑到钻头尺寸不同，破碎岩石体积不同，所以从地层中释放出的破碎气量就不同，返出地面后，测得的气体组分数据也不同。单位体积岩石含气校正就是将气测数据校正到一个破碎岩石体积标准下，使数据更具可比性。由于通常主要对甲烷数据进行校正，所以公式中数据为 VOL_{C_1}，具体公式如下：

$$VOL_{C_1} = \frac{k_1 \times k_2 \times \text{ROP} \times Q \times V_{C_1}}{D^2} \qquad (22.1)$$

式中 VOL_{C_1}——单位体积岩石甲烷含量，L/L；

k_1——脱气器相关的常量；

k_2——不同钻井液体系中甲烷脱气效率的倒数；

ROP——钻时，min/m；

Q——钻井液排量，L/min；

V_{C_1}——地面实测甲烷值，mL/m³；

D——钻头直径，mm。

② 钻井取心气体校正。

由于钻井取心与正常钻进时的工程参数和钻头类型不同，破碎单位厚度的岩石体积不同，对气测显示有较大的影响。在正常钻进过程中破碎单位厚度的岩石体积为

$$V_1 = \frac{3.14 \times D_1^2}{4} \quad (22.2)$$

钻井取心时，破碎单位厚度的岩石体积为

$$V_2 = \frac{3.14 \times \left(D^2 - d^2\right)}{4} \quad (22.3)$$

式中　D_1——钻头直径，m；

　　　　D——取心钻头的外径，m；

　　　　d——取心钻头的内径，m。

钻井破碎岩石时钻井液中气为

$$G = \frac{V \times C_n}{Q \times t} \quad (22.4)$$

式中　G——钻井液中烃类气体的浓度，%；

　　　　V——单位时间内破碎的岩石体积，m^3；

　　　　C_n——单位体积岩石中烃类气体的浓度，%；

　　　　Q——钻井液排量，L/min；

　　　　t——破碎单位厚度岩石的时间，min/m。

钻井取心时烃类气体浓度的校正系数为

$$K = \frac{G_1}{G_2} = \frac{D_1^2 \times Q_2 \times t_2}{\left(D^2 - d^2\right) \times Q_1 \times t_1} \quad (22.5)$$

式中　G_1，G_2——正常钻井和钻井取心时钻井液中烃类气体的浓度，%。

钻井取心时气测校正值 VOL_{C_n} 为

$$VOL_{C_n} = K \times C_n \quad (22.6)$$

式中　t_1，t_2——正常钻井和钻井取心时的钻时，min/m；

　　　　Q_1，Q_2——正常钻井和钻井取心时的钻井液排量，L/min。

22.1.2.2　地球化学录井资料处理

地球化学录井技术与其他依托岩样分析的技术一样，受到地质、工程及岩屑代表性等诸多方面主观和客观因素影响，从而造成岩石样品受到钻井液污染形成数据异常或从地下上返到地表过程中的烃类物质损失，导致不能很好地反映地层真实的含油气信息。分析各种影响因素并加以处理，可以提高地球化学录井数据的应用效果。

（1）污染分析与处理。

钻井过程中加入的各种有机添加剂，其与正常原油组分具有一定的差异性。通过色谱峰特征分析，可以识别出常见的各种有机添加剂。当不确定是何种添加剂影响的时候，一般选取一定量钻井液样品进行色谱分析后确定。当解释过程中发现存在污染峰时，一方面及时重新取样分析，否则应剔除污染较大的图谱及相关数据；另一方面在解释过程中需要考虑污染对热解及色谱组分峰值的影响。

（2）岩屑烃损失校正。

在利用地球化学热解数据做精细解释的过程中，需要考虑岩屑样品从地下到地表取样分析时的烃类损失影响。根据岩屑与壁心、岩心的热解参数数学关系，采用回归分析的方法建立岩屑与壁心对应热解参数的烃损恢复函数关系式，将岩屑的热解参数值恢复到壁心及岩心的热解参数值，实现烃损失校正，减小烃损失对录井解释的影响。

22.2 综合解释

录井综合解释主要包括两方面的内容，一是评价储层物性，二是评价储层流体。录井综合解释的主要方法是通过综合分析各项录井资料，优选录井参数及方法，建立评价储层物性与储层流体的相关模型与标准，并利用评价解释标准进行综合评价。油气水综合解释评价是一个复杂的过程，它必须以相关石油地质理论为指导，遵循科学的解释流程，通过系统的综合分析，选择合适的解释技术和方法，才能得到合理的解释结论。

22.2.1 解释原则

22.2.1.1 宏观分析原则

录井综合解释不是简单的数据推导过程，而是地质综合分析的复杂过程。油气层的形成和保存状态受到生、储、盖、运、圈、保等多种因素的控制和影响，这就要求地质监督及综合解释人员不但要重视油气层在录井资料上的显示特征，而且要将油气层放到特定的地质历史时间和空间中，在对构造、地层和沉积相等区域地质特征进行充分分析的基础上，从成藏因素各方面逐一分析该目标层有无成藏可能。

22.2.1.2 相对性原则

通过对油源、埋深、地层压力、储集特征、成藏条件及钻井条件相近的油气层进行比较，可以对目标层的评价起到很好的辅助作用。综合解释过程中，要注重层内、层间和井间三个层次的对比，其对比相似性与差异性可以作为解释评价的重要依据。

22.2.1.3 综合性原则

每一项录井技术手段获得的数据资料都从不同方面反映了地下油气的信息特征，具有一定的互补性。解释过程中必须坚持综合性评价原则，分析各项资料的一致性与差异性，全面地认识储层物性、油气性质、含油气丰度及油气纵向分布特征。

22.2.1.4 针对性原则

在解释过程中应针对不同类型储层、不同油气性质特征合理利用各项资料，优选解释方法与参数。对于重质油或稠油层，气测组分单一且值低，应侧重基于岩屑分析的录井资料；而对于轻质油气或者凝析油气层，岩屑中的烃损失较为严重，应侧重气测录井资料分析。

22.2.2　其他注意事项

22.2.2.1　重视油气相关指示信息

当井筒环境、钻井液性能等保持相对稳定的状况下，单根气、后效气及槽面油气显示等特征能在一定程度上反映地下油气层的能量信息。如单根气、后效气异常值高或槽面油气显示好，指示钻遇油气层的能量足；反之，表明钻遇油气层的能量可能不足或较低。

22.2.2.2　合理利用测井解释资料

对于物性条件差、非均质性强或"四性"关系不明确的复杂储层类型，测井解释难度比较大，并且存在不确定性和多解性。在这种情况下，对于测井解释的差层或可疑层，如果录井资料存在鲜明的异常显示特征，那么综合解释的时候就不能盲目地参考测井解释资料。此时，需进一步加强对各项录井、测井资料的对比与综合分析，反复核实岩性、物性、电性及含油气性信息特征，然后再进行最终的解释评价。对于疑难层，还应结合实际情况提出相应的建议措施，如增加井壁取心、流体取样或地层测试等。

22.2.2.3　残余油型的储层评价

残余油型储层的形成往往是由于原生油藏遭受破坏时油气散失不彻底，以及储层物性差或矿物颗粒具有较强的亲油性特征。受此影响，极容易造成岩屑荧光显示观察级别偏高，以及岩心、井壁取心观察含油特征偏好的假象，进而影响录井解释的正确性。此时，应侧重于对气测录井、定量荧光录井及地球化学录井等多项资料的综合分析与应用，进行原生油藏、次生油藏、生物降解油、水洗或残余油等类型的准确识别。残余油型储层的录井解释标准阈值一般要比常规油层高。

22.2.2.4　潜山缝洞型的储层评价

潜山缝洞型储层一般均具有裂缝与孔洞并存的双重介质结构特征，并且受到岩性和物性等多种因素的影响，录井与测井解释的难度都比较大。这时应加强对录井、测井资料的综合分析与运用，充分发挥录井资料在储层含油气丰度、流体性质等评价方面的优势，并结合测井资料对储层裂缝、孔渗能力等物性评价的优势，进行录井和测井资料一体化的综合解释。

22.2.3　解释思路与流程

录井综合解释过程是一项复杂的系统工程，需要遵循科学的评价流程，把所有信息作为一个整体，通过分析各单项信息之间的一致性与差异性，辩证地分析各项信息之间的关系，排除干扰项与多解性信息，揭示储层储集特性，深化流体性质认识，并给出合理解释评价结论，解释流程如图22.3所示。

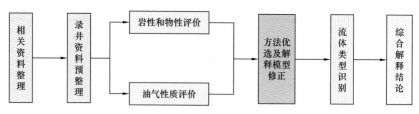

图 22.3　录井综合解释流程

22.2.3.1　相关资料整理

录井解释工作开始前，需要收集目标井的地质研究、钻探目的及地质设计等相关资料，熟悉和掌握区域构造、生储盖条件、圈闭、运移、保存、油气藏类型及原油性质等地质信息，从宏观上掌握区域地质条件。此外，还应收集整理已钻邻井的录井、测井及试油资料，明确各油气水层的"四性"特征，并分析目标井所处构造（带）适用的录井解释方法、模型及标准。

22.2.3.2　录井资料处理

进行录井解释时，需要及时收集整理目标井的各项录井资料，包括原始数据、图谱资料和钻井液等工程相关信息，并对资料质量进行认真分析，落实真假油气显示及各项资料的品质与可靠性，选取合适措施进行针对性的数据处理。

22.2.3.3　岩性物性评价

依据录井资料进行储层岩性和物性评价，主要包括储层类型划分及纵向上物性差异性评价，具体有以下几方面。

（1）依据气测、岩屑、荧光及工程参数等资料，划分出有效的含油气储层，并确定储层类型。

（2）对于碎屑岩储层，根据岩性、成分、结构、胶结类型、油气显示及可钻性等资料，进行储层物性的纵向差异性评价；对于碳酸盐岩、岩浆岩及变质岩等非碎屑岩储层，可通过岩屑、岩（壁）心等判断储层的优劣并观察孔洞及裂缝发育情况，另一方面可利用机械比能等基于工程参数的衍生参数进行储层物性的纵向差异性评价。

（3）依据井壁取心的核磁共振录井资料，可以对相应的显示井段进行孔隙度、渗透率和饱和度等物性条件的定量评价，并且结合其他录井资料可以对缺少核磁共振录井资料的显示井段进行物性类比分析。

22.2.3.4　油气性质评价

确认储层含有油气后，需进一步评价所含油气的性质。如果判断以天然气为主，需要判断天然气的主要成分及组分特征等；如以石油为主，需要评价油质的轻重及生物降解等特征。

22.2.3.5　方法优选及解释模型修正

对于不同构造单元、不同层位的油气层，各项录井技术的表征参数特征差异性较大，进行解释的过程中难免相互产生矛盾。综合解释时需要根据所在构造带的储层岩性、物性及油气性质等特征，优选适合的解释方法和解释模型，或者对解释模型进行合理的修正，从而提高解释符合率。优选的解释方法需考虑模型的适用性，并应具备可靠的解释理论依据，选取的评价参数要具有明确的石油地质意义。

22.2.3.6　流体类型识别

依据录井含烃丰度及谱图资料的分析结论，利用优选的录井解释方法和解释模型，对目标层的流体类型进行精细划分。具体方法有参数法、图版法、图谱分析法和数学分析法等。

22.2.3.7　综合解释结论

通过对储层物性及含油气性的综合分析得出综合解释结论，通常分为油层、气层、油气同层、差油层、差气层、油水同层、气水同层、含油水层、含气水层、水层及干层。

22.2.4　储层物性评价方法

录井评价储层物性的方法主要有工程参数定性评价方法和核磁共振录井定量评价方法。其中工程参数法主要包括 d_c 指数法、功指数法及机械比能法等。核磁共振录井在定量评价储层物性方面具有明显优势，但同时也有分析样品要求高、分析时效性差等缺点。除此之外，基于工程参数、元素和矿物等多信息融合的储层物性评价技术是未来的新发展方向。

22.2.4.1　核磁共振录井物性评价方法

核磁共振录井适用的分析对象是岩心、壁心和岩屑。通过核磁共振的测量分析原理可以计算得到岩样的孔隙度、渗透率、含油饱和度和可动流体饱和度等参数，而且还可以获得岩样初始状态可动水饱和度、初始状态束缚水饱和度、初始状态含水饱和度、饱和状态可动水饱和度、饱和状态束缚水饱和度及饱和状态含水饱和度等相关参数，基于以上参数就能够对样品所代表的储层进行比较准确的物性评价。

22.2.4.2　工程参数储层物性评价方法

（1） d_c 指数法。

在正常压实的砂泥岩地层剖面中，钻时参数可以反映岩石的可钻性及物性好坏，即钻遇不同的岩层或物性时其钻时存在差异。钻时与转盘转速和钻压成反比，并且与钻头直径、钻井液密度等也存在关联性。 d_c 指数是反映地层可钻性好坏的一个综合评价参数，它是基于钻时参数，并对钻头直径、钻压、转盘转速和钻井液密度等校正处理后计算得到的评价参数。为准确判断储层物性，消除其他参数的影响，建立统一的对比分析标准，引用 Rehm 和 McClendon 提出的 d_c 指数公式作为反映储层可钻性及物性的综合评价参数。目前，国内常用的 d_c 指数经验公式为

$$d_c = \frac{\lg\left(\dfrac{3.282}{ROP \times RPM}\right)}{\lg\left(\dfrac{0.684 \times WOB}{D}\right)} \cdot \frac{\rho_1}{\rho_2} \qquad (22.7)$$

式中　d_c——可钻性指数；

　　　ROP——钻时，min/m；

　　　RPM——转速，r/min；

　　　WOB——钻压，kN；

　　　ρ_1——地层水密度，g/cm³；

　　　ρ_2——钻井液密度，g/cm³；

　　　D——钻头尺寸，m。

（2）功指数法。

功指数定义为钻头每钻进 1m 进尺破碎岩石所做的功，其值等于钻头作用于地层的力在切向和垂向上的分量乘以钻头在该力分量方向的进尺，模型公式如下：

$$W_m = \left(WOB + W^{Y_c} + \frac{\pi M d_b}{4}\right) nt \qquad (22.8)$$

Y_c 的表达式为：

$$Y_c = \left(\frac{W}{a} \cdot \frac{n}{b}\right)^{\frac{1}{c}} \qquad (22.9)$$

式中　W_m——功指数；

　　　WOB——钻压，kN；

　　　a——地层经验钻压值，kN；

　　　b——地层经验转盘转速值，r/min；

　　　c——实验参数；

　　　n——转盘转速，r/min；

　　　t——钻时，min/m；

　　　M——扭矩，kN·m；

　　　d_b——钻头直径，m；

　　　Y_c——牙轮钻头冲击作用对地层所做的功，J。

钻头钻进的过程是其做功的过程，做功大小主要取决于地层岩石的可钻性。裂缝和孔洞的发育使储层段岩石易破碎，地层可钻性增大，钻头做功减小，因此通过计算钻头在破岩过程中所做的功即可了解地层的物性特征，实现储层物性的评价。

（3）机械比能法。

1964 年，Teale 提出在岩石钻进中比能的概念，即钻进单位体积岩石所做的功，也就是钻头在钻压和扭矩作用下破碎单位体积岩石所消耗的机械能，机械比能模型公式如下：

$$E_{\mathrm{m}} = \frac{4W}{\pi d_{\mathrm{b}}^2} + \frac{480nM}{d_{\mathrm{b}}^2 v}$$ （22.10）

式中　E_{m}——机械比能，MPa；

　　　v——钻速，m/h；

　　　W——钻压，kN；

　　　n——转盘转速，r/min；

　　　d_{b}——钻头直径，m；

　　　M——扭矩，N·m。

　　机械比能模型是 Teale 通过微钻试验，基于能量守恒原理进行推导得出的，初始作为一种用来描述钻头性能的概念被应用，后期逐渐被应用到录井物性评价上。机械比能与功指数本质上是相同的，其基本原理都是利用钻头的破岩参数求取钻头破岩时所做的功来定性评价储层物性（图 22.4）。

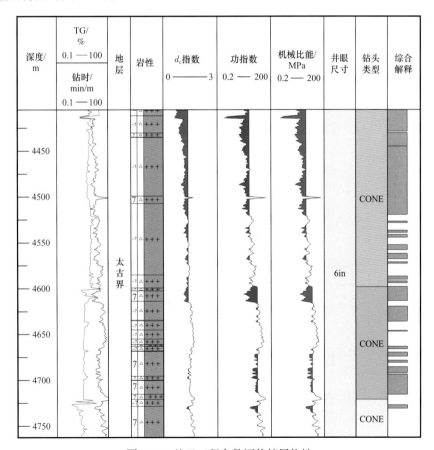

图 22.4　基于工程参数评价储层物性

22.2.5 储层流体性质评价方法

22.2.5.1 储层油气性质评价

依据各项录井资料确认储层含有油气后，需进一步评价所含油气的性质，即以含气为主还是含油为主。储层含气为主需要评价天然气的类型及组分组成特征，储层含油为主需要评价原油的轻重、油质类型和组成特征等情况。原油性质是影响录井显示级别和储层产能的重要因素，因此也是录井评价的重点及难点。目前，原油性质的录井评价方法主要有定性评价法与定量评价法。

（1）定性评价原油性质方法。

利用地球化学录井及三维定量荧光录井资料能较为准确地判断地层原油性质。一方面，可以利用地球化学热蒸发烃气相色谱图谱特征与三维定量荧光指纹图谱的主峰分布特征来判断油质；另一方面，可以通过地球化学热解评价及气相色谱分析参数和三维定量荧光最佳波长、油性指数等参数，利用建立的解释图版快速判断储层的原油性质（图 22.5、图 22.6）。

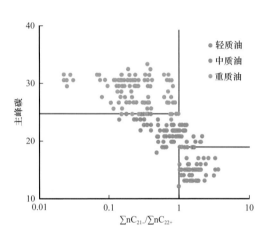

图 22.5 某区块原油性质地球化学参数定性解释图版

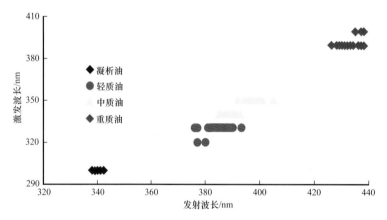

图 22.6 某区块原油性质三维定量荧光定性解释图版

（2）参数拟合法计算原油密度。

通过建立岩样的录井参数与测试井实际测量原油密度之间的数学关系，运用基于最小二乘法的多元线性回归分析方法，建立基于录井参数拟合计算方法的原油密度预测模型，可以实现地层原油密度的随钻定量化预测。

地球化学热解参数的选择可以是直接参数（S_0、S_1 及 S_2）的不同组合，也可以是总产率指数（TPI）、油产率指数（OPI）、残余烃指数（HPI）及原油轻重组分指数（PS）等间接性评价参数，根据岩样的热解参数与实际测量的原油密度的散点关系，建立岩样的热解参数与原油密度函数关系式，进而实现目标储层原油密度的快速预测。

22.2.5.2 储层含油气丰度评价

录井含油气丰度是各不同录井技术对岩石遭破碎以后进入钻井液或岩石样品自身孔隙及缝洞中所保留的烃类流体相对含量或丰度的直观反映，与测井解释的含油饱和度参数相似，客观反映了储层的真实含油气信息情况。表征储层含油气丰度的录井参数主要分为以钻井液为载体的气体分析和以岩样为载体的含烃检测两大类参数。其中，以钻井液为载体的气体分析参数主要有全量值、烃类组分值及异常倍数等相关计算参数；以岩样为载体的含烃检测参数主要有地球化学热解值、气相色谱组分峰面积值、三维定量荧光强度值、相当油含量和荧光对比级等相关计算参数。

22.2.5.2.1 相关注意事项

（1）利用含油气丰度参数评价储层的流体类型时需要考虑储层物性条件因素的影响。当含油气储层的成藏地质条件相近时，录井含油气丰度与储层的物性变化一般呈正相关；当含油气储层的物性条件相近时，录井含油气丰度的变化直接反映的是地层纵向上含油气饱满程度的变化，如录井含油气丰度逐渐降低，反映储层底部可能出现含水的特征（图 22.7）。

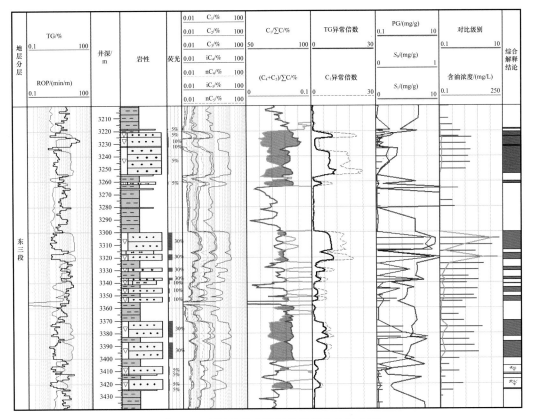

图 22.7 利用录井参数评价储层含油气丰度

（2）利用含油气丰度参数评价储层的流体类型时还需要注意油气性质差异因素的影响。当储层流体以天然气或凝析气为主时，以岩样为载体的含烃检测参数所反映的储层含油气丰度相对较低，而以钻井液为载体的气体分析参数所反映的储层含油气丰度则很高（图22.7），综合两类参数特征能够说明储层实际的含油气饱满程度比较高；当储层流体以原油为主时，原油的油质越重，解释油层的含油气丰度标准下限就要求越高。

（3）利用录井含油气丰度参数进行流体类型的定量评价仍处于探索阶段，其主要思路在于建立录井含油气丰度参数与储层含油气饱和度之间的关系模型，进而建立对应的解释评价标准。

22.2.5.2.2　储层流体类型识别方法

（1）参数评价法。

井场录井以钻井液为载体的技术主要包括常规气测录井及实时地层流体录井等技术，以岩心岩屑为载体的技术主要包括荧光录井、地球化学录井、三维定量荧光录井及核磁录井等技术。通过统计分析各项录井技术获取的含油气丰度相关参数与储层流体类型之间的关系，优选相关性比较好的关键参数（表22.1），建立一系列基于录井含烃丰度参数的流体类型解释模型（图22.8）。

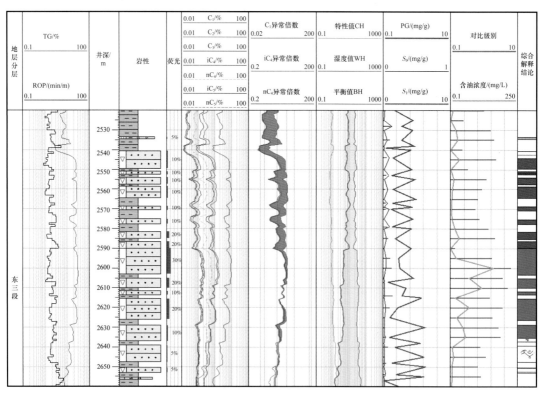

图22.8　录井参数纵向差异法识别储层流体界面

表 22.1 基于录井含烃丰度的储层流体类型评价相关参数

录井项目	含油气丰度相关参数	流体类型解释相关参数
气测录井	气测全量、烃组分值和气测异常倍数等	3H 比值、气体比率等
地球化学录井	PG、S_0、S_1、S_2、地球化学亮点值和轻烃丰度等	烃组分比值、轻重比等
三维定量荧光录井	荧光强度、对比级和相当油含量等	最佳激发或发射波长、油性指数和油水变化率等
实时地层流体录井	烃组分值、气测异常倍数等	水指数、油指数和气指数等
核磁录井	含油（水）饱和度、可动油（水）饱和度等	可动油占比、可动油饱和度与初始可动水饱和度比值等

（2）图版识别法。

图版识别法实际上是参数评价方法的衍生方法，同样是依据含油气丰度参数与储层流体类型相关性好的关键参数，建立一系列与之对应的储层流体类型识别图版，主要包括以下几类（表 22.2，图 22.9—图 22.11）。

表 22.2 基于录井含烃丰度的储层流体类型识别相关图版

参数类型	流体类型解释图版
气测类	三角图版、皮克斯勒法和 TG—异常倍数关系图版等
地球化学类	PG—S_1、PG—OPI、S_2—TPI、PG—地球化学亮点、轻烃参数图版（总峰面积与组分面积）和含水特征参数等
三维定量荧光类	对比级—油性指数图版、最佳发射波长—含油浓度图版等
组合参数类	TG—（PG×PS）、TG—PG、C_2^+—PG、TG—TPI、TG—PS、TG—OPI 和 TG—峰面积等关系图版

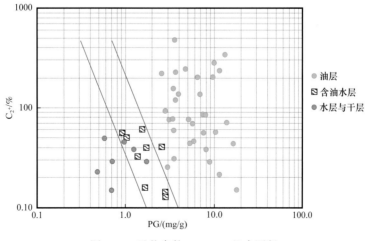

图 22.9 录井参数 C_2^+—PG 组合图版

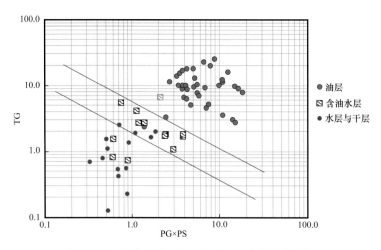

图 22.10　录井参数 TG—（PG×PS）组合图版

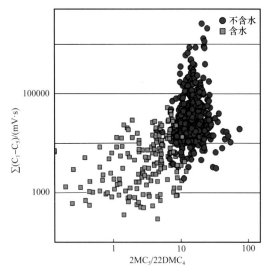

图 22.11　储层含水特征录井分析图版

（3）图谱分析法。

不同流体类型的热蒸发烃气相色谱图及三维定量荧光图谱所反映的特征不同，据此可以用于储层流体类型的定性解释。利用热蒸发烃气相色谱图中的主峰碳、碳数分布范围、基线偏移位置、正构烷烃梳状结构和正构烷烃峰值高低等信息确定储层的含烃丰度及流体性质（表 22.3）。

（4）数学分析法。

与传统解释评价技术相比，数学方法的效果主要取决于数据样本，它可以发现隐藏在数据中的规律，尤其是人所无法直接认识到的规律，借助数学算法可以轻易被挖掘出来。目前，在录井解释中比较常见的数学解释包括 Fisher 判别法和 BP 人工神经网络解释模型。

① Fisher 判别解释模型。

判别分析指通过预先设立的判别准则和建立已知分类的判别函数，将未分类的个体观测值代入相应的函数，再根据判别准则（函数值大于某值）判断未分类的个体应属于已知分类中哪一类的一种方法。目前，应用于录井油气层解释评价的数学方法多以多元判别分析方法为主，其中 Fisher 判别是多元判别的典型代表。

Fisher 判别的原则是让同类中的方差尽可能小，不同类中的均值之间差距尽可能大，即根据类间距离最大而类内离散性最小的原则建立判别函数，利用判别函数进行最小距离分类。Fisher 判别的核心思想是将原来在高维空间的自变量组合投影到低维空间去，然后在低维空间再进行分类，投影的原则是使每一类的类内离差尽可能的小，组间离差尽可能的大（图 22.12）。

表 22.3　常规油水层地球化学及三维图谱特征

流体类型	典型图谱
油层	 正构烷烃组分齐全，组分丰度（峰值）高，碳数范围较宽，一般分布范围在 C_{13}—C_{35} 之间，未降解油组分峰分布基本对称，不可分辨烃类化合物较少，基线平直；遭受氧化或生物降解作用的油层图谱基线隆起特征明显，正构烷烃组分遭到破坏；三维定量荧光指纹图谱形态饱满，拉曼峰不明显
含油水层	 正构烷烃不齐全，组分丰度（峰值）整体降低，碳数范围较窄，一般分布范围在 C_{13}—C_{29} 之间，峰分布不规则，基线上倾，隆起明显，不可分辨烃类增多，三维定量荧光指纹图谱拉曼峰明显

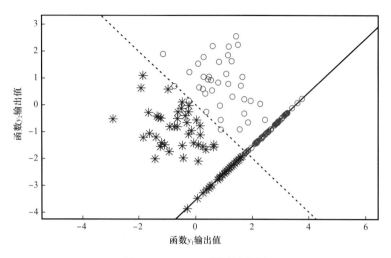

图 22.12　Fisher 判别示意图

应用 Fisher 判别方法进行样本分类时，应注意以下准则：（1）样本数量应尽可能大，种类尽可能全；（2）对已知变量的分类或分组要尽可能客观，准确和可靠，不同分类间的方差要尽可能大，这样建立起来的判别函数才能起到准确的判别效果；（3）变量和结论之间要有重要的影响关系，选择变量时应挑选既有区别能力又有重要特性的指标，能够对结论进行全面描述，这样才可以实现用最少的变量达到高判别能力的目标。

② BP 人工神经网络解释模型。

人工神经网络是一种用来模拟人脑思维的计算模型，运用神经网络系统能够很好地避免人为直观判别个体差异及一般统计方法和模糊评判的隶属度、权重不易正确分配的问题，近年来越来越多的用于复杂地质条件下的油气水层解释领域。通过对不同流体类型和不同录井参数特征的反复学习、训练，可以建立起依据多种录井参数识别储层流体性质的模型，运用该模型可实现对目标储层流体类型的识别，其中 BP 神经网络是在录井领域应用较为广泛的解释模型。

BP 神经网络由输入层、输出层和连接两者的隐层（中间层）组成，同一层之间的节点不连接，相邻层的节点都两两连接。输入层从外界接收信息（录井参数），其节点数等于输入样本的变量（录井参数）个数；输出层把网络处理后的信息传向外界，其节点数等于期望输出的参量数，如希望识别出的油层、油水层和水层等流体类型数量；隐层神经元被称为隐单元，它们与外界没有直接关系，但其状态的改变能影响输入与输出之间的关系（图 22.13）。

由于网络由许多非线性神经元组成，因此具有高度的非线性映射能力。利用 BP 人工神经网络的这一性质，结合录井资料，可建立预测储层流体性质的模型，即录井神经网络模型。为了产生给定输入的可靠输出，必须对已知样本进行反复训练，对连接权及神经元的偏置值进行修改和再修改，直到产生期望输出为止，最后将多个已知样本训练的各层连接权及各层神经元的偏置值等信息作为知识保存，以便对未训练样本进行预测。网络学习过程采用误差反向传播算法，学习过程由正向传播和反向传播组成。在正向传播过程中，输入信息从输入层经隐层逐层处理，并传向输出层，每一层单元的状态只影响下一层神经元的状态。如果在输出层不能得到期望的输出，则输入反向传播，将误差信号沿原来的连接通路返回，通过修改各层神经元的权值，直到所有的样本误差信号达到要求。

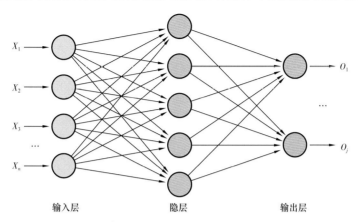

图 22.13　BP 神经网络（误差反向传播算法）原理示意图

22.2.6　解释软件

22.2.6.1　软件简介

井场油气水快速识别与评价系统是基于渤海油田录井油气水快速评价技术攻关研究自主定制开发的录井综合解释软件，该系统以井场录井数据为主要依据，以烃组分分析储层流体性质技术、录井资料原油性质评价技术为核心，结合区域地质资料和评价标准，可快速识别随钻地层的含油气性质信息，实现井场油气水层的快速识别与评价。

井场油气水快速识别与评价系统为录井解释人员提供一体化的研究平台，通过该系统，录井解释人员可以完成原始数据入库、数据预处理、模板录入、单项解释、综合解释和成果输出整个录井解释工作流程。同时，软件提供单井显示、地层对比、平面分析和图版绘制等基础功能，使得地质工程师可以综合应用地质、测井和测试等资料进行综合分析，可以从单井、多井、平面和数理统计等多个维度对储层进行综合研究。

22.2.6.2　软件功能

井场油气水快速识别与评价系统包括基础平台和功能平台两部分。其中，基础平台包括项目管理、数据管理、单井显示、地层对比、平面分析和图版绘制六个模块，可以为功能平台准备数据，提供多种数据分析和可视化手段，并提供成果输出功能；功能平台包括数据预处理、知识管理、岩性识别和油气水解释四个模块，可以对原始数据进行加工，提供解释算法和知识模板，完成录井解释相关工作，图 22.14 为系统功能架构图。

井场油气水快速识别与评价系统各模块功能介绍如下。

（1）项目管理：以项目方式管理工区，每个项目对应一个工区文件夹，用于管理当前项目所有数据和成果。

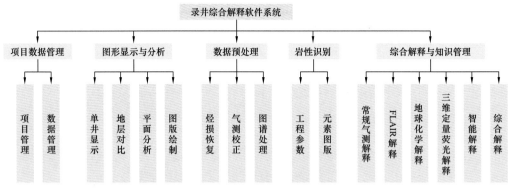

图 22.14　综合解释软件功能架构

（2）数据管理：采用勘探动态数据库表结构和通用数据结构两种方式开发，实现数据增、删、改、查、导入和导出等功能。

（3）单井显示：聚合各类数据，集中展现多种地质信息，提供深度道、曲线道、岩性道、分段道和离散道等图道，可快速绘制各类常用单井图件，包括综合录井图、录井综合解释成果图和单井柱状图等。

（4）地层对比：利用系统内置模板或用户自定义的多井对比模板结合各类井数据，快速绘制各类地层对比图，帮助用户完成地层划分、地层对比等工作。

（5）平面分析：利用井点数据或网格数据，快速生成井位图和各类地质属性平面分布等值图，研究不同地质属性的平面分布规律。

（6）图版绘制：基于录井及测井等不同勘探数据，绘制散点图、直方图、雷达图、皮克斯勒和趋势线等不同类型图版，研究不同属性间的关联关系，总结其内在规律及分布模式。

（7）数据预处理：针对气测、地球化学等录井数据，提供气体校正、烃损恢复、气相色谱图谱文件添加、三维定量荧光处理和曲线编辑等功能，对原始数据进行校正或二次处理。

（8）知识管理：分二级构造和二级构造带管理各单项方法解释模板、图谱库及方法优选系数，固化研究成果，满足不同解释方法和快速解释的需要。

（9）岩性识别：基于不同类型岩石的元素特征及钻井参数特征，建立识别岩性标准并进行岩性识别，包括图版法、相似法、交会法、函数法、比值法、绝对值法和岩石强度指数法。

（10）综合解释：利用现场钻井、录井等数据，结合区域地质资料和评价标准，使用常规气测、FLAIR 解释、地球化学解释、三维定量荧光解释、组合解释和机器学习等方法快速评价地层的含油气性。

22.2.6.3　功能应用实例

通过井场油气水快速识别与评价系统软件可以实现对地球化学及三维定量荧光图谱的智能比对，利用软件智能算法比对更加准确、快速地完成储层含油气性质的识别与解释评价。

热蒸发烃气相色谱图谱比对技术实现思路为：（1）收集各二级构造带已完成探井的油气解释、测试取样、地层测试和气相色谱分析等数据及图谱文件，按照二级构造带、油组层段、油源、样品类型、油质类型和流体类型建立热蒸发烃气相色谱标准图谱库；（2）在进行解释时，遵循"油源类型相同、样品类型相同、井距优先、层位优先"的搜索比对原则，将待解释层的热蒸发烃气相色谱图谱与标准图谱库中的图谱进行比对，查找相似度最高的图谱，将相似度最高的图谱对应的油质信息和流体类型信息作为待解释层的解释结论（图 22.15）。其中，气相色谱图谱比对算法以欧式距离组分比较为主，以基线量化比较为辅。

三维定量荧光图谱同样包含了丰富的油气信息，通过对峰个数、峰位置和峰强度等图谱特征对比，可以精确识别原油的不同性质，辨别各种钻井液荧光污染物，区分真假油气显示，识别储层流体类型。图谱比对技术实现思路为：（1）先将要进行对比的样品谱与标准谱的等值线图谱简化；（2）设定数据处理区域和范围，去除杂质峰、背景和无用数据，通过滤峰波长范围、主峰最低荧光强度等参数在指定的最佳激发波长、最佳发射波长范围方形区域内寻找唯一特征峰，并滤掉各个特征峰附近的干扰峰，获得各个特征峰高点位置的最佳激发波长、最佳发射波长和荧光强度数据；（3）在允许的波长误差范围内样品谱与标准谱的峰位置相同，即为成功配对峰，否则为非配对峰；（4）按照特定的等值线差值从图谱中抽取包含特征峰的特征等值线环，使特征等值线环形态能够代表等值线图谱峰体整体形态，反映出各种物质荧光强度相对性差异；（5）然后计算图谱总的对比相似度，按照量化相似度对比方法，选取总相似度最高的图谱的结论（包括油质和流体类型）作为待解释样品的解释结论（图 22.16）。

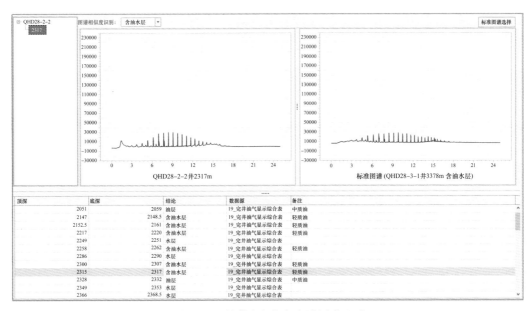

图 22.15   热蒸发烃气相色谱图谱比对

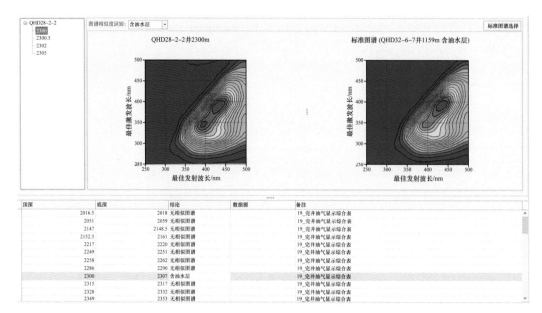

图 22.16　三维定量荧光图谱比对

23
井场信息技术

信息技术的应用包括计算机硬件和软件、网络和通信技术及应用软件开发工具等。中国海油井场信息技术起步于 20 世纪 90 年代，通过井场信息采集与存储系统的研发及信息化相关标准的制定，实现了井场数据高效、规范化存储和管理；21 世纪初期，借助信息及网络技术的飞速发展，中国海油搭建并完善了远程传输及远程支持系统，实现了远程井场实时可视化，同时开发了终端信息发布系统，实现了作业汇报、随钻跟踪等实时通讯。

23.1 井场数据采集与存储

通过建立专业数据库和数据标准化处理，实现了井场地质、测井、测试及工程等数据的采集和存储，生成可编辑的图件及表格；通过设立可靠的数据通信机制，确保在不同网络环境和操作模式下数据传输的准确性和及时性，实现了统一、高效的井场数据管理。

井场采集的数据类型主要包括钻井类、测井类、测试类及非常规录井类等数项结构化数据，具体可细分为地层岩石物性、电性、含油气性及工程相关数据，包括岩屑录井数据、岩心录井数据、工程参数录井数据、钻井液录井数据、地球化学录井数据、薄片鉴定数据、全岩衍射数据、元素录井数据、气测录井数据、荧光录井数据、定向井数据、电缆测井数据、随钻测井数据、测试报表和地层求产数据等。

数据存储方面，针对不同的应用环境和用户，分别建立了本地数据库和网络服务器，以实现数据本地单机存储和网络终端共享。本地数据库安装部署简便、功能精简，主要用户为现场作业人员；网络服务器功能完整、操作方便，主要用户为陆地技术支持及管理人员。通过两个子系统的配合，最终实现对井场数据的存储、成果图表的实时生成和查阅、电子化工作流程的管理等功能。

23.2 远程传输与远程支持

远程传输与远程支持是在建立标准、统一、规范的数据库基础上，应用现代互联网技术，利用专有软件，实现井场向基地信息中心服务器的实时数据传输，实现陆地远程支持和决策。

远程数据传输软件兼容多种综合录井仪，符合 WITS、WITSML 国际井场信息传输规范，目前主要传输以下数据。

（1）综合录井数据：时间和深度的钻井工程、录井油气等数据。

（2）地质数据：现场各类地质数据回传到基地数据库。

（3）钻井数据：LWD、MWD 等随钻测井数据等。

（4）图像数据：岩心、岩屑图像等。

此外，还可以传输中途测试（试油）相关数据、钻井液监测数据、FLAIR 数据及各类报表等电子文档数据。

数据远程传输系统的应用，使现场综合录井、气测和地质录井数据统一集成到数据库中，实现了资源共享。远程传输的实时性，减轻了现场技术人员的劳动强度，解决了资料收集不及时的弊端。基地专家可以实时地观察到钻、录井参数等，通过对数据和曲线变化判断钻进情况、地层信息和可能出现的复杂状况并作出相应预防措施。不但可以降低钻井事故的发生率，还能通过优化方案加快工程进度，实现降本增效。

井场采集到的数据经加密后直接回传到陆地服务器，并同步到公网服务器，在 2M 带宽的网络环境下可保持数据实时同步。系统支持在井场局域网、陆地企业网和 Internet 互联网以 Web 方式浏览实时数据，并且具备移动终端系统，实现随时随地、高效便捷办公。

23.3　终端信息发布

终端信息发布主要包含即时通信、随钻跟踪和作业汇报、专业计算等功能。按照勘探开发作业工作流程，以信息安全和即时通信技术为基础，实现井场与陆地间即时沟通和作业信息传递，保障日常沟通汇报的安全性、及时性。

即时通信是终端信息发布系统的基础模块，替代了公用社交软件，可以有效保障数据安全。数据服务器部署于中国海油内网，应用（通讯、转发和业务）服务器部署于中国海油非军事化管理缓冲区，外网与内网物理隔绝，在网络环境上筑起安全防护高墙；数据实行加密传输存储，有效降低数据在传输过程中被窃取的概率，保障传输信道安全；采用 USB Key 硬件加密认证，防范服务端信息窃取风险；采取设备锁、账号冻结、手机及邮箱验证等措施，防止设备丢失、其他原因泄露账号信息等导致的他人登录行为，保障个人账号信息安全。

随钻跟踪模块用于对随钻过程中的关键任务进行线上发布、跟踪。一线人员通过作业汇报模块将井场作业概况以不限于短信、文本、图件及表格等多种格式及时上报，并经审核后即时分发给陆地解释工程师、作业管理及决策人员，让相关人员实时了解作业进展并作出决策；此外，还具备数据自动记录存档功能，以备后续查阅复盘。

专业计算模块提供测井、地质和完井等专业计算工具，方便用户进行迟到时间、气体上窜速度和地层压力系数等快速计算以辅助现场作业。

附　录

附录 A　录井作业相关附表

A.1　录井设备委托书

 中海石油（中国）有限公司 ×××分公司
录井设备委托书

项目名称			
委托单位			
服务内容			
承办单位			
委托日期	需求日期		井　名

■ 录井设备配置

序号	设备名称		基本配置	数量	主要参数	备注
1	综合录井仪	综合录井房	正压防爆录井房	1间	（1）采用取得CCS资格认证的CFBML124录井房； （2）I类防爆； （3）接入电源电压为380～690V，频率为50或60Hz，变压器功率为30kW； ……	必备设备

续表

序号	设备名称	基本配置	数量	主要参数	备注
1	综合录井仪	综合录井房	正压防爆地质房	1间	（1）具有逃生门、观察窗、排风系统； （2）满足在海上作业平台Ⅰ类防爆区作业要求； （3）满足海上吊装作业要求，尺寸为5.5m×2.7m×2.5m	根据需求配备
		电源系统	……	……	……	……
		气体分析系统				
		传感器系统				
		……				
备注：		请将上述物品于___年___月___日___时之前送到___船，送往___钻井平台				

委托人：　　　　　　　　　　承办人：　　　　　　　　　　委托日期：

A.2　地质耗材委托书

中海石油（中国）有限公司×××分公司
地质耗材委托书

项目名称		
委托单位		
服务内容		
承办单位		
委托日期	需求日期	井　名

■ 地质耗材清单

序号	耗材名称	数量	单位	备注
1	纸箱，300mm×300mm×300mm	45	只	
2	塑料袋，小号，300mm×300mm×300mm	45	只	
……	……			

委托人：　　　　　　　　　　承办人：　　　　　　　　　　委托日期：

A.3 录井作业条件检查确认书

中海石油（中国）有限公司 ××× 分公司
录井作业条件检查确认书

井　名			钻井平台	
作业单位				
检查项目	检查内容及标准		检查结果 （符合√、不符合 ×）	
人　员				
地质耗材				
录井设备				
录井安全				

存在的问题：

录井队长：　　　　地质监督：　　　　检查日期：

整改措施：

录井队长：　　　　　　　　整改日期：

检查确认情况：

录井队长：　　　　地质监督：　　　　确认日期：

A.4 地质作业指令

中海石油（中国）有限公司×××分公司
地质作业指令

井　　名		作业项目	
钻井平台		指令日期	
指令内容			
指令项目	指令要求		
资料录取要求			
地质工程风险			
安全环保职责			
岗位协调配合			
其他要求			

录井队长：　　　　　　　地质监督：　　　　　　　　　　日期：

A.5　地质监督交接班记录

中海石油（中国）有限公司×××分公司
地质监督交接班记录

井　　名		钻井平台	
所属项目		交接日期	
交班内容			
交接项目	具体情况		
工程作业进度			
资料录取情况			
邻区邻井资料			
与邻区邻井油气显示及地层对比			
录井设备及人员状况			
存在的问题及下一步工作建议			
其他			

A.6　海上岩心、岩屑装运委托单

中海石油（中国）有限公司×××分公司

海上岩心、岩屑装运委托单

×××：

　　兹有我部海上岩心、岩屑共计（　　　　）托盘，需送回陆地，有船返航时，请安排装船。致谢！委托明细如下：

序　号	箱（盒）号	井　　段	包装方法	数　量	合　计	备　注

井名：　　　　　　　　　钻井平台：　　　　　　　　　承运船：

计划返航时间：　　　　　地质总监：　　　　　　　　　日期：

A.7 岩屑、岩心、壁心入库清单

 中海石油（中国）有限公司×××分公司
岩屑、岩心、壁心入库清单

项目名称					
送样单位					
接收单位					
井　　名	钻井平台		入库日期		样品类型
入库内容					
序号	箱（盒）号	井段	数量	合计	备注

A.8 地质物料回收通知单

中海石油（中国）有限公司×××分公司
地质物料回收通知单

井名		钻井平台		通知时间	
地质物料	岩屑□　岩心□ 壁心□　剩余材料☑ 其他□	数量	托盘□ 冰柜□	备注	
运输工具信息		船预计　年　月　日　时到　　码头			

回收单位：
承办人：
联系方式：

委托单位：
委托人：
联系方式：

附录 B 录取资料相关附表

B.1 井壁取心基本数据表

井名：

井壁取心方式	取心次序	顶界深度/m	底界深度/m	油味	设计颗数	发射或试钻颗数	实取颗数	收获率/%	备注

B.2 井壁取心描述表

井名：

壁心序号	取心深度/m	样品颜色	岩性	岩性描述	含油级别	滴水试验	含气试验	荧光面积/%	荧光级别	荧光颜色	滴照反应	滴照颜色	壁心长/cm	备注

B.3 钻非取心数据汇总表

井名：

取心日期	取心次序	顶界深度/m	底界深度/m	取心方式	岩心直径/mm	心长/m	进尺/m	收获率/%	饱含油/m	富含油/m	油浸/m	油斑/m	油迹/m	荧光/m	含气/m	见油气显示总心长/m	无显示储层长度/m	无显示非储层层度/m	备注

B.4　现场岩心描述数据表

井名：

取心次序	顶界斜深/ m	底界斜深/ m	顶界垂深/ m	底界垂深/ m	样品颜色	岩性	岩心描述	岩性段编号	块号范围	岩性段长度/ m	累计心长/ m	含油面积/ %	含油级别	含有物名称	层理构造	荧光面积/ %	荧光级别	直照颜色	滴照反应	滴照颜色	油脂感	染手性	油味	备注

B.5　岩心原始记录

井名：

取心筒次	块号	岩心块顶深/m	岩心块底深/m	备注

B.6　岩心清单

井名：

取心筒次	盒号	井段顶深/m	井段底深/m	备注

B.7 迟到时间数据表

井名：

测量日期	深度/m	当前迟到时间/min	理论迟到时间/min	实测迟到时间/min	差值/min	校正后迟到时间/min	备注

注：表中日期表示格式为 YYYY-MM-DD。

B.8 现场岩心岩屑录井原始数据表

井名：

顶深/m	底深/m	颜色	岩性	样品类型	是否气测异常	含油产状	荧光面积/%	荧光级别	直照颜色	滴照颜色	滴照反应	槽面显示	油味	是否主描述	岩性描述	备注

B.9 井场录井油气显示综合表

井名：

序号	顶深/m	底深/m	顶界垂深/m	底界垂深/m	层位	岩性	钻时/min/m	含油产状	岩心荧光级别	岩屑荧光级别	壁心荧光级别	槽面显示	钻井液密度/g/cm³	钻井液黏度/mPa·s	解释结论	备注

B.10 钻井地质信息标注表

井名:

井深/m	标注信息描述	备注

B.11 气测分析数据表

井名:

深度/m	全量/%	甲烷/%	乙烷/%	丙烷/%	异丁烷/%	正丁烷/%	异戊烷/%	正戊烷/%	二氧化碳/%	硫化氢/10^{-6}	其他非烃/%	备注

B.12 后效气测基本数据表

井名:

后效次序	日期	钻达井深/m	钻头位置/m	显示井段顶深/m	显示井段底深/m	开泵时间(24h)	停泵时间(24h)	静止时间/h	全烃背景值/%	全烃开始值/%	全烃开始时间(24h)	全烃高峰值/%	全烃高峰时间(24h)	全烃结束值/%	全烃结束时间(24h)	泵入口排量/L/min	泵冲数/spm	迟到时间/min	钻井液密度变化	钻井液黏度变化	油气上窜速度/m/h	油气上窜高度/m	槽面显示	备注

注: 表中时间表示格式为 hh: mm: ss。

B.13 后效气测原始记录数据表

井名：

后效次序	测量时间（24h）	累计时长/min	全烃背景值/%	全量/%	甲烷/%	乙烷/%	丙烷/%	正丁烷/%	异丁烷/%	异戊烷/%	正戊烷/%	二氧化碳/%	硫化氢/10^{-6}	备注

注：表中测量时间表示格式为 YYYY-MM-DD hh：mm：ss。

B.14 实时流体录井气体数据表

井名：

斜深/m	出口甲烷含量/10^{-6}	出口乙烷含量/10^{-6}	出口丙烷含量/10^{-6}	出口异丁烷含量/10^{-6}	出口正丁烷含量/10^{-6}	出口异戊烷含量/10^{-6}	出口正戊烷含量/10^{-6}	出口正己烷含量/10^{-6}	出口正庚烷含量/10^{-6}	出口正辛烷含量/10^{-6}	出口苯含量/10^{-6}	出口甲苯含量/10^{-6}	出口甲基环己烷含量/10^{-6}

入口正戊烷含量/10^{-6}	入口正己烷含量/10^{-6}	入口正庚烷含量/10^{-6}	入口正辛烷含量/10^{-6}	入口苯含量/10^{-6}	入口甲苯含量/10^{-6}	入口甲基环己烷含量/10^{-6}	入口甲烷含量/10^{-6}	入口乙烷含量/10^{-6}	入口丙烷含量/10^{-6}	入口异丁烷含量/10^{-6}	入口正丁烷含量/10^{-6}	入口异戊烷含量/10^{-6}

校正乙烷含量/10^{-6}	校正丙烷含量/10^{-6}	校正异丁烷含量/10^{-6}	校正正丁烷含量/10^{-6}	校正异戊烷含量/10^{-6}	校正正戊烷含量/10^{-6}	校正正己烷含量/10^{-6}	校正正庚烷含量/10^{-6}	校正正辛烷含量/10^{-6}	校正苯含量/10^{-6}	校正甲苯含量/10^{-6}	校正甲基环己烷含量/10^{-6}

B.15　红外光谱分析气测数据表

井名：

深度/m	全量/%	甲烷/%	乙烷/%	丙烷/%	异丁烷/%	正丁烷/%	异戊烷/%	正戊烷/%	异己烷/%	正己烷/%	环戊烷/%	环己烷/%	一氧化碳/%	二氧化碳/%	备注

B.16　钻井液参数录井数据表

井名：

深度/m	返出排量/%	入口钻井液密度/g/cm³	入口钻井液温度/℃	入口钻井液电导率/mS/cm	出口钻井液密度/g/cm³	出口钻井液温度/℃	出口钻井液电导率/mS/cm	备注

B.17　钻井液在线测量数据表

井名：

斜深/m	垂深/m	入口氯离子/mg/L	出口氯离子/mg/L	入口硫离子/mg/L	出口硫离子/mg/L	入口pH值	出口pH值	入口温度/℃	出口温度/℃	入口流量/mL/min	出口流量/mL/min	入口密度/g/cm³	出口密度/g/cm³

入口表观黏度/mPa·s	出口表观黏度/mPa·s	入口塑性黏度/mPa·s	出口塑性黏度/mPa·s	入口动切力/Pa	出口动切力/Pa	入口漏斗黏度/s	出口漏斗黏度/s	入口流性指数	出口流性指数	入口稠度系数/mPa·sⁿ	出口稠度系数/mPa·sⁿ	备注

B.18 三维定量荧光录井分析记录表

井名：

序号	井深/m	岩性名称	样品类型	层位	对比级	最佳激发波长/nm	最佳发射波长/nm	荧光强度	稀释倍数	标样来源	标样最佳激发波长/nm	标样最佳发射波长/nm	含油浓度/mg/L	油性指数	相当油含量/mg/L	备注

B.19 钻井液添加剂三维定量荧光分析记录表

井名：

序号	添加剂名称	对比级	最佳激发波长/nm	最佳发射波长/nm	荧光强度	稀释倍数	标样来源	标样最佳激发波长/nm	标样最佳发射波长/nm	含油浓度/mg/L	油性指数	相当油含量/mg/L	备注

B.20 现场岩屑岩心荧光扫描记录表

井名：

样品类型	井深/m	有无显示	采集人	备注

B.21　岩屑图像采集录井记录表

井名：

序号	岩屑编号	岩屑深度/m	扫描图像名称					采集人	审核人	备注
			白光采集		荧光采集					
			粗选样	精选样	粗选样喷照	精选样直照	精选样喷照			

B.22　岩心/壁心图像采集录井记录表

井名：

序号	岩心块号/壁心编号	岩心段深度或壁心深度/m	采集图像名称					采集人	审核人	备注
			白光扫描		荧光扫描					
			表面轴向	横断面	表面轴向	横断面	横断面喷照			

B.23　地层压力监测数据表

井名：

井深/垂深/m	正常静水压力梯度/g/cm³	地层可钻性校正指数	地层上覆压力梯度/(g/cm³)	地层孔隙压力梯度（电阻率计算）/g/cm³	地层破裂压力梯度（电阻率计算）/g/cm³	地层孔隙压力梯度（声波时差计算）/g/cm³	地层破裂压力梯度（声波时差计算）/g/cm³	地层孔隙压力梯度（d_c指数计算）/g/cm³	地层破裂压力梯度（d_c指数计算）/g/cm³	备注

B.24 地球化学现场样品采集分析记录表

井名：

深度 / m	样品编号	样品类型	分析类型	层位	岩性	分析时间 / min	分析前质量 / mg	分析后质量 / mg	取样日期	取样人	分析日期	分析人	审核人	备注

注：表中日期表示格式为 YYYY-MM-DD。

B.25 钻井液添加剂现场地球化学样品采集分析记录表

井名：

添加剂名称	样品编号	分析时间 / min	取样日期	分析日期	取样人	分析人	审核人	备注

注：表中日期表示格式为 YYYY-MM-DD。

B.26 现场岩石热蒸发烃气相色谱仪校验记录表

井名：

校验日期	样品编号	总峰面积 / mV·s	OEP	Pr/Ph	Pr/nC$_{17}$	Pr/nC$_{18}$	轻重比	Philippi 指数	nC$_{17}$ 与 Pr 分离度	nC$_{20}$ 保留时间 / min	校验人	校验结论	备注

注：表中日期表示格式为 YYYY-MM-DD。

B.27　岩石热解分析仪校验记录表

井名：

校验日期	标样编号	S_0/mg/g	S_1/mg/g	S_2/mg/g	T_{max}/℃	S_4/mg/g	烃含量（90℃）/mg/g	烃含量（200℃）/mg/g	烃含量（200~350℃）/mg/g	烃含量（350~450℃）/mg/g	烃含量（450~600℃）/mg/g	校验人	校验结论

注：表中日期表示格式为 YYYY-MM-DD。

B.28　轻烃组分分析仪校验记录表

井名：

校验日期	样品编号	甲烷与乙烷分离度	1,顺3-二甲基环戊烷与1,反3-二甲基环戊烷分离度	1,反3-二甲基环戊烷与1,反2-二甲基环戊烷分离度	甲基环己烷指数/%	庚烷值/%	石蜡指数/%	总峰面积/mV·s	$\Sigma(C_6—C_9)/\Sigma(C_1—C_9)$/%	满屏量程	校验人	校验结论	备注

注：表中日期表示格式为 YYYY-MM-DD。

B.29　现场岩石热解分析数据表

井名：

取样点深度/m	岩石分类	样品编号	样品类型	岩性	气态烃含量（S_0）/mg/g	液态烃含量（S_1）/mg/g	裂解烃含量（S_2）/mg/g	峰值温度（T_{max}）/℃	烃含量（90℃）/mg/g	烃含量（200℃）/mg/g	烃含量（200~350℃）/mg/g	烃含量（350~450℃）/mg/g	烃含量（450~600℃）/mg/g
IP_1	IP_2	IP_3	IP_4	生油潜量或含油气总量/mg/g	气产率指数（GPI）	液态烃产率指数（OPI）	油气总产率指数（TPI）	残余碳含量/mg/g	总有机碳/%	降解潜率/%	氢指数/mg/g	有效碳	备注

B.30 现场岩石热蒸发烃气相色谱分析数据表

井深/m	主峰碳数	最小碳数	最大碳数	碳优势指数 CPI	奇偶优势指数 OEP	样品类型	样品质量/mg	轻重比	Philippi指数	Pr/nC$_{17}$	Pr/nC$_{18}$	Pr/Ph	总峰面积/mV·s	校正峰面积/mV·s	nC$_9$/mV·s nC$_{10}$/mV·s
nC$_{11}$/mV·s	nC$_{12}$/mV·s	nC$_{13}$/mV·s	nC$_{14}$/mV·s	nC$_{15}$/mV·s	nC$_{16}$/mV·s	nC$_{17}$/mV·s	nC$_{18}$/mV·s	姥鲛烷/mV·s	植烷/mV·s	nC$_{19}$/mV·s	nC$_{20}$/mV·s	nC$_{21}$/mV·s	nC$_{22}$/mV·s	nC$_{23}$/mV·s	nC$_{24}$/mV·s nC$_{25}$/mV·s
nC$_{26}$/mV·s	nC$_{27}$/mV·s	nC$_{28}$/mV·s	nC$_{29}$/mV·s	nC$_{30}$/mV·s	nC$_{31}$/mV·s	nC$_{32}$/mV·s	nC$_{33}$/mV·s	nC$_{34}$/mV·s	nC$_{35}$/mV·s	nC$_{36}$/mV·s	nC$_{37}$/mV·s	nC$_{38}$/mV·s	nC$_{39}$/mV·s	nC$_{40}$/mV·s	备注

注：把该数据表的"井深"数据项替换为"添加剂名称"后，即为现场钻井液加添加剂热蒸发轻气相色谱分析数据表。

B.31 现场轻烃气相色谱分析原始数据表

井名：

序号	井深/m	样品类型	分析时长/min	总峰面积/mV·s	nCH$_4$/%	nC$_2$H$_6$/%	nC$_3$H$_8$/%	iC$_4$H$_{10}$/%	nC$_4$H$_{10}$/%	22DMC$_3$/%	iC$_5$H$_{12}$/%	nC$_5$H$_{12}$/%	22DMC$_4$/%	CYC$_5$/%
23DMC$_4$/%	2MC$_5$/%	3MC$_5$/%	nC$_6$H$_{14}$/%	22DMC$_5$/%	MCYC$_5$/%	24DMC$_5$/%	223TMC$_4$/%	苯/%	33DMC$_5$/%	CYC$_6$/%	2MC$_6$/%	23DMC$_5$/%	11DMCYC$_5$/%	3MC$_6$/%

续表

ctc123 TMCYC$_5$/%	t1E3 MCYC$_6$/%	c12 DMCYC$_6$/%	234TMC$_6$/%	OXYL/%	
33DMC$_6$/%	225 TMC$_6$/%	22DMC$_7$/%	C$_9$N/%	3MC$_8$/%	
ctc124 TMCYC$_5$/%	11 DMCYC$_6$/%	c1E2 MCYC$_5$/%	ETBZ/%	3EC$_7$/%	备注
24DMC$_6$/%	t14 DMCYC$_6$/%	235TMC$_6$/%	3E3MC$_6$/%	23 DM3EC$_6$/%	nC$_9$H$_{20}$/%
25DMC$_6$/%	c13 DMCYC$_6$/%	C$_9$N/%	C$_9$N/%	2MC$_8$/%	C$_{10}$P/%
ECYC$_5$/%	3MC$_7$/%	244TMC$_6$/%	33DMC$_7$/%	4MC$_8$/%	C$_9$N/%
22DMC$_6$/%	cct124 TMCYC$_5$/%	C$_9$N/%	25DMC$_7$/%	4EC$_7$/%	226TMC$_7$/%
c12 DMCYC$_5$/%	34DMC$_6$/%	iC$_3$CYC$_5$/%	C$_9$N/%	C$_9$N/%	iC$_4$CYC$_5$/%
MCYC$_6$/%	4MC$_7$/%	nC$_8$H$_{18}$/%	113 TMCYC$_6$/%	34DMC$_7$（L）/%	t1E4 MCYC$_6$/%
nC$_7$H$_{16}$/%	2MC$_7$/%	t13 DMCYC$_6$/%	26DMC$_7$/%	34DMC$_7$（D）/%	
224TMC$_5$/%	112 TMCYC$_5$/%	ccc123 TMCYC$_5$/%	2M4EC$_6$/%	23DMC$_7$/%	
t12 DMCYC$_5$/%	3E$_2$MC$_5$/%	t12DMCYC$_6$/%	nC$_3$CYC$_5$/%	PXYL/%	c1E3 MCYC$_6$/%
3EC$_5$/%	23DMC$_6$/%	1E1MCYC$_5$/%	44DMC$_7$/%	MXYL/%	1M2C$_3$ CYC$_5$/%
t13 DMCYC$_5$/%	甲苯/%	t1E2 MCYC$_5$/%	24DMC$_7$/%	cct135 TMCYC$_6$/%	cct124 TMCYC$_6$/%
c13 DMCYC$_5$/%	234TMC$_6$/%	c1E3MCYC$_5$/%	223TMC$_6$/%	ttt124 TMCYC$_6$/%	112TMCYC$_6$/%

B.32　X射线荧光元素录井分析记录表

井名：

深度/m	样品类型	样品编号	钠含量/%	镁含量/%	铝含量/%	硅含量/%	磷含量/%	硫含量/%	氯含量/%	钾含量/%	钙含量/%	钡含量/%	钛含量/%	锰含量/%	铁含量/%	钒含量/%	镍含量/%	锶含量/%	锆含量/%	备注

B.33　X射线衍射全岩定量录井样品记录表

井名：

样品类型	井深/m	采样日期	样品编号	样品质量/g	分析时长/min	采集人	审核人	备注

注：表中日期表示格式为YYYY-MM-DD。

B.34　X射线衍射全岩定量录井数据表

井名：

井深/m	层位	岩性	样品类型	黏土矿物/%	石英/%	长石/%	方解石/%	白云石/%	铁矿物/%	石膏/%	硬石膏/%	重晶石/%	方沸石/%	浊沸石/%	角闪石/%	辉石/%	备注

B.35　黏土矿物衍射录井分析数据表

井名：

序号	井深/m	层位名称	岩性	矿物名称	矿物含量/%	备注

B.36　碳酸盐含量记录表

井名：

样品深度/m	碳酸盐含量（1min）/%	碳酸盐含量（3min）/%	方解石/%	白云石/%	备注

B.37　核磁录井数据分析成果表

井名：

样品编号	井深/m	含油饱和度/%	含气饱和度/%	孔隙度/%	岩性	岩样描述	样品类型	选样时间	分析时间	样品质量/g	渗透率/mD	可动流体饱和度/%	可动水饱和度/%	束缚水饱和度/%	含水饱和度/%	解释结论	T_2截止值/ms	备注

B.38　实时同位素录井数据表

井名：

井深/m	垂深/m	甲烷/10^{-6}	乙烷/10^{-6}	丙烷/10^{-6}	$\delta^{13}C_1/10^{-6}$	$\delta^{13}C_2/10^{-6}$	$\delta^{13}C_3/10^{-6}$	备注

B.39 实时同位素校验表

井名：

δ13C/10^-6	校正δ13C/10^-6	氢气浓度	镜体透射率/%	气体流量/cm³/min	未稀释甲烷含量/10^-6	稀释甲烷含量/10^-6	腔室温度/℃	ES80仪器甲烷值/10^-6	ES80仪器乙烷值/10^-6	ES80仪器乙烯值/10^-6	干燥系数	C1浓度/10^-6
C2+C3浓度/10^-6	C1稀释系数	C2+C3稀释系数	C1峰值/10^-6	C2峰值/10^-6	C3峰值/10^-6	δ13C1/10^-6	校正δ13C1/10^-6	校正δ13C2/10^-6	校正δ13C3/10^-6	备注		

B.40 数字岩心数据表

井名：

井深/m	岩性	纳米级孔隙度/%	微米级孔隙度/%	亚毫米级孔隙度/%	纳米级孔隙占比/%	微米级孔隙占比/%	亚毫米级孔隙占比/%	微米级连通孔隙度/%	柱塞样总孔隙度/%	渗透率/mD	平均孔喉半径/μm	中值进汞压力/MPa	中值孔喉半径/μm	胶结因子	饱和度指数	杨氏模量/GPa	泊松比

B.41 工程参数录井数据表

井名：

深度/m	垂深/m	钻头尺寸/mm	立压/MPa	悬重/t	钻压/min/m	钻时/min/m	转速/r/min	钻速/m/h	钻进扭矩/kN·m	泵出口排量/L/min	dc指数	循环当量密度/g/cm³	钻井液密度/g/cm³	纯钻时间/h	迟到时间/min	大钩高度/m	钻头进尺/m	1号泵冲速/spm	2号泵冲速/spm	3号泵冲速/spm	备注

B.42　非碎屑岩岩心缝洞统计表

取心筒次	井段/m	岩心编号	长度/m	岩石名称	缝总条数	缝总密度/条/m	有效缝 宽度/mm >5	有效缝 宽度/mm 1~5	有效缝 宽度/mm <1	有效缝 产状/(°) 立缝	有效缝 产状/(°) 斜缝	有效缝 产状/(°) 平缝	有效缝 充填程度	有效缝 充填物	缝合线/条 个数	缝合线/条 密度/条/m	溶洞、晶洞 直径/mm >10	溶洞、晶洞 直径/mm 5~10	溶洞、晶洞 直径/mm <5	溶洞、晶洞 充填物	溶洞、晶洞 充填程度	斑块个数	冒气泡处数	连通情况

B.43　钻井液漏失数据表

填表日期：　　年　　月　　日

日期	漏失井段/m 顶深	漏失井段/m 底深	层位	岩性	漏失时间(时:分) 起始	漏失时间(时:分) 停止	漏速/m³/h	漏失量/m³ 堵漏液	漏失量/m³ 钻井液	漏失量/m³ 海水	漏失量/m³ 累计	漏失时钻井液 密度/g/cm³	漏失时钻井液 漏斗黏度/s	停漏时钻井液 密度/g/cm³	停漏时钻井液 漏斗黏度/s	堵漏材料 类型	堵漏材料 用量	备注

附录 C 解释及完井地质总结报告相关附表

C.1 实时流体综合气体解释表

井名：

顶深/m	底深/m	解释结论	C_1最大值/10^{-6}	C_1最小值/10^{-6}	C_2最大值/10^{-6}	C_2最小值/10^{-6}	C_3最大值/10^{-6}	C_3最小值/10^{-6}	iC_4最大值/10^{-6}	iC_4最小值/10^{-6}	nC_4最大值/10^{-6}	rC_4最小值/10^{-6}	iC_5最大值/10^{-6}	iC_5最小值/10^{-6}	备注
nC_5最大值/10^{-6}	nC_5最小值/10^{-6}	C_6S最大值/10^{-6}	C_6S最小值/10^{-6}	C_7S最大值/10^{-6}	C_7S最小值/10^{-6}	C_8S最大值/10^{-6}	C_8S最小值/10^{-6}	C_6H_6最大值/10^{-6}	C_6H_6最小值/10^{-6}	C_7H_8最大值/10^{-6}	C_7H_8最小值/10^{-6}	C_7H_{14}最大值/10^{-6}	C_7H_{14}最小值/10^{-6}	备注

C.2 三维定量荧光录井解释成果表

井名：

顶深/m	底深/m	厚度/m	解释结论	稀释倍数	岩性	最佳激发波长/nm	最佳发射波长/nm	原油性质	荧光强度	相当油含量/mg/L	对比级别	油性指数	备注

C.3　储集岩地球化学录井分析解释成果表

井名：

顶深/m	底深/m	厚度/m	原油性质	解释结论	含油气总量 PG/mg/g	气态烃含量 S_0/mg/g	液态烃含量 S_1/mg/g	裂解烃含量 S_2/mg/g	备注

C.4　烃源岩热解分析解释成果表

井名：

顶界深度/m	底界深度/m	气态烃含量/mg/g	液态烃含量/mg/g	裂解烃含量/mg/g	残余碳/mg/g	峰值温度/℃	90℃烃含量/mg/g	200℃烃含量/mg/g	200~350℃烃含量/mg/g	350~450℃烃含量/mg/g	450~600℃烃含量/mg/g
IP_1	IP_2	IP_3	IP_4	生油潜量/mg/g	总有机碳/%	降解潜率/%	有效碳/%	氢指数/mg/g	成熟度	有机质类型	有机质丰度

C.5　录井综合解释成果表

井名：

序号	顶界深度/m	底界深度/m	顶界垂深/m	底界垂深/m	层位	岩性	荧光面积/%	气态烃含量/mg/g	液态烃含量/mg/g	裂解烃含量/mg/g	含油气总量/mg/g	油性指数	对比级	C_6S/10^{-6}	备注
	C_7S/10^{-6}	C_8S/10^{-6}	C_6H_6/10^{-6}	C_7H_8/10^{-6}	C_7H_{14}/10^{-6}	全量/%	甲烷/%	乙烷/%	丙烷/%	异丁烷/%	正丁烷/%	异戊烷/%	正戊烷/%	综合解释结论	

C.6 钻井地质基本数据表

				填表日期：　年　月　日
井名		井别	作业方式	钻井船
设计 位置	地理位置			
	构造位置			
	测线位置			
井位 坐标	类　别	东　经	北　纬	坐标系统
				X	Y
	设　计			
	实　测			
	偏离设计			
水　深/m		补心海拔	补泥距	井口回接
设计井深/m		设计层位	井　况	作业者
完钻井深/m		完钻层位	目的层	录井承包
开钻日期		完钻日期	完井日期	弃井日期
设计钻头程序				
实际钻头程序				
设计套管程序				
实际套管程序				

作业者：　　　　　　　　填表人：　　　　　　　　审核人：

C.7　完井地质地层划分数据表

填表日期：　年　月　日

层位	顶界斜深/m	底界斜深/m	顶界垂深/m	底界垂深/m	斜厚/m	垂厚/m	备注

C.8　地质录井项目统计表

填表日期：　年　月　日

项目或类型	录井井段/m	录井间距/m	录取数量/包/点		备注
			个数	合计	

C.9　完井地质图岩性综述表

填表日期：　年　月　日

顶界深度/m	底界深度/m	岩性综述	备注

C.10 完井油气显示综合表

顶深/m	底深/m	层位	颜色	岩性	钻时/min/m	含油产状	岩心荧光级别	岩屑荧光级别	壁心荧光级别	槽面显示	气测全量/%	甲烷/%	乙烷/%	丙烷/%	异丁烷/%	正丁烷/%	异戊烷/%	正戊烷/%	二氧化碳/%	其他非烃/%	钻井液密度/g/cm³	钻井液漏斗黏度/s	解释结论	备注

填表日期: 年 月 日

C.11 岩心岩屑录井成果数据表

顶深/m	底深/m	颜色	岩性	钻时/min/m	含油产状	荧光面积/%	荧光级别	直照颜色	滴照颜色	滴照反应	槽面显示	油味	备注

填表日期: 年 月 日

C.12 测井项目统计表

井眼尺寸 尺寸/mm	测井系列	井段/m	日期	备注

填表日期: 年 月 日

C.13 电缆地层测试压力数据表

填表日期： 年 月 日

序号	井深/m	垂深/m	测前钻井液柱压力/psi	测后钻井液柱压力/psi	记录温度/℃	地层压力测量值/psi	估算流动性/mD/(mPa·s)	地层压力系数	压力点类型	备注

C.14 电缆地层测试取样数据表

填表日期： 年 月 日

序号	仪器型号	探针类型	取样深度/m 井深	取样深度/m 垂深	流度/mD/(mPa·s)	取样时间/min 泵抽时间	取样时间/min 灌样时间	液体样品体积/cm³ 总量	油	水	天然气体积/cm³	气体组分/% C₁	C₂	C₃	iC₄	nC₄	C₅	非烃	氯离子含量/mg/L 样品	钻井液	备注

C.15 测井解释成果表

填表日期： 年 月 日

序号	层位	井段/m	厚度/m	井径/in	自然伽马/API	声波时差/μs/ft	中子/%	密度/g/cm³	深侧向电阻率/Ω·m	浅侧向电阻率/Ω·m	泥质含量/%	孔隙度/%	含水饱和度/%	渗透率/mD	解释结论	备注

C.16 钻杆地层测试综合数据表

填表日期： 年 月 日

测试层号	层位	测试层段/m 斜深（顶/底）	测试层段/m 垂深（顶/底）	求产方式	厚度/层数	人工井底/m	压力计下深/m	求产方式/mm	测试日期	求产时间（24h）	计算日产量/m³ 油	计算日产量/m³ 气	计算日产量/m³ 水	层累计产量/m³ 油	层累计产量/m³ 气	层累计产量/m³ 水	气油比/m³/m³	含水率/%	含砂率/%

温度/℃ 井口	静温	流温	压力/MPa 井口压	静压	流压	压差/MPa	压降/%	比采油指数/m³/(MPa·d)	地层压力系数	油气性质 天然气相对密度（空气=1）	原油密度（20℃）/g/cm³	原油粘度（50℃）/mPa·s	氯离子含量/mg/L 滤液	氯离子含量/mg/L 地层水	测试结论	备注

C.17 定向井基本数据表

填表日期： 年 月 日

造斜点/m	垂深/m	造斜率/（°）/30m	造斜井段/m 造斜 斜深/m	最大井斜角/（°）	稳斜井段/m	井斜/（°）	方位/（°）	位移/m	狗腿度/（°）

靶心距/m	闭合方位/（°）	闭合距离/m 靶点	闭合方位/（°） 井底	垂深/m	斜深/m	闭合距/（°）	最大狗腿度/（°）	最大狗腿度/（°） 造斜终了	垂深/（°）	预测井斜角/（°）

C.18　定向井井斜数据表

序号	井深/ m	井斜/ (°)	方位/ (°)	垂深/ m	相对井口坐标增量/m		水平位移/ m	狗腿度/ (°)/30m	闭合方位/ (°)	闭合距离/ m	备注
					N/S	E/W					

C.19　固井基本数据表

			一级		二级		一级	
套管	套管类型							
	套管尺寸/mm							
	套管下深/m							
固井日期								
固井分级								
注水泥	水泥标号		领浆	尾浆	领浆	尾浆	领浆	尾浆
	注浆次序							
	水泥用量/t							
	水泥浆量/m³							
	水泥浆密度/(g/cm³)							
	混合水/溶解水/(m³/m³)							
	先行水/m³							
	尾水/m³							

续表

替浆	用量/m³			
	钻井液密度/（g/cm³）			
碰压/MPa				
试压/MPa				
水泥返深	设计/m			
	实际/m			
质量评价				

C.20 井钻头、套管程序及钻井液性能表

钻头尺寸/mm	井段/m	套管外径/mm	套管下深/m	钻井液类型	钻井液密度/g/cm³	钻井液漏斗黏度/s	氯离子含量/mg/L	备注

填表日期：年　月　日

注：井壁取心汇总表和钻井取心汇总表参见附录 B 的相关内容。

附录 D　常用单位换算及数据查询表

D.1　石油地质常用单位换算

名称	法定计量单位			与其他单位制换算关系
	单位名称	单位符号	换算关系	
长度	千米	km	$1km=10^3m$	1 市尺 =0.333 米（m） 1ft=0.3048m（准确值） 1mile=1609.344m（准确值） 1in=0.0254m（准确值） 1n mile=1852m（准确值）
	米	m	$1m=10^2cm=10^3mm$ $=10^6\mu m=10^9nm$	
	厘米	cm		
	毫米	mm		
	微米	μm		
	纳米	nm		
面积	平方千米	km²	$1km^2=10^2ha=10^6m^2$	1ft²=0.09290304m²（准确值） 1in²=6.4516×10^{-4}m²（准确值） 1mile²（美测绘）=2.589998×10^6m² 1acre=4046.86m²
	公顷	ha		
	平方米	m²	$1m^2=10^4cm^2=$ $10^6mm^2=10^{12}\mu m^2$	
	平方厘米	cm²		
	平方毫米	mm²		
	平方微米	μm²		
体积，容积	立方米	m³	$1m^3=10^3L=10^6mL$	1ft³=0.0283168m³（准确值） 1in³=0.16387064×10^{-6}m³（准确值） 1bbl（美石油）=0.1589873m³ 1gal（美）=3.785412×10^{-3}m³ 1cc=1cm³=1mL
	升	L		
	毫升	mL		
密度	千克每立方米	kg/m³	$1g/cm^3=10^3kg/m^3$	1lb/gal（美）=0.119826g/cm³
	克每立方厘米	g/cm³		
	吨每立方米	t/m³		
API 重度			API=（141.5/d）−131.5	d 为 15.6℃时的原油密度
压力，压强	兆帕［斯卡］	MPa	$1MPa=10^6Pa$	1bar=0.1MPa 1torr=0.000133322MPa 1atm=0.101325MPa 1kgf/cm²=0.0980665MPa 1psi=0.00689476MPa=0.070307kgf/cm²
温度	开［尔文］	K	$T_{(K)}=T_{(℃)}+273.15$	
	摄氏度	℃	$T_{(℃)}=[T_{(℉)}-32]\times\dfrac{5}{9}$	
	华氏度	℉	$T_{(℉)}=T_{(℃)}\times1.8+32$	

续表

名称	法定计量单位			与其他单位制换算关系
	单位名称	单位符号	换算关系	
时间	秒	s		
	分	min	1min=60s	
	［小］时	h	1h=3600s	
	日，（天）	d	1d=86400s	
动力黏度	帕［斯卡］秒	Pa·s		
	毫帕［斯卡］秒	mPa·s		1cP=1mPa·s
运动黏度	平方毫米每秒	mm²/s		1cSt=1mm²/s
渗透率	平方微米	μm²		$1mD=10^{-3}μm^2$ $1D=1μm^2$
表面张力	牛［顿］每米	N/m		
	毫牛［顿］每米	mN/m		1dyn/cm=1mN/m
产量与流量	立方米每秒	m³/s		$1Mcf/d=28.32m^3/d$ $1MMcf/d=2.832×10^4m^3/d$ $1Bcf/d=0.2832×10^8m^3/d$ 1bbl/d≈0.14t/d≈50t/a（原油，全球平均）
	立方米每天	m³/d		
	吨每天	t/d		
	万立方米每年	10⁴m³/a		
	万吨每年	10⁴t/a		
	万立方米每天	10⁴m³/d		
	亿立方米每年	10⁸m³/a		
	立方厘米每秒	cm³/s		
	升每分	L/min		
	立方米每分	m³/min		
气油比（油气比）		m³/m³		$1ft^3/bbl=0.1781m^3/m^3$
气体含量	百分数	%		
	百万分数	10⁻⁶		
质量，重量	克	g	1000g=1kg	1lb=0.45359237kg（准确值）
	千克（公斤）	kg		
	吨	t	1t=10³kg	

名称	法定计量单位			与其他单位制换算关系
	单位名称	单位符号	换算关系	
力，重力	牛顿	N		$1dyn=10^{-5}N$ $1lbf=0.45359kgf=4.448222N$ $1kgf=9.80665N$（准确值） $1tf=9.80665\times10^{3}N$
力矩	牛［顿］米	N·m		$1kgf·m=9.80665N·m=7.23301lbf·ft$ $1lbf·ft=1.35582N·m$
	千牛［顿］米	kN·m		
频率	赫［兹］	Hz		
级差	分贝	dB		
速度	米每秒	m/s		
	节	kn	$1kn=0.51444m/s$	
转速	转每分	r/min		
自然电位	毫伏［特］	mV		
电流	安［培］	A		
电阻率	欧［姆］米	Ω·m		
电导率	兆西［门子］每米	MS/m		
	千西［门子］每米	kS/m		
	西［门子］每米	S/m		
声波时差	微秒每米	μs/m		

注：（1）［　］内的字，是在不致混淆的情况下，可以省略的字。

（2）（　）内的字为前者的同义语或符号。

（3）人们生活和贸易中，习惯将质量称为重量。

D.2 常用钻头、套管、油嘴直径

类别	英制单位 / in	法定计量单位 / mm	类别	英制单位 / in	法定计量单位 / mm
钻头	36	914.4	套管，油管	36	914.4
	26	660.4		30	762.0
	$17\frac{1}{2}$	444.5		26	660.4
	16	406.4		24	609.6
	$14\frac{1}{2}$	368.3		20	508.0
	$12\frac{1}{4}$	311.2		$18\frac{5}{8}$	473.1
	$11\frac{7}{8}$	301.6		$17\frac{1}{2}$	444.5
	$10\frac{5}{8}$	269.9		$13\frac{3}{8}$	339.7
	$9\frac{7}{8}$	250.8		$9\frac{7}{8}$	250.8
	$9\frac{1}{2}$	241.3		$9\frac{5}{8}$	244.5
	$8\frac{1}{2}$	215.9		$8\frac{1}{2}$	215.9
	6	152.4		7	177.8
				$6\frac{5}{8}$	168.3
油嘴	$\frac{1}{64}$	0.40	油嘴	6	152.4
	$\frac{1}{32}$	0.79		$5\frac{1}{2}$	139.7
	$\frac{1}{16}$	1.59		5	127.0
	$\frac{1}{8}$	3.18		$4\frac{1}{2}$	114.3
	$\frac{1}{4}$	6.35		4	101.6
	$\frac{1}{2}$	12.70		$3\frac{1}{2}$	88.9
	1	25.40		$2\frac{1}{4}$	57.2

D.3　常见材料密度表

材料名称	材料密度 /（g/cm³）	材料名称	材料密度 /（g/cm³）
水	1.0	石灰石	2.65～2.80
海水	1.026	白云石	2.85～2.95
酒精	0.79	泥岩	1.5～2.0
石油	0.84～0.89	页岩	1.9～2.6
汽油	0.70～0.75	砂岩	2.0～2.7
柴油	0.86～0.87	钢	7.85
空气	0.00129	铝	2.77
天然气	0.000603	褐铁矿	4.6～4.7
硫化氢	0.00119	方铅矿	7～7.5
重晶石	4～4.5	赤铁矿	4.9
水泥	3.15	钛铁矿	4.7
黏土	2.5～2.7		

D.4　常用环空容量计算表

D.4.1　钻杆与井眼间的环空容量表

井眼公称尺寸 / mm（in）	井眼容量 / L/m	钻杆公称尺寸 /mm（in）			
		73.0（2⁷/₈）	88.9（3¹/₂）	127.0（5）	139.70（5¹/₂）
		带接头钻杆闭端排代量 /（L/m）			
		4.4	6.5	13.3	16.1
		环空容量 /（L/m）			
152.4（6）	18.2	13.8	11.7		
215.9（8¹/₂）	36.6	32.2	30.1	23.3	20.5
244.5（9⁵/₈）	46.9	42.5	40.4	33.6	30.8
250.8（9⁷/₈）	49.4	45.0	42.9	36.1	33.3
311.2（12¹/₄）	76.0	71.6	69.5	62.7	59.9
444.5（17¹/₂）	155.2	150.8	148.7	141.9	139.1
508.0（20）	202.7	198.3	196.2	189.4	186.6
609.6（24）	291.9	287.5	285.4	278.6	275.8
660.4（26）	342.4	338.0	335.9	329.1	326.3
914.4（36）	656.4	652.0	649.9	643.1	640.3

D.4.2 钻铤与井眼间的环空容量表

井眼公称尺寸 / mm（in）	井眼容量 / L/m	钻铤公称尺寸 /mm（in）						
		120.7（4³/₄）	152.4（6）	165.1（6¹/₂）	171.5（6³/₄）	203.2（8）	228.60（9）	241.3（9¹/₂）
		钻铤闭端排代量 /（L/m）						
		11.4	18.2	21.4	23.1	32.4	41.0	45.7
		环空容量 /（L/m）						
152.4（6）	18.2	6.8						
215.9（8¹/₂）	36.6	25.2	18.4	15.2	13.5	4.2		
244.5（9⁵/₈）	46.9	35.5	28.7	25.5	23.8	14.5	5.9	1.2
250.8（9⁷/₈）	49.4	38.0	31.2	28.0	26.3	17.0	8.4	3.7
311.2（12¹/₄）	76.0	64.6	57.8	54.6	52.9	43.6	35.0	30.3
444.5（17¹/₂）	155.2	143.8	137.0	133.8	132.1	122.8	114.2	109.5
508.0（20）	202.7	191.3	184.5	181.3	179.6	170.3	161.7	157.0
609.6（24）	291.9	280.5	273.7	270.5	268.8	259.5	250.9	246.2
660.4（26）	342.4	331.0	324.2	321.0	319.3	310.0	301.4	296.7
914.4（36）	656.4	645.0	638.2	635.0	633.3	624.0	615.4	610.7

D.4.3 套管与井眼间的环空容量表

井眼公称尺寸 / mm（in）	井眼容量 / L/m	套管公称尺寸 /mm（in）						
		114.3（4¹/₂）	127.0（5）	177.8（7）	244.5（9⁵/₈）	339.7（13³/₈）	508.0（20）	762.0（30）
		带接箍套管闭端排代量 /（L/m）						
		10.30	12.69	24.88	47.10	90.80	203.0	455.8
		环空容量 /（L/m）						
152.4（6）	18.20	7.94	5.55					
215.9（8¹/₂）	36.61	26.31	23.92	11.73				
244.5（9⁵/₈）	46.94	36.64	34.25	22.06				
250.8（9⁷/₈）	49.41	39.11	36.72	24.53				
311.2（12¹/₄）	76.04	65.74	63.35	51.16	28.94			
444.5（17¹/₂）	155.20	144.90	142.50	130.30	108.10	64.4		
508.0（20）	202.70	192.00	190.00	177.80	155.60	111.9		
609.6（24）	291.90	281.00	279.20	267.00	244.80	211.1	88.9	
660.4（26）	342.40	332.10	329.70	317.50	295.30	251.6	139.4	
914.4（36）	656.40	646.10	643.70	613.50	609.30	565.6	453.4	200.6

D.4.4　套管与钻杆间的环空容量表

套管外径 /mm（in）	套管线重 /N/m（lb/ft）	套管容量 /L/m	钻杆公称尺寸 /mm（in）			
			73.0（$2\frac{7}{8}$）	88.9（$3\frac{1}{2}$）	127.0（5）	139.7（$5\frac{1}{2}$）
			带接头钻杆排代量 /（L/m）			
			4.4	6.5	13.3	16.1
			环空容量 /（L/m）			
127.0（5）	189.7（13.00）	10.2	5.8			
177.8（7）	335.7（23.00）	20.5	16.1	14.0		
	423.2（29.00）	19.4	15.0	12.9		
244.5（$9\frac{5}{8}$）	583.8（40.00）	39.6	35.2	33.1	26.3	23.5
	685.9（47.00）	38.2	33.8	31.7	24.9	22.1
339.7（$13\frac{3}{8}$）	890.2（61.00）	79.4	75.0	72.9	66.1	63.3
	992.4（68.00）	78.1	73.7	71.6	64.8	62.0
508.0（20）	1371.8（94.00）	185.3	180.9	178.8	172.0	169.2
	1554.3（106.50）	182.9	178.5	176.4	169.6	166.8
762.0（30）	4524.1（310.00）	397.0	392.6	390.5	383.7	380.9

D.4.5　套管与钻铤间的环空容量表

套管外径 /in	套管线重 /lb/ft	套管容量 /L/m	钻铤公称尺寸 /mm（in）						
			120.7（$4\frac{3}{4}$）	154.2（6）	165.1（$6\frac{1}{2}$）	171.5（$6\frac{3}{4}$）	203.2（8）	228.6（9）	241.3（$9\frac{1}{2}$）
			钻铤闭端排代量 /（L/m）						
			11.4	18.2	21.4	23.1	32.4	41.0	45.7
			环空容量 /（L/m）						
7	23.0	20.5	9.1						
	29.0	19.4	8.0						
$9\frac{5}{8}$	40.0	39.6	28.2	21.4	18.2	16.5	7.2		
	47.0	38.2	26.8	20.0	16.8	15.1	5.8		
$13\frac{3}{8}$	61.0	79.4	68.0	61.2	58.0	56.3	47.0	38.4	33.7
	68.0	78.1	66.7	59.9	56.7	55.0	45.7	37.1	32.4
20	94.0	185.3	173.9	167.1	163.9	162.2	152.9	144.3	139.6
	106.5	182.9	171.5	164.7	161.5	159.8	150.5	141.9	137.2
30	310.0	397.0	385.6	378.8	375.6	373.9	364.6	356.0	351.3

D.4.6　套管与套管间的环空容量表

外层套管外径 /in	外层套管线重 /lb/ft	套管容量 /L/m	内层套管的公称尺寸 mm（in）					
			114.3（4¼）	127.0（5）	177.8（7）	244.5（9⅝）	339.7（13⅜）	508.0（20）
			带接箍套管的闭端排代量 /（L/m）					
			10.30	12.69	24.88	47.10	90.80	203.0
			环空容量 /（L/m）					
7	23.0	20.53	10.23	7.84				
	29.0	19.38	9.08	6.69				
9⅝	40.0	39.55	29.25	26.86	14.67			
	47.0	38.19	27.89	25.50	13.31			
13⅜	61.0	79.37	69.07	66.68	54.49	32.27		
	68.0	78.08	67.78	65.39	53.20	30.98		
20	94.0	185.28	174.98	172.59	160.40	138.18	94.48	
	106.5	182.92	172.62	170.23	158.04	135.82	92.12	
30	310.0	397.00	386.70	384.31	372.10	349.90	306.20	194.00

D.4.7　套管与油管间的环空容量表

套管外径 /mm（in）	套管线重 /kg/m（lb/ft）	套管容量 /L/m	油管公称尺寸 /mm（in）		
			60.3（2⅜）	73.0（2⅞）	88.9（3½）
			带接箍油管的闭端排代量 /（L/m）		
			2.87	4.21	6.25
			环空容量 /（L/m）		
127.0（5）	189.7（13.00）	10.22	7.35	6.01	
177.8（7）	335.7（23.00）	20.53	17.66	16.32	14.28
	423.2（29.00）	19.38	16.51	15.17	13.13
244.5（9⅝）	583.8（40.00）	39.55	36.68	35.34	33.30
	685.9（47.00）	38.19	35.32	33.98	31.94

D.4.8 钻杆的容量表

公称尺寸 / mm（in）	公称线重 / kg/m（lb/ft）	壁厚 / mm	内径 / mm	开端排代量 / L/m	容量 / L/m
73.0（$2^7/_8$）	151.8（10.40）	9.19	54.6	1.85	2.34
88.9（$3^1/_2$）	138.6（9.50）	6.45	76.0	1.67	4.54
	194.1（13.30）	9.35	70.2	2.34	3.87
	226.2（15.50）	11.4	66.1	2.78	3.43
127.0（5）	237.2（16.25）	7.52	112.0	2.82	9.85
	284.6（19.50）	9.19	108.6	3.40	9.27
	373.6（25.60）	12.70	101.6	4.56	8.11
139.7（$5^1/_2$）	319.6（21.90）	9.17	121.4	3.76	11.57
	360.5（24.70）	10.54	118.6	4.28	11.05
*88.9（$3^1/_2$）	367.1（25.30）	18.20	52.4	4.81	2.19
*127.0（5）	719.3（49.30）	25.40	76.2	9.36	4.61

注：（1）容量 = 闭端排代量 − 开端排代量。

（2）表中数据均不包括接头。

（3）*表示加重钻杆。

D.4.9 钻铤的容量表

公称尺寸 / mm（in）	公称线重 / kg/m（lb/ft）	壁厚 / mm	内径 / mm	开端排代量 / L/m	容量 / L/m
120.7（$4^3/_4$）	946.27（46.84）	34.95	50.8	9.40	2.03
152.4（6）	1205.31（82.59）	47.60	57.2	15.67	2.57
152.4（6）	1094.54（75）	40.50	71.4	14.32	4.01
165.1（$6^1/_2$）	1452.38（99.52）	53.95	57.2	18.84	2.57
165.1（$6^1/_2$）	1337.68（91.66）	46.85	71.4	17.40	4.01
171.5（$6^3/_4$）	1583.87（108.53）	57.15	57.2	20.52	2.57
203.2（8）	2183.96（149.65）	65.90	71.4	28.42	4.01
228.6（9）	2845.95（195.01）	78.60	71.4	37.03	4.01

D.4.10 套管的容量表

公称尺寸 / mm（in）	公称线重 / kg/m（lb/ft）	壁厚 / mm	内径 / mm	开端排代量 / L/m	容量 / L/m
114.3（$4^1/_2$）	169.29（11.60）	6.35	101.6	2.15	8.11
	197.02（13.50）	7.37	99.6	2.47	7.79
127.0（5）	189.72（13.00）	6.43	114.1	2.45	10.22
	218.91（15.00）	7.52	112.0	2.82	9.85
177.8（7）	335.66（23.00）	8.05	161.7	4.29	20.54
	423.22（29.00）	10.36	157.1	5.45	19.38
244.5（$9^5/_8$）	583.76（40.00）	10.03	224.4	7.39	39.55
	685.91（47.00）	11.99	220.5	8.75	38.19
339.7（$13^3/_8$）	890.23（61.00）	10.92	317.9	11.28	79.37
	992.38（68.00）	12.19	315.3	12.57	78.08
508.0（20）	1371.83（94.00）	11.13	485.7	17.40	185.28
	1554.25（106.50）	12.70	482.6	19.76	182.92
762.0（30）	4524.11（310.00）	25.40	711.2	48.00	397.00

D.4.11 油管的容量表

公称尺寸 / mm（in）	公称线重 / kg/m（lb/ft）	壁厚 / mm	内径 / mm	开端排代量 / L/m	容量 / L/m
60.3（$2^3/_8$）	58.38（4.00）	4.24	51.8	0.77	2.11
	67.13（4.60）	4.83	50.7	0.86	2.02
	74.43（5.10）	5.54	49.2	0.97	1.91
	86.83（5.95）	6.45	47.2	1.11	1.77
	91.94（6.30）	7.12	46.1	1.21	1.67
	106.54（7.30）	8.53	43.3	1.41	1.47
73.0（$2^7/_8$）	93.40（6.48）	5.51	62.0	1.19	3.02
	112.37（7.70）	7.01	59.0	1.48	2.73
	125.51（8.60）	7.82	57.4	1.62	2.59
	141.56（9.70）	9.19	54.6	1.87	2.34
	156.15（10.70）	10.28	52.5	2.05	2.16

公称尺寸 / mm（in）	公称线重 / kg/m（lb/ft）	壁厚 / mm	内径 / mm	开端排代量 / L/m	容量 / L/m
88.9（3$\frac{1}{2}$）	112.37（7.70）	5.49	77.9	1.49	4.77
	134.26（9.20）	6.45	76.0	1.72	4.54
	148.86（10.20）	7.34	74.2	1.93	4.33
	188.99（12.95）	9.52	69.8	2.43	3.83
	199.94（13.70）	10.50	67.9	2.66	3.60
	214.53（14.70）	11.43	66.0	2.83	3.43
	230.58（15.80）	12.40	64.1	2.97	3.29

D.5 标准的喷嘴过流面积表

喷嘴 代码	尺寸 / mm	1	2	3	4	5	6	7	8
7	5.6	24.2 （0.038）	48.5 （0.075）	72.7 （0.113）	96.9 （0.150）	121.2 （0.188）	145.4 （0.225）	169.6 （0.263）	193.9 （0.301）
8	6.4	31.7 （0.049）	63.3 （0.098）	95.0 （0.147）	126.6 （0.196）	158.3 （0.245）	189.9 （0.295）	221.6 （0.344）	253.2 （0.393）
9	7.1	40.1 （0.062）	80.2 （0.124）	120.2 （0.186）	160.3 （0.249）	200.4 （0.311）	210.5 （0.373）	280.6 （0.435）	320.7 （0.497）
10	7.9	49.5 （0.077）	99.0 （0.153）	148.4 （0.230）	197.9 （0.307）	247.4 （0.383）	296.9 （0.460）	346.4 （0.537）	395.9 （0.614）
11	8.7	59.9 （0.093）	119.7 （0.186）	179.6 （0.278）	239.5 （0.371）	299.4 （0.464）	359.2 （0.557）	419.1 （0.650）	479.0 （0.742）
12	9.5	71.3 （0.110）	142.5 （0.221）	213.8 （0.331）	285.0 （0.442）	356.3 （0.552）	427.5 （0.663）	498.8 （0.773）	570.0 （0.884）
13	10.3	83.6 （0.130）	167.3 （0.259）	250.9 （0.389）	334.5 （0.518）	418.1 （0.648）	501.8 （0.778）	585.4 （0.907）	669.0 （1.037）
14	11.1	97.0 （0.150）	194.0 （0.301）	291.0 （0.451）	387.9 （0.601）	484.9 （0.752）	581.9 （0.902）	678.9 （1.052）	775.9 （1.203）
15	11.9	111.3 （0.173）	222.7 （0.345）	334.0 （0.518）	445.3 （0.690）	556.7 （0.863）	668.0 （1.035）	779.4 （1.208）	890.7 （1.381）
16	12.7	126.7 （0.196）	253.4 （0.393）	380.0 （0.589）	506.7 （0.785）	633.4 （0.982）	760.1 （1.178）	886.7 （1.374）	1013.4 （1.571）

续表

喷嘴代码	尺寸/mm	1	2	3	4	5	6	7	8
18	14.3	160.3 （0.249）	320.7 （0.497）	481.0 （0.746）	641.3 （0.994）	801.6 （1.243）	962.0 （1.491）	1122.3 （1.740）	1282.6 （1.988）
20	15.9	197.9 （0.307）	395.9 （0.614）	593.8 （0.920）	791.7 （1.227）	989.7 （1.534）	1187.6 （1.841）	1385.5 （2.148）	1583.5 （2.454）
22	17.5	239.5 （0.371）	479.0 （0.742）	718.5 （1.114）	958.0 （1.485）	1197.5 （1.856）	1437.0 （2.227）	1676.5 （2.559）	1916.0 （2.970）
24	19.1	285.0 （0.442）	570.0 （0.884）	855.1 （1.325）	1140.1 （1.767）	1425.1 （2.209）	1710.1 （2.651）	1995.2 （3.093）	2280.2 （3.534）
26	20.6	334.5 （0.519）	669.0 （1.037）	1003.5 （1.556）	1338.0 （2.074）	1672.5 （2.593）	2007.0 （3.111）	2341.5 （3.630）	2676.0 （4.148）
28	22.2	387.9 （0.601）	775.9 （1.203）	1163.8 （1.804）	1551.8 （2.405）	1939.7 （3.007）	2327.7 （3.608）	2715.6 （4.209）	3103.6 （4.811）
30	23.8	445.3 （0.690）	890.7 （1.381）	1336.0 （2.071）	1781.4 （2.761）	2226.7 （3.452）	2672.1 （4.142）	3117.4 （4.832）	3562.8 （5.523）

D.6 风级表

风级	风的名称	风速			
		m/s	km/h	mile/h	n mile/h
0	无风	<0.5	<1.8	<1.0	<1.0
1	软风	0.5～1.7	1.8～6	1～3	1～3
2	轻风	1.8～3.3	7～12	4～7	4～6
3	微风	3.4～5.0	13～18	8～12	7～10
4	和风	5.1～7.8	19～28	13～18	11～16
5	清风	7.9～10.6	29～38	19～24	17～21
6	强风	10.7～13.6	39～49	25～31	22～27
7	疾风	13.7～16.9	50～61	32～38	28～33
8	大风	17.0～20.6	62～74	39～46	34～40
9	烈风	20.7～24.4	75～88	47～54	41～47
10	狂风	24.5～28.3	89～102	55～63	48～55
11	暴风	28.4～32.5	103～117	64～72	56～63

续表

风级	风的名称	风速			
		m/s	km/h	mile/h	n mile/h
12	飓风	32.6~36.9	118~133	73~82	64~71
13	飓风	37.0~41.4	134~149	83~92	72~80
14	飓风	41.5~46.1	150~166	93~102	81~90
15	飓风	46.2~50.8	167~183	103~114	91~99
16	飓风	50.9~55.8	184~201	115~124	100~108
17	飓风	55.9~61.1	202~220	125~136	109~118

D.7 浪级表

浪级	波浪名称	海况	平均高度	
			m	ft
0	无波	碧水如镜	0	0
1	连波	小弱波	0~0.1	0~0.3
2	小浪	大弱波	0.10~0.50	0.3~2
3	轻浪	小波	0.50~1.25	2~4
4	中浪	中波	1.25~2.50	4~8
5	强浪	大波	2.50~4.00	8~13
6	巨浪	白沫大浪	4.00~6.00	13~20
7	狂浪	缓高浪	6.00~9.00	20~30
8	怒涛	高浪	9.00~14.00	30~46
9	汹涛	很高浪	>14.00	>46

附录 E　油藏及作业相关图例与图版

E.1　井位构造示意图

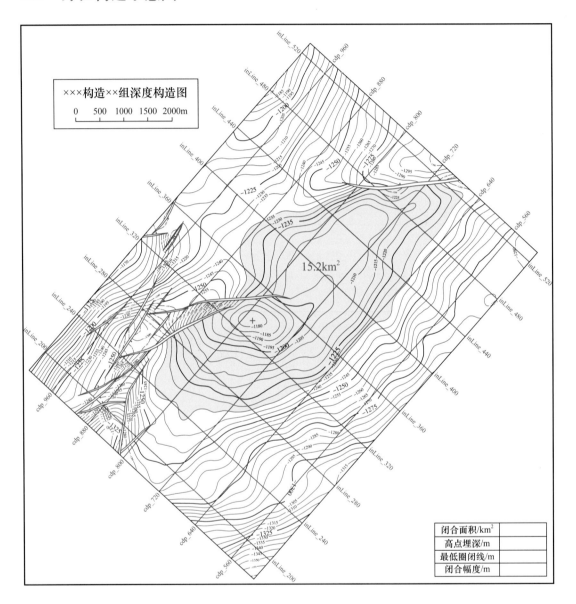

闭合面积/km²	
高点埋深/m	
最低圈闭线/m	
闭合幅度/m	

E.2　地质剖面示意图

E.3 油藏剖面示意

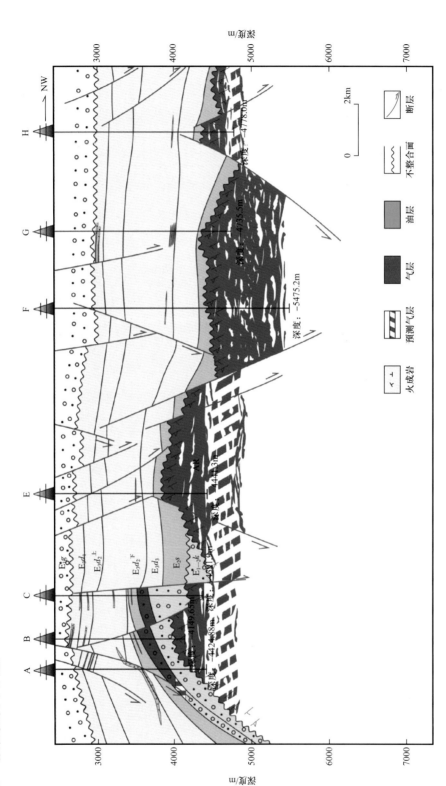

E.4 过井地震剖面示意图

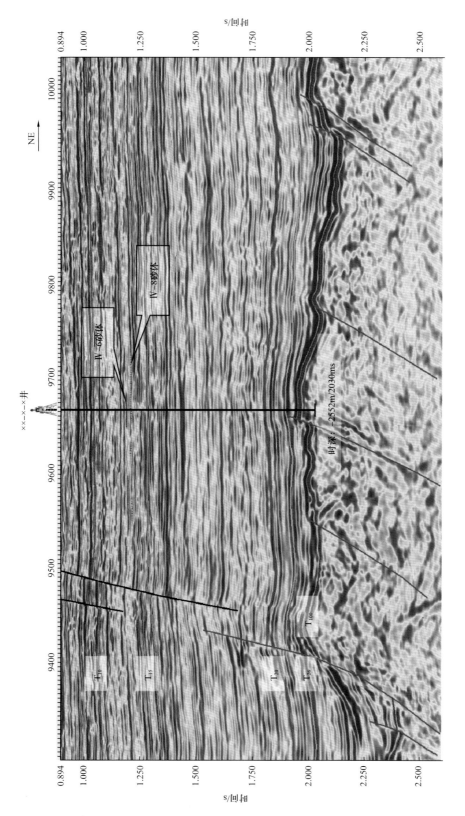

E.5 综合录井图示意

××××-××-××综合录井图
1：500
年 月 日

地层分层	钻时曲线/(min/m) 0.01　　　　　100 气测全量/% 0.01　　　　　100 钻井液性能	斜深/m	颜色	岩性剖面	荧光	0.01　C₁/%　100 0　C₂/%　100 0.01　C₃/%　100 0.01　iC₄/%　100 　nC₄/% 0.01　　　100 井壁取心　钻井取心 电缆测试	岩性描述
明化镇组	ρ: 1.11g/cm³; FV: 38s ρ: 1.11g/cm³; FV: 38s	1205 1210 1215 1220 1225 1230 1235 1240 1245 1250 1255 1260 1265 1270 1275 1280 1285 1290 1295 1300				←电石气 含砾细砂岩：浅灰色，成分以石英为主，其次为长石及暗色矿物，以细粒为主，部分中粒，砾石成分主要为石英砾及泥砾，砾径为3～5mm，最大砾径为10mm，次棱角—次圆状，分选较差，泥质胶结，疏松，无荧光显示 泥岩：绿灰色，含少量灰色，质不纯，含少量粉砂，性软，岩屑呈团块状 细砂岩：浅灰色，成分以石英为主，其次为长石及暗色矿物，以细粒为主，部分为中粒，次棱角—次圆状，分选中等，泥质胶结，疏松，无荧光显示

E.6　完井地质综合图示意

××××–××–××
完井地质综合图

地理位置				水深	
构造位置				补心海拔	
坐标	X		东经		设计井深	
	Y		北纬		完钻井深	
井别			钻井船		完钻层位	
钻头程序					开钻日期	
套管程序					完钻日期	
编图		绘图		审核		负责		完井日期	

1：500

年　月　日

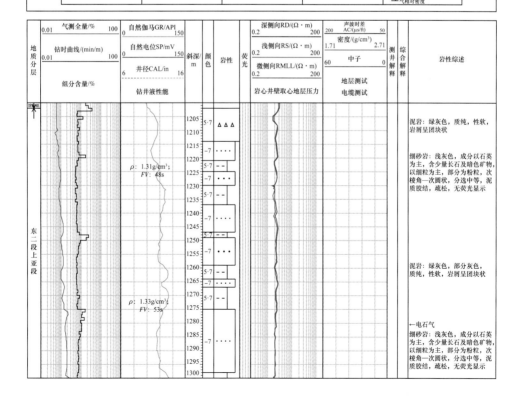

砂砾岩	角砾岩	细砂岩	泥岩	中砂岩	含砾粗砂岩

钻井取心　　井壁取心　　地层测压数据　　电缆测试　　地层测试(DST)

E.7 碎屑岩粒径量版（据 AGI）和粒度与球度评估图版

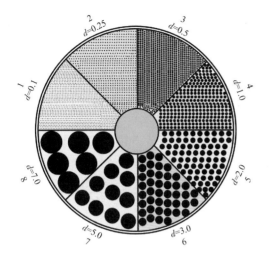

		圆度			
高棱角	棱角	次棱角	次磨圆	磨圆	高磨圆
0.5	1.5	2.5	3.5	4.5	5.5

扁球状 0.5

次扁球状 2.5

球度 球状 4.5

次柱状 -2.5

柱状 -0.5

E.8 气指数校正图版

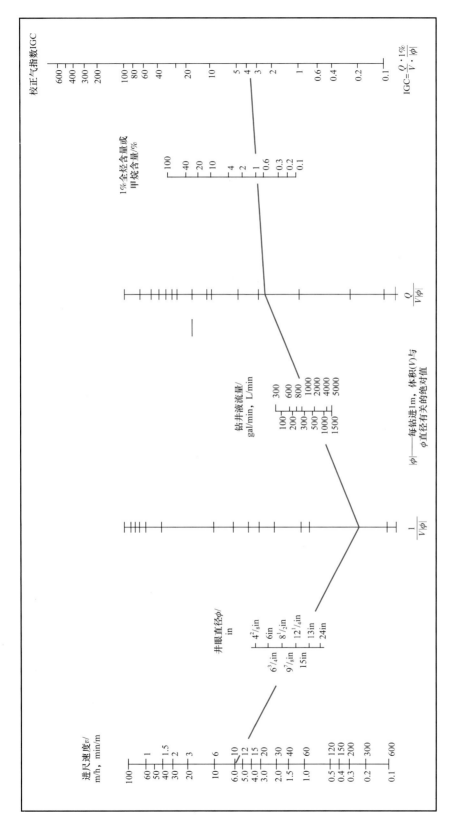

E.9 荧光岩屑和储集岩岩屑百分含量评估图版

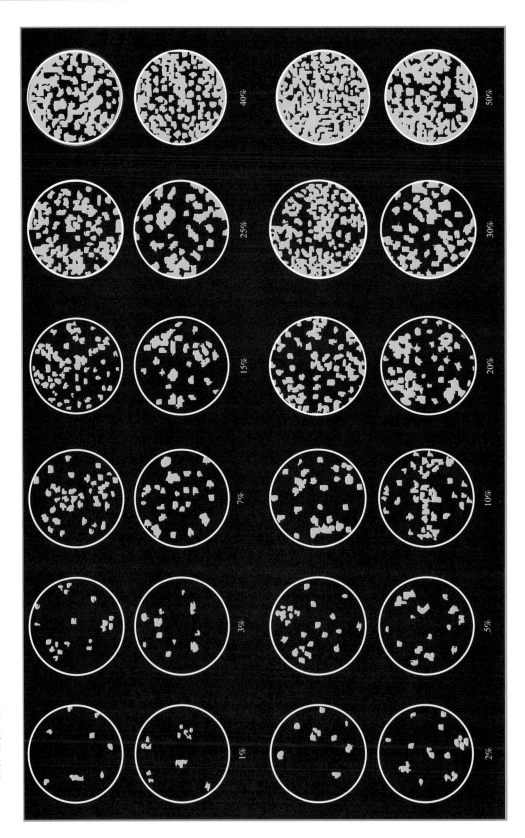

E.10 岩石可钻性指数计算图版

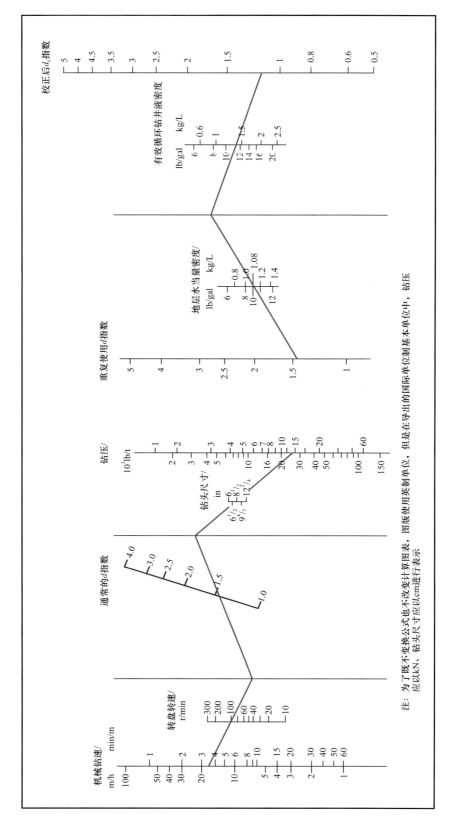

注：为了既不变换公式也不改变计算图表，图版使用英制单位，但是在导出的国际单位制基本单位中，钻压应以kN、钻头尺寸应以cm进行表示

E.11 井身结构图

E.11.1 直井井身结构图

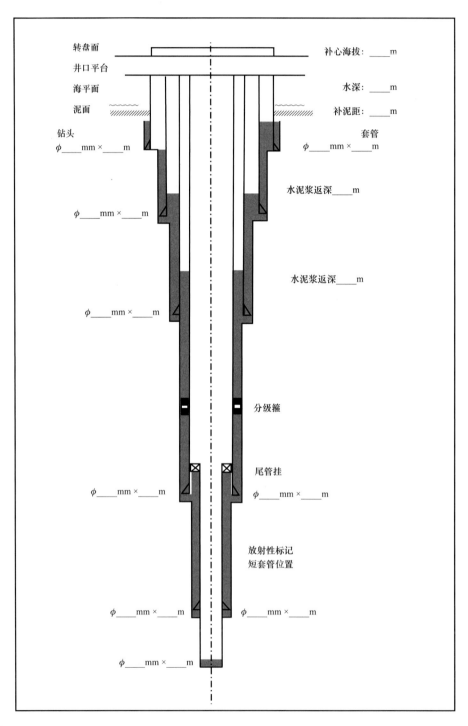

E.11.2　定向井井身结构图

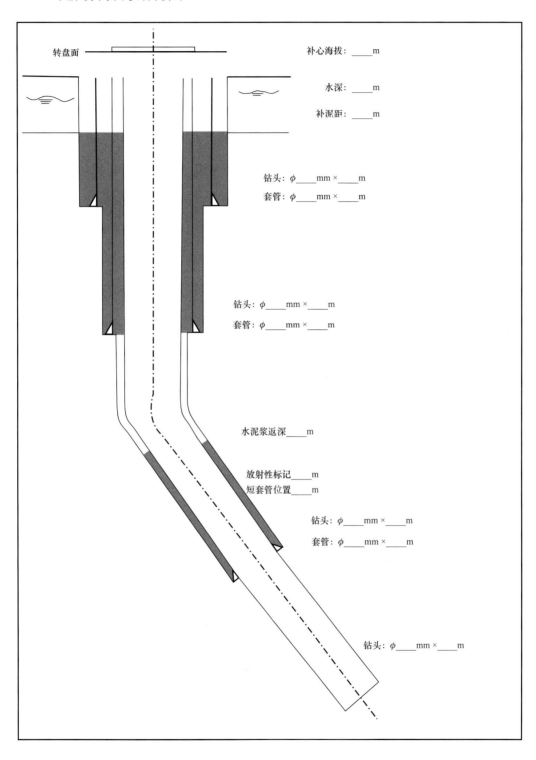

E.11.3　侧钻井井身结构图

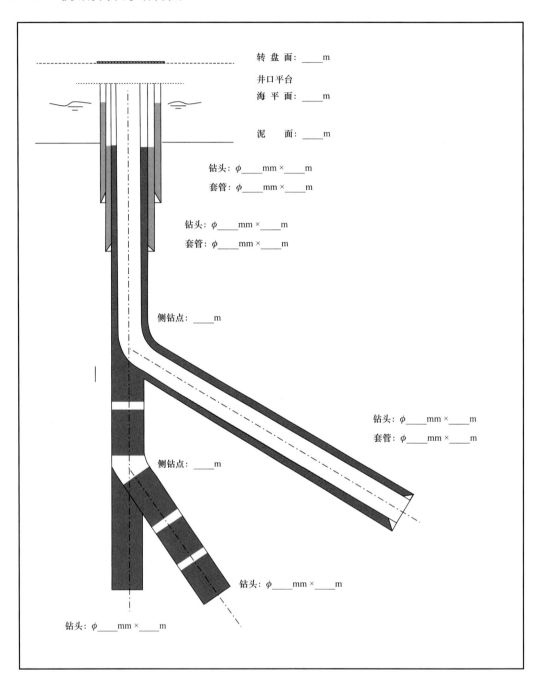

转　盘　面：____m

井口平台

海　平　面：____m

泥　　　面：____m

钻头：ϕ____mm×____m

套管：ϕ____mm×____m

钻头：ϕ____mm×____m

套管：ϕ____mm×____m

侧钻点：____m

钻头：ϕ____mm×____m

套管：ϕ____mm×____m

侧钻点：____m

钻头：ϕ____mm×____m

钻头：ϕ____mm×____m

附录 F　地质图例与符号

F.1　沉积岩

F.1.1　堆积物

 表土和积土层
Soil-Cap and Loam

贝壳层
Shell Layer

 腐殖土层
Muck Layer

 黏土
Clay

 粉砂质黏土
Silty Clay

泥质粉砂
Argillaceous Silt

F.1.2　砾岩

巨砾岩
Boulderstone

粗砾岩
Cobblestone

中砾岩
Pebblestone

 细砾岩
Microconglomerate

 泥砾岩
Distostrome

 角砾岩
Breccia

灰质砾岩
Calcareous
Conglomerate

灰质角砾岩
Calcareous Breccia

铁质砾岩
Ferruginous
Conglomerate

硅质砾岩
Siliceous
Conglomerate

凝灰质砾岩
Tuffaceous
Conglomerate

凝灰质角砾岩
Tuffaceous Breccia

 凝灰质砂砾岩
Tuffaceous Glutenite

 砂砾岩
Glutenite

泥质细砾岩
Argillaceous
Microconglomerate

F.1.3　砂岩

 粗砂岩
Coarse Sandstone

中砂岩
Medium Sandstone

细砂岩
Fine Sandstone

粉砂岩
Siltstone

中—细砂岩
Medium-
Fine Sandstone

粉—细砂岩
Silty-Fine Sandstone

鲕状砂岩
Oolitic Sandstone

砾状砂岩
Pebble Sandstone

含砾粗砂岩
Conglomeratic
Coarse Sandstone

含砾中砂岩
Conglomeratic Medium
Sandstone

含砾细砂岩
Conglomeratic Fine
Sandstone

含砾中—细砂岩
Conglomeratic Medium-
Fine Sandstone

含砾粉细砂岩
Conglomeratic Silty-
Fine Sandstone

含砾粉砂岩
Conglomeratic
Siltstone

 含砾泥质粗砂岩
Conglomeratic Muddy
Coarse Sandstone

含砾泥质中砂岩
Conglomeratic Muddy
Medium Sandstone

含砾泥质细砂岩
Conglomeratic Muddy
Fine Sandstone

含砾泥质粉砂岩
Conglomeratic
Muddy Siltstone

海绿石粗砂岩 Glauconitic Coarse Sandstone

海绿石中砂岩 Glauconitic Medium Sandstone

海绿石细砂岩 Glauconitic Fine Sandstone

海绿石粉砂岩 Glauconitic Siltstone

石英砂岩 Quartzose Sandstone

长石砂岩 Arkose

长石石英砂岩 Feldspathic Quartzose Sandstone

高岭土质粗砂岩 Kaolinic Coarse Sandstone

高岭土质中砂岩 Kaolinic Medium Sandstone

高岭土质细砂岩 Kaolinic Fine Sandstone

高岭土质粉砂岩 Kaolinic Siltstone

泥质粗砂岩 Argillaceous Coarse Sandstone

泥质中砂岩 Argillaceous Medium Sandstone

泥质细砂岩 Argillaceous Fine Sandstone

泥质粉砂岩 Argillaceous Siltstone

灰质粗砂岩 Calcareous Coarse Sandstone

灰质中砂岩 Calcareous Medium Sandstone

灰质细砂岩 Calcareous Fine Sandstone

灰质粉砂岩 Calcareous Siltstone

白云质粗砂岩 Dolomitic Coarse Sandstone

白云质中砂岩 Dolomitic Medium Sandstone

白云质细砂岩 Dolomitic Fine Sandstone

白云质粉砂岩 Dolomitic Siltstone

石膏质粗砂岩 Gypsiferous Coarse Sandstone

石膏质中砂岩 Gypsiferous Medium Sandstone

石膏质细砂岩 Gypsiferous Fine Sandstone

石膏质粉砂岩 Gypsiferous Siltstone

硅质粗砂岩 Siliceous Coarse Sandstone

硅质中砂岩 Siliceous Medium Sandstone

硅质细砂岩 Siliceous Fine Sandstone

硅质粉砂岩 Siliceous Siltstone

硅质石英砂岩 Sliliceous Quartzose Sandstone

沥青质粗砂岩 Bituminous Coarse Sandstone

沥青质中砂岩 Bituminous Medium Sandstone

沥青质细砂岩 Bituminous Fine Sandstone

沥青质粉砂岩 Bituminous Siltstone

碳质粗砂岩 Carbonaceous Coarse Sandstone

碳质中砂岩 Carbonaceous Medium Sandstone

碳质细砂岩 Carbonaceous Fine Sandstone

碳质粉砂岩 Carbonaceous Siltstone

凝灰质粗砂岩 Tuffaceous Coarse Sandstone

凝灰质中砂岩 Tuffaceous Medium Sandstone

凝灰质细砂岩 Tuffaceous Fine Sandstone

凝灰质粉砂岩 Tuffaceous Siltstone

玄武质粗砂岩 Basaltic Coarse Sandstone

玄武质中砂岩 Baseltic Medium Sandstone

玄武质细砂岩 Basaltic Fine Sandstone

玄武质粉砂岩 Basaltic Siltstone

铁质粗砂岩 Ferruginous Coarse Sandstone

铁质中砂岩 Ferruginous Medium Sandstone

铁质细砂岩 Ferruginous Fine Sandstone

铁质粉砂岩
Ferruginous Siltstone

含磷粗砂岩
Phosphatic Coarse Sandstone

含磷中砂岩
Phosphatic Medium Sandstone

含磷细砂岩
Phosphatic Fine Sandstone

含磷粉砂岩
Phosphatic Siltstone

含角砾粗砂岩
Breccia Coarse Sandstone

含角砾中砂岩
Breccia Medium Sandstone

含角砾细砂岩
Breccia Fine Sandstone

含角砾粉砂岩
Breccia Siltstone

F.1.4　泥岩和页岩

泥岩
Mudstone

页岩
Shale

油页岩
Oil Shale

灰质泥岩
Calcareous Mudstone

钙质页岩
Calcareous Shale

碳质泥岩
Carbonaceous Mudstone

碳质页岩
Carbonaceous Shale

白云质泥岩
Dolomitic Mudstone

砂质泥岩
Arenaceous Mudstone

砂质页岩
Arenaceous Shale

粉砂质泥岩
Silty Mudstone

粉砂质页岩
Silty Shale

含砂泥岩
Sandy Mudstone

含砾泥岩
Pebbly Mudstone

石膏质泥岩
Gypsiferous Mudstone

含膏泥岩
Gypso-Mudstone

含膏、含盐泥岩
Gypso-Mudstone Saliferous Mudstone

盐质泥岩
Halopelite

芒硝泥岩
Mirabilite Mudstone

沥青质泥岩
Bituminous Mudstone

沥青质页岩
Bituminous Shale

硅质泥岩
Siliceous Mudstone

硅质页岩
Siliceous Shale

泥膏岩
Argillaceous Gypsum

凝灰质泥岩
Tuffaceous Mudstone

铝土质泥岩
Bauxitic Mudstone

铝土质页岩
Bauxitic Shale

玄武质泥岩
Basaltic Mudstone

F.1.5　火山碎屑岩

火山集块岩
Volcanic Agglomerate

集块岩
Agglomerate

集块熔岩
Agglomerate Lava

流纹质集块岩
Rhyolitic Agglomerate

沉集块岩
Sed-pyroclastic Agglomerate

火山角砾岩
Volcanic Breccia

流纹质火山角砾岩
Rhyolitic Breccia

沉火山角砾岩
Sed-pyroclastic Breccia

凝灰岩
Tuff

层凝灰岩
Tuffite

白云岩化层凝灰岩
Dolomitic Tuffite

流纹质凝灰岩
Rhyolitic Tuff

沉凝灰岩
Sed-pyroclastic Tuff

角砾凝灰岩
Brecciated Tuff

岩屑凝灰岩
Lithic Tuff

晶屑凝灰岩
Crystal Tuff

玻屑凝灰岩
Vitric Tuff

F.1.6　碳酸盐岩

石灰岩
Limestone

含白云质灰岩
Dolomitic Limestone

含泥灰岩
Argillaceous Limestone

含白垩灰岩
Chalky Limestone

白云质灰岩
Dolomitic Limestone

沥青质灰岩
Bituminous Limestone

硅质灰岩
Siliceous Limestone

石膏质灰岩
Gypsiferous Limestone

泥灰岩
Marl

泥质灰岩
Argillaceous Limestone

泥质条带灰岩
Argillaceous Banded Limestone

碳质灰岩
Carbonaceous Limestone

砂质灰岩
Arenaceous Limestone

页状灰岩
Lamellar Limestone

薄层状灰岩
Flaggy Limestone

燧石条带灰岩
Chert-Banded Limestone

燧石结核灰岩
Chert Nodular Limestone

溶洞灰岩
Karst Limestone

角砾状灰岩
Brecciated Limestone

竹叶状灰岩
Wormkalk Limestone

团块状灰岩
Lumpy Limestone

针孔状灰岩
Pinhole Limestone

豹皮灰岩
Porphyritic Limestone

鲕状灰岩
Oolitic Limestone

假鲕状灰岩
Pseudo-Oolitic Limestone

葡萄状灰岩
Botryoidal Limestone

瘤状灰岩
Knotty Limestone

结晶灰岩
Crystalline Limestone

砂屑灰岩
Calcarenite Limestone

生物灰岩
Biolithite Limestone

介壳灰岩
Coquina Limestone

介形虫灰岩
Ostracode Limestone

含螺灰岩
Spiro-Limestone

藻灰岩
Algal Limestone

白云岩
Dolomite

含灰质白云岩
Calcareous Dolomite

含泥白云岩
Argillaceous Dolomite

灰质白云岩
Calcareous Dolomite

硅质白云岩
Silceous Dolomite

石膏质白云岩
Gypsiferous Dolomite

凝灰质白云岩
Tuffaccous Dolomite

泥质白云岩
Argillaceous Dolomite

泥质条带白云岩
Argillaceous Banded-Dolomite

砂质白云岩
Arenaceous Dolomite

竹叶状白云岩
Edgewise Dolomite

角砾状白云岩
Brecciated Dolomite

针孔状白云岩
Pinhole Dolomite

鲕状白云岩
Oolitic Dolomite

假鲕状白云岩
Pseudo-Oolitic Dolomite

葡萄状白云岩
Botryoidal Dolomite

燧石条带白云岩
Chert-Banded Dolomite

燧石结核白云岩
Chert Nodular Dolomite

藻云岩
Algal Dolomite

F.1.7　蒸发岩、矿物及其他岩层

石膏层
Gypsum Layer

盐岩
Salt Rock

含镁盐岩
Magnesian Salt

含膏盐岩
Gypsiferous Salt Rock

膏盐层
Gypso-Salt Bed

钙芒硝岩
Calcareous Mirabilite Rock

含铁
Ferruginous

含灰质
Limy

含灰砾
Limy Gravel Bearing

含泥砾
Muddy Gravel Bearing

含介形虫
Ostracod Bearing

硅、钙、硼石(绿豆岩)
Silicon, Calcium, Boron

硅质岩
Siliceous Rock

磷块岩
Phosphorite

铝土岩
Allite

锰矿层
Manganese Layer

黄铁矿层
Pyrite Layer

铁矿层
Iron Layer

菱铁矿层
Siderite Layer

赤铁矿层
Hematite Layer

煤层
Coal Layer

白垩土
Chalky Clay

膨润土、坩子土
Bentonite

燧石层
Chert Layer

介形虫层
Ostracode Layer

砂质介形虫层
Sandy Ostracode Layer

泥质介形虫层
Argillaceous Ostracode Layer

断层泥
Fault Clay

断层角砾岩
Fault Breccia

盐
Salt

石膏 Gypsum

 硼砂 Borax

 重晶石 Barite

 钾盐 Potassium Salt

 杂卤石 Polyhalite

 黄铁矿 Pyrite

 方解石 Calcite

 白云石 Dolomite

 铁锰结核 Ferro-Manganese Nodule

 自生石英 Authigenic Quartz

 方解石脉 Calcite Vein

 石英脉 Quartz Vein

 白云岩脉 Dolomite Vein

 沥青脉 Bitumen Vein

 沥青包裹体 Bituminous Inclusion Enclave

 磷灰石 Apatite

 菱铁矿 Siderite

F.1.8 化石

 放射虫 Radiolaria

 有孔虫 Foraminfer

 纺锤虫 Fusulinid

 海绵骨针 Sponge Spicule

 海绵 Sponge

 古杯动物 Archaeocyatha

 层孔虫 Stromatoporoid

 单体四射珊瑚 Mon-Tetracoralla

 复体四射珊瑚 Multi-Tetracoralla

 横板珊瑚 Plate Coral

 苔藓类 Bryozoan

 腕足类 Brachiopod

 腹足类 Gastropoda

 掘足类 Scaphopoda

 双壳类(瓣鳃类) Bivalvie (Lamellibranch)

 直壳鹦鹉螺(角石)类 Straight-Crust Nautilida

 菊石类 Ammonite

 竹节石 Tentaculitida

 软舌螺 Hyolithita

 三叶虫 Triobita

 叶肢介 Estheria

 介形类 Ostracoda

 昆虫 Insect

 海林檎 Cystoidea

 海蕾 Blastoidea

 海百合 Crinoid

海百合茎 Crinoidal Stem

海胆 Echinoid

海星 Stelleroidea

笔石 Graptolite

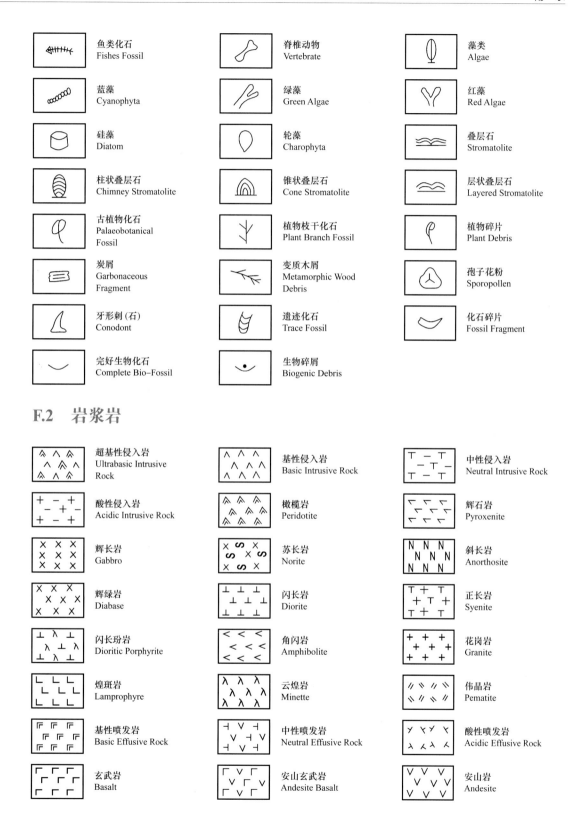

鱼类化石 Fishes Fossil	脊椎动物 Vertebrate	藻类 Algae
蓝藻 Cyanophyta	绿藻 Green Algae	红藻 Red Algae
硅藻 Diatom	轮藻 Charophyta	叠层石 Stromatolite
柱状叠层石 Chimney Stromatolite	锥状叠层石 Cone Stromatolite	层状叠层石 Layered Stromatolite
古植物化石 Palaeobotanical Fossil	植物枝干化石 Plant Branch Fossil	植物碎片 Plant Debris
炭屑 Garbonaceous Fragment	变质木屑 Metamorphic Wood Debris	孢子花粉 Sporopollen
牙形刺(石) Conodont	遗迹化石 Trace Fossil	化石碎片 Fossil Fragment
完好生物化石 Complete Bio-Fossil	生物碎屑 Biogenic Debris	

F.2　岩浆岩

超基性侵入岩 Ultrabasic Intrusive Rock	基性侵入岩 Basic Intrusive Rock	中性侵入岩 Neutral Intrusive Rock
酸性侵入岩 Acidic Intrusive Rock	橄榄岩 Peridotite	辉石岩 Pyroxenite
辉长岩 Gabbro	苏长岩 Norite	斜长岩 Anorthosite
辉绿岩 Diabase	闪长岩 Diorite	正长岩 Syenite
闪长玢岩 Dioritic Porphyrite	角闪岩 Amphibolite	花岗岩 Granite
煌斑岩 Lamprophyre	云煌岩 Minette	伟晶岩 Pematite
基性喷发岩 Basic Effusive Rock	中性喷发岩 Neutral Effusive Rock	酸性喷发岩 Acidic Effusive Rock
玄武岩 Basalt	安山玄武岩 Andesite Basalt	安山岩 Andesite

安山玢岩
Andesitic Porphyrite

 粗面岩
Trachyte

 安山粗面岩
Andesitic Trachyte

 流纹岩
Rhyolite

 流纹斑岩
Rhyolitic–Porphyty

 英安岩
Dacite

 英安斑岩
Dacitic–Porphry

F.3　变质岩

 变质岩
Metamorphic Rock

 变质砂岩
Metasandstone

 变质砾岩
Metamorphic Conglomerate

 碎裂岩
Kataclastics

 构造角砾岩
Dynamic Breccia

 糜棱岩
Mylonite

 板岩
Slate

 硅质板岩
Siliceous Slate

 绿泥石板岩
Chlorite Slate

 碳质板岩
Carbonaceous Slate

 蛇纹岩
Serpentinite

 大理岩
Marble

 千枚岩
Phyllite

 绢云千枚岩
Sericite Phyllite

 绿泥千枚岩
Chlorite Phyllite

 片岩
Schist

 石英片岩
Quartz–Schist

 黑云片岩
Biotite Schist

 绿泥片岩
Chlorite Schist

 片麻岩
Gneiss

 花岗片麻岩
Granite Gneiss

 石英岩
Quartzite

 混合岩
Migmatite

F.4　层理、构造

 水平纹理
Horizontal Bedding

 波状层理
Wavy Bedding

 斜层理
Oblique Bedding

 交错层理
Cross–Bedding

 季节性层理
Seasonal Bedding

 掘混构造
Disturbed Structure

 揉皱构造
Rumpled Structure

 角砾状构造
Brecciated Structure

 气孔状构造
Stomatal Structure

 均一构造
Homogeneous Structure

 虫孔构造
Burrowed Structure

 虫迹
Worm Trail

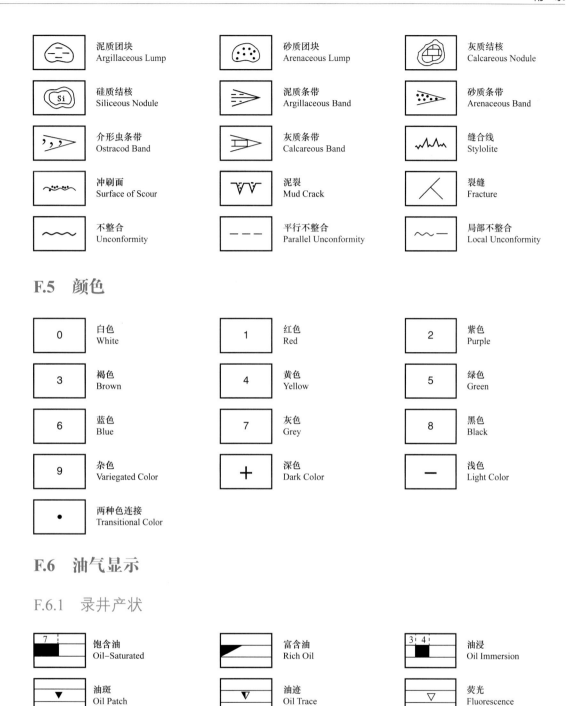

F.5 颜色

F.6 油气显示

F.6.1 录井产状

氧化油斑 Oxidated Oil Patch	含气富含油 Rich Oil Layer with Gas-Bearing Layer	油浸含气 Oil Immersion & Gas-Bearing Layer
油斑含气 Oil Patch & Gas-Bearing Layer	水浸富含油 Rich Oil Layer with Water Cutting	水浸油浸 Oil Immersion Layer with Water Cutting
水浸油斑 Oil Patch with Water Cutting	稠油饱含油 Saturated Oil Layer of Heavy Crude	稠油富含油 Rich Oil Layer of Heavy Crude
稠油油浸 Oil Immersion of Heavy Crude	稠油油斑 Oil Patch of Heavy Crude	

F.6.2 测井解释

油层 Oil Reservoir	差油层 Poor Oil Reservoir	含水油层 Watered Oil
油水同层 Syngenetic Oil-Water Layer	含油水层 Oil-bearing Aquifer	可能油气层 Pissible Oil-Gas
油气同层 Syngenetic Oil-Gas Layer	气层 Gas Layer	气水同层 Syngenetic Gas-Water Layer
含气水层 Gas-Bearing Water Layer	水层 Water Layer	致密层 Compacted Layer
干层 Dry Layer	产层段 Producing Interval	低水油层 Oil Layer with Low-Water Content
中水油层 Oil Layer with Medium-Water Content	高水油层 Oil Layer with High-Water Content	水淹层 Waterflooding Layer
气侵层 Gas Immersion Layer		

F.6.3 槽面显示

槽面油花 Oil Bloom in Mud Ditch	槽面气泡 Gas Vacuole on Mud Ditch Surface	钻井液气侵 Gas Cut in Mud
钻井液水侵 Water Cut in Mud	钻井液带出油花 Oil Bloom in Mud	井涌油 Oil Kick
井涌水 Water Kick	井涌气 Gas Kick	喷气 Gas Exhalation
喷油 Oil Gushing	喷水 Water Ejection	井漏 Mud Loss

F.6.4　其他标注信息

⊕	**放空** Drilling Break	
↕	**起下钻** Trip	
⊕	**蹩钻** Bit Bouncing	
⊙	**跳钻** Bouncing of Drilling Tool	
◁	**井壁取心** Side-Wall Core	
◣	**套管鞋位置** Position of Casing Shoe	
⚡	**电测井位置** Position of Electric Lagging	

注：第四系未成岩沉积物的图例，使用相应碎屑岩图例去掉中间架线作为该沉积物的图例。

附录G 中国各海域地震反射界面及地层层位简表

G.1 渤海地区地震反射界面及地层层位简表

地层系统				对应的地震反射界面			
系	统	组	段	名称	绝对年龄/Ma	色标	常用名称
第四系Q	更新统Qp			T_0	2.6	绿色	
新近系N	上新统N_2	明化镇组 $N_{1-2}m$	明上段$N_2m^上$	T_{10}	5.3	天蓝色	T_0^1
	中新统N_1		明下段$N_1m^下$	T_{15}	14.4	深黄	T_0
		馆陶组N_1g		T_{20}	23.3	粉红色	T_2
古近系E	渐新统E_3	东营组E_3d	东一段E_3d_1	T_{24}		果绿	T_3^1
			东二上亚段$E_3d_2^上$	T_{26}			T_3^u
			东二下亚段$E_3d_2^下$	T_{28}		深绿	T_3^m
			东三段E_3d_3	T_{30}		深蓝色	T_3
		沙河街组 $E_{2-3}s$	沙一段E_3s_1	T_{40}		淡蓝	T_4
			沙二段E_3s_2	T_{50}	32	桃红	T_5
			沙三上亚段$E_2s_3^上$	T_{54}		棕色	
			沙三中亚段$E_2s_3^中$	T_{58}		橘黄	
	始新统E_2		沙三下亚段$E_2s_3^下$	T_{60}	42	紫绛	T_6
			沙四段E_2s_4	T_{70}	50.5	咖啡色	T_7
		孔店组 $E_{1-2}k$	孔一段E_2k_1	T_{75}		玫瑰红	
			孔二段$E_{1-2}k_2$	T_{80}	56.5	紫色	
	古新统E_1		孔三段E_1k_3	T_{100}	65	紫红色	T_8
中生界 Mz	白垩系K	上白垩统K_2		T_{K20}	96	浅蓝色	
		下白垩统K_1		T_{K40}	137	咖啡色	
	侏罗系J	上侏罗统J_3		T_{J20}		朱红色	
		中侏罗统J_2		T_{J40}		土红色	
		下侏罗统J_1		T_{J60}	205	棕色	
	三叠系T			T_{T60}	250	草绿色	Tg

G.2　北黄海盆地地震反射界面及地层层位简表

地层系统				对应的地震反射面		
系	统	组	段	名称	绝对年龄/Ma	色标
第四系 Q	更新统 Qp					
新近系 N	上新统 N_2			T_0	2.6	绿色
	中新统 N_1			T_{10}	5.3	天蓝色
古近系 E	渐新统 E_3			T_{20}	23.3	粉红色
	始新统 E_2			T_{30}	32	深蓝色
	古新统 E_1			T_{80}	56.5	紫色
白垩系 K	上白垩统 K_2	博川组 K_1b		T_{100}	65	紫红色
	下白垩统 K_1			T_{K20}	96	浅蓝色
侏罗系 J	上侏罗统 J_3	峰燧组 J_3f		T_{K40}	137	咖啡色
	中侏罗统 J_2			T_{J20}		朱红色
	下侏罗统 J_1			T_{J40}		土红色
三叠系 T				T_{J60}	205	棕色
				T_{T60}	250	草绿色

G.3 南黄海盆地地震反射界面及地层层位简表

地层系统				对应的地震反射面		
系	统	组	段	名称	绝对年龄 /Ma	色标
第四系 Q	更新统 Qp	东台组 Qpdt		T_0	2.6	绿色
新近系 N	上新统 N_2	上盐城组 N_2s	上二段 N_2s_2			
			上一段 N_2s_1	T_{10}	5.3	天蓝色
	中新统 N_1	下盐城组 N_1x	下二段 N_1x_2			
			下一段 N_1x_1	T_{20}	23.3	粉红色
古近系 E	渐新统 E_3			T_{30}	32	深蓝色
	始新统 E_2	三垛组 E_2s	三二段 E_2s_2			
			三一段 E_2s_1			
		戴南组 E_2d	戴二段 E_2d_2			
			戴一段 E_2d_1	T_{80}	56.5	紫色
	古新统 E_1	阜宁组 E_1f	阜四段 E_1f_4			
			阜三段 E_1f_3			
			阜二段 E_1f_2			
			阜一段 E_1f_1	T_{100}	65	紫红色
白垩系 K	上白垩统 K_2	泰州组 K_2t	泰二段 K_2t_2			
			泰一段 K_2t_1	T_{K20}	96	浅蓝色
	下白垩统 K_1	赤山组—浦口组 K_1c—K_1p		T_{K40}	137	咖啡色
侏罗系 J	上侏罗统 J_3			T_{J20}		朱红色
	中侏罗统 J_2			T_{J40}		土红色
	下侏罗统 J_1			T_{J60}	205	棕色
三叠系 T				T_{T60}	250	草绿色

G.4 东海陆架盆地地震反射界面及地层层位简表

地层系统				对应的地震反射界面		
系	统	组	段	名称	绝对年龄 /Ma	色标
第四系 Q	更新统 Qp	东海群 Qpdh				
				T_0	2.6	绿色
新近系 N	上新统 N_2	三潭组 N_2s				
				T_{10}	5.3	天蓝色
	中新统 N_1	柳浪组 N_1ll				
		玉泉组 N_1y	玉上段 N_1y_1			
			玉中段 N_1y_2			
			玉下段 N_1y_3			
		龙井组 N_1l	龙上段 N_1l_1			
			龙下段 N_1l_2			
				T_{20}	23.3	粉红色
古近系 E	渐新统 E_3	花港组 E_3h	花上段 E_3h_1			
			花下段 E_3h_2			
				T_{30}	32	深蓝色
	始新统 E_2	平湖组 E_2p				
		温州组 E_2w	温上段 E_2w_1			
			温下段 E_2w_2			
		瓯江组 E_2o				
				T_{80}	56.5	紫色
	古新统 E_1	明月峰组 E_1m				
		灵峰组 E_1l	灵上段 E_1l_1			
			灵下段 E_1l_2			
		月桂峰组 E_1y				
				T_{100}	65	紫红色
白垩系 K	上白垩统 K_2	石门潭组 K_2s				
		闽江组 K_2m				
				T_{K20}	96	浅蓝色
	下白垩统 K_1	渔山组 K_1y				
				T_{K40}	137	咖啡色
侏罗系 J	上侏罗统 J_3					
				T_{J20}		朱红色
	中侏罗统 J_2					
				T_{J40}		土红色
	下侏罗统 J_1					
				T_{J60}	205	棕色
三叠系 T						
				T_{T60}	250	草绿色

G.5 台西南盆地地震反射界面及地层层位简表

地层系统				对应的地震反射界面		
系	统	组	段	名称	绝对年龄/Ma	色标
第四系 Q	更新统 Qp	六双组 Qpl				
		二重溪组 Qpe				
		古亭坑组 N$_2$g—Qpg	古亭坑组上段 Qpg$_1$	T$_{20}$	2.6	绿色
新近系 N	上新统 N$_2$		古亭坑组下段 N$_2$g$_2$	T$_{30}$	5.3	天蓝色
	中新统 N$_1$	致望组 N$_1$z	致望组上段 N$_1$z$_1$			
			致望组下段 N$_1$z$_2$			
		庆源组 N$_1$q	庆源组上段 N$_1$q$_1$			
			庆源组下段 N$_1$q$_2$			
		成安组 N$_1$c		T$_{60}$	23.3	粉红色
古近系 E	渐新统 E$_3$	致昌组 E$_3$z	致昌组上段 E$_3$z$_1$			
			致昌组中段 E$_3$z$_2$			
			致昌组下段 E$_3$z$_3$	T$_{80}$	32	深蓝色
	始新统 E$_2$			T$_{90}$	56.5	紫色
	古新统 E$_1$			T$_{100}$	65	紫红色
白垩系 K	上白垩统 K$_2$	建丰组 K$_2$j		T$_{K20}$	96	浅蓝色
	下白垩统 K$_1$	致胜组 K$_1$z		T$_{K40}$	137	咖啡色
侏罗系 J	上侏罗统 J$_3$	致宝组 Jz		T$_{J20}$		朱红色
	中侏罗统 J$_2$			T$_{J40}$		草绿色
	下侏罗统 J$_1$			T$_{J60}$	205	棕色
三叠系 T				T$_{T60}$	250	草绿色

G.6　珠江口盆地地震反射界面及地层层位简表

地层系统				对应的地震反射界面		
系	统	组	段	名称	绝对年龄 /Ma	色标
第四系 Q	更新统 Qp					
新近系 N	上新统 N_2	万山组 N_2w		T_{20}	2.6	绿色
	中新统 N_1	粤海组 N_1y		T_{30}	5.3	天蓝色
		韩江组 N_1h				
		珠江组 N_1z	珠江中上段 N_1z_{1+2}			
			珠江下段 N_1z_3	T_{60}	23.3	粉红色
古近系 E	渐新统 E_3	珠海组 E_3z				
		恩平组 E_3e		T_{80}	32	深蓝色
	始新统 E_2	文昌组 E_2w		T_{90}	56.5	紫色
	古新统 E_1	神狐组 E_1s		T_{100}	65	紫红色
白垩系 K	上白垩统 K_2	汕头群 Ksh		T_{K20}	96	浅蓝色
	下白垩统 K_1			T_{K40}	137	咖啡色
侏罗系 J	上侏罗统 J_3	潮州群 Jch		T_{J20}		朱红色
	中侏罗统 J_2			T_{J40}		土红色
	下侏罗统 J_1			T_{J60}	205	棕色
三叠系 T				T_{T60}	250	草绿色

G.7 莺歌海盆地和琼东南盆地地震反射界面及地层层位简表

地层系统				对应的地震反射界面		
系	统	组	段	名称	绝对年龄/Ma	色标
第四系 Q	更新统 Qp	乐东组 Qpl	乐一段 Qpl_1			蓝色
			乐二段 Qpl_2			
			乐三段 Qpl_3	T_{20}	2.6	绿色
新近系 N	上新统 N_2	莺歌海组 N_2y	莺一段 N_2y_1			
			莺二段 N_2y_2	T_{30}	5.3	天蓝色
	中新统 N_1	黄流组 N_1h	黄一段 N_1h_1			
			黄二段 N_1h_2	T_{40}		草绿色
		梅山组 N_1m	梅一段 N_1m_1			
			梅二段 N_1m_2	T_{50}		青色
		三亚组 N_1s	三一段 N_1s_1	T_{52}		
			三二段 N_1s_2	T_{60}	23.3	粉红色
古近系 E	渐新统 E_3	陵水组 E_3l	陵一段 E_3l_1	T_{61}		
			陵二段 E_3l_2	T_{62}		
			陵三上亚段 $E_3l_3^{上}$			
			陵三下亚段 $E_3l_3^{下}$	T_{70}		梅红色
		崖城组 E_3y	崖一段 E_3y_1	T_{71}		
			崖二段 E_3y_2	T_{72}		
			崖三段 E_3y_3	T_{80}	32	深蓝色
	始新统 E_2			T_{90}	56.5	紫色
	古新统 E_1			T_{100}	65	紫红色
白垩系 K	上白垩统 K_2			T_{K20}	96	浅蓝色
	下白垩统 K_1			T_{K40}	137	咖啡色
侏罗系 J	上侏罗统 J_3			T_{J20}		朱红色
	中侏罗统 J_2			T_{J40}		土红色
	下侏罗统 J_1			T_{J60}	205	棕色
三叠系 T				T_{T60}	250	草绿色

G.8 北部湾盆地地震反射界面及地层层位简表

地层系统				对应的地震反射界面		
系	统	组	段	名称	绝对年龄 /Ma	色标
第四系 Q	更新统 Qp					
				T_{20}	2.6	绿色
新近系 N	上新统 N_2	望楼港组 N_2w		T_{30}	5.3	天蓝色
	中新统 N_1	灯楼角组 N_1d		T_{40}		草绿色
		角尾组 N_1j	角一段 N_1j_1			
			角二段 N_1j_2	T_{50}		青色
		下洋组 N_1x	下一段 N_1x_1			
			下二段 N_1x_2	T_{60}	23.3	粉红色
古近系 E	渐新统 E_3	涠洲组 E_3w	涠一段 E_3w_1	T_{70}		梅红色
			涠二段 E_3w_2	T_{72}		蓝色
			涠三段 E_3w_3	T_{80}		深蓝色
	始新统 E_2	流沙港组 E_2l	流一段 E_2l_1	T_{83}	32	浅蓝色
			流二段 E_2l_2	T_{86}		桃红色
			流三段 E_2l_3	T_{90}	56.5	紫色
	古新统 E_1	长流组 E_1c		T_{100}	65	紫红色
前古近系						

G.9 南沙地区地震反射界面及地层层位简表

地层系统				对应的地震反射界面		
系	统	组	段	名称	绝对年龄/Ma	色标
第四系 Q	更新统 Qp			T_{20}	2.6	绿色
新近系 N	上新统 N_2			T_{30}	5.3	大蓝色
	上中新统 N_1^3			T_{40}	10.4	草绿色
	中—下中新统 N_1^{1-2}			T_{60}	23.3	粉红色
古近系 E	上渐新统 E_3^2			T_{70}	29.3	梅红色
	下渐新统 E_3^1			T_{80}	32	深蓝色
	始新统 E_2			T_{90}	56.5	紫色
	古新统 E_1			T_{100}	65	紫红色
白垩系 K	上白垩统 K_2			T_{K20}	96	浅蓝色
	下白垩统 K_1			T_{K40}	137	咖啡色
侏罗系 J	上侏罗统 J_3			T_{J20}		朱红色
	中侏罗统 J_2			T_{J40}		土红色
	下侏罗统 J_1			T_{J60}	205	棕色
三叠系 T				T_{T60}	250	草绿色

注：中国各海域地震反射界面及地层层位简表摘自 Q/HS 1010—2011。

附录 H　中国海域沉积盆地地层综合柱状图

H.1　渤海湾盆地（海域）新生界地层综合柱状图

界	系	统	组	段	同位素年龄/Ma	地震标志层	岩性	钻遇厚度/m	生油层	储盖组合	典型油气(藏)田	沉积相	海(湖)面升降	岩性概述	构造事件
新生界 Cz	第四系 Q		平原组	Qp	2.6			BZ2井 661				浅海		浅灰、灰绿色黏土及粉砂，含鲜壳的一套海相沉积	新构造运动
	新近系 N	上新统 N_2	明化镇组	上段 $N_2m_\perp$	5.3	T_0^1		H4-6井 1173			H4-6油藏	及泛滥平原为主以曲流河		灰绿、棕红色泥岩与砂岩互层	
		中新统 N_1		下段 N_2m_F	12.0	T_0		BZ6-1-1井 1228			QHD32-6油田	曲流河及浅水三角洲		以暗红色、棕红色和紫红色泥岩为主夹砂岩；泥岩中浅棕色花斑发育，含铁、锰结核	裂后热沉降
			馆陶组	N_1g	23.3	T_2'		BZ6-1-1井 1436			PL19-3油田	辫状河道		厚层一块状含砾砂岩及砂砾岩夹灰绿及棕红色泥岩，渤海南部为砂泥岩互层组合	
	古近系 E	渐新统	东营组 E_3d	东一段 E_3d_1				JZ21-1-1井 604			埕北油田	上部河流沉积体系 下部为三角洲沉积相		灰色、灰绿色泥岩与灰白色砂岩，含碎屑砂岩互层	裂陷Ⅲ幕
				东二上亚段 E_3d_2上		T_3'		JZ17-3-1井 575				三角洲及中-深湖亚相			
				东二下亚段 E_3d_2下	30.3	T_3^m		LD4-1-1井 805.5			SZ36-1油田			灰色、深灰色湖相泥岩、三角洲砂岩	
				东三段 E_3d_3	32	T_3		JZ16-4-2井 1318			JZ31-1气藏 JZ15-4油田			深灰色含钙泥岩，有时夹薄层石灰岩及劣质油页岩	
		始新统 E_2	沙河街组 E_2s	沙一段 E_2s_1	36.0	T_4		JZ9-2-1井 292			JZ20-2气田	浅湖亚相 碳酸盐台地		深灰色泥岩夹薄层状油页岩、石灰岩及生物白云岩等	裂陷Ⅱ₃幕
				沙二段 E_2s_2	38.0	T_5		QK17-1-1井 264			QK18-1油田	前缘亚相 扇三角洲		砂岩夹灰绿及灰色泥岩、生屑灰岩	
		古新统		沙三段 E_2s_3				LD22-1-2井 320 LD22-1-1井 763.5 BZ25-1-1井 682			QK18-1油田 BZ25-1油田	以中-深水湖泊相为主		灰色、深灰色泥岩夹砂岩、油页岩和石灰岩，沙三下亚段在渤南、辽东北部为红色粗碎屑沉积，边缘带发育青灰色冲积扇碎屑岩	裂陷Ⅱ₂幕
				沙四段 E_2s_4	42.0	T_6		KL20-1-1井 552			KL20-1油田	上部为滨湖亚相		上部为灰色、蓝灰色泥岩夹薄层石灰岩、白云岩，中下部为紫红色泥岩、褐灰色泥岩夹石膏层	裂陷Ⅰ幕
			孔店组	$E_{1-2}k$	50.5 / 65	T_7 / T_8		H6井 641.0				上部以河流相为主		上部为棕红、紫红色含砾砂岩、紫红色泥岩夹砂岩，中部以黑色泥岩为主，时夹薄层石灰岩；下部为紫红色泥岩夹砂砾岩	

H.2　渤海湾盆地（海域）前新生界地层综合柱状图

界	系	统	组	段	同位素年龄/Ma	地震标志层	岩性	钻遇厚度/m	生油层	储盖组合	典型油气(藏)田	沉积相	海(湖)面升降	岩性概述	构造事件
中生界 Mz	白垩系 K	下统 K₁			100.0			QHD30-1N-1井 654.0 QHD30-1-1井 498			428（西）油田	河湖相、火山岩相		上部：以湖相深灰色泥岩为主夹钙质泥岩及砂岩；中部：三角洲相浅灰色砂岩、砂砾岩与泥岩互层；下部：红褐色泥岩、砂砾岩及砾岩 火山岩相，以紫红色和灰绿色安山岩、凝灰岩及黑灰色玄武岩为主，中上部夹湖相灰色泥岩及泥岩	裂前
	侏罗系 J	上统 J₃			139.4 T₈ 150.0			H7井 819			埋岛油田	火山岩相		上部：以灰白色、紫红色凝灰岩为主夹灰绿色泥岩及凝灰质砂岩；下部：灰白色凝灰质砂岩间夹杂色凝灰岩、泥岩和白云质砂岩	
		中—下统 J₁+J₂			208.0 T₈²			QK17-9-2井 572.0			QK17-9油藏	含煤河流—沼泽相		灰色、灰白色凝灰质砂岩，以含砾砂岩为主，夹泥岩及薄煤层	
上古生界 Pz	二叠系 P	下统 P₁	石盒子组					79			428（东）油田	以河流相为主		以浅灰色砂岩为主夹泥岩及煤层	
			山西组		290.0			112							
			太原组		T₈³			204				潮坪、泻湖、沼泽相		深灰色泥岩夹粉砂岩、灰岩及煤层，底部为铝土泥岩或铝土岩	
	石炭系 C	上统 C₃	本溪组		322.8 T₈⁴			80							
古生界 下古生界	奥陶系 O	中统 O₂	上马家沟组					273			BZ28-1油田	陆表海台地		下部以浅灰色白云质灰岩为主，上部为石灰岩及泥灰岩	
			下马家沟组					162						以深灰色石灰岩为主，局部为白云质灰岩	
		下统 O₁	亮甲山组					108				台地相		以棕灰色粉晶白云岩、灰质白云岩为主，中下部夹燧石条带及泥质蟽带	
			冶里组		510.0 T₈⁷			138				潮坪相		深灰色藻团粒灰岩，含泥质条带夹薄层泥灰岩及竹叶状灰岩	
	寒武系 €	上统 €₃	凤山组					121.5			BZ28-1油田	浅海台地相		厚层状灰白色粉晶白云岩	
			长山组					57						棕灰色粉晶灰岩与灰色细晶白云质灰岩互层	
			崮山组		523.0			98				潮坪相		上部为灰绿色泥岩，中下部为泥灰岩夹灰质白云岩及石灰岩	
		中统 €₂	张夏组					100				台坪相		底部为砂屑灰岩，其余为暗灰色鲕粒灰岩及生物碎屑灰岩	
			徐庄组					70				潮坪相		灰绿色、紫红色泥岩夹薄层石灰岩及砂岩	
		下统 €₁	毛庄组		540.0			40			BZ28-1油田			紫红色泥晶白云岩夹紫红、灰绿色泥岩	
			馒头组					66				台地相		灰白色、浅灰色厚层状白云岩，顶部夹泥质灰岩	
Pz			府君山组					33							
元古宇—太古宇 PT—AR											JZ25-1S油田			褐红色、灰白色混合花岗岩、混合岩、片麻岩及角闪片麻岩	

H.3　黄海盆地新生界、中生界地层综合柱状图

界	系	统	组	地质年代/Ma	地震标志层	岩性	厚度/m	烃源岩层	储盖组合	构造旋回
新生界 Cz	第四系 Q	更新统—全新统	东台组 Qpdt	2.6			0～380			喜马拉雅旋回
	新近系 N	上新统 N₂	上盐城组 N₂s		T₁₀		0～300			
		中新统 N₁	下盐城组 N₁x	23.3	T₂₀		379～1300			
	古近系 E	渐新统 E₃			T₃₀		1000～1500			
		始新统 E₂	三垛组 E₂s	46.0	T₆₀		1000～1500			
			戴南组 E₂d	53.0	T₈₀		1000～1500			
		古新统 E₁	阜宁组 E₁f	65.0	T₁₀₀		2500～4000			
中生界 Mz	白垩系 K	上统 K₂	泰州组 K₂t		T_K20		1000			燕山旋回
		下统 K₁	赤山组 K₁c							
			浦口组 K₁p							
			葛村组 K₁g	137	T_K60					
	侏罗系 J	上统 J₃	即墨组 J₃j							
			荣成组 J₃r							
			诸城组 J₃z		T_J20					
		中—下统 J₁₋₂	象山群 J₁₋₂xn	205	Tg					印支旋回
	三叠系 T	上统 T₃								
		中统 T₂	周冲村组 T₂z		T_T40		2070			
		下统 T₁	青龙组 T₁q	250	T_T60					

H.4 黄海盆地前中生界地层综合柱状图

界	系	统	组	地质年代/Ma	地震标志层	岩性	厚度/m	烃源岩层	储盖组合	构造旋回
古生界 Pz	二叠系 P	上统 P_2	大隆组 P_2d				735			海西旋回
			龙潭组 P_2l		T_{P20}					
		下统 P_1	孤峰组 P_1g	295	T_{P60}					
			栖霞组 P_1q							
	石炭系 C	上统 C_3	船山组 C_3c		T_{C20}		826			
		中统 C_2	黄龙组 C_2h		T_{C40}					
		下统 C_1	和州组 C_1h							
			高骊山组 C_1g							
			金陵组 C_1j	355	T_{C60}					
	泥盆系 D	上统 D_3	五通组 D_3w		T_{D20}		193			加里东旋回
		中—下统 D_{1-2}		408	T_{D60}					
	志留系 S	上统 S_3	茅山组 S_3m		T_{S20}		2613			
		中统 S_2	坟头组 S_2f		T_{S40}					
		下统 S_1	高家边组 S_1g	435	T_{S60}					
	奥陶系 O	上统 O_3	五峰组 O_3w				400			扬子旋回
			汤头组 O_3t		T_{O20}					
		中统 O_2	宝塔组 O_2b							
			大田坝组 O_2d		T_{O40}					
		下统 O_1	牯牛潭组 O_1g							
			大湾组 O_1d							
			红花园组 O_1h							
			仑山组 O_1l	510	T_{O60}					
	寒武系 Є	上统 $Є_3$	观音台组 $Є_3g$		$T_{Є20}$		700			
		中统 $Є_2$	炮台山组 $Є_2p$		$T_{Є40}$					
		下统 $Є_1$	幕府山组 $Є_1m$							
			荷塘组 $Є_1h$	570	$T_{Є60}$					
前古生界	震旦系 Z	上统 Z_2	灯影组 Z_2dn				850			
			陡山沱组 Z_2d		T_Z		579			
PT—AR			前震旦系	800						

H.5　东海陆架盆地新生界地层综合柱状图

地层系统			绝对年龄/Ma	地震反射界面	充填序列	旋回		层序			主要岩性描述	沉积体系	构造运动	盆地演化		储盖组合		海平面变化曲线	
系	统	组				中期	长期	三级	二级	一级				西带	东带	储层	盖层	东海盆地	全球范围
第四系	更新统	东海群	2.6	T0				SⅢ17	SⅡ7	SⅠ4	灰色泥岩与粉细砂岩互层	海陆过渡相	龙井运动	沉降期					
新近系	上新统	三潭组 柳浪组	5.3 / 13	T10 / T12				SⅢ16			灰白色砂砾岩夹薄层泥岩，北部岩性偏细，为泥质粉砂岩夹薄层泥岩	河流相		沉降期	反转期					
	中新统	玉泉组	15	T15 / T16				SⅢ15	SⅠ6		下部为灰白色细砂岩、粗砂岩与灰绿色泥岩互层，夹海侵层；上部为黄灰色、灰黄或褐色泥岩与粉砂岩、泥质粉砂岩互层	滨浅湖—河流相								
		龙井组	23.3	T17 / T20				SⅢ14 SⅢ13 SⅢ12	SⅠ3		下部灰色泥岩与灰白色粉砂岩、细砂岩、中砂岩和褐砾岩不等厚互层；上部褐灰、绿灰和灰色泥岩与浅灰白色粉砂岩、砂岩、含砾砂岩不等厚互层，夹煤层和海侵层	河流相	花港运动							
古近系	渐新统	花港组	33	T30				SⅢ11 SⅢ10	SⅠ5		杂色泥岩与灰白色粉砂岩、粉砂岩互层，夹棕色或紫色泥岩和海侵层 / 浅灰色或灰白色细砂岩、粗砂岩、砂砾岩和粉砂岩，夹薄层泥岩	河流—三角洲沉积体系 / 三角洲—湖泊沉积体系		沉降期 反转期	坳陷期					
	始新统	平湖组		T32 / T33 / T34				SⅢ9 SⅢ8 SⅢ7 SⅢ6	SⅡ4 SⅠ2		灰绿色细砂岩、粉砂岩，夹浅灰色泥岩，局部见煤层 / 灰—深灰色泥岩与粉砂岩、细砂岩不等厚互层，局部夹灰质，夹黑色沥青质薄煤层 / 灰质粉砂岩、泥质粉砂岩与灰质粗砂岩、泥岩互层，夹少量黑色薄煤层 / 厚层灰—深灰色泥岩，与粉砂岩、细砂岩互层	潮坪—三角洲沉积体系 / 潮坪沉积体系 / 半封闭海湾沉积体系	玉泉运动	反转抬升期	断坳转换期					
		温州组	42.5	T40 / T50				SⅢ5 SⅢ4	SⅠ3		灰色和深灰色泥岩、钙质泥岩，与灰色和浅灰色细砂岩、粉砂岩互层，夹少量的黑色薄煤层 / 灰色、褐灰色钙质泥岩，浅灰色中砂岩、细砂岩和含砾粗砂岩，灰白色石灰岩，夹少量薄煤层	滨浅海—三角洲沉积体系 / 滨浅海沉积体系	平湖运动	坳陷期						
		瓯江组	55	T80									瓯江运动		坳陷期				
	古新统	明月峰组		T83 / T85				SⅢ3	SⅡ2 SⅠ1		灰色、深灰色及浅灰褐色泥岩与灰色、浅灰色中砂岩、细砂岩和粉砂岩互层，夹薄层的黑色煤层	滨浅海—三角洲沉积体系			断陷期					
		灵峰组		T88 / T90				SⅢ2	SⅠ1		灰色、深灰色泥岩与灰色、浅灰色及褐色细砂岩、粉砂岩互层	滨浅海沉积体系 / 滨岸沉积体系		断陷期						
		月桂峰组	66.5	T100				SⅢ1	SⅡ1		灰色、深灰色泥岩与灰色、浅灰色细砂岩、粉砂岩互层	三角洲—湖泊体系	雁荡运动							
白垩系		石门潭组									杂色泥岩与砂岩互层，夹大套火成岩								

H.6 西湖凹陷地层综合柱状图

界	系	统	组	段	地震代号	地层厚度/m	岩性剖面	时间/Ma	地震反射界面	岩性描述	海平面 +-	沉积相	生	储	盖	代表井	构造运动
新生界	第四系	更新系	东海群		$Qpdh$	250～500		2.6	T_0	黏土与细砂岩互层		浅海					冲绳海槽运动
	新近系	上新统	三潭组		N_2s	200～900		5.3	T_{10}	粉细砂岩互层夹泥岩		海陆过渡						
		中新统	柳浪组	上段	N_1^3ll	100～800		13	T_{12} T_{13}	杂色泥岩、砂岩互层、		河流						龙井运动
				下段					T_{15}								
			玉泉组	上段	N_1^2y	100～1500		16.4	T_{16}	杂色泥岩与砂岩、粉砂岩互层、局部夹煤层		湖泊—河流						
				中段													
				下段													
			龙井组	上段	N_1^1l	500～1800		23.3	T_{17} T_{20}	砂岩、粉砂岩与泥岩互层、下部夹煤层、底部为砂砾岩		湖泊—河流三角洲				GSH-1井 YQ1井 LJ-2井	花港运动
		渐新统	花港组	上段	E_3h	500～3000		32	T_{21} T_{30}	灰绿色、深灰色泥岩与粉砂岩、细砂岩层，夹少量煤层		湖泊—河流 河流—三角洲				TWT-1井 DQ1井 CX1井 CHX-3井 DH1井	玉泉运动
				下段													
	古近系	始新统	平湖组	一二段	E_2p	600～5000		43	T_{32} T_{33} T_{34} T_{40}	灰色、灰褐色泥岩与砂岩、粉细砂岩互层，局部含砂砾岩，夹煤层		受潮汐影响的三角洲—潮坪 潮坪局限海				BSH-1井 PH1井 WYT-1井 KQT-1井 NB19-6-1井	平湖运动
				三段													
				四段													
				五段													
			宝石组		E_2bs	300～2000		49	T_{50}	顶部大套灰色泥岩，中下部泥岩夹细砂岩、薄层粉砂岩		滨海—浅海				BSH-1井 WYT-1井	
			八角亭组		E_2b	300～2500		56.5	T_{80}	局部凝灰岩、安山岩与砂岩互层，主要为砂岩与泥岩、粉砂质泥岩互层						PH2井 PH3井	瓯江运动
		古新统			E_1	300～2200		65	T_{100}	未钻遇预测主要为砂泥岩互层，以泥岩居多							雁荡运动
中生界	白垩系	上白垩统	石门潭组		K_2s	＞300		96		未揭示全凝灰岩、安山岩、安山质角砾岩与砂泥岩互层						BYT-3井 LHT-1井 KQT-1井	基隆运动
		下白垩统—侏罗系					未钻遇										

H.7　珠江口盆地地层综合柱状

时间/Ma	地层系统 系	统	组	段	层序地层 浅水	深水	地震界面	年龄/Ma	岩性剖面 厚度	代表井和钻遇厚度	岩性描述	钙质超微带	浮游有孔虫带	孢粉组合	海平面变化 珠江口盆地	全球	构造运动	构造幕	构造亚幕	沉积作用	区域构造事件
	第四系 Q	更新统 Qp					T20	2.59			灰—灰绿色泥岩与砂岩、粉砂岩互层，北部地区底部见一套厚层砂岩、砂砾岩，往南砂岩变薄	NN19 NN18 NN17 NN16 NN15 NN12	N22 N21 N20 N19 N18				块断升降期	断裂活化期		浅海陆棚—三洲相	华南地块挤出 吕宋弧与台湾岛碰撞
5	新近系 N	上新统 N2	万山组 N2w		SQ6.3	SQ7.16	T30	5.33 6.30 7.16	HZ08-1-1 490m		灰—灰绿色泥岩夹中薄层砂岩，局部见少量薄层泥岩，向南见一套灰绿色粉砂岩，厚度逐渐增加	NN11	N17							浅海陆棚—三洲相 三洲—浅海 半深海沉积	
10		中新统 N1	粤海组 N1y		SQ7.16 SQ10.0	SQ10.0	T32	10.00 11.7 12.5			上部以灰色黏土质泥岩为主，中下部为中厚层灰色砂岩夹薄层泥岩，深水区发育巨厚泥岩段	NN10 NN9 NN8 NN7 NN6	N16 N15 N14 N13 N12				东沙运动			三洲—浅海 半深海沉积	印支半岛挤出
15			韩江组 N1h		SQ11.7 SQ12.5 SQ13.82 SQ14.78 SQ15.5 SQ15.97	SQ12.5 SQ13.82 SQ15.5 SQ15.97	T33 T40	13.82 14.78 15.97	HZ18-1-1 400m / 485m		灰色—细粒砂岩与中厚层黏土质泥岩互层，中夹中厚层泥岩，局部注陷见薄层石灰岩	NN5 NN4	N11 N10 N9 N8 N7	哈氏水龙骨单缝孢			白云运动	坳陷平静期	裂后热沉降期	三洲—碳酸盐台地相 浅海—半深海相	
20			珠江组 N1z		SQ17.1 SQ17.25 SQ18.0 SQ21 SQ23.03	SQ17.25 SQ21 SQ23.03	T50 T60	17.10 17.25 18.00 19.10 21.00 23.03	HZ27-3-1 629m / 98m		上部为灰色钙质泥岩夹粉砂质粉岩，中下部为多层石灰岩，东南地区以下中下部见一套中—厚层石灰岩，向南石灰岩逐渐尖灭；上部为灰色钙质泥岩或石灰岩，偶夹薄层砂岩，中下部为灰色砂岩夹薄层钙质泥岩	NN3 NN2 NN1	N6 N5 N4	海相沟鞭藻				裂坳转折亚期		三洲—滨岸—浅沉积	南海扩张
25	古近系 E	渐新统 E3	珠海组 E3zh		ZHSQ6 ZHSQ5 ZHSQ4 ZHSQ3 ZHSQ2 ZHSQ1			24.80 26.00 27.20 28.40 29.50	LW9-1-1 398m		浅灰色中—厚层中砂岩夹中—薄层泥岩，偶夹薄层状煤层及粉砂质石灰岩，南部珠海海泊为中厚层泥岩夹薄层海泊或泥岩与粉砂岩互层	NP25 NP24 NP23 NP22 NP21	P22 P21 P20 P19 P18 P17	桤木粉 双束松粉							
30							T70	33.9									南海运动				
35		始新统 E2	恩平组 E2e		EPSQ4 EPSQ3 EPSQ2 EPSQ1		T80	38.0	LF8-1-1 787m		上部为细砂岩与泥岩薄层互层，中下部以中—厚层泥岩为主，中—薄层泥岩中，局部注陷中—下部见灰褐色—浅灰色泥岩，夹中—薄层砂岩，普见煤层（线）			柯氏双沟粉 倍什高腾粉			珠琼运动II幕	裂陷II幕	裂陷阶段	辫状三洲相—中浅湖相	软碰撞
40			文昌组 E2w		WCSQ6 WCSQ5 WCSQ4 WCSQ3 WCSQ2 WCSQ1				XJ33-1-1 486m / PY5-8-1 515m / LF13-7-1 290m		上部为浅灰色泥岩砂岩，夹薄层粉砂岩，中部多为中—厚层灰褐色—深灰色泥岩夹薄层粉砂岩、砂岩，局部夹火成岩，下部砂泥岩互层，局部发育凝灰质砂泥岩			五边粉 常绿栎粉			惠州运动	裂陷Ib幕		辫状三洲相—中深湖相	
45																		裂陷Ia幕			
50		古新统 E1	神狐组 E1sh				T90 T100 (Tg)	47.8 66.0			东北部多为砂砾岩及火山岩，西部泥岩为砂岩与泥岩互层			南岭粉 三孔朴粉			珠琼运动I幕 神狐运动				印度板块与欧亚板块碰撞
	白垩系 K	上统 K2 下统 K1	油头群 潮州群 Ksh					100.5 145.0	LF35-1-1		前古近系在绝大多数地区为花岗岩、闪长岩、玢岩等侵入岩体，LF35-1-1井通过放射虫、孢粉等途径确认其侏罗系，其中白垩系上部变红色泥岩，一套棕红色岩、一酸性火山岩，侏罗系为中—厚层灰黑色泥岩夹中—薄层灰色粉砂岩，底部见花岗岩等侵入岩体										
	侏罗系 J	中统 J2 下统 J1	潮州群 Jch				TK40 T130 T140														
	三叠系 T																				

H.8 琼东南—珠江口盆地西部地层综合柱状图

地层系统 界	系	统	阶	组	段	符号	地震反射层代号/Ma	岩性描述	浮游有孔虫	钙质超微带	孢粉组合	古气候	主要沉积相	层序界面 二级	层序界面	构造运动	演化阶段	代表井
新生界	第四系	更新统	卡拉布里雅阶/杰拉阶	琼海组		Qpq	T1 / 2.5	以浅灰色黏土夹粉砂岩、细砂岩层为主，局部可见含砾砂岩层	N22	NN19	XI	热带—南亚热带湿润	浅海	SSB2.5	SB0.8 / SB1.6 / SB2.5 / SB3.2 / SB4.5	东沙运动	坳陷阶段	WC10-1-1
	新近系	上新统	序言赞阶/赞克勒阶	万山组		N2w		以浅、深灰色黏土、粉砂质黏土为主，夹松散粉砂岩、砂岩，中部砂岩层增多	N21	NN18 / NN16 / NN13 / NN12					SB5.7			
		上中新统	墨西拿阶/托尔托纳阶	粤海组		N2y	5.7	浅灰和灰色泥岩，粉砂质泥岩夹砂岩、粉砂质粉砂岩和泥质粉砂岩，局部见石灰岩	N19 / N17	NN13 / NN11 / NN10	X	热带—南亚热带湿润	浅海	SSB11.6	SB7.2 / SB9.3 / SB10.5 / SB11.6	东沙运动阶段	坳陷阶段	WC9-3-1
		中中新统	塞拉瓦莱阶/兰盖阶	韩江组		N1h	10.5	由浅灰和浅绿灰色泥岩、粉砂质泥岩夹浅灰色细砂岩、粉砂岩，上部砂岩增多与加厚，钟薄隆起局部出现生物礁、滩灰岩	N12 / N11 / N10 / N9 / N8	NN9 / NN6 / NN5	IV		三角洲 滨浅海		SB12.7 / SB13.8 / SB14.7 / SB15.9			
		下中新统	波尔多阶	珠江组	一段上亚段 / 一段下亚段	N1z1	15.9 / 17.2 / 18.5	上部浅绿色泥岩夹薄层细粉砂岩，中、下部浅灰和棕灰粉砂质泥岩，底部厚层块状泥岩	N7 / N6 / N5	NN4 / NN3	VIII		三角洲 滨浅海		SB17.2 / SB18.3 / SB19.2	南海运动		
			阿基坦阶		二	N1z2		灰白灰质砂岩或石灰岩、绿灰色细砂岩、中砂岩与浅灰泥岩不等厚互层	N4	NN2 / NN1	VII		三角洲 滨浅海	SSB23.0	SB20.4 / SB23.0			
新生界	古近系	上渐新统	夏特阶	珠海组	一	E3z1	23.0	浅灰、绿灰色砂岩、细砂岩与灰白泥岩不等厚互层	NP25		VI	南亚热带湿润气候	三角洲 滨浅海	SSB28.1	SB24.8 / SB26.8 / SB28.1	断坳转换阶段		
					二	E3z2	26.8	灰色砂岩、薄层泥岩和页岩										
		下渐新统	吕珀尔阶	恩平组	一	E3p1	28.1	深灰色厚层泥岩，夹灰白色细砂、粉砂岩			V		三角洲 滨浅湖		SB31.5	珠琼运动II幕	断陷发育阶段	WC36-2-1、WC36-1-1
					二	E3p2	31.5	灰白细砂岩、含砾不等粒砂岩、砂砾岩与深灰色泥岩呈不等厚互层						SSB33.9	SB33.9			
		上始新统	普利亚本阶/巴顿阶	文昌组	一	E2w1	33.9	浅灰和浅褐色含砾不等粒砂岩、不等粒砂岩、砂岩夹红色和灰色薄层泥岩		缺乏钙质超微化石	IV	热带—南亚热带半湿润气候	三角洲 滨浅海		SB41.2	珠琼运动II幕	断陷发育阶段	
		中始新统	卢泰特阶		二	E2w2	41.2	以厚层黑色泥岩为主，局部为页岩、油页岩，夹薄层细砂、粉砂岩	缺乏有孔虫化石		III		浊积砂 中深湖		SB47.8			
		下始新统	伊普里斯阶		三	E2w3	47.8	近顶部夹厚层煤，上部褐灰色泥岩，中、下部为浅灰和红棕色泥岩、砂砾岩夹灰棕色泥岩			II		三角洲 滨浅湖	SSB56.0	SB56.0	珠琼运动I幕	断陷初始阶段	WC19-1-3
		古新统	坦尼特阶—丹麦阶	神狐组		E1-2s	56.0	深灰、褐灰色泥岩与棕红、浅灰白色砂岩，含砾泥岩、砂砾岩不等厚互层			I	热带半干旱气候	河流相	SSB65.5	SB65.5	神狐运动		
	前古近系						T100 / 65.5	石灰岩、变质岩和火成岩等										

H.9　莺歌海盆地地层综合柱状图

界	系	统	阶	组	段	符号	代号	Ma	岩性描述	浮游有孔虫	钙质超微带	孢粉组合带	古气候	主要沉积相	二级层序界面	三级层序界面	构造运动	红河断裂性质	演化阶段	代表井
新生界	第四系	全新统更新统	卡拉布里雅阶·杰拉阶	乐东组	一段·三段	Qpl_1/Qpl_3	T_{20}	1.8	灰色、绿灰色黏土夹灰色砂岩、粉砂岩，富含生物碎片	N22	NN20·NN19	VIII	热带湿润—半湿润气候	三角洲、浅海、海底峡谷水道	SSB2.5	SB0.8·SB1.6	流花运动	右旋走滑	加速热沉降阶段	LD22-1-1、DF11-1-1
	新近系	上新统	皮亚琴察阶·赞克勒阶	莺歌海组	一段·二段	N_2y_1/N_2y_2/N_2y_3	T_{21}/T_{25}/T_{28}	2.5/3.2/3.8	灰绿色、灰色泥岩夹薄层砂岩、粉砂岩	N21·N20·N19·N18	NN19·NN18·NN16·NN13·NN12	VII			SSB2.5	SB2.5·SB3.2·SB4.5				DF13-2-1、LD10-1-2
		上中新统	墨西拿阶·托尔托纳阶	黄流组	一段·二段	N_1h_1/N_1h_2	T_{30}/T_{31}/T_{40}	5.7/7.2/10.5	浅灰色、灰色块状砂岩与灰色泥岩夹层，局部夹石灰岩或灰质砂岩	N17·N16·N15	NN11·NN10	VI		三角洲、浅海—半深海—海底扇、峡谷水道		SB5.7·SB7.2·SB9.3·SB10.5	东沙运动	转换过渡	热沉降阶段	LT1-1-1、LD11-1-1
		中中新统	塞拉瓦莱阶·兰盖阶	梅山组	一段·二段	N_1m_1/N_1m_2	T_{4a}/T_{41}/T_{50}	11.6/13.8/15.9	薄层浅灰色、灰色泥岩夹灰色细砂岩、灰质细砂岩夹石灰岩；浅灰色、灰色块状砂岩与灰色泥岩不等厚互层，局部夹砂质泥岩或石灰岩	N14·N13·N12·N11·N10·N9·N8	NN8·NN7·NN6·NN5	V	热带湿润—半湿润气候	三角洲、浅海、半深海、海底扇	SSB11.6	SB11.6·SB12.7·SB13.8·SB14.7·SB15.9				
生界		下中新统	波尔多阶·阿基坦阶	三亚组	一段·二段	N_1s_1/N_1s_2	T_{52}/T_{60}	18.3/23.0	浅灰色、灰色块状粉砂岩、细砂岩与灰色泥岩不等厚互层；局部底部含石灰岩	N7·N6·N5·N4	NN4·NN3·NN2·NN1	IV		三角洲、浅海、半深海、海底扇	SSB23.0	SB17.2·SB18.3·SB19.2·SB20.4·SB21.6·SB23.0	南海运动			
	古近系	上渐新统	夏特阶	陵水组	一段·二段·三段	E_3l_1/E_3l_2/E_3l_3	T_{61}/T_{62}/T_{70}	24.8/26.8/28.1	浅灰色、灰色砂岩与灰色泥岩不等厚互层	P22·P21	NP25·NP24	III	南亚热带半湿润气候	三角洲、滨浅海	SSB28.1	SB24.8·SB26.8·SB28.1		左旋走滑	左旋走滑—伸展裂陷阶段	LD11-1-1、104-QMV-IX
		下渐新统	吕珀尔阶	崖城组	一段·二段·三段	E_3y_1/E_3y_2/E_3y_3	T_{71}/T_{72}/T_{80}	29.9/31.5/33.9	灰色砂岩与深灰色泥岩，夹薄层煤层	P20·P19·P18	NP23·NP22·NP21	II	热带湿润—半湿润气候	三角洲、滨浅海	SSB33.9	SB31.5·SB33.9	珠琼运动			
		始新统	普利亚本阶—伊普里阶	岭头组		E_2l	T_{100}	56.0	厚层花岗质细砂岩与灰色泥岩互层	缺乏有孔虫化石	缺乏钙质超微化石	I	热带湿润—半湿润气候	三角洲—湖泊	SSB56.0	SB56.0				
	前古近系								变质岩、沉积岩与喷出岩											

注：图中另含"地震反射层"、"海（湖）平面变化曲线（200—100 m）"、"储盖组合（烃源岩层、储层、盖层）"及"产层段"等栏目。

H.10　琼东南盆地地层综合柱状图

地层系统						地震反射层	岩性	岩性描述	主要化石带			古气候	海平面变化曲线/主要沉积相	储盖组合			层序界面		产层段	构造演化		代表井
界	系	统	阶	组	段	符号 代号 Ma			浮游有孔虫	钙质超微带	孢粉组合		200 ———— 100 m	烃源岩层	储层	盖层	二级	三级	构造运动	演化阶段		

琼东南盆地地层综合柱状图

主要地层单元（从上至下）：

第四系：乐东组（一段 Qp₁ˡ、三段 Qp₁³），灰色、绿灰色黏土夹灰色砂岩、粉砂岩，富含生物碎片。N22，NN20，NN19，VIII。流花运动。

新近系上新统：莺歌海组、黄流组、梅山组、三亚组等。

古近系：陵水组、崖城组、岭头组（E₂l）。

前古近系：石灰岩、变质岩和火成岩等。

H.11　北部湾盆地地层综合柱状图

地层系统						岩性剖面	地震反射层 代号/Ma	标志层	岩性描述	主要化石带			古气候	层序界面		海(湖)平面变化/m 200 ---- 100	主要沉积类型	储盖组合			产层段	构造演化		代表井
界	系	统	阶	组	段	符号				浮游有孔虫	钙质超微带	孢粉组合		二级	三级			烃源岩层	储层	盖层		构造运动	演化阶段	
新生界	第四系	更新统		望楼港组		Q	T20 2.58	灰色泥岩	灰色、灰黄色砂砾岩和粗砂岩与灰色泥岩不等厚互层	N22 N21	NN21 NN19 NN18 NN16		南亚热带湿润-半湿润气候	SSB2.588	SB2.588		滨浅海					流花运动	坳陷阶段	WZ23-3-1, WZ12-1-1, WS16-1-1, WS26-2-1
		上新统				N₂w	T30 5.33		上部为灰色粗砂岩、细砂岩、粉砂岩与灰色泥岩互层，下部为厚层泥岩	N20 N19	NN16 NN13 NN12			SB5.33			滨浅海							
	新近系	中新统	墨西拿阶 托尔托纳阶 塞拉瓦莱阶 兰盖阶 波尔多阶	灯楼角组		N₁d			灰色和灰黄色含砾砂岩、粗砂岩、细砂岩和粉砂岩等与灰色泥岩不等厚互层	N17 N16 N15 N14	NN11 NN10 NN9 NN8 NN7			SSB11.62	SB11.62		滨浅海					东沙运动		
				角尾组	一	N₁j₁	T40 11.6	灰色泥岩	灰色、灰绿色泥岩夹少量泥质粉砂岩、粉砂岩等	N12 N11 N10 N9	NN6 NN5		热带湿润-半湿润气候		SB14.78		浅海							
					二	N₁j₂	T41 14.7		灰绿色和灰色粗砂岩、细砂岩、粉砂岩与灰绿色、灰色泥岩不等厚互层	N8 N7 N6	NN4				SB18.49		滨浅海							
			下洋组	一	N₁x₁	T50 18.4			浅灰色含砾砂岩、细砂岩等夹灰色泥岩	N5	NN2				SB20.43		滨浅海					南海运动		
			阿基坦阶		二	N₁x₂	T52 20.4 T60		灰黄色和棕黄色砂岩、含砾粗砂岩、粗砂岩等夹灰色泥岩	N4	NN1			SSB23.03	SB23.03	湖平面 深 浅	滨海							
新生界	古近系	渐新统	夏特阶	涠洲组	一	E₃w₁	T30 23.0	杂色泥岩	灰白色和浅灰色粗砂岩、中砂岩等夹杂色、棕红色泥岩			VII	中亚热带半湿润-半干旱气候		SB25.3		三角洲-滨浅湖						裂陷消亡阶段	WZ12-1-1
					二	E₃w₂	25.3	杂色或杂色泥岩	杂色、棕红色和灰白色、浅灰色粉砂岩、细砂岩不等厚互层，偶见薄煤层			VI			SB27.8 SB30.0		三角洲-中深湖					珠琼运动II幕		
			吕珀尔阶		三	E₃w₃	T72 30.0		灰色、灰白色含砂岩、中砂岩和细砂岩夹杂色、棕红色和灰色泥岩			V	中亚热带湿润-半湿润气候		SB33.9		三角洲-滨浅湖							
		始新统	普利亚本阶 巴顿阶	流沙港组	一	E₂l₁	T80 33.9	灰灰色页岩类	灰色、深灰色页岩、泥岩与灰色、灰白色粉砂岩、细砂岩及少量含砾细砂岩不等厚互层，偶见棕红色泥岩发育			IV		SSB33.9	SB33.9 SB40.0		三角洲-滨浅湖							
			卢泰特阶		二	E₂l₂	T83 40.4	深灰色页岩类 深灰色油页岩类	上部和下部为厚层深灰色页岩或油页岩、泥岩，中部为深灰色页岩、泥岩夹灰白色、浅灰色粉砂岩、细砂岩及少量含砾细砂岩		缺乏有孔虫超微化石	III	南亚热带湿润-半湿润气候		SB44.8 SB48.6		滨浅湖-中深湖						裂陷扩张阶段	Wan2
			伊普里斯阶		三	E₂l₃	T86 48.6		灰白色、浅灰色含砾砂岩、细砂岩夹深灰色及少量棕红色泥岩			II	热带半湿润-半干旱气候		SB55.8		河流-滨浅湖					珠琼运动I幕		
		古新统	坦尼特阶 塞兰特阶 丹麦阶	长流组		E₁c	T90 55.8	棕红色泥岩及砂岩	棕红色、红褐色砂砾岩、含砾砂岩和砂岩与棕红色泥岩互层，偶见灰色泥岩及浅灰色砂岩，自然伽马平缓低幅锯齿状			I	热带干旱气候	SSB55.8	SB55.8 SB61.1		冲积扇-河流						裂陷初始阶段	WZ10-3N-3
		前古近系					T100 65.5		石灰岩、变质岩、花岗岩和火山碎屑岩等					SSB65.5	SB65.5							神狐运动		

附录Ⅰ 地质、工程专业英文词汇

Ⅰ.1 石油地质

中文词义	英文词	英文缩写
A		
大约，关于	about	abt
在……之上，同上	above	ab
没有的，缺的	absent	abs
丰富的（含量为50%~75%）	abundant	abd
针状的	acicular	acic
英亩英尺	acre-foot	AF
附加的，更多的	additional	addl
集块，团块，大块	agglomerate	aglm
聚集的，集合体，合计的	aggregate	agg
藻类	algae	alg
外源化学沉积	allochem	alchm
冲积层（土），沙洲，泥沙	alluvium	al
改变，蚀变	altered	alt
交替，交错，变动的	alternating	altg
琥珀，琥珀色	amber	amb
非晶质的，无定形的	amorphous	amor
总计，合计，总数，数量	amount	amt
和	and	&
安山岩	andesite	an
角，棱角	angular	ang
硬石膏	anhydrite	anhy
环形物，环带	annulus	anl
无烟煤，硬煤，白煤	anthracite	anthr
背斜	anticline	anticl
隐晶质的，非显晶质的，细粒的	aphanitic	aph

中文词义	英文词	英文缩写
明显的，显然的	apparent	apt
出现，显现，好像	appear	apr
大约的，近似的，接近于	approximate	approx
文石	aragonite	arag
长石砂岩	arkose	ark
同上	as above	a/a，a.a
连带的，伴生的，关联的，共生的	associated	assoc
企图，设法，尝试	attempt	att
自生的，内源的	authigenic	authg
平均，平均的	average	avg
B		
条带，带状物，波（光）带，夹层，地带	band	bnd
重晶石	barite	bar
桶	barrel，barrels	bbl，bbls
石油桶数	barrels oil	BO
玄武岩	basalt	bas
基底是，基底	base of	b/
基底，基岩	basement	bm
变成，变得（合适的，相称的）	become（ing）	bcm
层，层理，海床；基础，底层	bedding	bdg
层，层状的；层的	bed，bedded	bd
层厚	bed thickness	bt
膨润土	bentonite	bent
膨润土水基钻井液	bentonite water mud	BWM
在……之间，当中，中间	between	btwn
生物碎屑的	bioclastic	biocl
生物岩礁，生物丘	bioherme	bioh

续表

中文词义	英文词	英文缩写
生物微晶灰岩	biomicrite	biomi
生物亮晶灰岩	biosparite	biosp
生物层	biostrome	biost
黑云母	biotite	biot
鸟眼，鸟瞰的，概观	birds-eye	bdeye
沥青，沥青质的	bitumen, bituminous	bit
黑色的，暗淡的	black	blk
带黑，稍黑的	blackish	blksh
叶片，刀片，刀口	blade	bld
渗出，漏出，流失	bleeding	bldg
块状的	blocky	blky
花状的，放射状	blooming	blmg
蓝色的（略带蓝色的）	blue（bluish）	bl（blsh）
底，底部	bottom	btm
井底	bottom hole	BH
到底（部）	bottomed	btmd
井底温度	bottom hole temperature	BHT
井底钻井液	bottom hole mud	BHM
葡萄状的	botryoid（al）	bot
香肠构造	boudinage	boudg
漂砾，巨砾，卵石	boulder	bldr
生物粘结灰岩	boundstone	bdst
腕足类	*Brachiopoda*	*Brac*
微咸的	brackish	brk
分支的，树枝状的	branching	brhg
破裂，断裂，中断，间断	break	brk
角砾岩，角砾的	breccia, brecciated	brec
明亮的	bright	brt

中文词义	英文词	英文缩写
海水，盐水	brine	BR
脆性的，易碎的	brittle	brit
破碎地层	broke down formation	BDF
破裂的，断开的	broken	brkn
褐色的，棕色的	brown	brn
苔藓动物	bryozoan	bry
泡沫，气泡	bubble	bubl
浅黄色，米色	buff	bf
打洞，潜穴，虫孔	burrow	bur
C		
碳化钙，电石	calcium carbide	CaC_2
碳酸盐岩	carbonatite	crbnt
石炭纪（的），含碳的，含煤的	Carboniferous	C，Carb
钙	calcium	Ca
方解石	calcite（−ic）	calc，calctc
石灰质的，含钙的	calcareous	calc
氯化钙	calcium chloride	$CaCl_2$
砾屑灰岩	calcirudite	clcrd
砂屑灰岩	calcarenite	clcar
灰泥岩，泥屑灰岩	calcilutite	clcit
粉砂屑灰岩	calcisiltite	clclt
计算，预测，打算	calculate	calc
井径仪	caliper	clpr
寒武纪（系）	Cambrian	€，Cam
盖层	cap rock	CR
四氯化碳	carbon tetrachloride	CCl_4
碳质的，含碳的	carbonaceous	carb
套管，下套管	casing	csg

续表

中文词义	英文词	英文缩写
洞穴，岩石坍塌	caved	cvd
使成洞（洞穴的，多孔的，孔穴状，塌的）	cavern（-ous）	caren
掉块，（井壁）坍塌	caving	CVG
胶结的，注水泥的	cemented	cmtd
新生代（界）	Cenozoic	Cz，Cen
厘米	centimeter	cm
头足类	*Cephalopoda*	*Ceph*
玉髓	chalcedony	chal
河道，潮道，通道	channel	chal
白垩	chalk	chk
白垩质	chalky	chky
轮藻类	*Charophyta*	*Char*
检查爆炸（射孔）	check shots	CS
检查过	checked	ckd
燧石	chert	cht
燧石质	cherty	chty
几丁质，（甲）壳质	chitin, chitinous	chit
绿泥石	chlorite	chlor
氯化物	chloride	Cl
深褐色，巧克力色	chocolate	choc
色谱，色谱仪	chromatograph	chrom
循环	circulate	circ
循环气峰	circulating gas peak	CGP
碎屑的	clastic	clas
黏土	clay	cl
黏土质的，黏土状的	clayey	clye
黏土充填的	clay-filled	CF
黏土岩，泥岩	claystone	clst

中文词义	英文词	英文缩写
干净的，洗净的	clean	cln
清晰的，纯的	clear	clr
解理（矿物），劈理（岩石）	cleavage	clvg
无光泽，模糊	clouding	
模糊状，云状	cloudy	
群，组，簇	cluster	clus
煤	coal	C
粗的，粗粒	coarse	crs
粗晶	coarsely crystalline	cxl
外层，涂层	coated（-ing）	cotd，cotg
中砾	cobble	cbl
塌陷，垮掉	collapse	
颜色，显色	color（-ed）	col
组合，混合，结合，化合	combination	comb
共同的，普通的（含量为25%～50%）	common	com
致密，压实	compact	cpct
比较，对比	compare	cf
完全，完成	completed	compld
失返，完全漏失	completed losses	CL
完井，完成，结束	completion	compl
富集的，浓缩的	concentrated	cont
造山运动	concentrated earth movement	
河床径流	concentrated flow	
河道侵蚀	concentrated wash	
同心的，同轴的	concentric	cncn
贝壳状，介壳状的	conchoidal	conch
结核，凝结	concretion	cner
凝析液，凝析油，凝结物	condensate	cndst

续表

中文词义	英文词	英文缩写
整合接触	conformable contact	conf-con
污染，混杂	contamination	contam
凝析荧光泥岩	condensate-cut mudstone	CCM
条件，情况，状况	condition	cond
砾岩	conglomerate	cgl
原生水饱和度	connate water saturation	S_{cw}
连结，连通	connection	conn
单根气	connection gas	CG
牙形石	*Conodont*	*Cono*
该注意的，相当大的，大量的	considerable	cons
固结，压实的	consolidate	consl
接触，联系	contact	ctc
包含，包括	containing	contg
内容，含量，容量	content	cont
扭曲，歪曲	contort	cntrt
合同	contract	
对比，对照	contrast	
坐标，一致，同等	coordinate	co-ord
贝壳灰岩	coquina	coq
珊瑚	coral	crl
珊瑚的，珊瑚状	coralline	corln
岩心，取心	core	
取心筒	core barrel	CB
取心井	core-hole	CH
取心的，岩心的	cored	crd
取岩心	coring	crg
校正过的	corrected	corr
对比	correlate	correl

中文词义	英文词	英文缩写
覆盖层，包括	cover	cov
奶油色（淡黄、米黄色）	cream	crm
细褶皱的，锯齿状的	crenulate	cren
白垩纪（系）	Cretaceous	K，Cret
裂隙	crevice	crev
皱，卷曲，成波状	crinkled	crnk
海百合	*Crinoid*	*Crin*
穿过	cross	x
交错层理，交错层状的	crossbed	xbd
交错层理	crossbedding	xbdg
交错纹层	cross-laminated	xlam
交错层理	cross-stratified	xstrat
挤压，变皱，扭弯	crumpled	crpld
隐，隐蔽（词头）	crypto（prefix）	crp
隐晶质的	cryptocrystalline	crpxl
隐晶粒	cryptograined	crpgr
晶体，结晶	crystal	xl
晶质的，结晶的	crystalline	xln
立方体，立方形的，立方体的	cube，cubic	cub
荧光湿照	cut fluorescence	CF
岩屑，钻屑	cuttings	ctgs
旋回，循环，周期	cycle	cyc
旋回沉积	cyclical deposite	
D		
英安岩	dacite	dac
暗的，深的	dark（−er）	dk，dkr
死的，静的，停顿的，失效的	dead	dd
岩屑，碎石，有机物的残渣	debris	deb

中文词义	英文词	英文缩写
减少，降低	decrease	decr
（角的）度，程度，方次	degree	deg,（°）
摄氏温度	degree centigrade	℃
树枝状，多枝的	dendritic	dend
稠密的，密集的，浓的	dense	dns
密度	density	dnsty
沉积的	depositional	depstnl
沉积环境	depositional environment	
描述，说明	description	descr
确定，决定，规定，限定	determine	dtrm
碎屑的，由岩屑形成的	detrital	detr
发展，开发	development	dev
偏的，偏差（斜）	deviate	dev
辉绿岩	diabase, dolerite	db, do
成岩作用	diagenesis	diagn
混积岩	diamictite	diamic
泥盆纪（系）	Devonian	D, Dev
斜的，对角线的，对顶的	diagonal	diag
直径	diameter	dia
侵入带直径	diameter of invaded zone	DIZ
差异，区别，不同	difference	dif
有差别的	differential	dfntl
模糊的，暗淡的	dim	dim
缩减，减少	diminish	dim
闪长岩	diorite	dior
不连续的	discontinuous	discont
散布的	disseminated	dissem
位移，移动，置换	displace	displ

中文词义	英文词	英文缩写
位移的	displaced	displd
位移	displacing	displg
馏分，馏出物	distillate	dist
同上，同前，同样的	ditto	do
浸染的	disseminated	dism
白云石，白云岩	dolomite	dol
白云岩的	dolomitic	dolic
白云岩化	dolomitized	dolzd
白云石穴，白云石晶模	dolomold, dolomoldic	dolmd
主要的，占优势的	dominant（ly）	dom
钻凿，钻井，演习	drill	drl
钻井，钻进	drilling	drlg
钻进中断，钻选不正常	drilling break	DB
钻进时间	drilling time	DT
钻杆测试，中途测试	drill-stem test	DST
晶簇，晶洞	druse	drs
晶簇状	drusy	drsy
干井和废弃（井）	dry and abandoned	D&A
阴暗的	dull	dull
动态漏失	dynamic losses	DL
E		
土状的，泥土的	earthy	ea
（棘皮动物）海胆类	*Echinoid*	*Ech*
起泡，沸腾	effervescence	eff
岩心有效孔隙度	effective core porosity	ECP
高程，高度，海拔	elevation	elev
椭圆形的	elliptical	elip
伸长状，狭长状	elongate	elong

续表

中文词义	英文词	英文缩写
埋入的，嵌入的	embedded	embd
乳状液，乳化	emulsion	emul
扩大，增大，增加，放大	enlarge	enl
始新统（世）	Eocene	E_2, Eoc
相等的，当量，等值	equivalent	equiv
侵蚀的	eroded	erod
冲蚀，侵蚀，风化	erosion	eros
侵蚀面，风化面	erosion surface	eros surf
估计，估算，评价，判断	estimate	est
自形的	euhedral	euhed
静海（相）的，闭塞环境的	euxinic	eux
蒸发岩，蒸发盐	evaporite	evap
蒸发的	evaporitic	evapic
均匀油迹	even oil stain	even o stn
优良的，极好的	excellent	ex
暴露的，无掩蔽的	exposed	exp
外来碎屑	extraclast	exclas
极度，极端，终极	extremely	extr
喷出，挤出，喷出的，喷发的	extrusion, extrusive	extr
F		
小平面，刻面，磨光面	facet	fac
微弱的，不明显的，淡的	faint	fnt
好的，公正的，中等的	fair	fr
断层	fault	flt
动物群	fauna	fna
英尺	feet	ft
长石	feldspar	fld
含铁的，铁质	ferruginous	ferr

中文词义	英文词	英文缩写
纤维状，纤维质的	fibrous	fibr
薄膜	film	film
细的，细粒的，好的	fine（ly）	f，fnly
易剥裂的	fissile	fis
硬，坚硬的	firm	frm
薄片，鳞片	flake	flk
薄片状的	flaky	flky
平的，平坦的，无光泽的	flat	fl
浮动的	floating	fltg
流沙	floating sand	
植物群	flora	flo
荧光	fluorescence	fluor
叶片状的，薄层状的	foliated	fol
英尺，足，最下部，底部	foot	ft
有孔虫	*Foraminifera*	*Foram*
地层，组，建造，形成	formation	fm
地层水	formation water	FmW
化石（含化石的）	fossil（-iferous）	foss
断口，裂缝，破裂	fracture	frac
碎块，碎屑，碎片	fragment	frag
脆的，易碎的	fragile	frag
频繁的，经常的，常见的	frequent	freq
新鲜的，淡的	fresh	frs
新破碎	fresh break	FB
淡水	fresh water	FrW
易碎的，脆性的	friable	fri
边缘，条纹	fringe（-ing）	frg
无光泽的	frosted	fros

续表

中文词义	英文词	英文缩写
无光泽的石英颗粒	frosted quartz grains	FQG
G		
辉长岩	gabbro	gab
气体，天然气	gas	G
油气	gas and oil	G&O
凝析油	gas condensate	GC
气的气味	gas odor	GO
气侵	gas-cut	GC
气侵钻井液	gas-cut mud	GCM
气侵和油侵钻井液	gas-and oil-cut mud	G&OCM
气测异常	gas logging abnormal（−ly）	GLA
油气接触（面），油气界面	gas oil contact	GOC
腹足类	*Gastropod*	*Gast*
水气接触（面）	gas−water contact	GWC
一般地，普通地，综合地	generally	gen
地质学	geology	geol
硬沥青	gilsonite	gil
玻璃状，玻管的，透明的	glassy	glsy
海绿石	glauconite	glauc
抱球虫属	*Globigerina*	*Glob*
光泽	gloss	glos
片麻岩	gneiss	gns
好的，真的，适合的	good	gd
等级，粒级，分级，坡度	grade	grd
分级，分选，递变	grading	grdg
逐渐的，逐步的	gradual	grad
粒，颗粒	grain，grained	gr
粒屑灰岩	grainstone	grst

中文词义	英文词	英文缩写
花岗岩	granite	grt
花岗岩冲积物	granite wash	G.W.
花岗闪长岩	granodiorite	grndior
颗粒的，粒状的	granular	gran
细粒，粒砂	granule	grnl
葡萄状灰岩	grapestone	grnpst
笔石	graptolite	grap
砾石，砂砾	gravel	gvl
重力	gravity	grav
灰色	gray（grey）	gy
杂砂岩，硬砂岩	graywacke	gwke
油性的，多脂的	greasy	grsy
绿的	green	gn
粗砂质的	gritty	grty
土地，地面，场地	ground	grd
群	group	G
地平面，地平线	ground level	GL
胶质，黏性	gummy	gmy
油水分离罐，沉降罐，枪筒	gun barrel	GB
含石膏的	gypsiferous	gyps
石膏（软石膏）	gypsum	gyp
H		
锯齿状，粗糙的	hackly	hkv
石盐，岩盐	halite（−iferous）	hal
坚硬的	hard	hd
沉重地，缓慢地，大量地	heavily	hvly
重的，大量的，强烈的	heavy	hvy
赤铁矿	hematite，hematitic	hem

续表

中文词义	英文词	英文缩写
非均质的，不均匀的	heterogenous	hetr
六方形的，六角形的	hexagonal	hex
高的，强烈的，高地，隆起	high	hi
严重失水	high water loss	HWL
全新统（世）	Holocene	Hol
均质的，均匀的	homogeneous	hom
层，层位，水平线	horizon	hor
角闪石	hornblend	ho
水平的，横向的，平放的	horizontal	horiz
热电阻线，热阻丝	hot wire	HW
小时	hour	hr
烃类，碳氢化合物	hydrocarbon	hydc
盐酸	hydrochloric acid	HCl
氢离子浓度	hydrogen ion concentration	
硫化氢	hydrogen sulphide	H_2S
浅成岩，半深成岩	hypabyssal rock	hypb rk
I		
火成岩，岩浆岩	igneous rock	ig
埋入的，嵌入的	imbedded	imbd
直接的，最近的，立即的	immediate	imm
不渗透的	impermeable	imperm
印记，压痕，印象，影响	impression	imp
英寸	inch	in
包括，包裹体	included，inclusion	incl
增加，增长	increase	incr
增加	increasing	incr
指示，指出，表示，象征	indicated	ind
不清楚的，不易区别的	indistinct	indst

中文词义	英文词	英文缩写
固结的，硬化的	indurated	ind
推断的，推测的	inferred	inf
内径	inner diameter	ID
部分地	in part	i.p, i/p
不溶的，不可溶解的	insoluble	insl
互层的，层间的，夹层的	interbedded	intbd
插入，夹入	intercalate	intcl
查样井	intercept well	Intcpt wl
晶间的	intercrystalline	intxl
岩指，指状交错，楔形夹层	interfinger	intfr
粒间的	intergranular	Intgran
共生，互生，连晶	intergrown	intgwn
层间的，纹层状互层	interlaminated	intlam
中间的	intermediate	intmed
颗粒间的	interparticle	intpr
空隙的，隙间的	interstitial	intstl
层段，井段，间距	interval	intv
内碎屑（的）	intraclast（ic）	intclas
粒内的	intraparticle	intrapar
层内的	intraformational	inftm
侵入作用，侵入的	intrusion，intrusive	intr
无脊椎动物	invertebrate	invrtb
不可见的	invisible	invis
色彩斑斓的，彩虹色的	iridescent	irid
铁	iron	Fe
含铁矿石，褐铁矿	ironstone	
不规则的	irregular	ireg
孤立的，隔离的	isolated	isltd

续表

中文词义	英文词	英文缩写
等厚的，等厚线的	isopachous	iso
伊利石	illite	illit
J		
碧玉	jasper	jasp
玉石	jade	
节理，接头，接合	joint	jt
连接的，联合的	jointed	jtd
废物，废料，积在井底的金属碎屑	junk	jk
侏罗纪（系）	Jurassic	J，Jur
K		
高岭石	kaolin	kao
方钻杆补心	kelly bushing	KB
千米，公里	kilometer	km
L		
湖泊的，湖成的	lacustrine	lac
实验室，研究所	laboratory	lab
纹层状，页状	laminated	lam
大的，大量的	large	lrg
红土，砖红壤，红土的	laterite（-itic）	lat
淡紫色	lavender	lav
层	layer	lyr
被淋滤的	leached	lchd
漏，泄露	leak（-age）	lk
地层破裂试验	leak off test	LOT
透镜，透镜状	lens，lenticular	len
轻的，淡色的，浅色的；光	light	lt
褐煤，褐煤的	lignite，lignitic	lig
石灰，氢氧化钙	lime	lm

中文词义	英文词	英文缩写
石灰岩，石灰石	limestone	LST
褐铁矿，褐铁矿的	limonite，limonitic	lmt
含灰质的，有黏性的	limy	lim
石质的，岩屑的，岩性的	lithic	lit
石印的	lithographic	lthgr
岩性学	lithology	lith
小的，少的，不多的	little	ltl
滨海的，沿岸的，潮间（滩）的	littoral	litt
局部的，地方的	local	loc
测后效	logged after trip	LAT
长的，长远的	long	lng
松散的，游离（自由）的	loose	lse
井漏，循环液漏失	lost circulation	LC
堵漏材料	lost circulation material	LCM
下部	lower	L
块，团块	lump	lmp
块状	lumpy	lmpy
光泽	luster	lstr
细屑岩，泥质岩	lutite	lut
大的	large	lge
火山砾	lapilli	lpl
矿脉，矿层，暗礁	ledge	ldg
M		
大化石	macrofossil	macrofos
磁（性）的	magnetic	mgn
磁铁矿	magnetite	mgt
锰	manganese	mn
边缘的，边际的	marginal	mrgnl

续表

中文词义	英文词	英文缩写
大理岩，大理石	marble	mbl
海的（海洋的）	marine	marn
灰泥，泥灰岩	marl	mrl
硬泥灰岩	marlstone	mrlst
泥灰质	marly	mrly
栗色，紫酱色	maroon	mar
块状的	massive	mass
物质，物质的，物料，材料	material	mat
基质，母质，脉石，填质	matrix	mtx
物质，物体	matter	mat
最大量，最大（值），极大（值）	maximum	max
中间的，中央的，中值	median	mdn
中等的，中间的，中间物，介质	medium	m
中晶粒的	medium crystalline	mxl
中粒的	medium-grained	mgr
成员，项，段	member	mbr
新月形，弯月面	meniscus	men
中生代（界）	Mesozoic	Mz
变质的	metamorphic	meta
（受）变质的	metamorphosed	met
交代变质作用	metasomatism	msm
米，公尺，仪表	meters	m
云母	mica	mica
云母的，含云母的，云母状的	micaceous	micas
微晶灰岩，泥晶灰岩（的）	micrite（tic）	micr
小，微（词头）	micro（prefix）	micr
微晶（质）的	microcrystalline	micrxl
微体化石	microfossil	micrfos

中文词义	英文词	英文缩写
微粒的	micrograined	micrgr
微云母状的	micromicaceous	micrmic
微孔隙	micropore	micropor
微亮晶	microspar	microspr
微缝合线	microstyolite	microstyl
中部（的），中期的，中间的	middle	mid
乳状的	milky	mky
毫达西	millidarcies	mD
毫米	millimeter	mm
矿物	mineral	mnrl
矿化的	mineralized	mnrld
最小值，极小值	minimum	min
较小的，次要的（含量为10%～25%）	minor	mnr
分钟，微小的，精细的	minute	min
中新统（世）	Miocene	N_1, Mio
（枪弹）射不出，空射	misfire	MF
密西西比纪（系）	Mississippian	M, Miss
百万立方英尺	million cubic feet	MMCF
百万标准立方英尺	million standard cubic feet	MMSCF
中等的，适度的	moderate	mod
模，铸模，印模	mold	mol
软体动物	mollusk	moll
主要地，大部分，大多	mostly	mstly
斑点状的，杂色的	mottled	mot
泥，泥浆，钻井液	mud	M
滤饼厚度	(mud)cake thickness	hmc, CK
钻井液油侵	mud-cut oil	MCO
泥的，泥浆的，淤泥的	muddy	mdy

续表

中文词义	英文词	英文缩写
泥浆水	muddy water	MW
泥岩	mudstone	mdst
白云母	muscovite	musc
N		
珍珠的，珍珠状的	nacreous	nac
纯油砂	net oil sand	NOS
新近纪（系）	Neogene	Neo
无岩屑	no cuttings	N/ctg
无荧光	no fluorescence	NF
未取得，未采出	no recovery	NR
无样品	no sample	NS
无显示	no show	n/s
没有水	no water	NW
结核，团块	nodule	nod
不含钙的，非钙质的	noncalcareous	ncal
无商业性的	noncommercial	NC
未到达的	not reached	NR
未能记录到的数据	not recorded	NRec
许多的	numerous	num
货币虫	*Nummulite*	*Num*
O		
偶然的（含量，3%～10%）	occasionally	occ
赭石，赭石色	ochre	och
气味，臭气	odor	od
气味、油斑及荧光	odor，stain and fluorescence	OS & F
气味、油感和油斑	odor，taste and stain	OT & S
气味、油感、油斑和荧光	odor，taste，stain and fluorescence	OTS&F
油	oil	O

中文词义	英文词	英文缩写
油和气	oil and gas	O&G
油及盐水	oil and salt water	O&SW
油的乳状液，乳化油	oil emulsion	OE
槽面显示	oil floating	O fltg
油味	oil odor	OO
油斑	oil stain	Ostn
油侵和气侵钻井液，钻井液中油气含量	oil-and gas-cut mud	O&GCM
水中含油气量	oil-and gas-cut water	O&GCW
油侵	oil-cut	OC
油侵钻井液	oil-cut mud	OCM
油源岩	oil source rock	osr
渐新统（世）	Oligocene	E_3，Olig
橄榄，橄榄色的	olive	olv
核形石（藻灰结核）	oncolite	onc
空鲕粒，空鲕石，鲕粒铸型	oolicast	ooC
鲕状岩	oolite	ool
鲕模，鲕状穴	oomold	com
不透明的	opaque	op
裸眼	open hole	OH
橘黄，橙色	orange	orng
（有孔虫类）小圆片虫属	orbitolina	orbit
奥陶纪（系）	Ordovician	O，Ord
有机的	organic	org
正长石	orthoclase	orth
正石英岩	orthoquartzite	O-QTZ
介形类	*Ostracoda*	*Ost*
外径	outside diameter	OD
增生，附生，次生加大	overgrowth	ovgth

续表

中文词义	英文词	英文缩写
（卡瓦）打捞筒	overshot	O/s
氧化	oxidized	ox
牡蛎，蚝	oyster	oyst
P		
泥粒灰岩	packstone	pkst
浅色，淡色的，暗淡的	pale	pl
古新统（世）	Paleocene	E_1，Paleo
纸，记录纸，纸状	paper	pap
部分，元件，成分	part	pt
部分漏失	partial losses	PL
微粒，颗粒，极小量，粒子，质点	particle	par
分离的，夹层，断裂	parting	ptg
部分地，局部地	partly	pty
百万分之几	parts per million	ppm
碎片，斑点，斑块，块礁	patch（y）	pch
珍珠似的	pearly	prly
珍珠光泽	pearly luster	
砾石，卵石	pebble	pbl
含卵石的	pebbly	pbly
斧足类	*Pelecypoda*	*Plcy*
球粒，团粒	pellet	pel
振动的，摆动的	pendular	pend
宾夕法尼亚纪（系）	Pennsylvanian	Penn
每天	per day	pd
每小时	per hour	ph
可渗透的	permeable	Perm
二叠系（纪）	Permian	P，Perm
石油	petroleum	pet

中文词义	英文词	英文缩写
含石油的	petroliferous	pet
金云母	phlogopite	phlog
磷酸盐，磷酸盐的	phosphate, phosphatic	phos
千枚岩	phyllite	phy
粉红色的	pink	pink
尖顶，顶端，极准确的，对准	pin-point	pp
针孔孔隙，极小孔隙性	pin-point porosity	ppp
豆石，豆粒，豆状岩	pisolite	piso
有凹坑的，麻点的	pitted	pit
斜长石	plagioclase	plag
植物化石	plant fossils	pl fos
可塑的，塑性的，塑料	plastic	plas
板状的	platy	plat
更新统（世）	Pleistocene	Qp, Pleis
上新统（世）	Pliocene	N_2, Plio
封，塞，堵封，回堵（堵塞井底）	plugged back	PB
回堵后水泥面深度	plugged back depth	PBD
深成岩	plutonisn rock	pltn rk
磨光，抛光，擦亮	polish	pol
花粉	pollen	poln
贫的，稀少的，劣质的，低的	poor	p
瓷状的	porcelaneous	porc
孔隙度，多孔的，多孔状的	porosity, porous	por
孔隙度和渗透率	porosity and permeability	P&P
可能的	possible	poss
钾碱，草碱	potash	K
磅力每平方英寸	pound-force per square inch	psi
前寒武系	Pre-Cambrian	

中文词义	英文词	英文缩写
主要的，最显著的；占优势的，突出	predominant, predominate	pred
主要地，突出地（含量＞75%）	predominantly	pred
百分比	percent	%，pct
小卵石，小砾石	pebble	pbl
伟晶岩	pegmatite	peg
玢岩	porphyrite	prt
准备，筹备	preparing	prep
保持，保护，保存	preserve	pres
保存了的	preserved	presd
压力，压强	pressure	press
最初的，原始的	primary	prim
棱柱，棱柱状的	prism, prismatic	pris
多半，很可能，大概，或许	probable	prob
生产，开发	production	prod
突出的，显著的，重要的，著名的	prominent	prom
（词头）假，伪，准，拟	pseudo	psdo
从井内提（起）出	pull out of hole	POOH
浮石，浮岩	pumice stone	pst
紫色，紫红色	purple	purp
黄铁矿	pyrite	pyr
焦沥青	pyrobitumen	pyrbit
火山碎屑的	pyroclastic	pyrclas
辉石	pyroxene	pyrxn
Q		
石英	quartz	Q，qtz
石英岩	quartzite	qtzt
石英岩的	quartzitic	qtzc
第四纪（系）	Quaternary	Q，Quat

续表

中文词义	英文词	英文缩写
R		
放射，辐射，发光，发热	radiate	rad
放射的，发光的	radiating	radg
放射，发射，射线	radiation	rdtn
放射轴的	radiaxial	radax
彩色油花显示	rainbow show of oil	RBSO
范围，炮检距，限程，山脉	range	rng
稀有，罕见的（含量＜1%）	rare	r
可回收的，可采出的，可恢复的	recovered	rec
重结晶的，再结晶的	recrystallized	rexlzd
循环气	recycle gas	RG
红色，红色的	red	rd
礁，生物礁，矿脉	reef	rf
规则的，正规的，固定的	regular	reg
残余，遗物，化石	remains	rem
残余的，剩余的	remnant	rmnt
替代，交换，置换	replace	repl
报告深度	report depth	R.D
残油，渣油	residual oil	RO
残余，残余物，渣滓	residue，residual	res
树脂的	resinous	rsns
研究成果，井中返出物	returns	ret
残余油饱和度	residual oil saturation	Ros
颠倒的，反向的，相反的	reversed	rev
改造的，再沉积的	reworked	rwkd
（偏）菱形，斜方形	rhomb	rhb
流纹岩	rhyolite	rhy
圆圈	ring	rg

续表

中文词义	英文词	英文缩写
波纹，波痕	ripple	rip
波痕层理	ripple dedding	
岩石	rock	rk
补心海拔	rotary kelly bushing	RKB
圆形的，整数的，轮（周、次、回）	round	rnd
起下钻换钻头	round trip to change bit	RTCB
碎石状的，角砾状的	rubbly	rbly
砾屑碳酸盐岩	rudstone	rdst
厚壳蛤	*Rudisfids*	*Rud*
（井眼）不规则，多皱的，波状	rugose	rug
跑，运行，下入，流动，开动	run	rn
下到井里	run in hole	RIH
下取心筒	run in hole core barrel	RIHCB
下钻头	run in hole with bit	RIHB
下套管	run in hole with casing	RIHCSG
锈，铁锈色	rust	rst
S		
砂糖状，糖粒状	saccharoidal	dacc
盐度，含盐度，含盐率	salinity	sal
盐（的）	salty	x
盐和胡椒，椒盐	salt and pepper	s&p
盐水	salt water	SW
样品，试样，取样	sample	spl
岩性同上	sample as above	a. a.
沙，砂	sand	sd
砂岩	sandstone	ss
砂质的	sandy	sdy
饱和的，饱和，浸透	saturate，saturation	sat

中文词义	英文词	英文缩写
比例尺，尺度	scale	sc
缺乏的，不足的，稀有的	scarce	sce
散布的，散射的，扩散的	scattered	scat
表，图表，目录；进度	schedule	sched
片岩	schist	sch
虫牙，虫牙化石	scolecodonts	scol
矿渣，火山渣，炉渣	scoria	scr
筛，滤网，荧光屏，屏蔽	screen	scrn
次的，副的；秒	seconds	secs
次生的，从属的，第二的	secondary	sec
剖面，断面，薄片，阶，段	section	sec
沉积物，沉积的；沉积形成的	sediment, sedimentary	sed
地震图，地震波曲线	seismograph	Seiz
透石膏	selenite	sel
蛇纹石	serpentine	sp
浅的，浅水的	shadow	shad
页岩	shale	sh
泥岩中尖灭，泥岩封闭	shaled out	shout
页岩状，页岩质，（含）页岩的	shaly	sny
壳，外壳，贝壳，贝壳沉积物	shells	shls
死油显示	show dead oil	SDO
凝析油显示	show of condensate	SC
气显示	show of gas	SG
气和凝析油显示	show of gas & condensate	SG&C
气和水显示	show of gas and water	SG&W
油显示	show of oil	SO
油和气显示	show of oil and gas	SO&G
油和水显示	show of oil and water	SO&W

中文词义	英文词	英文缩写
菱铁矿	siderite	sid
侧钻，另钻新眼，次要地位	sidetrack	st
侧钻井眼	sidetracked hole	sth
井壁取心	sidewall core	SWC
井壁取心／损坏子弹	sidewall core/damaged bullet	SWC/DB
井壁取心／未回收	sidewall core/no recovery	SWC/NR
井壁取心／未拔出	sidewall core/pulled off	SWC/PO
井壁取心／未发射	sidewall core/shot off	SWC/SO
氧化硅，硅酸，硅质，含硅质	silica, siliceous	sil
丝状的，丝光的，光滑的	silky	slky
粉砂，淤泥	silt	slt
粉砂岩	siltstone	sltst
粉砂质的	silty	slty
志留纪（系）	Silurian	S, Sil
银色的	silvery	svy
尺寸，大小，规模	size	sz
骨架的，骸晶的；骨骼的	skeletal	skel
页岩密度	shale density	S. D.
板（片，层）状的	slabby	slab
板岩，高灰煤，石板	slate	sl
断面，擦痕，擦痕面	slickenside	sks
轻的，很微小的，薄的	slight	sl
轻微气显示	slight show of gas	SSG
轻微油显示	slight show of oil	SSO
慢	slow	slo
少的，小的；少量的	small	s
气味	smell	smll
光滑的，平坦的	smooth	sm

中文词义	英文词	英文缩写
软的	soft	sft
溶液，溶解	solution	sol
种（类），类（别），性质	sort	srt
分选的	sorted	srtd
分选作用	sorting	srtg
晶石，亮晶	spar（ry）	spr
稀少的，稀疏的	sparse（ly）	sps, spsly
种类，种，物质	species	sp
相对密度	specific gravity	sp gr, SG
有斑点的	speckled	spec
闪锌矿	sphalerite	sphal
球形（状）的，圆的	spherical	sphcl
小球（体）	spherules	sph
骨针，针状体	spicule, spicular	spic
裂片状的，易碎裂的	splintery	splin
海绵，海绵状物，泡沫材料	sponge	spg
孢子	spore	spo
点，斑点，成点的	spot	spt
斑点的，成点的	spotted	sptd
钻定心孔，测定点位	spotting	sptg
多斑点的	spotty	spry
螺旋形，螺旋形的	spiral	
开钻时间	spud time	
开始了的，开钻了的	spudded	spd
平方英寸	square inch	sq in
挤，压，挤水泥（浆）	squeeze	sqz
挤的，压的	squeezed	sqzd
挤压	squeezing	sqzg

中文词义	英文词	英文缩写
稳定的	stable	stb
沾污，染色，色斑（油斑）	stain	stn
钟乳石（状物）	stalactite	stal
管线丈量	steel line measurement	SLM
黏性的，稠的，下料不顺	sticky	stky
地层，（使）成层，分层	strata	strat
地质探井，参数井	stratigraphic test	ST
草黄色	straw	stw
条纹（痕、斑），薄（夹）层	streak	strk
条纹状的	streaked	strkd
条纹（痕、斑）	streaks	strks
条（纹）状的，细条带的	streaky	strky
流行的，放射性的（形容滴照反应差的）	streaming	stmg
有条纹（线条、沟痕）的	striated	stri
低产井，低产段，薄（夹层），细脉	stringer	strg
层孔虫	*Stromatoporoid*	*Strom*
强的，有力的	strong	str
构造，结构	structure	struc
缝合线，柱状构造，缝合的，柱状的	stylolite, stylolitic	styl
次棱角状	subangular	subang, SA
半（自）形的	subhedral	subhed
次圆状的，半磨圆的	subrounded	subrd, SR
次球状的，似球形的	subspherical	subsph
糖粒状	sucrosic	suc
硫，硫黄，硫（黄、化）的	sulfur, sulfuric	sul, S
含硫的水	sulfurous water	SuW
面，表面，地面	surface	surf
悬，吊，悬浮，停止，中止	suspend	susp

中文词义	英文词	英文缩写
共轴的，取向连生的	syntaxial	syn
次棱角的到次圆的	subangular to subrounded	sbang-sbrndd
糖粒状	sucrose	suc
向斜	syncline	syncl
T		
平板状的，（扁）平的，表格式为	tabular	tab
棕黄（褐）色	tan	tn
温度	temperature	temp
陆源的，陆成的	terriginous	ter
地温梯度	temperature gradient	TG
第三纪（系）	Tertiary	Tert
结构	texture	tex
热的，热力的	thermal	th
厚的，粗的，浓的	thick	thk
薄的，细的，稀的	thin	thn
螺丝，螺纹	thread	thd
通过，一直，经由	through	thru
贯穿，到处，完全，始终	throughout	thru
温差	temperature difference	tempff
致密的，紧密的	tight	tt
太小不能测量	too small to measure	tstm
顶部，上部，顶	top	T
顶部被侵蚀	top eroded	TE
顶部砂层	top of sand	tos
总深度	total depth	TD
总烃	total gas	TG
（坚）韧的，黏（稠、着）的，刚硬的	tough	tgh
轨迹，痕迹，线索，微量的（含量为 1%～3%）	trace	tr

续表

中文词义	英文词	英文缩写
半透明的	translucent	transl
透明的	transparent	transp
处理，对待，论述	treat	trt
三叠纪（系）	Triassic	T，Trias
三叶虫	*Trilobite*	*Trilo*
起下钻气，后效气	trip gas	TG
实际垂直深度	true vertical depth	TVD
实际垂直海拔深度	true vertical depth subsea	TVDSS
管子的，管状的	tubular	tub
凝灰质的	tuffaceous	tuf
型，式样，类型，标志（的）	type（ical）	typ
U		
不整合	unconformity	uncf
未固结的	unconsolidated	uncons
（煤层）底部黏土层	underclay	uc
下伏的	underlying	undly
无差别的，一致的	undifferentiated	und
一致，相同的，匀质的	uniform	unif
未知的，未发现的	unknown	unk
不成功的，失败的	unsuccessful	uns
上部	upper	upr
V		
渗流	vadose	vad
变量，易变的，可变的	variable	var
杂色的	varicolored	vcol
杂色的，多样化的，斑驳的	variegated	vgt
纹泥的	varved	vrvd
脉，矿脉，岩脉	vein	vn

续表

中文词义	英文词	英文缩写
细矿脉，细岩脉	veinlet	vnlet
速度	velocity	vel
辰（朱）砂，朱红色的	vermilion	verm
脊椎动物	vertebrate	vrtb
垂直的	vertical	vert
很，极，最	very	v
最粗粒	very coarse grained	VCG
最细粒	very fine grained	VFG
钻井液油侵严重	very heavy oil-cut mud	VHOCM
砂样很差	very poor sample	V. P. S
多孔状，多泡状	vesicular	ves
紫色（的），紫罗兰（色、色的）	violet	vi
黏性，黏度	viscosity	visc
可见的，明显的	visible	vis
玻璃状，玻璃质的	vitreous	vit
挥发性的，挥发物	volatile	vola
火山岩，火山物质	volcanics	volc
晶洞，孔洞，孔洞性的	vug, vuggy	vug
W 和 X		
粒泥状灰岩	wackestone	wkst
水	water	Wtr, H_2O
失水，失水量，漏水	water loss	WL
水的，多水分的，淡的，潮湿的	watery	wtry
波状的，起伏的	wavy	wvy
蜡的，蜡状的	waxy	wxy
易破的，稀薄的，软的；微弱的	weak	wk
风化了的	weathered	wthrd
风化（作用）	weathering	wthrg

续表

中文词义	英文词	英文缩写
尖灭	wedge out	wdgot
好，井	well	well
分选好	well sorted	wsrtd
白色	white	wh
和，随着，在……方面，关于	with	w
没有	without	W/o
木材，木制的	wood	wd
他形的	xenomorphic	xenom
Y 和 Z		
黄色的	yellow	yel
锆石	zircon	zr
地区，地带	zone	zn

I.2　钻井工程

中文词义	英文词	英文缩写
A		
美国石油地质家协会	American Association of Petroleum Geologists	AAPG
（井）报废	abandoned	abnd，abd
绝对误差	absolute error	ABSE
绝对零	absolute zero	ABSZ
乙炔（电石）	acetylene	ACET
酸处理	acid treatment	A.T
平均深度	average depth	ad
美国地质学会	American Geological Institute	AGI
井斜方位角	hole azimuth	AH
碱性的，含碱的	alkaline	ALK
美国天然气协会	American Natural Gas Association	ANGA

中文词义	英文词	英文缩写
环空速度	annular velocity	AN vel
美国石油学会	American Petroleum Institute	API
°API	American Petroleum Institute gravity	°API
API 失水	API fluid loss	API FL
API 标准	API standard	API STD
API 单位	API unit	
环空压力降	annular pressure drop	APD
尽可能	as soon as possible	ASAP
海拔高度	above sea level	AsL
大气压力	atmospheric pressure	at
自动的，联机状态	automatic	aut
方位，方位角	azimuth	AZ
B		
波美度	baume	°Bé
气压表（计）	barometer	BAR
桶	barrel	bbl
背景值（气）	background gas	BGG
防喷器	blow out preventer	BOP
井底钻具组合	bottom hole assembley	BHA
日桶数	barrel daily	BD
井眼补偿	bore hole compensation	BHC
井底阻流器	bottom hole choke	BHC
井底压裂压力	bottom hole fracturing pressure	BHFP
井底压力	bottom hole pressure	BHP，bhp
井底流动压力	bottom hole pressure flow	bhpf
井底关井压力	bottom hole pressure shut in	bhpsi
井眼情况	borehole status	BHS
井底温度	bottom hole temperature	BHT
（水泥）胶结指数	bond index	BI

中文词义	英文词	英文缩写
钻头位置	bit position	BIT
石油桶数	barrels of oil	bo
泥线以下	below mud line	BML
回压，反压	back pressure	BP
桥塞	bridge plug	BP
每日历日桶数	barrels per calendar day	bpcd
日桶数	barrels per day	bpd
每小时桶数	barrels per hour	bph
日产桶数	barrels per stream day	bpsd
每井每日桶数	barrels per well per day	bpwpd
锅炉用水	boiler water	B/W
盲钻	blind drilling	
起下钻阻卡	blockage during tripping	
井喷	blow out	
C		
固井声波测井图	cement bond log	CBL
阻流器，节流器	choke	
阻流及压井管线	choke and kill line	
黏土束缚水	clay-bound water	CBW
毫升，立方厘米	cubic centimeter	cc
临界压缩比	critical compression ratio	CCR
校正深度	corrected depth	CD
计算机控制钻井	computerized drilling control	CDC
压实泥岩声波时差	compacted delta t shall	CDTS
连续钻速测井法	continuous drilling rate	CDR
隔水导管	conductor	
立方英尺	cubic foot	CF
英尺/小时	cubic feet per hour	cfh

中文词义	英文词	英文缩写
英尺／秒	cubic feet per second	cfs
循环	circulate	CIRC
关井井口压力	casing head pressure	CHP
水泥	cement	CMT
压缩空气	compressed air	COMPA，comp a
连接，继续	connect，continue	cont
套管压力	casing pressure	CP，cp
交会图（版）	cross plot	CP，cp
顿钻	crown drilling	
压力中心	center of pressure	CP，cp
厘泊	centipoise	cP
（色谱）组合峰	composite peak	CP，cp
恒压	constant pressure	CP，cp
转／分	cycle per minute	cpm
计算机处理解释	computer-processed interpretation	CPI
套管	casing	CSG
电缆速度	cable speed	CS
套管尺寸	casing size	CS
套管鞋	casing shoe	CS
四氯化碳	carbon tetrachloride	CCl_4
立方英寸	cubic inch	cu in
累计的	cumulative	cum
循环水泵	circulating water pump	CWP
D		
干井和放弃井	dry and abandoned	DaA
钻铤	drill collar	dc
摄氏度	degree celsius	℃
钻井日报	daily drilling report	DDR

续表

中文词义	英文词	英文缩写
深度校正，校深	depth correction	DC
方位测量，井斜测量	directional survey	DS
牵引系数，阻力系数	drag coefficient	dc
正常 d 指数	normal calculated d-exponent	d
钻头磨损校正的 d 指数	d-exponent corrected by bit-wear	d_c
钻铤柱	drill collar stem	DCS
偏差（井斜）	deviation	Dev
华氏温度	degree fahrenheit	°F
钻台	drill floor	df
密度	density	den
直径	diametor	dia，diam
狗腿度	dog leg	DL
钻杆	drill pipe	DP
纯钻井时间	drill time	DT
降斜点	drop off point	DOP
最大倾斜角	maximum dip angle	DMAX
钻井液表面活性剂	drilling mud surfactant	DMS
双密封	dual seal	DS
中途测试，钻杆测试	drill stem test	DST
（多次注水泥）分配阀，压力调节阀	distribution valve	DV
E		
当量钻井液相对密度	equivalent mud weight	EMW
等效循环密度	equivalent circulating density	ECD
岩心有效孔隙度	effectivc core porosity	ECP
造斜结束点	end of kick-off, end of build	EKO，EOB
降斜结束点	end of drop	EOD
紧急事件（事故），危险	emergency	emerg
设备	equipment	eqpt

中文词义	英文词	英文缩写
等于	equal	e.q
机房	engine room	ER
估计，估价	estimated	est
外加厚	external upset end	EUE
F		
传真	facsimile	FAX
最终的恢复压力	final build-up pressure	FBP
最终压力恢复曲线斜率	final build-up slope	FBS
滤饼	filter cake	FC
地层因素	formation factor	
给水	feed water	FDW
破裂压力梯度	fracture gradient	FG
贯眼，全井眼	full hole	FH
漏斗黏度	funnl viscosity	FV
数字，插图	figure	fig
滤失量，滤液	filtrate	F
滤液碱度	filtrate alkalinity	
（钻井液）失水量	fluid loss	fl
降失水剂	fluid loss additive	FLA
浮箍	float collar	F.collar，FC
浮鞋	float shoe	F.shoe，FS
溢流检查	flow check	FC
流速	flow rate	FR
钻井液出口温度	flowline temperature	FLT
流体压力梯度	fluid pressure gradient	FPG
英尺/分	feet per minute	fpm
断裂，破裂	fracture	frag
地层体积系数	formation volume factor	FVF

续表

中文词义	英文词	英文缩写
生产井	field well	FW
G		
气侵	gas cut	GC
气体校正系数	gas coefficient	GC
气侵钻井液	gas cut mud	GCM
气体检测	gas detection	GD
加仑	gallon	gal
加仑/小时	gallons per hour	gal/h
克/升	gram/liter	g/L
气液比	gas liquid ratio	*GLR*
油气接触界面	gas oil contact	GOC
气油比	gas oil ratio	*GOR*
加仑/分	gallon per minute	gal/min
加仑/天	gallon per day	gal/d
毛重，总重	gross weight	gr wt
梯度	gradient	grad
胶凝强度，静切力	gel strength	gs，GEL
不透气，气密的	gastight	GT
长吨	gross ton	gt
重晶石含量	gypsum content	GYP
H		
头，顶，水头，压头，源头	head	HD，hd
大桶（52.5 英加仑，63 美加仑）	hogshead	HD，hd
重质燃料油	heavy fuel oil	HFO
静液压力梯度	hydrostatic gradient	HG
高气油比	high gas oil ratio	
扩眼器	hole opener	HO
滤饼厚度	thickness of mud cake，cake thickness	HMC，CK

中文词义	英文词	英文缩写
马力	horse power	HP，hp
高压	high pressure	HP，hp
高黏性（度）	high viscosity	HV
高温	high temperature	HT，ht
加重钻杆	high-wall drill pipe	HWDP
I		
内径	inside diameter	ID，id
指示流量汁	indicating flow meter	IFM
即，就是	idest	ie
中断	interrupt	INT
输入 / 输出	input/output	I/O
初（起）始产量	initial production	IP
井底流压与产量的关系	inflow−performance relationship	IPR
英寸 / 秒	inches per second	in/s
内加厚	internal upset ends	IUE
J		
打捞失败而报废	junked and abandoned	JaA
接头	joints	JTS
K		
井涌	kick	
千（前缀）	kilo	k
千欧姆	kilohm	
千磅	kilopound	kip
开始造斜点	kick-off point	KIP，KOP
节（海里 / 小时）	knot	kn
方钻杆	kelly	
L		
英制单位计算迟到时间	lag time in feet	LAGFT

续表

中文词义	英文词	英文缩写
迟到深度	lag depth	
横坐标值（线）	line abscissa	LABS
英磅	libra pound	lb
循环液漏失，井漏	lost circulation	LC
位置，井位	location	LOC
纵坐标值（线）	line ordinate	LORD
地层泄漏试验	leak-off test	LOT
循环液漏失（不返出井口）	lost returns	LR
堵漏材料	lost circulation material	Lcm
升	liter	Lit
液面控制阀	liquid level control valve	LLCV
下部隔水管组合	lower marine riser package	LMRP
斜率线，斜率，坡度	line slope	LSLO
液化天然气	liquefied natural gas	LNG
尾（衬）管	liner	Lnr
总长度	length overall	LOA，Loa
液体，流体，液体的，流态的	liquid	Lq
长吨	long ton	L.t
低黏度	low viscosity	LV
轻型钻杆	light weight drill pipe	LWDP
低失水量水泥浆	low water loss cement	LWL cement
润滑剂	lubricant	Lube
M		
最大允许地表压力（压井时）	maximum allowed surface pressure	MASP
最大值	maximum	max
毫巴	millibar	mb
千桶/天	mille barrels per day	MBPD
毫达西	millidarcy	mD

中文词义	英文词	英文缩写
量测井深	measured depth	MD
钻井液滤液	mud filtrate	MF
钻井液漏失	mud losses	ML
钻井液上返（返出）深度	mud return depth	MR.DEPTH
重复地层测试仪	multiple formation testing	MFT
最小值	minimum	min
泥线悬挂器	mud line suspender	MLS
可动油图	movable oil plot	MOP
管汇压力	manifold pressure	MP，mp
中等压力	medium pressure	MP，mp
米／小时	meters per hour	m/h
兆帕	megapascal	MPa
米／秒	meters per second	m/s
平均储层压力	mean reservoir pressure	MRP
平均水平面	mean sea level	MSL
最大工作压力	maximum service pressure	MSP
测试深度	measured test depth	MTD
月份	month	mth
钻井液性能	mud property	MUP
钻井液相对密度	mud weight	M. W.
随钻测量（井）	measurement while drilling	MWD
入口钻井液相对密度	mud weight in	MWI
出口钻井液相对密度	mud weight out	MWO
N		
新钻头	new bit	NB
新取心钻头	new core bit	NCB
天然气，液体，凝析油	natural gas liquid	NGLS
数目，号码	number	No.

续表

中文词义	英文词	英文缩写
正常压力和温度	normal pressure and temperature	NPT
无返出，无上返	no returns	NR
核磁测井	nuclear magnetic logging	NML
核磁共振	nuclear magnetic resonance	NMR
不加厚	non-upset	Nu
无可见孔隙	no visible porosity	N. V. Pnvispor
O		
海上钻井平台	offshore drilling platform	ODP
井内油	oil in hole	OIH
含油量	oil content	O
脱机系统	off-line system	OFLS
联机系统	on-line system	OLS
紊乱	out of order	OOO
无用，报废	out of use	OOU
老油井	old well	OW
P		
渗透率	permeability	perm, K
打水泥塞弃井	plug and abandoned	PA
回堵井深	plug back depth	PBD
压力控制器	pressure controller	PC
磅每立方英尺	pounds per cubic foot	lb/ft^3
百分之……，百分比	per cent	Pct
每月	per momth	P. m
泵马力	pump horse power	Php
孔隙度下限	porosity lower limit	PLI
从井内提出，起钻	pull out of hole	POOH
压力完整性试验	pressure integral test	PIT
返出极少，上返极少	poor returns	PR

中文词义	英文词	英文缩写
磅每立方英寸	pounds per cubic inch	lb/in^3
磅每加仑	pounds per gallon	lb/gal
压力	pressure	Pr
产量比	productive ratio	PR
光杆负荷	polished rod load	PRL
磅力每平方英寸	pound-force per square inch	psi
压力安全阀	pressure safty valve	PSV
塑性黏度	plastic viscosity	*PV*
塑性黏度与屈服值比值	plastic viscosity to yield point	*PV/YV*
压力—体积—温度关系	pressure–volume–temperature relationship	
（地层）破裂压力	fracture pressure	p_f
正常压力	normal pressure	p_h
颗粒间压力	grain pressure	p_g
上覆岩层压力	overburden pressure	p_o
孔隙压力（地层）	pore pressure	p_p
当前深度	present depth	P.D
泵压	pump pressure	p_p
Q		
快速换装闸板型防喷器	quick ram change	QRC
R		
划眼，扩眼	reaming	RMG
抽油杆和油管	rods and tubing	RaT
隔水管，升高管	riser	
参考，基线	reference	ref.
转盘	rotary table	rt
作用半径	radius of action	R/A
重复地层测试器	repeat formation tester	RFT
再次下井的钻头	re-run bit	RRB
地层颗粒密度	formation grain density	RHGF

续表

中文词义	英文词	英文缩写
额定马力	rated horsepower	rhp
下套管	run casing	RUN CSG
下入井内，下钻	run into hole	RIH
方补心	rotary kelly bushing	RKB
油藏边界测定	reservoir limit test	RLT
钻井液电阻率	resistivity mud	RM
滤饼电阻率	resistivity cake	RMC
钻井液滤液电阻率	mud filtrate resistivity	RMF
钻井液滤液视电阻率	apparent mud filtrate resistivity	RMFA
等效的钻井液滤液电阻率	equivalent RMF	RMFE
出口钻井液电阻率	resistivity mud out	Rout
钻进速度	rate of penetration	ROP
遥控作业车	remote operation vehicle	ROV
岩层压力	rock pressure	RP，rp
转每小时	revolutions per hour	rph，r/h
转每分	revolutions per minute	rpm，r/min
转盘标高	rotary table elevation	RTE
起下（钻）作业	round trip operation	RTO
可收回的（试井、处理、挤水泥）封隔器	retrievable-test-treat-squeeze packer	RTTS packer
含束缚水地层电阻率	formation resistivity at irreducible	RTIRR
实时	real time	rt
地层水电阻率	formation water resistivity	RW
地层水视电阻率	apparent formation water resistivity	RWA
束缚水电阻率	bound water resistivity	RWB
等效的地层水电阻率	equivalent rw	RWE
自由水电阻率	free water resistivity	RWF
冲洗带电阻率	resistivity of flushed zone	RXO
侵入带中水的电阻率	resistivity of the water in the invaded	RZ

中文词义	英文词	英文缩写
S		
含砂量	sand content	SD
饱和度	saturation	sat
围岩电阻率	shoulder bed resistivity	SBR
含气饱和度	gas saturation	S_g
残余油饱和度	saturation of the residual oil	S_{or}
关井套管压力	shut in casing pressure	SICP
关井立管压力	shut in drill-pipe pressure	SIDPP
备件	spare parts	SP
海绵，泡沫材料	sponge	spg
泥岩自然电位基线	sp shale base line	SPSH
关井井底压力	shut-in bottom hole pressure	SIBHP
关井压力	shut-in pressure	SIP
次生孔隙度指数	secondary porosity index	SPI
单点系泊	single point mooring	SPM
固相含量	solids content	SOL
冲程每分	strokes per minute	spm
标准管径	standard pipe size	SPS
卡钻	stuck	
正方形，平方	square	Sq
斜距	slant range	S/R
盐水	salt water	S. W.
开关，跳键位	switch	SW
含水饱和度	water saturation	S_w
抽汲压力	swab pressure	
视含水饱和度	apparent water saturation	S_{wa}
束缚水饱和度	bound water saturation	S_{wb}
有效含水饱和度	effective water saturation	S_{we}

续表

中文词义	英文词	英文缩写
自由水饱和度	free water saturation	S_{wf}
总含水饱和度	total water saturation	S_{wt}
冲洗带视含水饱和度	apparent water saturation of flushed zone	S_{ax}
冲洗带含水饱和度	water saturation of flushed zone	S_{xo}
水下测试井口装置	subsea test tree	SSTT
侧钻	sidetrack	ST
短程起下钻	short trip	ST
立根	stand	STD
井壁取心	side wall core	SWC
口袋	sack	SX
T		
缩径	tighte hole	
总深度	total depth	TD
暂时弃井	temporary abandoned	TA
临时导向基座	temporary guide base	TGB
全气，气全量	total gas	TG
起下钻气	trip gas	TG
水泥顶面（水泥返高）	top of cement	toc
厚度	thickness	thk
垂直时矩曲线，时深曲线	time-depth chart	
油管压力，油压	tubing pressure	TP
吨每日	tons per day	tpd，t/d
吨每小时	tons per hour	tph，t/h
总生产时间	total production time	TPT
起下钻，活动钻具	triping	Tr
痕迹，痕量，记录道	trace	Tr
半透明的	translucent	trnsl
透明的	transparent	trnsp

中文词义	英文词	英文缩写
电视	television	TV
总体积	total volume	TV
电视监视器	TV monitor	TVm
钻井液总体积	total volume of mud	Tvol
电视录像	television recording	TVR
垂向井深，垂深	true verticle depth	TVD
总重	total weight	TW，tw
扭矩	torque	TQ
U		
通用导向架	utility guide frame	UGF
尺寸小于标准，不规范	under gauge	U.G
W		
大钩负荷	weight on hook	WOH
水油比	water–oil ratio	WOR
等待好天气（海上钻井）	waiting on weather	WOW
工作压力	working pressure	WP
防水的	water-proof	WP
冲洗残余物，冲积物	washed residue	W.R
地层水视矿化度	apparent formation water salinity	Wsa
重量，比重	weight	WT
风化的	weathered	wthd
水	water	Wtr
水的矿化度	water salinity	WS
含水饱和度	water saturaton	WS
地震测井	wellside seismic service	WSS
波状的，起伏的	wavy	wvy
含蜡的	waxy	wxy
失水	water loss	WL

续表

中文词义	英文词	英文缩写
壁厚	wall thinckness	WT
钻压	weight on bit	WOB
（水泥）候凝	waiting on cement	WOC
（因）天气停工，待命	waiting on weather	WOW
通井	wiper trip	WT
通井气	wiper trip gas	WTG
X		
加重，超重	extra heavy	XH
大小头短节	X-over	XO
特加重	double extra heavy	XXH
X轴，X坐标轴	X axis	XAXI
Y		
Y轴，Y坐标轴	Y axis	YAXI
年度的	yearly	YO
屈服点	yield point	YP
年	year	yr
屈服强度	yield strength	YS
屈服值	yield value	YV
Z		
零，零刻度	zero	Z
区，层，带	zone	Z
晶带，地带	zone	Zn

I.3　测井、录井

中文词义	英文词	英文缩写
测井		
感应聚焦测井	dual induction focused log	DIFL
双感应球形聚焦测井	dual Induction spherically focused log	DISFL

续表

中文词义	英文词	英文缩写
深感应电阻率测井	resistivity induction log deep	RILD
中感应电阻率测井	resistivity induction log medium	RILM
浅感应电阻率测井	resistivity induction log shallow	RILS
浅聚焦电阻率测井	resistivity focused log shallow	RFLS
双侧向测井	dual laterolog	DLL
深侧向测井	laterolog deep	LLD
浅侧向测井	laterolog shallow	LLS
微球形聚焦测井	micro-spherically focused log	MSFL
微侧向测井	micro-laterolog	MLL
微电极测井	micro-log	ML
井眼补偿声波测井	bore hole compensated sonic log	BHCS
自然伽马测井	gamma ray log	GR
长源距声波测井	long spaced sonic log	LSS
井径测井	caliper log	CAL
补偿中子测井	compensated neutron log	CNL
自然伽马能谱测井	natural gamma-ray spectro-scopy log	NGS
地层补偿密度测井	formation compensated density log	CDL
岩性密度测井	lithology density log	LDL
重复地层测试	repeat formation test	RFT
多次地层测试	multiple formation test	MFT
井壁中子孔隙度测井	sidewall neutron porosity log	SNP
井壁中子测井	sidewall neutron log	SWN
电磁波传播测井	electromagnetic propagation tool	EPT
地震测井	well seismic tool	WST
垂直地震剖面	vertical seismic profile	VSP
变密度测井	variable density log	VDL
水泥胶结测井	cement bond log	CBL
扇形水泥胶结测井	segment bond tool	SBT

续表

中文词义	英文词	英文缩写
水泥评价测井	cement evaluation tool	CET
高分辨率地层倾角测井	hight resolution dipmeter tool	HDT
声波全波列	sonic wave form	SWF
井壁取心	sidewall core tool	SCT
套管接箍位置测井	casing collar log	CCL
自然电位测井	spontaneous potential	SP
电测井	electric log	EL
中子寿命测井	neutron lifetime log	NLL
核磁测井	nuclear magnetism log	NML
碳氧比测井	carbon–oxygen ratio log	C/O
裂缝识别测井	fracture idertification log	FIL
热中子衰减测井	thermal neutron decay time log	TDT
伽马—中子测井	gamma–ray–neutron	GRN
井温测井	temperature log	TEMP
地层倾角测井	stratigraphy dipmeter	SHDT
薄层电阻率测井	thin-bed resistivity logging	TBRT
数字阵列声波测井	digital array acoustilog	DAC
多极阵列声波测井	multipole array acoustilog	MAC
井周成像，井周声波成像测井	circumferential borehole imaging log	CBIL
高分辨率感应测井	high resolution induction log	HDIL
储层特征仪	reservoir characteristic instrument	RCI
井周声波测井	circumferential acoustilog	CAC
声波波列测井	acoustic signature log	ASI
微（短源距）声波测井	micro（short spaced）acoustilog	ACM
密度测井	density log	DEN
常规中子测井	conventional neutron log	CN
自然伽马跟踪取心器	sample taker-gamma ray	ST–G
聚焦测井	resistivity focused log	RFOC

中文词义	英文词	英文缩写
过油管井径仪	through-tubing caliper	TTC
可动油图	movable oil polt	MOP
感应电测仪（曲线）	induction electrolog	IEL
感应球形聚焦	induction spherically focused	ISF
双相位感应	dual phase induction	DPI
深电磁波传播测井	deep electromagnetic propagation	DPT
地层微扫描器	formation microscanner	FMS
油基钻井液倾角仪	oil base mud dipmeter	OBDT
偏差（移）倾角仪	deviation with dipmeter	CDR
裸眼几何偏差（形状）测井	bore hole geometry and deviation	BGT
陀螺（测斜）连续导向下井仪	gyro continuous guidance	GCT
核磁共振测井	nuclear magnetic resonance（imaging log）	NMR，NML，MRIL
双源中子	dual energy neutron	DNL
铝黏土（块）测井	aluminium clay log	ACL
地球化学测井	geochemical loging	GLT
阵列声波	array sonic（acoustilog）	AS（AAC）
井下电视	borehole televiewer	BHTV
水泥胶结变密度	cement bond variable density	CBL-VD
套管厚度检测类型A	casing thickness detection type-a	ETT-A
多频电磁测厚	multifrequency electromagnetic thickness	METT
多臂井径仪	multifinger caliper	MFC
超声波套管井径仪	ultrasonic casing caliper	UCC
深度检测	depth determination	DD
导向仪	steering tool	SIT
管式聚能（喷射）切割器	tubular goods jet cutter（tubing puncher）	TGC（TP）
化学切割器	chemical cutter	CHC
钻井液电阻和温度	mud resistivity and temperature	AMS
微电极井径测井	minilog-caliper log	ML

续表

中文词义	英文词	英文缩写
邻近侧向—微电极井径测井	proximity minilog-caliper log	PML
微侧向井径测井	micro laterlog-caliper log	MLL
介电测井	dielectric log	DEL
超声波地层倾角测井图	ultrasonic diplog	USP
用户仪器测井服务	customer instrument service	CIS
卡点测定仪，自由点指示仪	free-point indicator	FPIT
倒开点	back off point	BOT
元素俘获能谱仪	elemental caputure sonde	ECS
四臂井径测井	four-arm caliper log	4CAL
声波测井	acoustic log	AC
衰减固井质量测井	bond attenuation log	BAL
水泥胶结成像测井	cement bond imaging logging tool	CBMT
高分辨率四臂倾角测井	high resolution four-arm diplog	DIP
双相位感应测井	dual phase induction log	DPIL
高分辨率侧向测井	high difinition latero log	HDLL
P 型核磁共振测井	megnetic resonance imaging log（prime）	MRIL−P
中子测井	neutron log	NEU
电阻率—声波成像测井	simultaneous acoustic and resistivity imager	STAR
交叉多极子阵列声波测井	cross multipole array acostic log	XMAC
Z—密度测井	compensated z-density log	ZDL
阵列感应测井	ELIS array induction log	EAIL
数字声波测井	ELIS digital acoustic logging tool	EDAT
增强型地层评价测试	enhanced formation evaluation tester	EFET
增强型地层动态测试	enhanced formation dynamics tester	EFDT
增强型微电阻率扫描成像测井	enhanced resistivity micro-imager	ERMI
旋转式井壁取心	enhanced rotary sidewall core	ERSC
撞击式井壁取心	ELIS sidewall core	ESWC
交叉偶极阵列声波测井	ELIS cross dipole array sonic tool	EXDT

中文词义	英文词	英文缩写
阵列感应成像测井	array induction imager tool	AIT
阵列孔隙度测井	accelerator porosity sonde	APS
方位电阻率成像测井	azimuthal resistivity imager	ARI
井眼补偿双电阻率测井	compensated dual resistivity	CDR
套管井地层动态测试	cased hole dynamics tester	CHDT
过套管地层电阻率测井	cased hole formation resistivity plus	CHFR-Plus
地震成像测井	seismic imager	SI
偶极子声波成像测井	dipole shear sonic imager	DSI
全井眼地层微电阻率成像测井	fullbore formation micro-imager	FMI
高温阵列孔隙度测井	xtreme accelerator porosity sonde	HAPS
高分辨率阵列侧向测井	high-resolution laterolog array tool	HRLA
套后成像测井	imager behind casing	IBC
综合孔隙度岩性测井	integrated porosity lithology	IPL
随钻测井	logging while drilling	LWD
油基微电阻率成像测井	oil-base microimager	OBMI
近钻头电阻率测井	resistivity at the bit	RAB
油藏饱和度测井	reservoir saturation tool	RST
超声波井眼成像测井	ultrasonic borehole imager	UBI
钻井液综合录井		
烃的平衡值	balance hydrocarbons	BH
烃的特性值	character hydrocarbons	CH
钻井液电导率	conductivity	CON
入口钻井液电导率	conductivity in	CON IN
出口钻井液电导率	conductivity out	CON OUT
乙烷	ethane	C_2
出口流量、出口排量	flow out	FLW OUT
（根据泵冲数计算的）入口流量	flow pumps	FLWPUMPS
地层压力	formation pressure	FP
（地层）破裂压力	fracture pressure	p_{frac}

续表

中文词义	英文词	英文缩写
异丁烷	isopropyl butane	iC_4
甲烷	methane	C_1
钻井液相对密度	mud weight	MW
入口钻井液相对密度	mud weight in	MW IN
出口钻井液相对密度	mud weight out	MW OUT
正丁烷	normal butane	nC_4
丙烷	propane	C_3
定量荧光仪	quantitative fluorescence technique	QFT
钻时（分钟／米）	rate of penetration（minutes per meter）	ROP（min/m）
钻进速度，钻速（米／小时）	rate of penetration（meters per hour）	ROP（m/h）
瞬时钻时（分钟／米）	rate of penetration instant（minutes per meter）	ROP ins（min/m）
瞬时钻进速度，瞬时钻速（米／小时）	rate of penetration instant（meters per hour）	ROP ins（m/h）
钻井液电阻率	resistivity	RES
入口钻井液电阻率	resistivity in	RES IN
出口钻井液电阻率	resistivity out	RES OUT
钻盘转速（转／分）	rotary per minute	RPM
泵压、立管压力	stand pipe pressure	SPP
泵冲速（冲程／分）	strokes per minute	SPM
钻井液温度	temperature	TMP
入口钻井液温度	temperature in	TMP IN
出口钻井液温度	temperature out	TMP OUT
扭矩	torque	TRQ，TQ
总深度	total depth	TD，Tot Dpth
垂深，垂直深度	total vertical depth	TVD，Vert Dpth
全量，总烃，气体全量	total gas	TG
钻压	weight on bit	WOB
悬重，大钩负荷	weight on hook	WOH
套管压力，井口压力	well head pressure	WHP
烃的湿度值	wetness hydrocarbons	WH

附录 J　地质作业相关术语

J.1　井位信息

方度区：在海域中采用经纬度区编号法，以经度 1° 和纬度 1° 所围限的区块称为方度区，其命名以方度区左上角的经度和纬度数字为本方度区的编号（名称）。

方分块：在一个方度区内，以经度 10′ 和纬度 10′ 为单元，将每一方度区划分成 36 个小块，每一小块称为一个方分块。方分块的顺序号为自西向东，自北而南，以 1～36 阿拉伯数字顺序编号。

地理位置：标明距陆地最近点的方位、距离或与邻井的相对位置关系。

构造位置：标明构造部位，地震测线位置及炮点。

坐标：以实测坐标为准（采用 WGS-84、CGCS2000 等坐标系统）。

J.2　深度信息

水深：平均海平面距淤泥面的垂直距离。

深度零点：以转盘面为计算零点。

补心高：钻井转盘补心面到海平面的垂直距离。

补心海拔：海上为转盘面到平均海平面的垂直距离。

气隙：钻井船底面到平均海平面的垂直距离。

井深：井眼轴线上任一点，到井口的井眼长度，称为该点的井深。

进尺：指钻头钻进地层的行程长度，海上钻井进尺从海底泥线位置算起，单位为 m。

J.3　井别分类

参数井：普查阶段为取得区域地质资料和某些地球物理勘探参数而钻探的井。

预探井：为了在新地区、新层系或新圈闭中发现油气田而钻探的井，或在已发现油气田上，为发现未知的新油气藏而钻探的井。

评价井：在勘探已获油气发现的面积上，为评价油气藏，并探明其特征及含油气边界和储量变化等情况，提交探明储量和获取编制油气田开发方案所需油气田基础地质资料而钻探的井。

开发井：在油气田总体开发方案批准以后，为了油气生产或补充地下能量，以及研究已开发地区地下情况的变化所钻的井，包括生产井、水源井、注水（气）井、检查井和资料井等。

调整井：在已经开发油田，为了完善油田开发井网而部署的井，为了建立油田合适的注水、采油关系，最大程度提高油田产量。

J.4　井型分类

直井：按设计所钻的垂直井（井斜在规定标准范围内）。

定向井：按照钻井工程设计规定，借助特殊井下工具和利用地层自然造斜规律，使井身沿着设计轨迹，钻达预定目的层段和井下目标（靶位）的井。

大斜度定向井：一般指最大井斜角超过60°的定向井。

水平井：在钻至目的层时，井段斜度等于或大于85°，并且水平段长度不小于50m的井。

多底井：在井眼的某个深度向某个方向侧钻一个或多个井眼的井。多底井具有共同的井口和上部井段及两个或两个以上的井底，一般分为单层多底井和多层多底井。

侧钻井：从已有井眼的某深度处侧向钻出新井眼的井。

J.5 井况分类

油气流井：经钻杆或电缆测试，有油（气）流的产出。

油气层井：经录井和测井综合解释，有确定的油（气）层，包括差油（气）层、油水或气水同层。

油气显示井：录井见荧光显示或气测异常。

无显示井：录井和测井均未见任何油气显示。

J.6 时间划分

就位日期：为钻井船就位后，抛第一个锚或开始插桩的日期。

开钻日期：钻头到达海底淤泥面开始钻进的日期，此后历次开钻（二开、三开等）时间为开始钻进新地层的时间。

完钻日期：钻达完钻深度，地质循环后确认完钻的日期。

录井开始日期：组合下钻开始记录井深的日期。

录井结束日期：钻井作业最后一趟管柱起出井口的日期。

完井日期：因完井方法而异。

（1）裸眼完成井：电测完毕，仪器起出井口的时间；采用随钻测井而未进行电缆测井，完井时间为随钻工具起出井口的时间。

（2）测试井：测试完最后一层，取出测试工具，打完最后一个水泥塞的时间。

（3）套管完成井：油层套管（或尾管）固井结束的时间。

（4）筛管完成井：筛管下到位的时间，进行砾石充填作业的，完井时间为充填结束的时间。

弃井日期：打完最后一个水泥塞，钻井船降至水面准备拖航的日期，或作业结束复员日期。